U0101221

单谈数学

单墫 单小域 单川 著

湖南教育出版社

· 长沙 ·

SHAN TAN SHUXUE

图书在版编目（CIP）数据

单谈数学/单塼，单小域，单川著. —长沙：湖南教育出版社，2022.12

ISBN 978 - 7 - 5539 - 9002 - 6

Ⅰ. ①单… Ⅱ. ①单… ②单… ③单… Ⅲ. ①数学教学—教学研究 Ⅳ. ①O1 - 4

中国版本图书馆 CIP 数据核字（2022）第 087639 号

单谈数学

SHAN TAN SHUXUE

著　　者：单 塼 单小域 单 川
策划编辑：钟劲松
责任编辑：钟劲松 李 旦
责任校对：刘婧琦
出版发行：湖南教育出版社（长沙市韶山北路 443 号）
网　　址：www.bakclass.com
微 信 号：贝壳导学
电子邮箱：hnjycbs@ sina. com
客服电话：0731 - 85486979
经　　销：湖南省新华书店
印　　刷：湖南省众鑫印务有限公司
开　　本：787 mm × 1092 mm　16 开
印　　张：36
字　　数：1 152 000
版　　次：2022 年 12 月第 1 版
印　　次：2022 年 12 月第 1 次印刷
书　　号：ISBN 978 - 7 - 5539 - 9002 - 6
定　　价：128.00 元

如有质量问题，影响阅读，请与湖南教育出版社联系调换。

前　言

　　单谈数学,原是我们的公众号.每天或每两天,提出、讨论一两个数学题.日积月累,集腋成裘,整理成这本书.可供中小学师生、数学爱好者阅读.

　　原先并没有统一的计划,只是看到一些问题便随意发挥.所以读者也不必按照顺序一篇一篇地看.可以根据自己的兴趣随意翻阅.就像旅游,爱到哪里,就到哪里;爱看什么,就看什么.

　　曾去过浙江雁荡龙湫,那里的石壁上有四个大字"活泼泼地",很有意思.学数学,要活泼再活泼.不必太严肃,培养兴趣,最为重要.

　　书中有不少基本的、不很难的题.我们认为基本的题比难题重要.登高必自卑,行远必自迩.基础打好,才能建造高楼大厦.当然书中也有难题,供爱好难题的朋友研讨.难题可做可不做,但基本题,却是每一个学生必须做,而且必须做好的.就像险峭的华山你可以不去,但日常经过的路却是非走不可.

　　旅游的要点在于发现美景,欣赏美景,充分享受旅游的愉快.读书也是如此,希望本书的读者能够享受到阅读的愉快.

单墫　单小域　单川

目　录

第一章

打好基础

基础重要.

做题,首先要做基本的题.这一章的题都是基本题.

每节的题,应当不看解答,自己先做.

基本题一定要做好.所谓做好,有个简单的标准,就是解法清楚,简单.

思想清楚,说得明白.表达清楚,一看就懂.

题解好后,再和书上的解答对照.如果你的解答与书上的相同,甚至更好,值得祝贺.如果你的解答没有书上的简单,应该找一下原因.好的解答都是简单的.经常改进自己的解答,是提高解题能力的最好方法.

切忌好高骛远,专找难题做.应当循序渐进,防止欲速不达.

1. 轻松一题

第一道题是一道轻松的题.

甲买 1 只笔差 6 元,乙买这只笔差 4 元,两人合起来,仍差 1 元,这只笔多少钱?

这是小学的问题.

小学生可以做的问题,当然也不是每个小学生都能做对. 甚至小学生的家长也未必能将这个问题弄清楚.

其实只要一两句话:

甲、乙合买 1 只笔,仍差 1 元.

甲、乙合买 2 只笔呢? 差

$$6+4=10(元).$$

所以 1 只笔是

$$10-1=9(元).$$

好的学生可以一口说出答案,不需要列方程(很多家长喜欢列方程,可能小学阶段学得一般).

2. 页码重排

千页校样,从头编号为 1～1 000,后发现需将原 213～223 页提前至 185 页后 186 页前,原 564～588 页提前至 400 页后 401 页前,然后重新按顺序编号为 1～1 000,请填下表.

原页码	200	219	300	442		
现页码					460	200

答案:

原页码	200	219	300	442	435	189
现页码	211	192	300	467	460	200

我们有:

原页码	186～212	213～223	224～400	401～563	564～588
现页码	197～223	186～196	224～400	426～588	401～425

3. 小正方形的面积

如图 1, 大正方形分成两个矩形与一个小正方形, 矩形面积分别为 10, 6. 求小正方形面积.

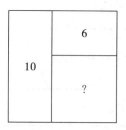

图 1

这当然不是什么难题, 但应做得尽量简单.

解   如图 2, 面积为 10 的矩形再分成一个正方形与一个矩形, 这矩形面积也为 6, 所以分出的正方形面积为 $10-6=4$, 边长为 2. 从而面积为 6 的矩形, 另一边边长为 $6\div2=3$.

所以, 正方形面积为 $3\times3=9$.

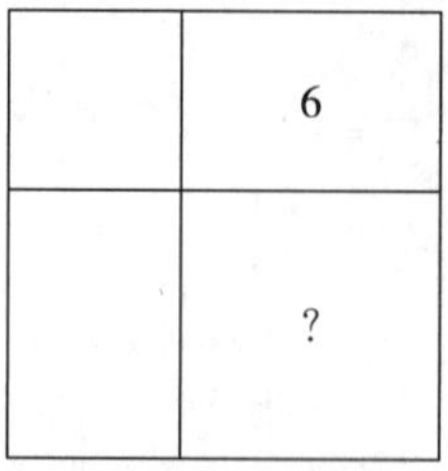

图 2

单谈数学

4. 上题引出的思考

有人认为小学生不会开方,不能由正方形面积为4,得出边长为2,他的解法是

$$? = 6 \times 6 \div 4 = 9.$$

我想这位朋友恐怕未教过小学,或者很少与小学生打交道.

我相信小学生学过正方形的面积等于边长的平方,知道2的平方等于4,而且知道4是2的平方.

(1)不要以为你不知道的东西,学生一定不知道,更不要以为你认为学生不知道的东西,学生一定不知道.

$$? = 6 \times 6 \div 4 = 9,$$

这种解法,我相信一般小学生确实不知道,除非他学过奥数.

但我认为奥数中,其实不该教这个四边形的"蝴蝶"定理,即

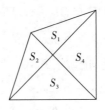

$$S_1 S_3 = S_2 S_4,$$

这个内容超过小学数学的范围太多,而且面积相乘缺乏直观的意思(超出3维了),奥数中也不应当教!

(2)不要以为你以为学生应当知道的东西,学生一定知道或一定应当知道.

(1)、(2)两点,可能是教师应当经常注意的,我在这里唠叨几句.

5. 简单的问题

如图 1,在直角三角形 ABC 中,D、E、F 分别在直角边 AC、CB 与斜边 AB 上,并且 $AD=4$,$EB=7$.

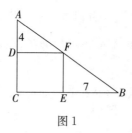

图 1

求矩形 $CDFE$ 的面积.

题似极简单,但极简单的解法呢?

解 熟知矩形的一条对角线将矩形分成两个面积相等的直角三角形.

如图 2,完成矩形 $ACBI$,并设 DF 交 BI 于 G,EF 交 AI 于 H,则

$$S_{\triangle ABI}=S_{\triangle ABC}, \tag{1}$$

$$S_{\triangle AFH}=S_{\triangle AFD}, \tag{2}$$

$$S_{\triangle FBG}=S_{\triangle FBE}. \tag{3}$$

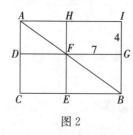

图 2

从 (1) 中减去 (2)、(3) 得

$$S_{矩形HFGI}=S_{矩形CDFE},$$

即

$$S_{矩形CDFE}=4\times7=28.$$

6. 矩形的面积

如图,6 个正方形围成一个矩形,最小的正方形面积为 1,求矩形的面积.

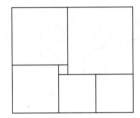

解　设次小的正方形边长为 x,则另三个正方形边长分别为 $x+1,x+2,x+3$.

而由矩形的一组对边得

$$(x+2)+(x+3)=(x+1)+2x.$$

所以　　　　　　　　　　　　　　$x=4.$

矩形面积　　　　　　　　$S=13\times(5+6)=143.$

7. 人同此理

如图 1,将 1～9 填入 3×3 的方格中,每一行的数,从左到右递增,每一列的数,从上到下递增,有多少种不同的填法?

图 1

这道题不难,人人会做(学生未必做对).

方法就是枚举法,也叫穷举法,就是将所有的可能一一列出来. 不过,列举时也可以做得尽量简单一些. 首先,1 必须写在左上角,9 必须写在右下角,2 必须与 1 相邻,在 1 的右边或 1 的下边相邻的方格中,这两种情况对称,所以不妨假定 2 在 1 的右边,算出的种数再乘 2 就是结论.

这时,根据 8 的位置,又分为 2 种情况:

Ⅰ.

1	2	
		8
		9

Ⅱ.

1	2	
	8	9

在Ⅰ中,7 有 2 种放法

(ⅰ)

1	2	7
		8
		9

(ⅱ)

1	2	
		8
	7	9

在Ⅰ(ⅰ)中,3、6 的放法固定,即

1	2	7
3		8
	6	9

4、5 位置可互换,因此有 2 种.

在Ⅰ(ⅱ)中,3有2种放法

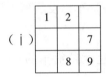

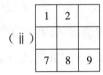

Ⅰ(ⅱ)1°中4固定在1下方,而5、6可互换,与Ⅰ(ⅰ)同样,有2种放法.

Ⅰ(ⅱ)2°中4、5、6三个数可任意放入,有3×2=6(种)放法.

因此Ⅰ(ⅱ)的放法有2+6=8(种).

Ⅰ的放法有2+8=10(种).

在Ⅱ中,7有两种放法

(ⅰ)

	1	2	
			7
		8	9

(ⅱ)

	1	2	
	7	8	9

Ⅱ(ⅰ)与Ⅰ(ⅱ)同样有8种放法.

(ⅱ)中3有2种放法,即

1°

1	2	3
7	8	9

2°

1	2	
3		
7	8	9

其中Ⅱ(ⅱ)1°只有1种放法,即

1	2	3
4	5	6
7	8	9

Ⅱ(ⅱ)2°与Ⅰ(ⅱ)1°相同,有2种放法,其中4、5可互换.

1	2	
3		6
7	8	9

于是Ⅱ共有8+1+2=11(种)放法.

全部放法为(10+11)×2=42(种).

上面的表述中,我们用了几次"同样"或"相同",节省了一些时间.

数学中常用这种方法,常说"同理可得"或"同理"以节省篇幅.

8. 速度与激情

A、B 两地相距 6 km,货车以每分钟 30 m 的速度,由 A 开往 B 地,离 A 地 900 m 时,摩托车从 A 地带一西瓜以每分钟 90 m 的速度追来.追上将西瓜放货车上后立即返回 A 地,再带一西瓜追货车,如此往返,最后一次追上货车是在货车出发后多少分钟?

原解法不知道谁做的,我想提一种解法如下:

设第一次追上时,货车又行驶了 S_1 m,注意摩托车速度是货车的 $3(=90 \div 30)$ 倍,所以

$$3S_1 = S_1 + 900,$$

即
$$2S_1 = 900. \tag{1}$$

同样,设第二次追上时,货车又行了 S_2 m,则

$$3S_2 = S_2 + 2(S_1 + 900),$$

即
$$S_2 = S_1 + 900. \tag{2}$$

设第三次追上时,货车又行了 S_3 m,则 $3S_3 = 2(S_2 + S_1 + 900) + S_3$,

即
$$S_3 = S_2 + S_1 + 900. \tag{3}$$

从而货车在第三次被追上时,已行

$$S_3 + S_2 + S_1 + 900$$
$$= 2(S_2 + S_1 + 900)$$
$$= 4(S_1 + 900)$$
$$= 6 \times 900,$$

因为 $(6 \times 900) \times 2 > 6\ 000$,所以货车最后一次被追上是第三次被追上,此时货车已行驶

$$6 \times 900 \div 30 = 180 (\text{min}).$$

9. 车能行多远

问题 一辆车装满燃油可行 $2a$ km,为了让它行得更远,两辆同样的车同时由 A 地出发.一辆在途中先返回,并将多出的燃油尽量给另一辆,问另一辆最多能行到离 A 多远的地方并返回?

这是一个老问题,似第一届北京市竞赛考过类似的.

设一辆车行 b km 先返回,并将可行 c km 的燃油给另一辆,这里 c 必须满足两个条件:

(ⅰ) $c \leqslant 2a - 2b$(返回的车必须用去行 $2b$ km 的油);

(ⅱ) $c \leqslant b$(继续前进的车此时至多再装行 b km 的油).

后一式乘 2,与前一式相加,消去 b 得

$$3c \leqslant 2a. \tag{1}$$

又加了油的车可多行 $\dfrac{c}{2}$ km,即可行 $\left(a + \dfrac{c}{2}\right)$ km 再返回,由(1)得

$$a + \frac{c}{2} \leqslant \frac{4}{3}a.$$

即最多能行到离 A 地 $\dfrac{4}{3}a$ km 的地方返回,此时 $b = c = \dfrac{2}{3}a$.

现在能够将意思说清楚的人不多.

10. 钟面问题

一昼夜(从 0 点到 24 点这 24 小时)中,时针与分针有多少次成 125°? 最后一次是在什么时候?

这道题的解法很有趣. 设想尼尔斯(《骑鹅旅行记》中的主角,被魔法变小了)坐在时针上. 他认为自己是不动的,而分针则一直在走. 从 0 点两针重合,到下一次两针重合,分针有两次与时针成 125°(图 1).

图 1

在尼尔斯看来,0 点到 12 点,分针转了 11 圈(时针实际上也转了一圈,但尼尔斯看不到,以为自己一直未动),共有 $11 \times 2 = 22$(次)与时针成 125°.

从而一昼夜(0 点到 24 点),分针与时针有 $22 \times 2 = 44$(次)成 125°.

最后两次两针成 125°都在 23 点之后.

图 2   图 3   图 4

在 23 点时,分针在时针前 30°处(图 2),此后,分针第一次与时针成 125°时,分针在时针前 125°处(图 3),第二次与时针成 125°时,分针(从 23 点开始)多行了 $360° - 30° - 125°$(比较图 2 与图 4).

而分针每分钟走 6°($360° \div 60$),时针每分钟走 0.5°($5 \times 6° \div 60$). 所以分钟多走 $360° - 30° - 125°$,需

$$(360° - 30° - 125°) \div (6 - 0.5) = \frac{410}{11}(分),$$

即最后一次两针成 125°是 23 点 $\frac{410}{11}$ 分.

11. 反证法

一位网友问了一个问题：

如图 1，在 $\triangle ABC$ 中，$AB=AC$. E,F 分别在 AC,AB 上，BE,CF 相交于点 D. 已知 $DE=DF$，求证：$BD=CD$.

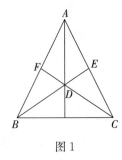

图 1

证明 这种问题最为适宜的方法是反证法.

如果 $BD\neq CD$，不妨设

$BD>CD$，　　　　　　　　　　　　　　　　　　　　(1)

如图 2，在 BD 上取点 G，使 $GD=CD$.

因为 $DE=DF$，所以 $\angle DEF=\angle DFE$，

又 $GE=GD+DE=CD+DF=CF$，

所以 $\triangle GEF\cong\triangle CFE$，

$\angle FCE=\angle EGF>\angle EBF$.　　　　　　　(2)

又由(1)可知，$\angle BCF>\angle CBE$，　　　　　　(3)

(2)+(3)得 $\angle BCE>\angle CBF$，　　　　　　　　(4)

但由 $AB=AC$ 得 $\angle BCE=\angle CBF$.　　　　　(5)

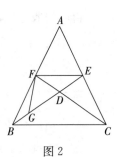

图 2

(4)、(5)矛盾，这表明 $BD\neq CD$ 不成立，从而 $BD=CD$.

反证法是一种重要的方法，应当学会使用.

12. 计算与证明

如图 1,扇形 AOB 中,点 C 在 $\overset{\frown}{AB}$ 上,D 在半径 OB 上,并且 $\angle ACD=90°$,$AC=24$,$CD=7$.求扇形的半径 OA.

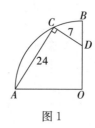

图 1

解 这题不难,由勾股定理 $AD=25$.

如果将扇形补成半圆(如图 2),那么左右(关于直线 OD)对称,$DE=AD=25$.

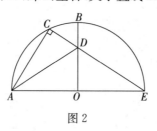

图 2

再由勾股定理,
$$AE=\sqrt{24^2+(25+7)^2}$$
$$=8\sqrt{3^2+4^2}$$
$$=40,$$

所以 $OA=20$.

不过,有一个问题:C,D,E 三点在一条直线上吗?

在一条直线上! 但需要证明.

为顺利地绕过这一关隘,修改一下上面的做法:延长 CD,交 $\odot O$ 于点 E.

因为 $\angle ACD=90°$,所以 AE 为直径(当然过圆心 O),其余不需改变.

13. 阴影区域

每个小正方形边长为 1,求阴影区域的面积.

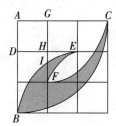

解　扇形 ABC 面积为 $\dfrac{1}{4}\times 3^2\pi=\dfrac{9}{4}\pi$,曲边三角形 BDE 与扇形 CFG 面积之和为 4.

将它们及单位正方形 $ADHG$ 从扇形 ABC 中去掉,这时曲边三角形 EHI 被去了两次,即多去了一次,曲边三角形 EFI 也被去了一次.

所以阴影区域的面积 $=\dfrac{9}{4}\pi-4-1+S_{曲边三角形EHI}+S_{曲边三角形EFI}$

$$=\dfrac{9}{4}\pi-4-1+S_{曲边三角形EFH}$$

$$=\dfrac{9}{4}\pi-4-1+\left(1-\dfrac{1}{4}\pi\right)$$

$$=2\pi-4.$$

14. 三小一大

如图 1，三个小正方形边长均为 5，求大正方形的边长.

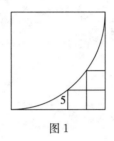

图 1

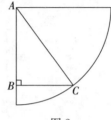

图 2

如果小正方形的边长为 1，那么直角三角形 ABC 的两条直角边相差 1，大的直角边又比斜边少 1，如图 2.

因此它们三边之长恰好是我们熟悉的勾 3 股 4 弦 5.

在小正方形边长为 5 时，大正方形边长为 $5 \times 5 = 25$.

亦可设大正方形边长为 r，由勾股定理，

$$r^2 - (r-10)^2 = (r-5)^2.$$

化简，约去 $r-5$（显然不为 0）得

$$2 \times 10 = r - 5,$$

$$r = 25.$$

心算好的人，这些也不难完成.

上面的图应从左上角往下看，一目了然. 如停滞在右下角，就不得其门而入，所以"观点"真很重要.

15. 最大的正方形

如图 1，有 5 个正方形，其中一个边长为 1，两个边长为 2，求最大的正方形的面积.

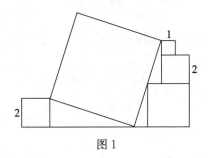

图 1

宋江：达娃列希(同志)蒋敬.

蒋敬：公明哥哥有何指示？

宋：你看看这道题中，最大的正方形，面积是多少？但是，只能心算，不许动笔.

蒋看了一眼，说：

面积是 40，对吗？

宋：真不愧是神算子，你怎么心算的？

蒋：虽然我用心算，但讲的时候还得用笔.

宋：这个自然.

蒋：先把图简要地画成下面的图(如图 2)，其中直角三角形 ABE 与 BCH 全等.

宋：角对应相等，斜边 $AB=BC$，都是大正方形的边.

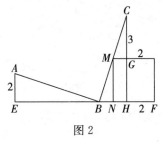

图 2

因为 $AE=2$，所以 $BH=2$.

$CG=3$，M 是 BC 中点，所以 $CH=6$.

大正方形面积＝$BC^2＝2^2＋6^2＝40$．

宋：慢！M 为什么是 BC 的中点？题目中无此条件，你也没有证明．

蒋：宋大哥真是明察秋毫．

宋：别拍我马屁，快说说为什么 M 是 BC 的中点．

蒋：首先，看上去它应是 BC 的中点，其次，我们可以证明它的确是 BC 的中点．有一个条件尚未用到，即

$$MN＝NH＋HF＝NH＋2 \tag{1}$$

如果 M 不是 BC 的中点，那么 $\triangle MBN$ 与 $\triangle CMG$ 就不全等了，但它们还是相似的，MN 与 CG 不相等．

假如 $MN＞CG＝3$，那么 $BN＞MG＝NH$．

但 $BH＝2$，所以 $NH＜1$．

这样，由(1)得

$MN＜1＋2＝3$，

与 $MN＞3$ 矛盾了．

如果 $MN＜CG$，

宋：同样可产生矛盾！

蒋：宋大哥真是天纵英明，无所不知啊！

哈哈哈哈，宋江得意地大笑．

16. 半圆的面积

如图1,一个半圆与长方形 $ABCD$ 切于 E,F,半圆直径端点 G,H 分别在 AB,BC 上,且 $AG=1,HC=2$,求半圆的面积.

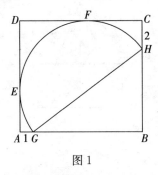

图1

解 如图2,设圆心为 O,EO 交 BC 于点 N,FO 交 AB 于点 M.

$\angle ABH=90°$,所以点 B 在圆上,

$DE=DF=OE=OF=OG=OH=r$,

$GM=r-1,HN=r-2$.

$GO=OH$,所以它们在 AB 上的射影也相等,

即 $MB=GM=r-1$.

同理,$NB=NH=r-2$.

从而 $GB=2(r-1),BH=2(r-2)$.

而 $GH=2r$.

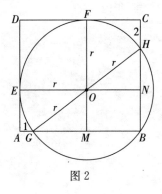

图2

所以由勾股定理易得 $r=5(r-2=3,r-1=4,r=5$,正好是勾三股四弦五$)$.

$$S_{半圆}=\frac{\pi}{2}\times 5^2=12.5\pi.$$

17. 求角

图中有三个单位正方形,求∠FAH 的度数.

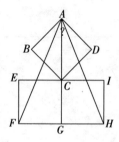

题不难,但方法要简明,不可动笔.

解　C 是△AFH 的外心,

所以
$$\angle FAH = \frac{1}{2}\angle FCH$$

$$= \frac{1}{2} \times 90°$$

$$= 45°.$$

18. 解应简单

复杂的问题，希望有较简单的解法，简单的问题，解更应简单.

如图 1，直角梯形 $ABCD$ 中，$BC=5$，$\angle BCD=30°$，$\angle ABC=90°$，$AB=AD$，求梯形 $ABCD$ 的面积.

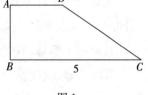

图 1

这题简单，解法虽多，但我见到几个解法，似均未达到“简单”的标准.

《连城诀》中，明明可以一剑劈过去，师父却叫徒弟划个圆圈，再把剑劈出去，这种师父你真是害人.

图 2

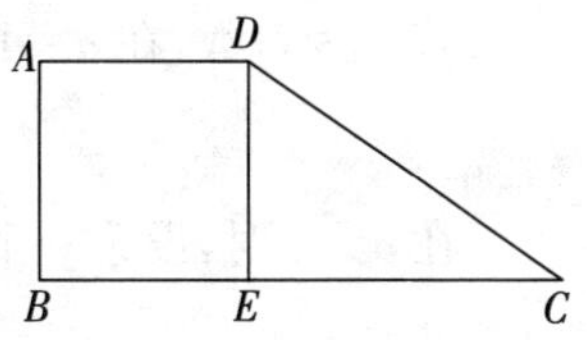

我们应尽量省去那些多余的圆圈.

这题的解法是过 D 作 BC 的垂线，垂足为 E，如图 2，则四边形 $ABED$ 为正方形.

$BE=DE=AB$.

设 $AB=DE=x$，因为$\angle BCD=30°$，所以 $EC=\sqrt{3}x$.

$$x+\sqrt{3}x=5,$$

$$\begin{aligned}S_{梯形ABCD}&=\frac{1}{2}x(x+5)\\&=\frac{1}{2}\cdot\frac{5}{\sqrt{3}+1}\left(\frac{5}{\sqrt{3}+1}+5\right)\\&=\frac{5^2}{2}\cdot\frac{\sqrt{3}-1}{2}\cdot\left(\frac{\sqrt{3}-1}{2}+1\right)\\&=\frac{25}{4}.\end{aligned}$$

19. 不难的数论题

在《数学奥林匹克与数学人才》一书中见到冯志刚校长出的一题：

证明每一个自然数可以写成两个自然数的差，且这两个自然数的不同的质数个数相同.

数论题不容易，但这道题不难.

真的不难，试试？

证明 若 a 为偶数，则

$$a=2a-a.$$

若 a 为奇数，在 $a=1$ 时，

$$a=3-2.$$

在 $a>1$ 时，设第一个不整除 a 的奇质数为 $p=2k+1$（k 为非零整数），则

$$a=pa-2ka,$$

其中 pa 的不同质因数比 a 多 1 个（即 p），$2ka$ 的不同质因数也比 a 多 1 个（即 2，k 小于 p，所以 k 的奇质因数都是 a 的质因数）.

20. 注意关系

已知 $x_1^2 - y_1^2 = 2\ 022$，$x_2^2 - y_2^2 = 2\ 022$，$y_1 y_2 = 1\ 011$，

求 $\dfrac{(x_1 y_2 - x_2 y_1)^2}{(x_1 - x_2)^2 + (y_1 - y_2)^2}$ 的值.

解 要注意这些量之间的关系.

充分利用已知的三个条件.

将分子、分母中的 x_1, x_2 尽量改为 y_1, y_2.

$$(x_1 y_2 - x_2 y_1)^2 = x_1^2 y_2^2 + x_2^2 y_1^2 - 2x_1 x_2 y_1 y_2$$
$$= 2\ 022(y_1^2 + y_1^2) + 2y_1^2 y_2^2 - 2 \times 1\ 011 x_1 x_2, \qquad (1)$$

$$(x_1 - x_2)^2 + (y_1 - y_2)^2 = x_1^2 + x_2^2 + y_1^2 + y_2^2 - 2x_1 x_2 - 2y_1 y_2$$
$$= 2(y_1^2 + y_2^2) + 2 \times 2\ 022 - 2x_1 x_2 - 2 \times 1\ 011$$
$$= 2(y_1^2 + y_2^2) + 2y_1 y_2 - 2x_1 x_2. \qquad (2)$$

(1)中每一项是(2)中对应项的 1 011 倍，所求比值为 1 011.

21. 学霸？

看到网上介绍一位学霸解下面的方程.

$$\sqrt[3]{4-x^2}+\sqrt{x^2-3}=1. \tag{1}$$

他用了两种方法.

第一种解法

移项
$$\sqrt[3]{4-x^2}=1-\sqrt{x^2-3},$$

两边三次方
$$4-x^2=1-3\sqrt{x^2-3}+3(x^2-3)-\sqrt{(x^2-3)^3}, \tag{2}$$

……

第二种解法

设 $\sqrt[3]{4-x^2}=\alpha$，$\sqrt{x^2-3}=\beta$，则

$$\begin{cases} \alpha+\beta=1, & (3) \\ \alpha^3+\beta^2=1, & (4) \end{cases}$$

……

第一种解法是解无理方程的常规方法（移项，乘方），但处理本题，计算较繁.

第二种解法通过换元，将一元的无理方程化为二元的有理方程组，也是常见的套路.

这位学霸，熟悉常规方法与常见的套路，但看不出他有什么结合本题的巧解，有什么创造，也就是"灵性".

称为学霸，似乎不够格.

那你怎么解呢？

我来解，首先猜一猜，方程(1)有没有明显的解.

显然 $x^2=4(x=\pm2)$ 是(1)的解.

当然(1)可能还有其他的解，但猜出两个解岂不很好？下面再解时，心中已经有数：$x=\pm2$ 是解，不要漏掉（也可看出 $x^2=3$，即 $x=\pm\sqrt{3}$ 是解）.

其次，再看看本题的特点：

因为
$$4-x^2+(x^2-3)=1,$$

所以设
$$\sqrt{x^2-3}=t,$$
则
$$4-x^2=1-t^2.$$

方程(1)化为
$$\sqrt[3]{1-t^2}=1-t \tag{5}$$
乘方得
$$1-t^2=(1-t)^3,$$
所以
$$t=1 \tag{6}$$
或
$$1+t=(1-t)^2 \tag{7}$$
即
$$t=0 \text{ 或 } 3.$$
最后由 $t=0,1$ 或 3 得
$$x=\pm\sqrt{3},\pm 2,\pm 2\sqrt{3}.$$

它们都是原方程(1)的解

其实重要的不是套路,而是根据题目的特点去确定解法. 套路再熟,如果没有创造性(灵性),不能称为学霸.

我教过中学,也教过大学,常常看到一些中学的学霸,甚至一省的"状元",进入大学后,不能适应大学的学习,变成了"学疤",其原因就是他们缺乏这种灵性.

22. 条件可议

如图,$BE=20,CF=DE=4,\angle CBF=\angle FBE=\theta$. 求正方形的面积.

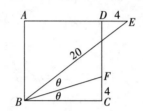

解 这道题,心算不难. 直角三角形 BAE 中,两直角边长之差为 4,斜边为 20.
我们知道两直角边差为 1 时,正好是勾 3 股 4 弦 5,现在直角边差为 4,正好
勾 12(股 16,弦 20).

正方形面积 $=12^2=144$.

如果列方程也不难,由

$$x^2+(x+4)^2=20^2$$

解出正方形边长 $x=12,x^2=144$.

本题当然还有其他方法,但均无聊,这种题目就是该用上面的解法,其他解法全该
放弃!

不过,$CF=4,\angle CBF=\angle FBE$,实际是多余的条件,只用上面的 $BE=20,DE=4$,即
已足够(幸亏多余的条件,并不产生矛盾).

但是,如果将 $DE=4$ 这个条件去掉,倒是有而且需要有新的解法,结果不变,但得动
动笔了.

23. 怎么求?

上题中,只知道 CF,不知道 DE 求正方形的面积.

怎么求?

三角的解法

如图 1,设正方形边长为 x,则

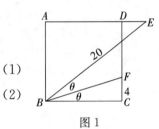

$$20\sin 2\theta = x,$$

$$x\tan\theta = 4,$$

两式相乘,并约去 $4x$,得

$$10\sin^2\theta = 1,$$

从而

$$\sin^2\theta = \frac{1}{10},$$

$$\cos^2\theta = \frac{9}{10},$$

$$x^2 = 40^2\sin^2\theta\cos^2\theta = 4^2\times 9 = 144.$$

即正方形的面积为 144.

几何的解法

如图 2,绕 B 点旋转,将 $\triangle BCF$ 变为 $\triangle BAG$.

因为 $\angle GAB + \angle BAE = 180°$,所以 G 在直线 AD 上.

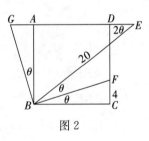

图 2

因为

$$\angle G = 90° - \theta,\ \angle ABE = 90° - 2\theta,$$

$$\angle GBE = 90° - \theta = \angle G,$$

所以

$$EG = EB = 20,$$

$$EA = 20 - 4 = 16.$$

$BA = 12(12 : 16 : 20$ 又是 $3 : 4 : 5)$,

正方形的面积 $= 12^2 = 144.$

24. 反过来

上题 BE 为已知,反过来,已知图 1 中 $CD=2$,$AE=3$,$\angle CBD=\angle DBE$.
求 BE 的长.

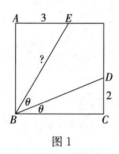

图 1

解 还是旋转.

如图 2,将 $\triangle BCD$ 旋转变为 $\triangle BAF$,同上题,F 在直线 AE 上,$FE=2+3=5$.

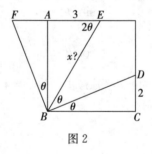

图 2

$\angle AFB=90°-\theta$,

$\angle ABE=90°-2\theta$,

$\angle FBE=(90°-2\theta)+\theta=\angle AFB$,

所以 $BE=FE=5$.

25. 圆的面积

如图，正方形 $ABCD$ 的边 AD 与圆相切，B,C 在圆上，边长 $BC=4$．求圆的面积（用 π 表示即可）．

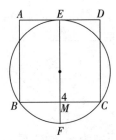

解　过切点 E 作直径 EF，交 BC 于其中点 M，$EM=4$．

由相交弦的定理

$$EM \times MF = BM \times MC = 2^2,$$

所以 $MF=1$，

圆的直径为 5，其面积为 $\left(\dfrac{5}{2}\right)^2 \pi = 6.25\pi$．

26. 面积之和

如图 1,圆的直径 $AB=20$,求两个正方形面积之和.

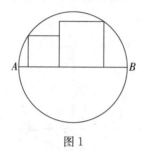

图 1

解 如图 2,设两正方形边长分别为 a,b,C,C_1,D,D_1 为正方形的顶点,则 $C_1D_1=a+b$.

在 C_1D_1 上取 O 点,使 $C_1O=DD_1=a$,

则
$$OD_1=b=CC_1,$$

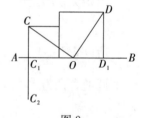

图 2

$$OD^2=DD_1^2+OD_1^2=a^2+b^2$$
$$=OC_1^2+CC_1=OC^2,$$

所以 O 为圆心(实际上 O 不但到圆上两点 C,D 距离相等,而且设 C_2 为 C 关于 AB 的对称点,则 $OC_2=OC=OD$).

因此,两正方形面积之和为

$$a^2+b^2=r^2=\left(\frac{20}{2}\right)^2=100.$$

顺便说一下解题能力如何提高.

简单得很,就是你得去提高.

很多人花费了很多功夫解题,解出来了,心满意足,没有去提高,即没有总结,回顾,没有想一想如何做得更好,更简单.尽管你解了很多题,但没有做这一步,即没有去提高.所以解题能力虽有进步,进步却不快.

27. 三个正方形

如图,图中有三个正方形,面积分别为1,4,9.求圆的面积.

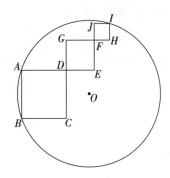

这道题不难,初中水平足够.

但做好这题,应有四点要求需要满足.

1. 当然要找到一个解法,给出答案.

2. 解答应要求简单,尤其教师,应将好的解答讲给学生听,或与学生一同找出尽可能好的解答.

3. 将解答严谨地表述出来,书写出来.

4. 最后一点,其实也可以说是第一点,请作出本题的图(特别是那个圆).

我们从最后一点说起,当然作一个草图或者利用题目本身的图也可以完成(第4点所说的)任务.

但如果稍为作得准确一点,或稍动脑筋,就会发现圆心 O 应在线段 AB 的垂直平分线上,又在 BI 的垂直平分线上,后一条线过 D 且与 BI 垂直.

由此不难得出:

如果在正方形 $ABCD$ 的边 CD 上再作一个同样的正方形,那么 O 就是这个正方形的中心(这些作图请读者自己完成),于是先用边长 1、2、3 作出三个正方形,再用上法定出圆心 O,作出圆,便完成了作图.

解法一 本题解法很多,如果依上法作图,那么圆半径 OB 的平方,用勾股定理不难求出:O 到直线 BC 的距离为

$$OK = \frac{AB}{2} = \frac{3}{2}.$$

而
$$BK = 3 \times OK,$$

所以半径的平方

$$R^2 = OB^2 = \left(\frac{3}{2}\right)^2 (1^2 + 3^2) = \frac{45}{2}.$$

圆的面积 $= \pi R^2 = \frac{45}{2}\pi.$

解法二 正方形(从上到下)边长依次为 1、2、3. 对角线 IF, DF 均与 IH 成 $45°$,所以 IF, DF 成一条直线. 同样 B 也在这直线上,并且

$$\angle ABI = \angle BIH = 45°.$$

AI 所对圆周角为 $45°$,所以所对圆心角 $\angle AOI = 90°$. 由勾股定理

$$2R^2 = AI^2 = (1+2)^2 + (1+2+3)^2 = 45.$$

圆面积 $= \pi R^2 = \frac{45}{2}\pi.$

两种方法结果一样,后一种写得较详细,较严谨. 水平高的学生可一眼看穿. 作为学生,应当写得完整.

本题还有多种解法,如利用三角或利用公式 $S_{\triangle ABI} = \frac{abc}{4R}$,这里 a, b, c 为 $\triangle ABI$ 的边长.

但均不算简单.

还有人喜欢先算出 $R = \sqrt{\frac{45}{2}}$,然后再平方,其实本题不需要求 R,直接算 R^2 更好(这些地方能省一步,应尽量省去).

28. 四边形的面积

如图1,已知平行四边形 $ABCD$ 面积为 $2\,025$，E,F,G,H 分别为各边中点，求阴影部分面积.

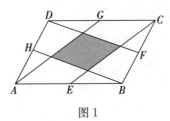

图 1

解 如图2,将 Ⅰ、Ⅱ、Ⅲ、Ⅳ 分别旋转成 Ⅰ′、Ⅱ′、Ⅲ′、Ⅳ′,图形变为5个与阴影一样大的图形,所以

$$S_{阴影}=\frac{1}{5}\times 2\,025=405.$$

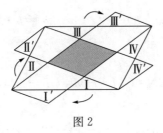

图 2

29. 众多正三角形

如图,图中三角形均为正三角形,$AD=24.7$,$DB=26$,求 DH.

解 设 $AD=a$,$DB=b$,$DG=x$,则

$HR=HE=EI=DE-DH=b-x$,

$CJ=CI=CE-EI=a-(b-x)=a+x-b$,

$JF=CF-CJ=b-(a+x-b)=2b-(a+x)$,

$PQ=QF-FP=JF-GF=2b-(a+x)-(a-x)$

$\quad=2b-2a$,

$HL=HM=HG-MG=DG-GF=x-(a-x)$

$\quad=2x-a$,

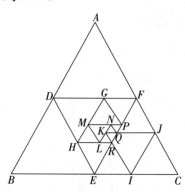

$LR=LK=LN-KN=HM-PQ=(2x-a)-(2b-2a)=2x+a-2b$.

最后,由 $HL+LR=HR$ 得

$$(2x-a)+(2x+a-2b)=b-x,$$

所以
$$x=\frac{3}{5}b.$$

注 1 $PQ=PN=PM-MN=GM-HM=GF-HM$,

即

$$2b-2a=(a-x)-(2x-a),$$

所以

$$3x=4a-2b.$$

即

$$\frac{9}{5}b=4a-2b,$$

$$20a=19b,$$

所以 a 或 b 只需知道一个,另一个即可求出,x 也可求出. 这是根据网友(游泳的鱼)的意见增加的一段.

注 2 有人问 $\triangle FEC$ 是否为正三角形? 不是的! 图中并无 $\triangle FEC$,因为 FQ 与 RE 不是同一条直线(这个图画得不很精确).

30. 正六边形中的正六边形

如图，正六边形 $ABCDEF$ 的各边中点为 $A_1, B_1, C_1, D_1, E_1, F_1, AD_1, BE_1, CF_1,$ DA_1, EB_1, FC_1 构成一个正六边形 $GHIJKL.$

求小正六边形 $GHIJKL$ 与原正六边形面积之比.

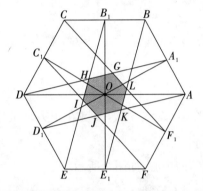

这是华数之星出的赛试，解法很多. 但怎么做，最简单？

寻找最简单的解法！

刘金波的解答最简单：

设 O 到 KJ 的边心距离为 d，则

$$\frac{S_{\text{小}}}{S_{\text{大}}} = \left(\frac{d}{OD_1}\right)^2 = \left(\frac{AA_1}{D_1A}\right)^2 = \frac{1}{1+12} = \frac{1}{13}.$$

31. 有趣的题（一）

彭翕成老师出了两道有趣的题.

如图 1,以正方形 $ABCD$ 的边 CD 为直径,向正方形作半圆,在半圆上任取一点 E,延长 CE 到点 F,使 $EF=CE$,连接 AF,求 $\angle AFC$.

本题不难,但也不能算容易,所谓会者不难,难者不会,是也!

本题颇有趣.

解答在下面,可以不看答案,先试一试,关键在正方形的中心 O.

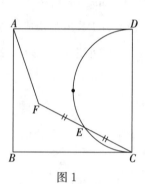

图 1

解法一 O 是对角线 AC 的中心,如图 2 所示.

所以 $OE \parallel AF$,$\angle AFC = \angle OEC$.

O 又是半圆弧 $\overset{\frown}{CD}$ 的中点,所以

$$\angle ODC = 45°,$$

$$\angle OEC = 180° - \angle ODC = 135°.$$

即

$$\angle AFC = 135°.$$

解法二 因为 DE 是 CF 的垂直平分线,所以 $DC=DF$,以 D 为圆心,DC 为半径作圆(图请自己补绘或想像). A,

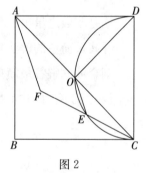

图 2

F,C 均在这圆上,圆周角 AFC 的度数与 $\angle ADC$(优弧 AC 所对的角)的 $\frac{1}{2}$ 相同,即 $\frac{1}{2} \times 270° = 135°$.

32. 有趣的题（二）

如图,有正方形 $ABCD,AEFG,BEHI,CFJK$,求 $\dfrac{\text{正方形 } CFJK \text{ 的面积}}{\text{正方形 } BEHI \text{ 的面积}}$ 的值.

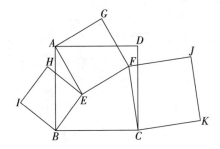

解　连接 AC,AF（请读者自己完成）

$$AF=\sqrt{2}AE,AC=\sqrt{2}AB,$$

$$\angle CAF=45°-\angle EAC=\angle BAE,$$

所以
$$\triangle CAF\backsim\triangle BAE.$$

$$CF:BE=AF:AE=\sqrt{2}.$$

所求面积之比为 2.

33. 三圆相交

如图,三等圆相交.

求证：$\overset{\frown}{AE}+\overset{\frown}{DF}+\overset{\frown}{BC}=180°$.

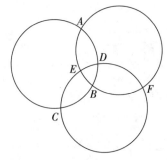

证明 （甘志国老师的证明）

$$\overset{\frown}{AE}+\overset{\frown}{EB}=\overset{\frown}{AD}+\overset{\frown}{DB},$$

$$\overset{\frown}{DB}+\overset{\frown}{BC}=\overset{\frown}{DE}+\overset{\frown}{EC},$$

$$\overset{\frown}{ED}+\overset{\frown}{DF}=\overset{\frown}{EB}+\overset{\frown}{BF},$$

三式相加,并化简得

$$\overset{\frown}{AE}+\overset{\frown}{DF}+\overset{\frown}{BC}=\overset{\frown}{AD}+\overset{\frown}{EC}+\overset{\frown}{BF}.$$

而

$$\frac{1}{2}(\overset{\frown}{AE}+\overset{\frown}{AD})=\angle EBA+\angle ABD=\angle EBD,$$

$$\frac{1}{2}(\overset{\frown}{DF}+\overset{\frown}{BF})=\angle DEF+\angle FEB=\angle BED,$$

$$\frac{1}{2}(\overset{\frown}{BC}+\overset{\frown}{EC})=\angle BDC+\angle CDE=\angle EDB,$$

所以

$$\overset{\frown}{AE}+\overset{\frown}{DF}+\overset{\frown}{BC}=\angle EBD+\angle BED+\angle EDB=180°.$$

34. 有简单的解法

在网上见到一道据说是初中的题.

如图1,已知 $\triangle ABC$ 中,$AB=AC=6$,D 在 BC 延长线上,$DE\perp AB$,直线 DE 分别交 AB,AC 于 E,F,并且 $AF=5$,$FC=1$,$DE=6$.

求 $AE+EF$.

解 这道题有简单的做法,不必用三角.

如图2,作 $BI\perp AB$,$AI\perp BC$,BI,AI,交于点 I.

因为 $AB=DE=6$,$\angle D=90°-\angle ABC=\angle BAI$,所以 Rt $\triangle DBE\cong$ Rt $\triangle AIB$,$BE=IB$.

以 I 为圆心,IB 为半径的圆,分别切 AB,AC 于点 B,C,切 EF 于点 G(EF 与 BI 的距离 $BE=BI$).

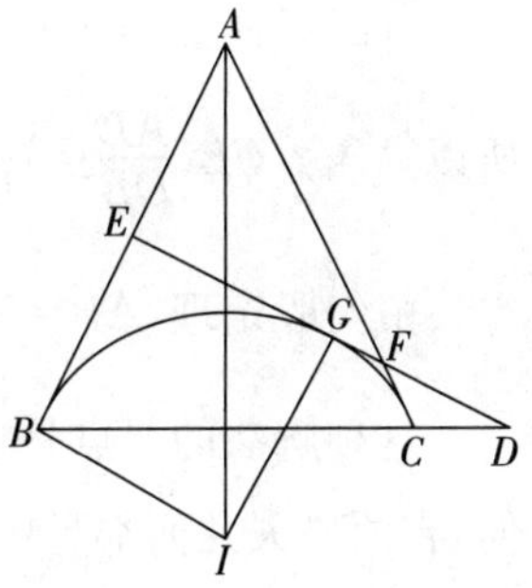

因此

$AE+EF=AE+EG+GF=AE+EB+FC=AB+FC=6+1=7$.

胡志峰网友有一代数的解法,也比较简单:

设 $AE=a$,$EF=b$,则

$$a^2+b^2=5^2. \tag{1}$$

过 E 作 BC 的平行线,交 AF 于点 G,则 $GF=5-a$,并且

$$\frac{5-a}{1}=\frac{b}{6-b},$$

即

$$30+ab-6a-6b=0. \tag{2}$$

由(1)、(2)得

$$(a+b)^2-12(a+b)+35=0,$$

从而 $AE+EF=a+b=7$(显然 $AE+EF>AF=5$).

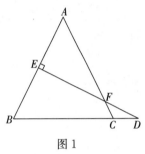

图1

图2

35. 让图形动起来

如图 1,已知 $\triangle ABC$,$\triangle A_1B_1C_1$ 中,$\angle ACB = \angle A_1C_1B_1 = 90°$,$AC = A_1C_1 = 3$,$BC = 4$,$B_1C_1 = 2$. D 在 AB 上,D_1 在 A_1B_1 上,并且 $\triangle ACD \cong \triangle C_1A_1D_1$,求 AD 的长.

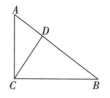 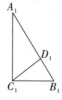

图 1

解 因为 $\triangle C_1A_1D_1 \cong \triangle ACD$,所以可以将 $\triangle A_1B_1C_1$ 拿起来放到 $\triangle ACB$ 上,使得 $\triangle C_1A_1D_1$ 与 $\triangle ACD$ 完全重合(即 C_1 与 A,A_1 与 C,D_1 与 D 重合),如图 2 所示.

这时 $\angle B_1AB = 90° - \angle CAB = \angle B$,

所以 $AB_1 \parallel CB$,$\dfrac{AD}{DB} = \dfrac{C_1B_1}{BC} = \dfrac{2}{4} = \dfrac{1}{2}$.

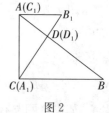

图 2

由勾股定理,$AB = 5$,所以 $AD = \dfrac{1}{1+2}AB = \dfrac{5}{3}$.

这种解法的要点是将图形动起来,其实较早的平几教材,如三 S 几何,吉西略夫几何都是用运动公理代替合同(全等)公理,使图形动起来.

有了这种运动的思想,已知条件中 $\triangle C_1A_1D_1 \cong \triangle ACD$ 就好像在说:"请把我($\triangle C_1A_1D_1$)放在 $\triangle ACD$ 上,与它重合在一起."

初学平面几何的人,常认为添辅助线是一大难点,不知如何去添. 其实有了运动的思想,在将 $\triangle A_1B_1C_1$ 放到 $\triangle ABC$ 上,使得 $\triangle C_1A_1D_1$ 与 $\triangle ACD$ 重合时,辅助线也就自然而然地产生了.

36. 第六种解法

下面的题已有五种解法,有人说都不够简单,我也做一种.

已知△ABC的外接圆圆心为O,AB=AC,BO延长线交AC于点D,AD=4,CD=6,求BC.

解 如图,延长BD交△ABC的外接圆于点E.

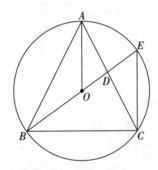

OA,EC均与BC垂直,所以

$$\frac{OA}{EC}=\frac{AD}{CD}=\frac{4}{6},$$

$$\cos\angle BAC=\cos E=\frac{EC}{BE}=\frac{EC}{2OA}=\frac{3}{4},$$

在△ABC中,AB=4+6=10.

由余弦定理

$$BC^2=10^2+10^2-2\times10\times10\cos\angle BAC=200-200\times\frac{3}{4}=50,$$

$$BC=\sqrt{50}=5\sqrt{2}.$$

37. 初中生可做的高三测试题

问题 在凸四边形 $ABCD$ 中，$AB=7$，$BC=13$，$\cos B=\dfrac{1}{7}$，$\angle BAD=2\angle BCD$，$CD=AD$.

(1)求 $\angle BCA$；　(2)求 AD.

解 (1)如图，自 A 作 $AE\perp BC$，垂足为点 E，则

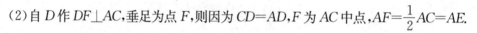

$$BE=AB\cos B=7\times\dfrac{1}{7}=1,$$

$$AE^2=7^2-1^2=48,$$

$$EC=BC-BE=13-1=12,$$

$$AC^2=EC^2+AE^2=12^2+48=12\times16=48\times4,$$

所以

$$AC=2\sqrt{48}=2AE,$$

在直角三角形 EAC 中，$\angle BCA=30°$.

(2)自 D 作 $DF\perp AC$，垂足为点 F，则因为 $CD=AD$，F 为 AC 中点，$AF=\dfrac{1}{2}AC=AE$.

因为

$$\angle EAC=90°-\angle BCA=90°-30°=60°,$$

$$\angle BAD=2\angle BCD,\angle ACD=\angle DAC,$$

所以

$$\angle DAF=\angle BAD-\angle BAC$$

$$=2\angle BCD-\angle BAC$$

$$=2(30°+\angle ACD)-(\angle BAE+60°)$$

$$=2\angle ACD-\angle BAE$$

$$=2\angle DAF-\angle BAE,$$

$$\angle DAF=\angle BAE.$$

因此

$$\text{Rt}\triangle DAF\cong\text{Rt}\triangle BAE(\text{AAS}),$$

$$AD=AB=7.$$

本题甚至不需要余弦定理，只用余弦定义(这当然是不可少的)与勾股定理即可解决，所以初中生也完全可做.

38. 作五边形

已知:五边形 $ABCDE$.

求作:五边形 $XYZUV$, XY 以 A 为中点, YZ 以 B 为中点, ZU 以 C 为中点, UV 以 D 为中点, VX 以 E 为中点.

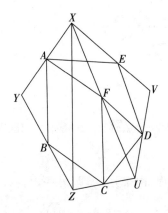

分析 $XZ \underline{\underline{\parallel}} 2AB$,

设 XU 的中点为 F,则 $2CF \underline{\underline{\parallel}} XZ$,

所以 $CF \underline{\underline{\parallel}} AB$.

又 $XU \underline{\underline{\parallel}} 2DE$,

所以 $XF \underline{\underline{\parallel}} DE$.

作法 　过 C 作 $CF \underline{\underline{\parallel}} AB$,得到点 F,

过 F 作 $FX \underline{\underline{\parallel}} DE$,得到点 X.

X 关于点 A 对称得 Y,

Y 关于点 B 对称得 Z,

Z 关于点 C 对称得 U,

U 关于点 D 对称得 V.

五边形 $XYZUV$ 即为所求.

39. 立即说出答案

求满足

$$x+\sqrt{x}=6+\sqrt{6} \tag{1}$$

的 x.

这道题容易,但要尽快说出答案.

尽快!

$x=6$ 是一个显然的根.

还有其他的根吗?

没有了,就这一个根,因为 $x+\sqrt{x}(x\geqslant 0)$ 显然严格递增,所以 $x=6$ 是(1)的唯一的根.

亦可视(1)为 $\sqrt{x}$ 的二次方程,由韦达定理,另一根为 $\sqrt{x}=-1-\sqrt{6}$,而这与算术根定义相悖.

后面的解释亦可处理形如 $x-2\sqrt{x}=6-2\sqrt{6}$ 这样的方程(这时 $x-2\sqrt{x}$ 并非严格递增).

40. 感觉还不够好

看到一位教师写的文章谈解方程

$$\sqrt{x+2}+\sqrt{x-1}-\sqrt{x-7}=0. \tag{1}$$

他正确地指出这个方程不需要采取通常的方法:移项,平方,……. 可以根据其特征,直接证明原方程无解. 他将(1)的左边变形为

$$\sqrt{x+2}+\frac{6}{\sqrt{x-1}+\sqrt{x-7}}, \tag{2}$$

从而得出左边为正,不为 0,方程无解.

这做法也是对的,但是这位教师对于大小的感觉还不够好.

其实(在 $x \geqslant 7$ 时),显然有 $\sqrt{x-1}>\sqrt{x-7}$,所以(1)的左边大于 0,太显然了,一望而知,根本不需要分子有理化(即变形(2)).

41. 别太折腾了！

看到一道题：

a 为实数，证明

$$a^{16}-a+1>0. \tag{1}$$

网师说"看着简单却几乎全军覆没的美国竞赛题，很多中国学霸都无能为力."

这位网师非常卖力地讲解，实在是大兜圈子，做法竟然是

……

$$a^{16}-a+1=\left(a^8-\frac{1}{2}\right)^2+\left(a^4-\frac{1}{2}\right)^2+\left(a^2-\frac{1}{2}\right)^2+\left(a-\frac{1}{2}\right)^2\geqslant0$$

……

太折腾了！

其实，(1)式显然啊！

$a<1$ 时，$a^{16}-a+1\geqslant-a+1>0$；

$a\geqslant1$ 时，$a^{16}\geqslant a$，$a^{16}-a+1\geqslant1>0$.

数学，还是简洁点为好！

42. 移动线段

如图 1,四边形 $ABCD$ 中,$AB = AD = DC$,$\angle BAD = 80°$,$\angle ADC = 160°$,求 $\angle ABC$.

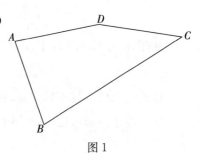

题不难,但得让图中的线段动起来.

例如平移 AB 到 DE,如图 2 所示.

这时,$\angle ADE = 180° - \angle BAD = 100°$,

$\angle CDE = \angle ADC - \angle ADE = 60°$.

图 1

从而 $\triangle DEC$ 是正三角形,$\angle CED = 60°$.

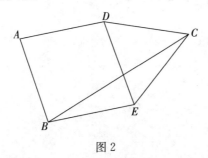

图 2

四边形 $ABED$ 是平行四边形,

$\angle BED = \angle BAD = 80°$,

$BE = AD = AB = DE = CE$,

$\angle ABE = 180° - \angle BAD = 100°$.

因为 $\angle CEB = \angle CED + \angle DEB = 60° + 80° = 140° < 180°$,

所以 B 与 A 在直线 CE 的同侧.

因为 $BE = CE$,所以

$\angle CBE = \angle BCE = \dfrac{1}{2}(180° - \angle CEB) = 20°$,

$\angle ABC = \angle ABE - \angle CBE = 100° - 20° = 80°$.

注　1. 平移 DC 到 AF,效果相同;

2. 注意上面证明了 B 与 A 在 CE 的同侧,直观上是显然的,但不可依赖直观.

43. 求面积

如图，正方形 $ABCD$ 中，E,F 分别在边 BC,CD 上，并且 $S_{\triangle ABE}=4$，$S_{\triangle FEC}=5$，$S_{\triangle AFD}=3$，求 $S_{\triangle AEF}$.

这道题大概心算不易完成，得用笔算算，但也不要做得太繁，越简单越好.

解 设正方形边长为 x（一个未知数足矣！）. 则

$$DF=\frac{2\times 3}{x}=\frac{6}{x},$$

$$FC=x-\frac{6}{x}.$$

同理

$$CE=x-\frac{8}{x}.$$

所以

$$\left(x-\frac{6}{x}\right)\left(x-\frac{8}{x}\right)=2\times 5,$$

整理得

$$x^4-24x^2+48=0,$$

所以

$$(x^2-12)^2=12\times 8.$$

从而

$$x^2-12=\sqrt{12\times 8}=4\sqrt{6}\,(只取正值) \tag{1}$$

即

$$S_{\triangle AEF}=4\sqrt{6}.$$

得到(1)后，应当清醒地知道 x^2-12 就是 $S_{\triangle AEF}$ 的面积！

注 若将 3、4、5 改为 a,b,c，则 $S_{\triangle AEF}=\sqrt{(a+b+c)^2-4ab}$.

44. 推广

如图，□$ABCD$中，E,F分别在边BC,CD上，并且$S_{\triangle ABE}=a$，$S_{\triangle AFD}=b$，$S_{\triangle ECF}=c$. 求$S_{\triangle AEF}$.

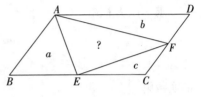

上次做过四边形$ABCD$是正方形的情况，推广到平行四边形，做法基本相同.

设$AB=x$，$AD=y$，$\angle B=\alpha$，则

$$\angle D=\alpha,\quad \angle C=\pi-\alpha,\quad DF=\frac{2b}{y\sin D}=\frac{2b}{y\sin \alpha},\quad FC=x-\frac{2b}{y\sin \alpha},$$

同理，

$$EC=y-\frac{2a}{x\sin \alpha},$$

所以

$$\left(x-\frac{2b}{y\sin \alpha}\right)\left(y-\frac{2a}{x\sin \alpha}\right)\sin \alpha=2c.$$

去分母得

$$(xy\sin \alpha-2b)(xy\sin \alpha-2a)=(2c\sin \alpha)xy,$$

从而

$$(xy\sin \alpha)^2-2(a+b+c)xy\sin \alpha+4ab=0,$$
$$xy\sin \alpha-(a+b+c)=\sqrt{(a+b+c)^2-4ab}.$$

即

$$S_{\triangle AEF}=\sqrt{(a+b+c)^2-4ab}（只取正值），$$

结论与上次完全相同.

熟悉仿射变换的人知道，可作一仿射变换将平行四边形$ABCD$变为正方形，而各面积依同一比值变化（相当于面积单位变化），因此$S_{\triangle AEF}$与上次结果相同自是意中之事，显然！

45. 三次方程组

求三次方程组

$$\begin{cases} x^3+2x-y=1 & (1) \\ y^3+y+x=11 & (2) \end{cases}$$

的实数解.

解 两个方程都是三次,啊呀! 难啊!

蜀道之难,难于上青天,可是这题很容易!

如果 $x \le 0$,那么由(1),

$$y \le 0,$$

但代入(2),左边 ≤ 0,

所以 $x > 0$.

$x = 1$ 时,由(1),$y = 2$.

代入(2),正好两边相等.

我找到了! ($\varepsilon \ddot{u} \eta \kappa \alpha$,Eureka)

$$\begin{cases} x=1, \\ y=2 \end{cases}$$是方程组的解!

但是,方程组仅此一解吗?

若 $x > 1$,则由(1),$y > 2$,

代入(2),左边 > 11.

若 $0 < x < 1$,则由(1),$y < 2$,

代入(2),左边 < 11,

所以原方程组有且仅有一组实数解$\begin{cases} x=1, \\ y=2. \end{cases}$

46. 现成的相似三角形

如图,已知⊙O的内接三角形ABC中,$\angle A=45°$,CO交AB于点E,BO交AC于点F.若$BF=m$,$CE=n$,求⊙O半径R.

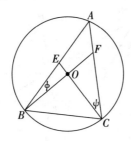

解 $\angle BOC=2\angle A=90°$,$BC=\sqrt{2}R$.

设$\angle EBO=\phi$,$\angle FCO=\psi$,

则$\angle BFC=\angle A+\phi=45°+\phi=\angle CBE$,

同理$\angle BCF=\angle CEB=45°+\psi$,

所以$\triangle BFC\backsim\triangle CBE$,$\dfrac{m}{BC}=\dfrac{CB}{n}$,

即 $$(\sqrt{2}R)^2=mn,R=\sqrt{\dfrac{mn}{2}}.$$

本题有现成的一对相似三角形,不必添辅助线.

47. 角度

如图 1,菱形 $ABCD$ 中,$\angle BCD=60°$,E 为 BC 上一动点,F 为 DE 中点,过 F 作 DE 垂线,交 AC 于点 G.问:当 E 在 BC 上变动时,$\angle GEF$ 的大小是否有变化?

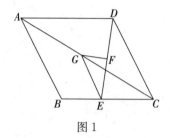

图 1

可以猜到 $\angle GEF$ 是不变的,但怎么证明呢?

证法虽然很多,希望尽量简单.

本文的标题"角度",其实并非仅指求 $\angle GEF$,而是指看问题的角度.

换一个角度来看这一题.

如图 2,作 $\triangle CDE$ 的外接圆,交 AC($\angle BCD$ 的平分线)于点 H,因为 CA 平分 $\angle ECD$,所以 $\overset{\frown}{HD}=\overset{\frown}{HE}$,$HD=HE$,所以 H 也是 AC 与 DE 的垂直平分线的交点.

换言之,H 就是 G.

于是 $\angle GEF$($\angle HEF$)$=\angle GCD=30°$.

这也就是"同一法"吧.

本题中"菱形"是过强的条件,只需要 CA 平分 $\angle BCD$,$60°$也可以换为任一角 α,答案为 $\dfrac{\alpha}{2}$.

其实这是一个我们非常熟悉的图形,只不过换了个角度(位置),好像赵匡胤披上龙袍当了皇帝,其实仍是那个红脸汉子.

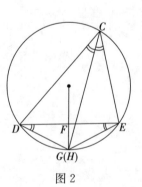

图 2

48. 三角形面积

如图,已知 P 在 $\square ABCD$ 内,且 $S_{\triangle PDA}=3\,370$,$S_{\triangle PAB}=5\,392$.
求 $\triangle PAC$ 的面积.

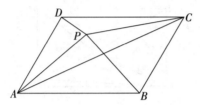

解法一　$S_{\triangle PDA}+S_{\triangle CPB}=S_{\triangle PAB}+S_{\triangle CDP}=\dfrac{1}{2}S_{\square ABCD}$,

所以

$$S_{\triangle PAC}=S_{\text{四边形}PABC}-S_{\triangle CAB}=S_{\triangle PAB}+S_{\triangle CPB}-\frac{1}{2}S_{\square ABCD}$$

$$=S_{\triangle PAB}-\left(\frac{1}{2}S_{\square ABCD}-S_{\triangle CPB}\right)=S_{\triangle PAB}-S_{\triangle PDA}$$

$$=5\,392-3\,370=2\,022.$$

解法二　以 A 为原点,建立直角坐标系.

设 B 点坐标为 (x_B,y_B),则 C 点坐标

$$x_C=x_B+x_D,$$

$$y_C=y_B+y_D,$$

$$S_{\triangle PAC}=\frac{1}{2}\begin{vmatrix} x_C & y_C \\ x_P & y_P \end{vmatrix}$$

$$=\frac{1}{2}\begin{vmatrix} x_B+x_D & y_B+y_D \\ x_P & y_P \end{vmatrix}$$

$$=\frac{1}{2}\begin{vmatrix} x_B & y_B \\ x_P & y_P \end{vmatrix}-\frac{1}{2}\begin{vmatrix} x_P & y_P \\ x_D & y_D \end{vmatrix}$$

$$=S_{\triangle PAB}-S_{\triangle PDA}$$

$$=5\,392-3\,370=2\,022.$$

49. 一道初中面积题

如图，$S_{\triangle BEA}=8$，$S_{\triangle DEF}=3$，$S_{\triangle FBC}=1$，求矩形 $ABCD$ 的面积.

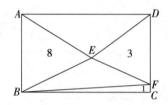

解 依靠割补，不能得出矩形面积.

只好设未知数了.

未知数不宜太多，太多了，需解多个方程组.

未知数也不宜太少，太少了，列方程有困难.

设两个吧.

设 $AB=a$，$CF=b$，宽的方向上设了未知数，长的方向上就不必设了.

事实上，$BC=\dfrac{2}{b}$，E 到 AB 的距离 $=\dfrac{16}{a}$，E 到 DF 的距离 $=\dfrac{6}{a-b}$.

而由上述三者的关系正好得方程

$$\frac{2}{b}=\frac{16}{a}+\frac{6}{a-b}. \tag{1}$$

建立(1)，实在是一件轻而易举的事，矩形，当然要想想长，想想宽，不要胡思乱想，想入非非.

只有一个方程够吗？

够了！（用这二个字母，你也列不出第二个独立的方程）

因为

$$S_{矩形ABCD}=a\times\frac{2}{b}=\frac{2a}{b}, \tag{2}$$

所以一个方程(1)已经足够，而且不是求出 a,b，而是求出 $\dfrac{a}{b}$ 的值！

由(1)化简（约去 2，再去分母）得

$$a(a-b)=8b(a-b)+3ab,$$

整理得

$$a^2-12ab+8b^2=0,$$

$$\frac{a}{b}=6\pm2\sqrt{7},$$

从而

$$S_{矩形ABCD}=\frac{2a}{b}=12+4\sqrt{7}(12-4\sqrt{7}太小,舍去).$$

看到这个出现 $\sqrt{7}$ 的答案,对于依靠分割不能解决问题的说法,应当心服了.

总结一下,关于矩形的方程,应当想想长,想想宽,想想面积,卑之无甚高论.

切忌将题想得过难,走火入魔.

香港 譔韻

百餘年前
小漁村努
力自強不沉
淪一顆明珠
照南海彰
顯中華民
族魂

50. 不用三角

如图 1，已知 $\triangle ABC$ 中，$AB=AC$，$BC=6$，$\angle B=75°$，求 $\triangle ABC$ 的面积.

不用三角，谁能做？

解题好坏的标准，当以简单而一般为佳.

此外，从教学（或教育）观点看，所用知识应尽可能简单，小学阶段，尽量限制在小学知识范围内；初中阶段，尽量限制在初中范围内. 所以有一些高中的题不宜搬到初中，初中的题不宜搬到小学. 除非仅用所涉范围内的知识，而且并不繁琐.

图 1

当然，反过来，小学的题，不提倡用初中的方法解，初中的题不提倡用高中的方法解. 除非本题原来就是更上一层的题，而且用稍高的知识，解法简单而且一般.

上图是一道初中数学题，不用三角如何做？

这当然要用特殊角（$30°,45°,60°$ 或 $90°$）了.

本题的关键即利用 $75°=60°+15°=60°+\dfrac{1}{2}\times30°$.

如图 2，以 BC 为底，在 $\triangle ABC$ 内作正三角形 EBC，则 E 在 BC 的中垂线上，也就是等腰三角形 ABC 的高 AD 上，这里 D 在 BC 上.

$$\angle ACE=\angle ACB-\angle ECB=75°-60°=15°,$$

$$\angle EAC=\frac{1}{2}\angle BAC=\frac{1}{2}(180°-2\times75°)=\angle ACE,$$

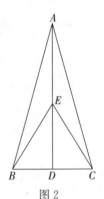

图 2

所以
$$AE=CE=BC=6,$$

$$DE=CE\times\frac{\sqrt{3}}{2}=3\sqrt{3}.$$

$$S_{\triangle ABC}=\frac{1}{2}\times BC\times(AE+DE)=3(6+3\sqrt{3})=18+9\sqrt{3}.$$

用三角，似乎还不及这个解法简单.

51. 线段的长

如图,已知 $AE=27$, $BF=64$, 求 AB 的长.

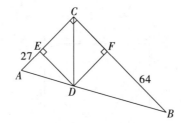

解 更一般地,记 $AE=m$, $BF=n$, $AD=c_1$, $DB=c_2$, $AB=c$, $AC=b$, $BC=a$.

则由相似三角形可知,$\triangle ADE \backsim \triangle ACD \backsim \triangle ABC$,所以

$$\frac{m}{c_1}=\frac{c_1}{b}=\frac{b}{c},$$

所以

$$\frac{m}{c}=\frac{m}{c_1}\times\frac{c_1}{b}\times\frac{b}{c}=\left(\frac{m}{c_1}\right)^3,$$

$$c_1=m\left(\frac{c}{m}\right)^{\frac{1}{3}}=m^{\frac{2}{3}}c^{\frac{1}{3}}. \tag{1}$$

同理

$$c_2=n^{\frac{2}{3}}c^{\frac{1}{3}}. \tag{2}$$

(1)(2)相加得

$$c=(m^{\frac{2}{3}}+n^{\frac{2}{3}})c^{\frac{1}{3}},$$

即

$$c=(m^{\frac{2}{3}}+n^{\frac{2}{3}})^{\frac{3}{2}}.$$

特别地,$m=27$, $n=64$ 时,

$$c=5^3=125.$$

当然,利用三角函数也可得出同样的结论.

52. 培养感觉

如图 1,已知正方形 $ABCD$,F 为 AB 中点,$AE \perp DF$,G 为垂足,E 在 BC 上,$EG=3$,求边长 AB.

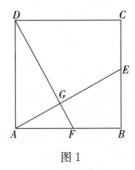

图 1

解法一是网上的,网师觉得仅有 $EG=3$,不太好直接去求 AB,于是采取方程法. 设 $AB=2a$,由 $\triangle DAF \cong \triangle ABE$ 得 $AF=BE=a$.

由 $\triangle AGF \backsim \triangle ABE$ 得

$$\frac{AG}{AB}=\frac{AF}{AE},$$

由勾股定理,

$$AE=\sqrt{a^2+(2a)^2}=\sqrt{5}a,$$

$$AG=\sqrt{5}a-3,$$

由

$$\frac{\sqrt{5}a-3}{2a}=\frac{a}{\sqrt{5}a},$$

解得

$$a=\sqrt{5},AB=2\sqrt{5}.$$

解法一当然是正确的,但用了代数方法,设未知数,用比例式建立方程,几何直观少了一些. 其实解题,不仅是解题,还有助于培养我们的数学感觉. 而数学感觉又可帮助我们题解. 本题的正方形是一个很优美的图形,优美体现在图形的对称,正方形既是轴对称图形,又是中心对称图形,而且绕中心旋转 $45°$ 为自身(这也可以说是一种对称).

如图 2,F 是 AB 中点,易知 E 也是 BC 的中点,而且设 I,J 分别为 CD,DA 中点,则

DF, AE, BI, CJ 围成一个正方形 $GHPQ$.

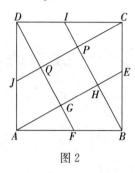

图 2

非常优美!

由 $DF /\!/ BI$, 知道 FG 是 $\triangle ABH$ 的中位线, $AG=GH$, $GF=\dfrac{1}{2}HB$,

从而 $AG, GH, BH, HP, CP, PQ, DQ, QG$ 都是相等的, FG, EH, IP, JQ 也都是相等的, 而且是前者的一半.

已知 $GE=GH+HE=3$, 当然 $GH=2, HE=1$.

$$AB=\sqrt{AH^2+BH^2}=\sqrt{4^2+2^2}=2\sqrt{5}.$$

解法二不仅得出了答案, 而且有助于培养数学的感觉, 我们看到了正方形中的对称, 看到很多线段的大小关系、平行关系、垂直关系, 这些东西很可能在解其他的题时仍然有用.

53. 正方形——优美的对称图形

如图 1，正方形 $ABCD$ 中，$AB = 2\,025$，M 为 AB 中点，G 在正方形内，且 $\angle MGD = 90°$，$\angle GDM = \angle MDA$，求 G 到 BC 的距离.

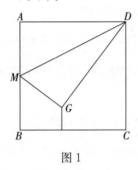

图 1

这是一道初中的题，希望少用三角，不动笔.

关于正方形，上节说过，应当熟知图形，如图 2 所示，其中 L,M,N,P 为各边中点.

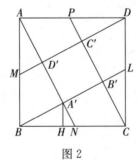

图 2

并且 AN,BL,CP,DM 围成正方形 $A'B'C'D'$，
$$AD' = D'A' = B'C = 2A'N.$$

A' 与 A 关于 DM 对称，所以 A' 即已知点 G，
所以
$$GN = \frac{1}{5}AN,$$

$$GH = \frac{1}{5}AB = \frac{1}{5} \times 2\,025 = 405.$$

54. 先把容易的题做好

无论学生，还是教师，首先应把基本的、不太难的题做好.

有些教师爱做难题，作为个人爱好，当然没有什么不对. 但如果对一般的（甚至水平较差的）学生，讲过难的题，恐怕不但无益，反而有害.

过难的题，考试一般不会考（也不应该考），即使考，做不出来也没关系，因为大多数人都做不出来，等于没有这道题.

难题不会不要紧，基本的、容易的题必须会做，必须做好. 如果没做好，那就比大多数人少了分数.

有些人（特别是教师），对容易的题掉以轻心，解答也不好好写，常常省去很多必要的过程. 这是不妥的.

以上节的题为例.

有人这样写：

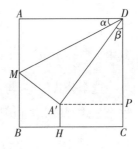

因为
$$\tan\beta=\frac{3}{4}, DP=\frac{2\,025}{5}\times4=1\,620,$$
所以
$$A'H=PC=2\,025-1\,620=405.$$

第一步用正切的定义.

第二步就跨得太大了，想来是用二倍角公式：
$$\tan\beta=\cot 2\alpha=\frac{1-\tan^2\alpha}{2\tan\alpha}=\frac{3}{4}.$$

第三步跨得也太大了，想来是用了
$$\cos\beta=\sqrt{\frac{1}{1+\tan^2\beta}}=\frac{4}{5}.$$

如果讲给学生听，这二、三两步必须写详细些.

一个很大的问题，就是这位解题者没有注意题目的要求. 第一，它是初中的题，应少用三角，只能用三角函数的定义，而上面的解法三角太多；再者，题目要求不动笔，即尽量心算. 上面的解法似对心算能力的要求过高.

做题，希望找到最好的解法，如果自己的解法不好，应当学习别人的好的解法，切忌故步自封，切忌自恋. 如果没有其他的解法，也应将已有的解法（特别是自己的解法）写好. 教师尤应起示范作用，以身作则.

55. 小题大做

一道选择题：

在平面四边形 $ABCD$ 中，$AB=1$，$AD=4$，$BC=CD=2$，四边形 $ABCD$ 的面积的最大值为（　　）

A. $\dfrac{5\sqrt{7}}{7}$　　　　　　　　　B. $\dfrac{5\sqrt{7}}{8}$

C. $4\sqrt{2}$　　　　　　　　　D. $2\sqrt{2}$

虽是选择题，要做对必要花费时间.

最好知道更一般的结果：

设四边形 $ABCD$ 的边长为 a,b,c,d，则它的面积的最大值为

$$\sqrt{(s-a)(s-b)(s-c)(s-d)}, \tag{1}$$

其中 $s=\dfrac{1}{2}(a+b+c+d)$ 为半周长.

这个公式好记，与 Heron 公式差不多，$d=0$ 的退化情况就是 Heron 公式，所以，知道这个公式，并不增加记忆负担，而眼前的题却迎刃而解.

$$s=\frac{9}{2}, s-a=\frac{7}{2}, s-b=\frac{1}{2}, s-c=s-d=\frac{5}{2},$$

面积最大值为

$$\left(\frac{7}{2}\times\frac{1}{2}\times\frac{5}{2}\times\frac{5}{2}\right)^{\frac{1}{2}}=\frac{5}{4}\sqrt{7},$$

当且仅当四边形 $ABCD$ 内接于圆时，面积最大，这些均可参看约翰逊的《近代欧氏几何学》，上海教育出版社出版，§109.

56. 此题不难

如图，A, B, C, D 及 A', B', C', D' 分别共线，AB' 交 $A'B$ 于点 P，CD' 交 $C'D$ 于点 Q.

求证：$\dfrac{S_{\triangle AA'P} - S_{\triangle BB'P}}{S_{\triangle CC'Q} - S_{\triangle DD'Q}} = \dfrac{AB \times A'B'}{CD \times C'D'}$.

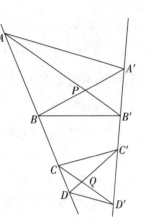

证明 设直线 AB 与 $A'B'$ 相交于 O，$\angle AOA' = \alpha$，又设 A' 到 AB 的距离为 h，则

$$S_{\triangle ABA'} = \frac{h}{2} \times AB = \frac{1}{2} OA' \times AB \sin \alpha,$$

同理

$$S_{\triangle ABB'} = \frac{1}{2} OB' \times AB \sin \alpha.$$

所以

$$
\begin{aligned}
S_{\triangle AA'P} - S_{\triangle BB'P} &= S_{\triangle ABA'} - S_{\triangle ABB'} \\
&= \frac{1}{2} OA' \times AB \sin \alpha - \frac{1}{2} OB' \times AB \sin \alpha \\
&= \frac{1}{2} A'B' \times AB \sin \alpha.
\end{aligned}
$$

同理

$$S_{\triangle CC'Q} - S_{\triangle DD'Q} = \frac{1}{2} C'D' \times CD \sin \alpha,$$

所以

$$\frac{S_{\triangle AA'P} - S_{\triangle BB'P}}{S_{\triangle CC'Q} - S_{\triangle DD'Q}} = \frac{AB \times A'B'}{CD \times C'D'}.$$

57. 一道美国邀请赛试题

下面是 2021 年的 AIME 的第 2 题.

如图,长方形 $ABCD$ 中,$AB=3$,$BC=11$. 长方形 $AECF$ 中,$AF=7$,$FC=9$,两个长方形的公共部分(图中阴影部分)面积为 $\dfrac{m}{n}$,其中 m,n 为互质的正整数,求 $m+n$.

这道题不难,但是先别看下面的解答,自己做一做.

数学奥林匹克的目的之一就是发现天才,天才是什么样?众说纷纭,但至少有一点,天才应当有创造性,有点与众不同,"you are different". 所以希望你给出的解答有独到之处(这种闪光之点并不常见).

设 $S_{\triangle AGC}$,$S_{\triangle ABG}$,$S_{\triangle CEG}$ 分别为 x,y,z,则

$$\begin{cases} x+y=\dfrac{3\times 11}{2}, & (1) \\ x+z=\dfrac{7\times 9}{2}. & (2) \end{cases}$$

易知 $\triangle ABG \backsim \triangle CGE$,所以

$$\frac{y}{z}=\left(\frac{AB}{CE}\right)^2=\frac{3^2}{7^2},$$

即

$$49y=9z.$$

$49\times(1)-9\times(2)$,得

$$40x=\frac{3\times 7}{2}\times(7\times 11-3\times 9)=\frac{21\times 50}{2},$$

$$S_{\text{阴影}}=2x=\frac{105}{4},$$

$$m+n=105+4=109.$$

如果你做了一个解答,可以与上面的解答比较一下,择善而从,从善如流,不知是不是天才的表现?但对于学习,肯定有益. 经常汲取他人长处,进步必快;反之,总以为"文章自己的好",就容易故步自封了.

注 上面提供的解答是我做的,并非 AIME 的标准解答.

58. 对称

见到一道几何题：

如图，$\triangle DAC$ 是正三角形，M 为 AC 中点，$\angle ABC=60°$，并且 B 与 D 在 AC 的不同侧.

求证：$BD=2BM$.

证明　在作正三角形 DAC 及 B 点时，可以顺便画出 $\triangle DAC$ 与 $\triangle BAC$ 的外接圆 $\odot O$，$\odot O'$.

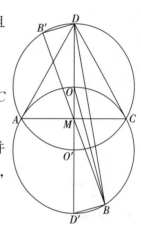

因为 $\angle ABC=\angle ADC=60°$，所以 $\odot O$ 与 $\odot O'$ 是相等的圆，并且连心线 OO' 过 AC 中点 M 及点 D，O 在 $\odot O'$ 上，O' 在 $\odot O$ 上，$OM=\dfrac{1}{3}DM$.

设 OO' 交 $\odot O'$ 于 D'，连接 $D'B$，OD，OB.

这个图是一个对称图形，关于 AC 轴对称，也关于 OO' 轴对称，又关于点 M 中心对称.

如果延长 BM 交 $\odot O$ 于点 B'，连接 $B'D$，那么由中心对称，$MB'=MB$，$BB'=2MB$，$B'D \parallel BD'$.

因为直径所对的圆周角为直角，所以

$$\angle OBD'=90°,$$

而

$$B'D \parallel BD',$$

所以

$$OB \perp B'D.$$

因为 O 为 $\odot O$ 圆心，所以 OB 平分 $B'D$.

所以 OB 是 $\triangle BB'D$ 的对称轴，所以

$$BD=BB'=2BM.$$

对称很美，也很实用.

本题利用对称，很容易得到结论，所用知识极少，极少.

59. 外心

如图 1,已知 $\angle ABD=45°$,$\angle ACD=60°$,$CD=2BC$,求 $\angle D$ 的大小.

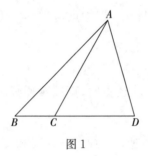

图 1

解　$CD=2BC$,即 $\frac{1}{2}CD=BC$,$\angle ACD=60°$,所以作 $DE\perp AC$,垂足为点 E,构成直

角三角形 DEC,其中 $\angle CDE=90°-\angle ACD=30°$,如图 2 所示.

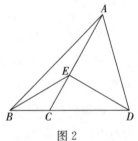

图 2

从而 $CE=\frac{1}{2}CD=BC$.

这时,$\angle EBC=\frac{1}{2}\angle ACD=30°=\angle CDE$,

从而 $EB=ED$.

又 $\angle ABE=\angle ABC-\angle EBC=45°-30°=15°$,

$\angle CAB=\angle ACD-\angle ABC=15°=\angle ABE$,

所以 $EA=EB$,

从而 E 为 $\triangle ABD$ 的外心.

$\angle ADB=\frac{1}{2}\angle AEB=\frac{1}{2}(180°-2\times15°)=75°$,

看出 E 为 $\triangle ABD$ 外心,可以省去一些计算.

60. 试题速递（一）

已知圆内接四边形 $ABCD$ 中，$AB=AD$，E，F 分别在 CB，DC 延长线上，$DF=EF+BE$. 求证：$\angle BAD=2\angle EAF$.

证明 这道题容易，辅助线请读者自己画出.

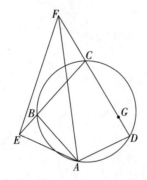

在 DF 上取点 G，使 $FG=EF$，则 $DG=BE$，连接 AG.

易知

$$\triangle ABE \cong \triangle ADG, \angle BAE=\angle DAG, AG=AE.$$

易知

$$\triangle AFG \cong \triangle AFE, \angle EAF=\angle GAF.$$

所以

$$\angle BAD = \angle GAF+\angle DAG+\angle BAF$$
$$= \angle EAF+\angle BAE+\angle BAF$$
$$= 2\angle EAF.$$

这道题及下两节的题都是老封(叶中豪的笔名)出的.

61. 试题速递（二）

如图，$\triangle ABC$ 的内心为 I，$DE \perp AI$，分别交 AB，AC 于 D，E．FG 是 $\odot I$ 的切线，分别交 AB，AC 于 F，G．求证：$BD \times CE = DF \times EG$．

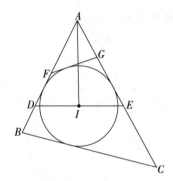

证明　设 $\odot I$ 半径为 r，$\alpha = \dfrac{1}{2}\angle BAC$．

如果 $BC \perp AI$，那么 $\triangle ABC$ 是等腰三角形，

$$BD \times CE = BD^2 = \left(\frac{r}{\cos \alpha}\right)^2. \tag{1}$$

如果 BC 不垂直于 AI，我们证明仍有

$$BD \times CE = \left(\frac{r}{\cos \alpha}\right)^2.$$

事实上，设 $\angle DBI = \beta$，$\angle ICE = \gamma$，则 $\beta = \dfrac{1}{2}\angle ABC$，$\gamma = \dfrac{1}{2}\angle ACB$．

$\angle DIB = \angle ADI - \beta = 90° - \alpha - \beta = \gamma$，$\angle EIC = \angle AEI - \gamma = 90° - \alpha - \gamma = \beta$，

所以 $\triangle DIB \backsim \triangle ECI$，

$$BD \times CE = DI \times IE = DI^2 = \left(\frac{r}{\cos \alpha}\right)^2,$$

同理，可得 $DF \times EG = \left(\dfrac{r}{\cos \alpha}\right)^2$．

图及细节，读者不难补足．

62. 试题速递（三）

如图，$\triangle ABC$ 的对 C 的旁切圆分别切 BC，AB 于 E，G. 对 B 的旁切圆分别切 BC，AC 于 F，H. D 为边 BC 上一点，I_1，I_2 分别为 $\triangle ABD$，$\triangle ADC$ 的内心. I_1，I_2 到 EG 的距离分别为 w，y，到 FH 的距离分别为 x，z.

求证：
$$\frac{wz}{xy}=\frac{AB+AC-BC}{AB+AC+BC}. \tag{1}$$

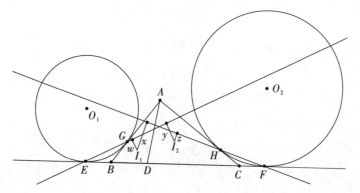

用通常记号 $AB=c$，$BC=a$，$CA=b$，$s=\dfrac{a+b+c}{2}$，$\odot I_1$，$\odot I_2$ 的半径分别为 r_1，r_2.

$\triangle ABC$ 的内心为 I，内切圆半径为 r，I 在直线 BI_1 上.

因为 $BG=BE=s-a$，所以 $\angle GEB=\angle EGB=\dfrac{1}{2}\angle ABC$，$BI_1 /\!/ EG$，所以

$$w=BE\sin\frac{B}{2}=(s-a)\sin\frac{B}{2}.$$

同理

$$z=(s-a)\sin\frac{C}{2}.$$

作 $I_1Q /\!/ IC(/\!/ FH)$ 交 BC 于点 Q，

$$BQ=BC\times\frac{BI_1}{BI}=\frac{r_1a}{r},$$

$$QF=BF-BQ=s-\frac{r_1a}{r},$$

$$x = \left(s - \frac{r_1 a}{r}\right) \sin \frac{C}{2}.$$

同理

$$y = \left(s - \frac{r_2 a}{r}\right) \sin \frac{B}{2}.$$

所以

$$\frac{wz}{xy} = \frac{(s-a)^2}{\left(s - \frac{r_1 a}{r}\right)\left(s - \frac{r_2 a}{r}\right)}. \tag{2}$$

于是(1)即

$$s(s-a) = \left(s - \frac{r_1 a}{r}\right)\left(s - \frac{r_2 a}{r}\right), \tag{3}$$

化简为等价的

$$\left(\frac{r}{r_1} - 1\right)\left(\frac{r}{r_2} - 1\right) = \frac{s-a}{s}. \tag{4}$$

设 $BD = a_1, DC = a_2$，又设 $\odot I_1, \odot I_2$ 分别切 BC 于 X, Y，则

$$\text{Rt}\triangle I_1 XD \backsim \text{Rt}\triangle DYI_2,$$

$$r_1 r_2 = XD \cdot DY = (a_1 + d - c)(a_2 + d - b).$$

又

$$\frac{r}{r_1} = \frac{c+a-b}{c+a_1-d}, \frac{r}{r_2} = \frac{b+a-c}{b+a_2-d},$$

所以

$$\left(\frac{r}{r_1} - 1\right)\left(\frac{r}{r_2} - 1\right) = \frac{(a_2 - b + d)(a_1 + d - c)}{(c+a_1-d)(b+a_2-d)}$$

$$= \frac{r_1 r_2}{(c+a_1-d)(b+a_2-d)}$$

$$= \tan \frac{B}{2} \tan \frac{C}{2}$$

$$= \frac{r}{s-b} \cdot \frac{r}{s-c}$$

$$= \frac{\triangle^2}{s^2 (s-b)(s-c)} \quad (\triangle \text{表示} \triangle ABC \text{ 的面积})$$

$$= \frac{s-a}{s}.$$

第 60~62 这三节的题都是叶中豪首创的.

63. 多一问,再多一问

已知△ABC 是等腰直角三角形,$BA=BC$,△ADE 也是等腰直角三角形,$DA=DE<BC$,M 为 EC 中点.

(1)D,E 分别在 AC,AB 上,BM 与 DM 有何关系?

(2)如果将(1)中的△ADE 绕 A 旋转 $90°$到图 2 的位置,(1)中结论是仍成立?

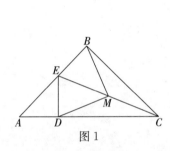

图1

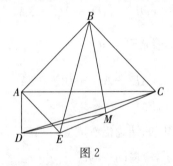

图2

解 (1)$BM=DM$,这结论几乎是显然的,斜边上的中线等于斜边的一半,所以由 Rt△EBC 与 Rt△EDC,$BM=\frac{1}{2}CE=DM$.

(2)结论仍成立,但不显然了,没有(1)中可以直接利用的直角三角形.

关于中线还有一个常用的中线公式.

在△BEC 中,

$$4BM^2=2(BE^2+BC^2)-CE^2=2(AE^2+BA^2+BC^2)-CE^2$$
$$4DM^2=2(DE^2+DC^2)-CE^2=2(DE^2+DA^2+AC^2)-CE^2$$
$$=2(AE^2+AC^2)-CE^2$$
$$=2(AE^2+BA^2+BC^2)-CE^2=4BM^2.$$

于是(1)中结论依然成立.

问题做完了,但我们还可以再多一问:

在△ADE 绕 A 旋转的过程中,旋转角 $\alpha<90°$时,相应的结论是否成立?

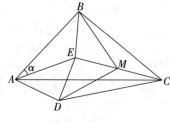

图 3

如图 3，前面用了勾股定理，现在要用余弦定理.

仍有 $4BM^2 = 2(BE^2 + BC^2) - CE^2$

$$= 2(AB^2 + AE^2 - 2AB \cdot AE\cos \alpha + BC^2) - CE^2.$$

注意 $\angle CAD = 45° - \angle EAC = \alpha$.

$4DM^2 = 2(DE^2 + DC^2) - CE^2$

$$= 2(DE^2 + AD^2 + AC^2 - 2AD \cdot AC\cos \alpha) - CE^2$$

$$= 2\left(AE^2 + AC^2 - 2 \times \frac{AE}{\sqrt{2}} \times \sqrt{2}AB\cos \alpha\right) - CE^2$$

$$= 2(AE^2 + AB^2 + BC^2 - 2AB \times AE\cos \alpha) - CE^2$$

$$= 4BM^2.$$

于是，相应的结论仍然成立.

题做完了，应多问一问.

教师也应鼓励学生问，不要认为学生的问是多此一问.

国际上的学术报告，最后都有一句："Any question?"

64. 三个单位圆

如图 1，有三个单位圆，$\odot O_2$ 与 $\odot O_1$，$\odot O_3$ 都相切．$\odot O_1$ 与矩形 $ABCD$ 的边 AB，AD 相切，$\odot O_3$ 与 BC，CD 相切，并且 $\odot O_1$，$\odot O_3$ 都与 BD 相切，求矩形 $ABCD$ 的面积．

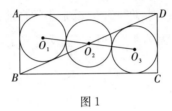

图 1

本题做法不止一种．

解 如图 2，设 $BE=BG=a$，$DF=DG=b$，则

$$a-b=2\times OG=2\sqrt{3}. \tag{1}$$

又 $(a+1)^2+(b+1)^2=(a+b)^2,$

即

$$a+b=ab-1. \tag{2}$$

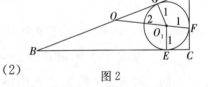

图 2

$(2)^2-(1)^2$，得

$$4ab=a^2b^2-2ab-11,$$

所以

$$(ab-3)^2=20.$$

$$ab=3+2\sqrt{5}, \tag{3}$$

$$a+b=ab-1=2+2\sqrt{5}. \tag{4}$$

矩形面积为

$$(a+1)(b+1)=ab+a+b+1=6+4\sqrt{5}.$$

（如果知道 ab 即 $\triangle BCD$ 面积，那么由 (3) 立即得出，矩形面积为 $2ab=6+4\sqrt{5}$）

虽然做法多种多样，但保持 a,b 的对称地位的解法较好．

65. 多少个逆序

将 1,2,3 任意排列,共有 3!＝6 种排法.

即 123,132,213,231,312,321.

123 中,相邻两个一对,有两对,即 12,23 都是小的在前,大的在后.

132 中,13 仍是小的在前,大的在后,但 32 就反过来了,小的在后,大的在前,这称为 1 个逆序.

213,231,312 中都有 1 个逆序.

321 中有 2 个逆序.

因此上述 6 种排列中,共有 6 个逆序.

1,2,3,4 的排列有 4!＝24 种,其中共有多少个逆序?

答案是 36.

1,2,3,4,5 的 5! 个排列中,一共有多少个逆序?

更一般地,1,2,$\cdots$,n 这前 $n(\geqslant 2)$ 个自然数的 $n!$ 个排列中,共有多少个逆序?

解 解决这个问题,还是需要 Gauss 的智慧.将 $n!$ 个排列两两配对,排列

$$a_1, a_2, \cdots, a_n \tag{1}$$

与

$$a_n, a_{n-1}, \cdots, a_1 \tag{2}$$

配对,(1)中 a_i,a_{i+1} 若为逆序,则(2)中 a_{i+1},a_i 为顺序,反之亦然.所以(1)、(2)中 $2 \times (n-1)$ 个相邻的数对中,恰有 $n-1$ 个逆序.$n!$ 个排列中,共有 $\dfrac{n!}{2} \times (n-1)$ 个逆序.

第二章

教然后知困

这一章有些内容是专门为教师写的,当然,学生也可以看.

教师,应当热爱自己的工作.要点燃学生的热情,你自己就必须是一团火.

数学教师,应该努力提高自己的水平,特别是解题能力.

要用相当多的时间亲自解题,解完后,还应细细琢磨,解法好不好?繁不繁?能不能做得更好些?为什么要这样做?关键在哪里?等等.更要考虑怎样讲给学生听.

如果解法是别人的或书上的,先要细细消化,真正掌握.

本章对学、问及解题等发了一些议论,谨供参考.

66. 基本功

如图,扇形半径为 6,阴影部分周长为 $10+3\pi$,求矩形面积.

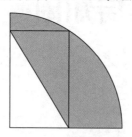

这道题不难,然而我见到一位数学老师做了两次都未做对,深感教师的基本功必须加强!

首先,应知道扇形的弧长 $=\dfrac{2\pi\times 6}{4}=3\pi$,所以其他边界长度之和为 10.

矩形的对角线长即扇形半径,为 6,所以剩下边界的长度之和为 $10-6=4$.

如果设矩形边长为 a,b,那么
$$(6-a)+(6-b)=4,$$
所以
$$a+b=12-4=8.$$
而
$$a^2+b^2=r^2=6^2,$$
所以矩形面积
$$ab=\frac{1}{2}((a+b)^2-(a^2+b^2))=\frac{1}{2}(8^2-6^2)=14.$$

67. 不该用的方法

如图1,矩形 $ABCD$ 的长为 4,宽为 2. E,F 分别在 AB,BC 上,并且 $BE=BF=1$,这时,不难算出 $S_{\triangle DEF}=2\times4-\dfrac{1}{2}(1\times4+1\times1+2\times3)=\dfrac{5}{2}$.

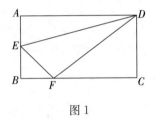

图1

而 $\triangle DEF$ 的边长分别为

$$DE=\sqrt{1^2+4^2}=\sqrt{17},EF=\sqrt{2},DF=\sqrt{13}.$$

于是,得出一道希望杯的试题:

$\triangle DEF$ 的边长为 $DE=\sqrt{17}$,$EF=\sqrt{2}$,$DF=\sqrt{13}$,求 $S_{\triangle DEF}$.

如果知道上面命题的过程,那么作一个边长为 2×4 的矩形 $ABCD$,再把 $\triangle DEF$ "装" 进去,就解决了.

但是,你不是命题者肚子里的蛔虫,你怎么知道去作一个 2×4 的矩形 $ABCD$?

的确想不到上面的解法,而且也不应该用上面的方法,因为它缺乏一般性.

已知三条边长,求三角形的面积,可用海伦公式:

$$\triangle=\sqrt{s(s-a)(s-b)(s-c)},$$

其中 $\triangle$ 为三角形的面积,a,b,c 为边长,$s=\dfrac{a+b+c}{2}$.

这公式很好记,但上述 a,b,c 均为平方根,不太好计算,这时,需要对公式进行变形(我国秦九韶的三斜求积法即作了变形). 最常用的是

$$16\triangle^2=2a^2b^2+2b^2c^2+2c^2a^2-a^4-b^4-c^4,$$

也是好记的公式,现在

$$16\triangle^2 = 2\times17\times13 + 2\times17\times2 + 2\times13\times2 - 17^2 - 13^2 - 2^2$$
$$= 4\times(17+13) - (17-13)^2 - 2^2 = 120 - 16 - 4 = 100,$$

所以

$$\triangle = \sqrt{\frac{100}{16}} = \frac{5}{2}.$$

初中学生不知道上述公式,怎么办?

也很简单,求出它的一条高即可.

首先,$DE^2 = 17 > 13 + 2 = DF^2 + EF^2$,所以$\angle DFE$是钝角.

如图2,过D作直线EF的垂线,垂足为点H.

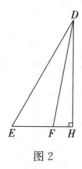

图2

因为$\angle DFE$是钝角,所以垂足H在线段EF的延长线上.

$$17 - 13 = DE^2 - DF^2 = EH^2 - FH^2 = (EH + FH)\cdot EF,$$

而$EF = \sqrt{2}$,

所以

$$EH + FH = \frac{4}{\sqrt{2}} = 2\sqrt{2},\ FH = \frac{\sqrt{2}}{2},\ DH = \sqrt{13 - \frac{1}{2}} = \frac{5\sqrt{2}}{2},$$

$$S_{\triangle DEF} = \frac{1}{2}\times EF\times DH = \frac{5}{2}.$$

这种做法堂堂正正,虽无特殊技巧,却具有普遍性.我们应当提倡这种带有普遍性的解法(以及用海伦公式的解法),而不应提倡过于特殊的解法.

那种过于特殊的解法,不仅无普遍的价值,而且会挫伤学生学习的积极性,误以为数学太难,自己很笨.其实中小学数学并不难,你也不笨,只要付出一定的努力就能学好.

68. 抓西瓜

教(学)数学,应先抓大.

如函数,重要在两个量之间的对应规律,这是大,但现在中学却常在定义域上作文章,实在是只见秋毫,不见舆薪.

例如,偶函数,设点集 I 关于原点对称,函数 $f(x)$ 定义在 I 上,满足

$$f(-x)=f(x),\forall x\in I \qquad\qquad (1)$$

则 $f(x)$ 称为偶函数.

这里重要的是(1),经常用到.

然而却有人爱在定义域上做文章,如问 $f(x)=x^2,x\in[-2,1]$,是否为偶函数?

这种问题,无聊之至.

通常的函数,定义域都是自然的,尽量地大. 就像法律,没有规定不可行的限制,就均认为可行,所以 $y=x^2$ 是在 $(-\infty,+\infty)$ 上的偶函数,何必非限制它仅定义在 $[-2,1]$ 上?

倒是反过来的问题有意义.

设 $f(x)=x^2,x\in[-2,1]$,能否将它拓广到 $[-2,2]$ 上,使它为偶函数?

或设函数
$$f(x)=\begin{cases}x^2,x\in[-2,1],\\2x-1,x\in(2,+\infty),\end{cases}$$

如何将它拓广到 $(-\infty,+\infty)$ 上,使它成为偶函数?(或已知一偶函数的部分图像,画出它的全部图像).

这种拓广域叫做开拓,在数学中常用,尤其是复函中的解析开拓.

数学的发展,就是不断摆脱束缚(限制),以获得更大的自由,如开始只能大数减小数,负数不能开平方等等,后来都取消了.

这种观点十分重要,苏联的数学教育家诺崔塞诺夫在《初等代数专门教程》中就说及 $y=\dfrac{x^2-4}{x-2}$ 的定义域可包括 $x=2$,只需增加定义 $f(2)=2+2=4$,其实即使 $y=\dfrac{x^2+4}{x-2}$ 也可定义;$x=2$ 时,$y=\infty$. 广义函数就有许多拓广的定义,如狄拉克的 δ 函数(脉冲函数).

又及 $y=x^3$ 叫幂函数,这并不错. 但不必过分强调 x^3 的系数为 $1,y=x^2$ 是二次函数,$y=2x^2$ 也是二次函数,$y=8x^3$ 也是三次函数,而且是 $2x$ 的"幂函数". 编题强调 $y=ax^3$ 是幂函数时,$a=1$,实在也是无聊之极的题. 有多少数学意义?哪位数学家会欣赏这种抓芝麻的题?

69. 定义，不能证明！

最近见到有人用三种方法证明 $0!=1$.

不对啊！

$0!=1$ 是定义，也就是约定、规定.

定义，是不能证明的.

一个符号，第一次出现时，应解释它的意义，也就是要给出它的定义.

定义，不能证明，但定义的合理性可以解释.

在初中，负指数就是定义的：在 n 为自然数时，定义

$$a^{-n}=\frac{1}{a_n}(a\neq 0).$$

这定义是合理的，因为

$$a^3\div a^5=\frac{1}{a^2},$$

所以如果幂的运算法则可推广到负指数，应当定义

$$a^{-2}=\frac{1}{a^2}.$$

以往严谨的教材，在给出新的定义之后，往往都要验证有关的运算法则（如 $a^m\times a^n=a^{m+n}$），对新的定义仍然有效. 现在的教材，几乎完全忽略了这一步该做的工作.

70. 聪明徒弟笨师傅

见到一道题,解方程

$$(2\,020-x)^3+(x-2\,019)^3=1.\tag{1}$$

学生立即写 $x_1=2\,020,x_2=2\,019$.

老师说不对.

这位老师的解法是:

令 $2020-x=a,x-2\,019=b$,则

$$a+b=1,\tag{2}$$

而(1)即

$$a^3+b^3=1.\tag{3}$$

因为 $a^3+b^3=(a+b)(a^2-ab+b^2)$,结合(2)、(3)得

$$a^2-ab+b^2=1,\tag{4}$$

即

$$(a+b)^2-3ab=1.\tag{5}$$

再以(2)代入,得

$$-3ab=0,$$

所以 $\qquad\qquad a=0$ 或 $b=0$,

即 $\qquad\qquad 2\,020-x=0$ 或 $x-2\,019=0$,

所以 $\qquad\qquad x_1=2\,020,x_2=2\,019.$

学生一眼看出,这位老师却做了这么多步,真笨啊!

更严重的问题是,这位老师还说学生的做法不对,难道有权就是有理?在数学领域,这是行不通的.

学生做得很好,$2\,020,2\,019$ 这两个数显然是(1)的根,而且(1)是 x 的二次方程(其中 $-x^3$ 与 x^3 抵消),当然只有这两个根.

71. 昏昏与昭昭

1964 年我毕业于扬州师范学院数学系,到中学任教.六十年过去了,现在的中学数学教师不仅都有大学文凭,而且很多都是硕士,但是他们的教学水平,似乎还不及六十年前的.

举一个例子.

例 化简:$\dfrac{57^3+28^3}{57^3+29^3}$.

讲课的这位倒也知道立方和公式,$a^3+b^3=(a+b)(a^2-ab+b^2)$,

他的解法如下:

$$原式=\frac{(28+29)^3+28^3}{(28+29)^3+29^3}$$

$$=\frac{(28+29+28)((28+29)^2-(28+29)\times28+28^2)}{(28+29+29)((28+29)^2-(28+29)\times29+29^2)}$$

$$=\frac{85}{86}\times\frac{28^2+2\times28\times29+29^2-28^2-28\times29+28^2}{28^2+2\times28\times29+29^2-29^2-28\times29+29^2}$$

$$=\frac{85}{86}\times\frac{28\times29+29^2+28^2}{28\times29+28^2+29^2}$$

$$=\frac{85}{86}.$$

(其中很多叙述,略去不表)

这个答案是正确的.

解得好不好呢?

不好,太繁了!

更不好的是这位讲课的朋友,不觉得解得不好,这表明他的品味大有问题.

题做完后,应当总结,找找有无不足之处,看来这位朋友也不知道要总结.

其实这道题,不难也不繁,根本不需要将 57 写成 28+29,正确的做法是

原式 $=\dfrac{(57+28)(57^2-57\times28+28^2)}{(57+29)(57^2-57\times29+29^2)}$

$=\dfrac{85}{86}\times\dfrac{57^2-28\times(57-28)}{57^2-29\times(57-29)}$

$=\dfrac{85}{86}\times\dfrac{57^2-28\times29}{57^2-29\times28}$

$=\dfrac{85}{86}.$

(心算好的,甚至可以直接写出结果)

昏昏的教师,不能令学生昭昭.

为什么现在一些教师的数学水平,还不如六十年前呢?

72. 字母表示数

字母表示数,是初中数学的极其重要的思想,极为有用.作为教师,更应当善于使用这一方法.

例 解方程

$$x^2 - 5 = \sqrt{x+5}. \tag{1}$$

这样的方程,可以先猜一猜有没有一个整数根.

有点不幸,好像它没有整数根($x=3$, $x=4$,都不是(1)的根).

如果是方程(将 5 改作 6)

$$x^2 - 6 = \sqrt{x+6}, \tag{2}$$

那么显然 $x=3$ 是一个根.

如果是方程

$$x^2 - 2 = \sqrt{x+2}, \tag{3}$$

那么 $x=2$ 是一个根.

所以(1)中的 5 实在不是一个讨喜的角色,不过,(1)(2)(3)启发我们处理更一般的方程

$$x^2 - a = \sqrt{x+a}, \tag{4}$$

其中 a 是一个已知整数.

解法如下:先两边平方,得

$$x^4 - 2ax^2 + a^2 = x + a, \tag{5}$$

(5)是 x 的四次方程,不太好处理(因式分解也不易成功),但如果看成 a 的方程,它只是二次的:

$$a^2 - (2x^2+1)a + x^4 - x = 0, \tag{6}$$

而

$$x^4 - x = x(x-1)(x^2+x+1),$$

于是(6)的左边看作为 a 的二次三项式,可以十字相乘,如下,

$$\begin{array}{ccc} 1 & \diagdown\diagup & x^2-x \\ 1 & \diagup\diagdown & x^2+x+1 \end{array}$$

即

$$x^2-x=a, \tag{7}$$

或

$$x^2+x+1=a. \tag{8}$$

由(7)得

$$x=\frac{1\pm\sqrt{1+4a}}{2}, \tag{9}$$

由(8)得

$$x=\frac{-1\pm\sqrt{4a-3}}{2}. \tag{10}$$

从而只在 a 为非负整数时才有解,并且由原方程,解应适合

$$x\geqslant-a, |x|\geqslant\sqrt{a},$$

所以 $x=\dfrac{1+\sqrt{1+4a}}{2}$ 是根.

在 $a\geqslant1$ 时, $x=\dfrac{-1-\sqrt{4a-3}}{2}$ 也是根,其他二值不是根.

对于 $a=5$,两根为 $\dfrac{1+\sqrt{21}}{2}, \dfrac{-1-\sqrt{17}}{2}$.

由(9)、(10)还可以得出方程(1)有理根的条件,即 $4a-3$ 或 $4a+1$ 为平方数,更进一步,当且仅当 $a=(n-1)n+1$ 或 $(n-1)n(n$ 为非负整数)时,(1)有整数根.

使用字母可以得到一般的,较为深入的结果. 教师应组织学生讨论,这是一种有力的方法.

73. 显然

网上看到一道题

解方程 $(8+3\sqrt{7})^{x+3}+(8-3\sqrt{7})^{x+3}=16.$ (1)

网上说:"这道题技巧性很强,基础再好没思路也是白搭,解题手法很清奇".

甲:网上说的有道理吗?

师:网上的话不可全信.

乙:您对这道题的解法有何意见?

师:两个字,显然.

甲:怎么显然?

乙:$(8+3\sqrt{7})+(8-3\sqrt{7})=16.$

甲:哦,所以

$$x+3=1, x=-2.$$

还有没有其他解呢?

师:注意 $8+3\sqrt{7}$ 与 $8-3\sqrt{7}$ 互为倒数.

乙:所以

$(8+3\sqrt{7})^{-1}+(8-3\sqrt{7})^{-1}=(8-3\sqrt{7})+(8+3\sqrt{7})=16.$

甲:那么,(1)还有一个解

$$x+3=-1, x=-4.$$

这也是显而易见的.

是不是只有这两个解呢?

乙:如果记 $y=(8+3\sqrt{7})^{x+3}$,那么(1)即

$$y+\frac{1}{y}=16.$$ (2)

去分母后成为二次方程,(2)至多两个解,而对每个 y,$(8+3\sqrt{7})^{x+3}$ 至多一个解,所以原方程至多两个解.

甲:在老师写的《代数的魅力与技巧》(中国科学技术大学出版社,2020 年第 1 版)第 8 章第 13 节专门谈过这种方程.

乙:所以,(1)的解是显然的.

74. 选择道路

一位网师讲下面的题

例 解方程

$$\sqrt{x+6}+\sqrt{x+5}=1. \qquad\qquad (1)$$

她介绍了两种方法.

解法一 移项得

$$\sqrt{x+5}=1-\sqrt{x+6},$$

两边平方得

$$x+5=1+(x+6)-2\sqrt{x+6},$$

整理得

$$\sqrt{x+6}=2,$$

再平方(以下从略).

解法二 平方得

$$x+6+2\sqrt{(x+6)(x+5)}+x+5=1,$$

整理得

$$2\sqrt{(x+6)(x+5)}=-2x-10,$$

再平方(以下从略).

然后总结说第一种方法比第二种好.

做法没有错,评论也正确,但为什么非要做这么多步,再说第一种方法好呢?

应当在一开始就选择好用什么方法,走什么道路,走错了,浪费很多时间.

平方,可以去掉根号,将根式变为有理式.第二种方法,一上来就两边平方,但平方对于(1)的右面毫无作用,不如第一种方法,使两边各有一个根式,比较均衡,平方对两边都有作用.而且第二种方法,平方后有根式,根号里面是一个二次式.第一种方法,虽然平方后也有一个根式,但根号里面是一次式,所以第一种方法简单,好!(简单就是好,好就是简单)这些应在动笔之前就先讨论,谋定而后动.

此外，第一种解法将 $\sqrt{x+6}$ 移到右边，为什么不将 $\sqrt{x+5}$ 移到右边呢？

其实移 $\sqrt{x+5}$ 更好，因为平方后整理 $x+5+1$ 正好与 $x+6$ 抵消，即两边平方得

$$x+6=1+x+5+2\sqrt{x+5},$$

整理得

$$\sqrt{x+5}=0,$$

所以

$$x=-5.$$

这类形如

$$\sqrt{f(x)+a}+\sqrt{f(x)+b}=c \tag{2}$$

的方程（$f(x)$ 表示 x 的多项式），还有一种解法，就是利用

$$(\sqrt{f(x)+a}+\sqrt{f(x)+b})(\sqrt{f(x)+a}-\sqrt{f(x)+b})=a-b, \tag{3}$$

将它除以（2）得

$$\sqrt{f(x)+a}-\sqrt{f(x)+b}=\frac{a-b}{c}, \tag{4}$$

从而

$$\sqrt{f(x)+a}(\text{或}\sqrt{f(x)+b})=\cdots$$

像（1）这样简单的方程，还应培养学生心算的能力. 一眼看出 $x=-5$ 是解，而且是唯一的解.

如果看不出，或许将（1）改成

$$\sqrt{u+1}+\sqrt{u}=1(u=x+5) \tag{5}$$

更好，这时应有 $u\geqslant 0$，$u=0$ 是解，而且在 $u>0$ 时，

$$\sqrt{u+1}+\sqrt{u}>\sqrt{1}+\sqrt{0}=1.$$

所以 $u=0$ 是唯一解.

最后再啰嗦几句，解题最重要的是在一开始的选择. 应先尽量多想想有几条路可走，然后再比较一下哪条路更好，看不清楚的，可以稍走几步看看，切忌不分青红皂白，慌不择路，看见一条路，就一头闯进去，结果却是一条死路，而又不知及时退出，顽固坚持，浪费大好时光，悲乎！

75. 方法与技巧

已知
$$x^2 - 2xy = y^2,\qquad\qquad(1)$$

求$\dfrac{x+y}{x-y}$.

这道题不难,(1)是一个二元方程,其中的项都是二次,这种齐次方程可解出$\dfrac{x}{y}$,即得出 $x=ky$,然后代入$\dfrac{x+y}{x-y}$中求出值.

具体操作时,有一些技巧,如不必用求根公式,直接配方,得出
$$(x-y)^2 = 2y^2,\qquad\qquad(2)$$

从而
$$x = y(1\pm\sqrt{2}).\qquad\qquad(3)$$

求$\dfrac{x+y}{x-y}$的值,也有一技巧,方程(1)即
$$x(x-y) = y^2 + xy = (x+y)y,$$

所以
$$\frac{x+y}{x-y} = \frac{x}{y} = 1\pm\sqrt{2}.$$

当然,直接代入也无不可.

方法是主要的,但有了一点技巧,做得更好更轻松,好比文章中有点风趣,生活里添点幽默.

76. 四次方程

解方程

$$(x^2 - 2\sqrt{2}x)(x^2 - 2) = 2\,021. \tag{1}$$

这是一个四次方程,一般的四次方程,学生当然无法解. 能解的通常有两类,一类有有理根. 目前的(1),系数 $2\sqrt{2}$ 是无理数,当然不属于这一类;另一类是双二次方程,即可以化成

$$u^2 + bu + c = 0, \tag{2}$$

其中 u 是 x 的二次式,现在应当是这种情况,当然 u 是什么还需琢磨,因为现在 $x^2 - 2\sqrt{2}x$ 与 $x^2 - 2$ 虽有相同的二次项,却无相同的一次项.

(1)的左边可分解(不要乘!)为

$$x(x - 2\sqrt{2})(x + \sqrt{2})(x - \sqrt{2}), \tag{3}$$

然后将四个因式重新组合,每组仍是两个因式相乘,但要注意不仅每组乘积的二次项都是 x^2,而且一次项也必须相同,所以

$$x(x - 2\sqrt{2})(x + \sqrt{2})(x - \sqrt{2}) = (x - 2\sqrt{2})(x + \sqrt{2})(x^2 - \sqrt{2}x)$$
$$= (x^2 - \sqrt{2}x - 4)(x^2 - \sqrt{2}x).$$

再令 $u = x^2 - \sqrt{2}x - 2$(当然令 $u = x^2 - \sqrt{2}x$ 亦无不可),将(1)化为

$$u^2 - 2^2 = 2\,021,$$

$$u = \pm\sqrt{2\,025} = \pm 45.$$

再解

$$x^2 - \sqrt{2}x + 43 = 0 \tag{4}$$

与

$$x^2 - \sqrt{2}x - 47 = 0, \tag{5}$$

(4)无实数解,由(5)得

$$x = \frac{\sqrt{2} + \sqrt{190}}{2}.$$

动手解题前,应先用眼、用心观察、思考,注意分析式子的特点,如(1)的左边即(3),是四个因式之解,不要轻易破坏其特点,而是适当调整(重新组合). 如果强行将(3)的四项乘起来,得出乘积,那么特点没有了,规律没有了.

77. 无聊的问题
与
无聊的解法

见到一道题:已知 $f(x)=\sqrt{x}$,求 $f(9.05)$ 的近似值.

这实在是一道无聊的题.

题目无聊.不就是求 $\sqrt{9.05}$ 的近似值吗?硬套上 $f(x)$,以显示"函数为纲",很无聊.

求 $\sqrt{9.05}$ 的近似值,应说明精确到小数第几位,否则 $\sqrt{9.05}\approx3$ 就是答案.

这种问题,有了计算器,按几下按钮就解决了,例如在手机上下载一个科学计算器,立即可得

$$\sqrt{9.05}=3.008\ 321\ 791\ 29\cdots$$

不用计算器,是自缚手足.

见到帖上所给的两种解法,一种用拉格朗日(Lagrange)中值定理(更一般可用 Taylor 展开式,还可估计精确度),倒是常用求近似值的方法,但现在的式子简单,用这方法有点小题大做,杀鸡用牛刀的感觉.

另一种解法,用不等式夹逼,不知怎么想到的,但更加无聊,属于极丑陋的数学.

其实,极老的中学教材有平方的解法(或许有人对数学史有兴趣,这里简单介绍一下),即利用一个简单的式子:

由 $\sqrt{a}=b+c$,得

$$a-b^2=(2b+c)c,$$

在已得 b 时,进一步得出 c.例如本题

$$
\begin{array}{r}
3.\;0\;\;0\;\;8\;\;3 \\
\sqrt{9.05,00,00,00} \\
9
\end{array}
$$

$b=30,60=2\times 30,c=0$ $60\Big|\ 0\ 5$
                 $0\Big|\ \ \ 0$

$b=300,600=2\times 300,c=0$ $600\Big|\ 5\ 00$
                 $0\Big|\ \ \ \ 0$

$b=3000,6000=3000\times 2,c=8$ $6008\Big|\ 5\ 0\ 0\ 0\ 0$
                 $8\Big|\ 4\ 8\ 0\ 6\ 4$

$b=60080,c=3$ $60163\Big|\ 1\ 9\ 3\ 6\ 0\ 0$
                 $3\Big|\ 1\ 8\ 0\ 4\ 8\ 9$

                 $1\ 3\ 1\ 1\ 1$

不难得出 $\sqrt{9.05}=3.0083\cdots$

开平方的方法在我读中学时已从教材中删去,因为可用对数计算代替,现对数计算也删去了. 这反映时代的进步,有计算器可用,为何不用?

不要开倒车!

宋代文化最昌盛
书香人家众口称
华夏传统数千年
好盼有人能继承

单壿

78. 这题该批吗?

如图 1,图中正方形面积为 50,长方形的面积为 40,求阴影部分面积为多少.

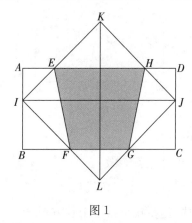

图 1

正方形面积应当会求,但面积为边长的平方,现在却不适用. 因为 50 不是整数的平方,涉及到无理数.

但正方形还有一个公式:

$$面积＝对角线的平方÷2. \tag{1}$$

现在用这个公式得面积的 2 倍,即

对角线的平方＝50×2＝100,

所以

$$IJ＝10,$$

即长方形的长为 10.

长方形的宽 $AB＝$长方形面积÷10＝4,

图中△AEI 是等腰直角三角形,所以 $AE＝AI$.

同样

$$BF＝BI,AE＋BF＝AI＋BI＝AB＝4.$$

阴影面积等于长方形 $ABCD$ 的面积去掉四边形 $ABFE$ 与 $CDHG$ 的面积.

四边形 $ABFE$ 是梯形,它的面积也有公式梯形面积＝(上底＋下底)×高÷2.

如果不知道这个公式也不要紧,我们将四边形 CDHG 拿起来,翻个身,与四边形 ABFE 拼在一起,正好成为一个长方形,其宽 AB＝4,长 AC＝4,如图 2 所示(实际上是正方形),面积为

$$4 \times 4 = 16.$$

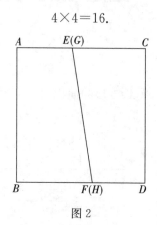

图 2

所以,阴影面积＝40－16＝24.

这道题挺好,知道几个面积公式就能做.

可能不知道无理数,但用(1)可求出对角线长.

可能不知道梯形面积公式,但拼接可得一个长方形.

总之,山重水复疑无路,柳暗花又一村.

这道题可以学会一套公式,也可以学会如何绕过障碍.

很好的题.

但有人告诉我这题被批了.

不知是如何批的,但批这道题毫无道理.

79. 难与易

不少学生觉得数学题难.

数学中的确有难题,但也有很多问题,原本不难,由于种种限制或课标与教材的不当,易化为难,请看一例.

例 如图1,凸四边形 $ABCD$ 中,$\angle BAC=\angle CAD=\angle BDC$,求证:$\angle DBC=\angle BDC$.

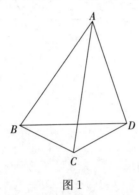

图1

这道题,如果学过四点共圆,那么非常容易.

由 $\angle BAC=\angle BDC$ 得 A,B,C,D 四点共圆.

由 A,B,C,D 共圆,得

$$\angle DBC=\angle CAD=\angle BDC.$$

但是,不许用四点共圆,题目变难了.

如果允许用相似三角形,那么还不算太难.

设对角线相交于点 P,因为

$$\angle BAP=\angle CDP,$$
$$\angle BPA=\angle CPD,$$

所以

$$\triangle BAP\backsim\triangle CDP,$$
$$BP\times PD=CP\times PA.$$

又

$$\angle BPC = \angle APD,$$

所以

$$\triangle BPC \backsim \triangle APD,$$

$$\angle PBC = \angle PAD = \angle BDC.$$

如果相似三角形也不能讲,只能用全等三角形,那就更难了.

想了想,也没有什么办法,只能搬出 $\triangle ABD$ 的内心 I,I 在 AC 上,而且 ID 平分 $\angle ADB$,这时,$\angle CID = \angle CAD + \angle IDA = \angle BDC + \angle IDB = \angle IDC$,如图 2 所示.

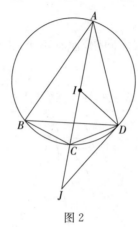

图 2

所以 $CI = CD$.

延长 AC 到点 J,使 $CJ = IC$,则

$$\angle IDJ = \angle IDC + \angle CDJ = \angle CID + \angle CJD = \frac{1}{2} \times 180° = 90°.$$

DI 是内角平分线,所以 DJ 是外角平分线,J 为旁心.

于是,$\triangle IBJ$ 中,BI,BJ 分别为内角平分线与外角平分线,从而 $\angle IBJ = 90°$.

而 C 为 IJ 的中点,所以 $BC = CI = CD$,$\angle DBC = \angle BDC$.

四点共圆该讲,而且该早讲,则可化难为易.

80. 一道不合适的题目

见到一道初二的几何题：

如图，在 $\triangle ABC$ 中，$AB=5$，$AC=3$，$BC=7$，求 $\angle A$.

本题用余弦定理立即得出

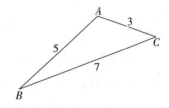

$$\cos A = \frac{3^2 + 5^2 - 7^2}{2 \times 3 \times 5} = -\frac{1}{2},$$

所以

$$A = 120°.$$

但余弦定理，在高中教材中才出现，这题却出在初二年级，实在太不合适了．

不用余弦定理，需要添辅助线，还要利用面积求高，或设未知数，用勾股定理．一个原本简单的高中题变成了一个复杂、艰难的初中题，而且本题还只是一个有具体数据的题，所求出的角一定是特殊角，不能解更一般的问题．

这样的题实在不适宜给初中学生做．

现在有一种流行的错误做法，即将一些学过某种知识后就很容易的题，提前在未学这种知识前给学生做，上题就是一例．

这种做法增加了学生的学习负担，甚至造成学生厌学．

既然学了某种知识（例如余弦定理），问题就变得很容易，那么为何不等学过这种知识后再做这种题呢？

或者将这种知识提前教给学生，增加学生手里的武器，使得"难题"变得容易，也是可取的办法．

现在初中数学教材内容太少，应适当增加内容，学生学了这些内容，学习的困难减少了，不会感到负担增加．反之，故意出一些用后面知识可轻松解决的题给学生做，必然增加学生的负担，甚至产生"数学太难，我学不了"，而放弃学习．

所以上面的题目给初二学生做，实在是不合适的，我们需要化难为易，而不要化易为难．

81. 证明 4 sin18° sin54° = 1

熟悉三角函数的朋友当然知道

$$4\sin 18° \sin 54° = 4 \times \frac{\sqrt{5}-1}{4} \times \frac{\sqrt{5}+1}{4} = 1.$$

但如果不允许用 sin 18° 与 sin 54° 的值,只允许用尽可能少的三角知识(也就是只能用三角函数的定义),如何证明 4 sin 18° sin 54° = 1?

这种题不能说是故意刁难,因为用到的是我们熟悉的图形与知识,通过这个问题,可以使我们更加熟悉这些内容,而且也有助锻炼智力.

考虑一个 $\triangle ABC$,$AB = AC$,顶角 $\angle BAC = 36°$.

不妨设 $AB = 2$.

如图,过 A 作 BC 的垂线,垂足为点 D.

过 AB 中点 F 作 AB 的垂线,交 AC 于点 E,则

$$DC = 2\sin 18°,$$
$$BC = 2DC = 4\sin 18°,$$
$$BE = AE,$$

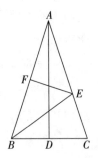

所以

$$\angle EBA = \angle EAB = 36°,$$
$$\angle BEC = \angle EBA + \angle EAB = 72°,$$
$$\angle BCE = \frac{1}{2}(180° - 36°) = 72°.$$

从而

$$AE = BE = BC = 4\sin 18°,$$
$$AF = AE\cos 36° = 4\sin 18° \sin 54°,$$

即

$$4\sin 18° \sin 54° = 1.$$

82. 勿以善小而不为

华罗庚先生说,他有一次正要出差,图书馆一位工作人员问他一个问题,他当然可以说很忙,没时间,将这事推掉.但华先生认为虽是一个小问题,也不妨试试手.

作为中学教师或研究中学教学的人,当然更应当抓住机会试试手,不要认为是小题就扔一旁.

小问题,做得好,其实并不容易.

请看下面这题:

已知△ABC中,AB=1,AC=2,cos B+sin C=1,求BC.

解 如图所示,先画一个图.AC=2当然比AB=1长(所以B>C,C为锐角),而且
$$\cos B+\sin C=1, \tag{1}$$
由(1),B为锐角($\cos B=1-\sin C>0$),

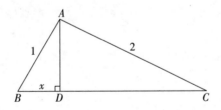

于是,高AD(D为垂足)在△ABC内,D在BC边内部.

本题解法很多.

若在初中,仅能用到三角函数定义,不宜用三角变换的公式,而这题,仅用cos B,sin C的定义已足够.

设$BD=x=AB\cos B=\cos B$,
则$AD=AC\sin C=2(1-\cos B)=2(1-x)$.

由勾股定理$AB^2-BD^2=AD^2$得

$$1-x^2=(2(1-x))^2. \tag{2}$$

（2）显然有一根 $x=1$，但它不合题意（$\cos B < 1$），所以由（2）约去 $1-x$ 得

$$1+x=4(1-x),$$

$$x=\frac{3}{5}.$$

$$BC=BD+DC=\frac{3}{5}+\sqrt{2^2-(2(1-x))^2}$$

$$=\frac{3}{5}+\sqrt{4-(1-x^2)}$$

$$=\frac{3}{5}+\sqrt{3+\left(\frac{3}{5}\right)^2}$$

$$=\frac{3+2\sqrt{21}}{5}.$$

我曾听到江苏师范学院（即现在苏州大学）一位张伯康教授说过："大块石头不会将你绊倒，但较小的石头，说不定将你绊一跤."我们应当注意这些并不困难的题，将它做好（正确、简明、迅速）.

83. 就是要拼凑

看到网师讲下面的题:

化简 $\sqrt{19-\sqrt{217}}$.

网师说:"之前都是用拼凑的方法,看学霸写完后,果然增长见识和思维".

看了网师说的解答,觉得他完全说错了.

这道题就是该用拼凑的方法,网师所说的"学霸",其实是学疤.

我写的《代数的魅力与技巧》一书中,有很多二次不尽根式的例、习题. 这类二次不尽根式 $\sqrt{a\pm\sqrt{b}}$,最好先将 $\sqrt{b}$ 的系数 1 变为 2.

现在 $\sqrt{19-\sqrt{217}}=\dfrac{1}{\sqrt{2}}\cdot\sqrt{38-2\sqrt{217}}$(没有 2,凑个 2),其次,将 217 分解,$217=7\times31$,而 $7+31=38$.

所以

$$\sqrt{38-2\sqrt{217}}=\sqrt{31}-\sqrt{7},$$
$$\sqrt{19-\sqrt{217}}=\frac{1}{2}(\sqrt{62}-\sqrt{14}).$$

这些过程尽量省去,直接心算一步得出结果.

学习数学,首先得有数感.

例如 217 能分成 7×31,应一眼看出,如果一点感觉没有,麻木不仁,只知道按固定的方法硬套,说实在的,这样的人根本不适合学习数学. 勉强学,也只是学疤而已.

现在,有些数学课不重视培养学生的数学感觉(首先是数感),不重视心算能力,只注重死套方法,还将会死套的学生称为学霸,这是非常糟糕的事. 有识之士早就指出必须提高教学质量才能减负,如果教学质量没有提高,强行减负,结果一定是适得其反.

注 设 $x\geq y\geq0$,则 $\sqrt{x+y\pm2\sqrt{xy}}=\sqrt{x}\pm\sqrt{y}$. 所谓凑,即将里层根式下的数分解为 xy,而且这两个因数之和正好是 $x+y$,例如 $271=7\times31$,而 $7+31=38$.

这位网师(学霸或学疤)竟然凑不出来,真不知道他的数学是谁教的,思政老师教的吧?

84. 不应当错！

一位介绍康威圆的文章,将半径公式写成

$$\rho=\sqrt{\frac{a^2b+a^2c+b^2c+b^2a+c^2a+c^2b+abc}{abc}}$$

显然错了. 因为半径是一次式(单位:m),所以根号内应是二次式(单位:m²). 而现在根号内分子、分母均为 3 次,相除变为 0 次式,单位不对了(物理学的说法是量纲不对). 分母 abc 应是一次式 $a+b+c$,虽是笔误,却不应发生,不应以讹传讹、不及时纠正. 而发现这种错误应是起码的感觉.

上次还见到一位老师将安平生的一个不等式 $f(x)<\dfrac{11}{5}$,加强为 $f(x)<\dfrac{9}{4}$,也是极其荒谬. 因为 $\dfrac{11}{5}<\dfrac{9}{4}$,所以 $f(x)<\dfrac{9}{4}$ 不比 $f(x)<\dfrac{11}{5}$ 强,反是比 $f(x)<\dfrac{11}{5}$ 弱. $\dfrac{11}{5}$ 与 $\dfrac{9}{4}$ 的大小都未搞清楚,做了半天,完全无用.

作为教师,这一类错误绝不应当有!（康威圆见第四章第 165 节）.

85. 整系数多项式的根

已知 $x=\sqrt{19}+\sqrt{99}$ 是方程 $x^4+bx^2+c=0$ 的根，b,c 为整数，求 $b+c$.

这道题不难，但要尽量简单而又严谨.

应当利用整系数多项式的一个重要特点，即如果它有一个根

$$m+\sqrt{n}\,(m,n\in\mathbf{Z}),$$

那么它还有一个共轭的根

$$m-\sqrt{n}.$$

现在 $x=\sqrt{19}+\sqrt{99}$ 是

$$x^4+bx^2+c=0 \tag{1}$$

的根，所以

$$x^2=(\sqrt{19}+\sqrt{99})^2=19+99+2\sqrt{19\times99}$$

是方程

$$u^2+bu+c=0 \tag{2}$$

的根.

从而 $19+99-2\sqrt{19\times99}$ 也是(2)的根.

由韦达定理

$$b=-2\times(19+99)=-236,$$

$$c=(19+99+2\sqrt{19\times99})(19+99-2\sqrt{19\times99})$$

$$=(\sqrt{19}+\sqrt{99})^2(\sqrt{19}-\sqrt{99})^2$$

$$=(99-19)^2=6\,400.$$

$$b+c=6\,164.$$

看到两个解答，均不甚佳，深感目前中学教师的最大问题在自身的数学素养不够，急需加强.

86. 吹毛求疵

见到一道题：

如图 1，凸四边形 $ABCD$ 中，$\angle A = \angle B = \angle C = \theta$，$CB = CD = 6$，求 $\max AB$.

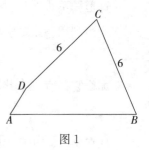

图 1

这道题看似简单，却不很容易，尤其是限定用初中的纯几何方法，禁用三角，更增加了难度.

但我已经见到有人发表了一个优雅的解答，如下：

如图 2，过 D 作 $DE \parallel AB$，交 BC 于点 E，作 $DF \parallel BC$，交 AB 于点 F，则 $\angle DEC = \angle B = \angle C$，$DE = DC = 6$.

又在 $\square DFBE$ 中，$FB = DE = 6$.

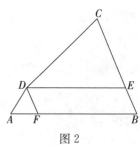

图 2

设 $CE : CB = \lambda$，则 $CE = 6\lambda$，$\lambda \neq 0$.

$\angle DFA = \angle B$，所以 $\triangle ADF \backsim \triangle EDC$，

$$AF = \lambda DF = \lambda BE = \lambda(6 - 6\lambda) = 6\lambda(1 - \lambda) \leqslant 6 \times \left(\frac{1}{2}\right)^2 = \frac{3}{2},$$

$$AB = AF + FB \leqslant 6 + \frac{3}{2} = \frac{15}{2}.$$

在 $\lambda = \frac{1}{2}$，即 E 为 BC 中点时，AB 最大.

当然，还应指出 $AB = \frac{15}{2}$（$\lambda = \frac{1}{2}$）是可以取到的. 这只需先作等腰 $\triangle DCE$，$DC = DE = 6$，$CE = 3$，再延长 CE 到点 B，使 $EB = 3$. 过 B 作 DE 的平行线，过 D 作射线与 DE 所成角为 $\angle DEB$，两线相交于点 A，这时

$$\angle A = 180° - \angle DEB = \angle B.$$

这样，就构造出一个合乎要求的图，其中 $\lambda = \frac{1}{2}$，$AB = \frac{15}{2}$.

这一步，往往被人忽略，这里补上了，还有什么疵呢？

疵在哪里？下次再继续谈.

87. 吹毛求疵（续）

疵在何处？

证明一开始，"过 D 作 $DE /\!/ AB$，交 BC 于点 E". 但怎么知道 E 一定在线段 BC 上？ DE 交线段 BC 于点 E，需要条件

$$\angle CDA + \angle A > 180°,\qquad\qquad (1)$$

但题目的已知中并未给出这个条件.

如果 $\angle A = \angle B = \angle C = \theta$ 是锐角，那么 $\angle CDA + \angle A = 360° - 2\theta > 180°$.

可以按上次证明进行.

如果 $\angle A = \angle B = \angle C = 90°$，那么 $\angle CDA = 90°$，四边形 $ABCD$ 是正方形，$AB = 6 < \dfrac{15}{2}$.

会不会为钝角呢？可以的.

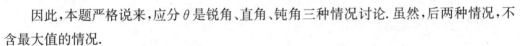

如图，$\angle A = \angle B = \angle C = 100°$，$BC = CD = 6$. 但这时，$\angle DCB + \angle ABC = 2\theta > 180°$，可以在 $\angle BCD$ 内作 $CG /\!/ BA$，交线段 AD 于点 G. 梯形 $ABCG$ 是等腰梯形. 因为 $\angle A = \angle B > 90°$，所以 $CG > AB$.

而 $\angle CGD = \angle A > 90°$，所以 $6 = CD > CG > AB$.

即这时 AB 的值小于 $\dfrac{15}{2}$，不可能取最大值.

因此，本题严格说来，应分 θ 是锐角、直角、钝角三种情况讨论. 虽然，后两种情况，不含最大值的情况.

我们为什么要学几何？或者说学几何有什么好处？

明朝末年的徐光启在《几何原本》的译者序中就曾指出学习几何使人"思想缜密"，如果我们虽做了很多题，却不注意"缜密"，那么可以说抓了芝麻，丢了西瓜.

我读初中时，有幸遇到一位十分严格的贾长庚老师，他常常"吹毛求疵"，比如说"在 $\triangle ABC$ 中，作 $\angle ABC$ 的平分线与 $\angle ACB$ 的平分线，这两条平分线相交于点 I"，他一定大喝一声："这两条线为什么相交？"

这印象至今记忆犹新，希望我们的教师也能注意"吹毛求疵".

后来我当了中学老师，有位同事故意将"吹毛求疵"读成"吹毛求庇". 哈哈，"吹毛求庇"，挺滑稽的.

88. 哪里错

下面的题不难：

如图，已知 AB 是 $\odot O$ 直径，C,D 在 $\odot O$ 上，且 CD 交 AB 于点 F，$\angle BAC=30°$，$BC=4$，$\cos\angle BAD=\dfrac{3}{4}$，$CF=\dfrac{10}{3}$，求 BF 的长.

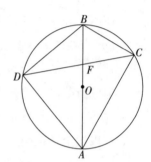

两个人解这道题，得出的答案却完全不同.

甲的解法是(一些明显得出的结果，推导从略)：

$\angle ACB=90°$，$\angle BAC=30°$，所以 $AB=2BC=8$.

因为 $\cos\angle BAD=\dfrac{3}{4}$，所以 $AD=AB\cos\angle BAD=6$.

因为 $\triangle FCB\backsim\triangle FAD$，所以 $\dfrac{AF}{CF}=\dfrac{AD}{CB}$，

$AF=\dfrac{CF\times AD}{CB}=\dfrac{10}{3}\times 6\div 4=5$，$BF=AB-AF=3$.

乙的解法是(相同部分从略)：

$AB=8$，$AC=4\sqrt{3}$，$AD=6$，所以 $BD=\sqrt{8^2-6^2}=2\sqrt{7}$.

因为 $\triangle DFB\backsim\triangle AFC$，所以

$\dfrac{BF}{CF}=\dfrac{BD}{CA}$，$BF=CF\times\dfrac{BD}{CA}=\dfrac{10}{3}\times\dfrac{2\sqrt{7}}{4\sqrt{3}}=\dfrac{5\sqrt{21}}{9}$.

两人的推导均无错误，但

$$3\ne\dfrac{5\sqrt{21}}{9}.$$

哪里错？

问题出在哪里？

教师应当搞清楚，不可不搞清楚.

两人的解法均没有错.

那么为何会有两个不同的答案?

题目错了!

如果作图,我们可以作出直径 $AB=8$ 的圆,并在圆上取定 C,D,使 $\angle BAC=30°$(即 $BC=4$),与 $\cos\angle BAD=\dfrac{3}{4}$(即 $AD=6$).

这时整个图形已完全确定,CF,FD,CD,AF,FB 都可以用上面的数据唯一定出,不需要 $CF=\dfrac{10}{3}$ 这个条件.

如果 $CF=\dfrac{10}{3}$ 不导致矛盾,它是多余的,如果它导致矛盾,那么题目就是错的.

很不幸,现在正是后一种情况.

事实上,由正弦定理

$$CF=\frac{BC\cdot\sin 60°}{\sin(\angle BAD+60°)}=\frac{2\sqrt{3}}{\dfrac{\sqrt{7}}{4}\times\dfrac{1}{2}+\dfrac{3}{4}\times\dfrac{\sqrt{3}}{2}}$$

$$=\frac{16\sqrt{3}}{\sqrt{7}+3\sqrt{3}}=\frac{16\sqrt{3}(3\sqrt{3}-\sqrt{7})}{20}=\frac{36-4\sqrt{21}}{5}.$$

不是 $\dfrac{10}{3}$!

而不需 CF 的值,可以求出

$$BF=\frac{BD\cdot\sin 30°}{\sin(\angle BAD+60°)}=\frac{8\sqrt{7}}{\sqrt{7}+3\sqrt{3}}=\frac{6\sqrt{21}-14}{5}.$$

作为教师,应为锐敏地发现 CF 的值是不需要给出的,给错了反而造成混乱.

我们常见的命题,形如"若 P,则 Q",这个题如果是正确的,我们可以由 P 导出 Q.

但如果前提条件 P 是错误的,那么不但可以推出 Q,而且可以推出与 Q 不同的(甚至相矛盾的)$Q_1,Q_2,\cdots\cdots$

逻辑上说,前提为假的命题,恒为真.所以由假前提(不正确的前提)P 可以推出任一个命题 Q.

上面的问题,我们得出 $BF=3,BF=\dfrac{5\sqrt{21}}{9}$,$BF=\dfrac{6\sqrt{21}-14}{5}$,推导均正确无误,所以假前提的命题可以说是"放之四海而皆准",也可以说是"放之四海而皆不准".

荒谬的前提条件,可以导出任意的结论.

作为教师,在解题前,应先检查一下题目的条件是否有多余的,是否有矛盾的.不要以为题目都是对的,而落入陷阱之中.

89. 教师的水平

在网上看到一位网师讲下面的题.

已知 a,b,c 为正实数,并且

$$abc=1, \tag{1}$$

求 $\sum \dfrac{1}{a^2(b+c)}$ 的最小值.

很遗憾,他讲得不好,在关键一步 $S = \dfrac{(bc)^2}{b+c} + \dfrac{(ca)^2}{c+a} + \dfrac{(ab)^2}{a+b} \geqslant$ $3\sqrt[3]{\dfrac{1}{(b+c)(c+a)(a+b)}}$ 后,网师说等号成立的条件是 $a=b=c=1$,将它们代入得 S 的最小值为 $3\sqrt[3]{\dfrac{1}{2\times2\times2}}=\dfrac{3}{2}$.

完全错了,因为 $3\sqrt[3]{\dfrac{1}{(b+c)(c+a)(a+b)}}$ 的最小值仍为未知,在何时取得? 是否与 S 的最小值相同? 即使 S 与 $\sqrt[3]{\dfrac{1}{(b+c)(c+a)(a+b)}}$ 有时相等,但如果后者的最小值比 S 的最小值小,那么这一步缩小就是缩过头了,必须另想办法. 即使最小值相同,也还必须走下去,求出最小值(加以证明)才行. 在网上讲课出现这样的错误,实在太不应该了,误人子弟啊!

不过,说实在的,相当大的一部分中学教师恐怕还不如这位网师,他们对解题有兴趣吗? 他们能解题吗? 他们敢讲解题吗?

所以,中学教师的水平急待提高,这里我说的水平主要是数学水平(尤其是解题水平),而不是其他方面的水平,比如搞"斗地主"等.

这道题该怎么解呢?

解法很多,这里举一种.

令 $x=\dfrac{1}{a}, y=\dfrac{1}{b}, z=\dfrac{1}{c}$,则

$$xyz = \frac{1}{abc} = 1. \qquad (2)$$

而

$$S = \sum \frac{(bc)^2}{b+c} = \sum \frac{1}{yz(y+z)} = \sum \frac{x}{y+z}.$$

熟知(并不需要条件(2))

$$\sum \frac{x}{y+z} \geqslant \frac{3}{2} \qquad (3)$$

(例如见拙著《代数不等式的证明》第二章§2.3例28或第二章§2.4例32.)

所以

$$S \geqslant \frac{3}{2}, \qquad (4)$$

而且在 $a = b = c = 1$ 时,等号成立,所以 S 的最小值为 $\frac{3}{2}$.

注意(4)的右边是一常数,所以 S 如可取到此值,那么它就是 S 的最小值,这与网师的"逻辑"是迥然不同的.

90. 教师的桶

见到一份盐城一模试卷及分析,其中第 21 题(2):

设 F 为椭圆 $C: \dfrac{x^2}{2}+y^2=1$ 的右焦点,过点 $P(2,0)$ 的直线与椭圆 C 交于 A,B 两点.

设直线 AF,BF 的斜率分别为 k_1,$k_2 (k_2 \neq 0)$,求证:$\dfrac{k_1}{k_2}$ 为定值.

这道题的解法,尽量列举了 7 种,这表明师生们肯动脑筋,各显神通,是一件大好的事情,但细看一下,仍有几点不足.

第一,应指出哪一种解法最好,不过这几种解法相近,倒也难评优劣,也许解法一更自然一些.

第二,有无其他解法? 当然还有,我也不想再举,但觉得应该指出还缺乏更一般的解法,即过点 $P(m,0)$ 的直线与椭圆

$$\frac{x^2}{a^2}+\frac{y^2}{b^2}=1 \tag{1}$$

相交于 A,B,这时 FA,FB 的斜率(F 为右焦点)又有何种关系?

第三,应谈一下几何意义,解法 6、7 已经涉及到这一点,其实可以明确指出

$$\angle BFO = \angle AFP. \tag{2}$$

下面我们先讨论一下对于椭圆(1),m 为什么值时,(2)成立.

就用解法一的方法.

设直线 AB 为

$$x=ty+m, \tag{3}$$

代入(1),整理得

$$(b^2 t^2+a^2)y^2+2b^2 tmy+b^2(m^2-a^2)=0. \tag{4}$$

$(2) \Leftrightarrow k_1+k_2=0 \Leftrightarrow \dfrac{y_1}{ty_1+m-c}+\dfrac{y_2}{ty_2+m-c}=0$

$\Leftrightarrow 2ty_1 y_2+(m-c)(y_1+y_2)=0$

$\Leftrightarrow 2tb^2(m^2-a^2)=2b^2 tm(m-c)$ (韦达定理)

$\Leftrightarrow a^2=mc.$

原题中,$a^2=2$,$b^2=1$,$c=\sqrt{a^2-b^2}=1$,$m=2$,正好满足 $a^2=mc$.

其实用字母代替数,乃是学过初一代数就应当知道的.用字母代替数,不仅一般,在实际计算中往往更加简单,可是很多人很少这样做,奇怪.

再说一点几何意义.

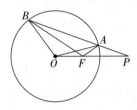

图 1

如图 1,P 为⊙O 外一点,过 P 作割线交⊙O 于 A,B,$OF\times OP=R^2$(R 为⊙O 半径),则易得△$OBF\backsim$△OPB,$\angle OBF=\angle OPB$,同理

$$\angle OAF=\angle OPA=\angle OBF.$$

所以 O,F,A,B 四点共圆,

$$\angle AFP=\angle OBA=\angle OAB=\angle OFB. \tag{5}$$

这是一道常见的平面几何题,如果作切线 PT(T 为切点),那么 T 在 OP 上的射影就是满足 $OF\times OP=R^2$ 的点 F,也就是 P 关于⊙O 的反演(如图 2 所示).

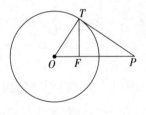

图 2

现在沿着与 OP 垂直的方向,将⊙O 压扁成椭圆(1),那么 A,B 的横坐标不变,纵坐标按同样的比$\left(\dfrac{b}{a}\right)$缩小,所以$\angle AFP$ 与$\angle BFO$(压缩后)的正切仍然相等,这两个角也仍然相等(a 即 R,m,c 均不变,$OF\times OP=R^2$,即 $mc=a^2$).

教师的桶里,应当多装些水,才能从中倒出一杯水给学生.

91. 再读教师的桶

近日见到一道解析几何的问题.

过椭圆 $\dfrac{x^2}{4}+\dfrac{y^2}{3}=1$ 的右焦点 F 作直线,交椭圆于 C,D. 设左、右顶点为 A,B,AC,BD

的的斜率分别为 $k_1,k_2(C,D$ 不同于 $A,B)$. 求证: $\dfrac{k_1}{k_2}$ 为定值.

感觉我今年好像做过一道类似的题,一查,果然做过,还写过一篇文章,题为"教师的桶".
那类似的题如下:

设 F 为椭圆 $\dfrac{x^2}{2}+y^2=1$ 的右焦点,过点 $(2,0)$ 的直线交椭圆于 $A,B. AF,BF$ 的斜率

分别为 k_1,k_2,求证: $\dfrac{k_1}{k_2}$ 为定值.

我那篇文章可能看过的人不多,这道题与上次那道也稍有不同,因此,还可以再说一次.
首先,说一种解析几何的证法.
设直线 CD 方程为

$$x=ty+m, \tag{1}$$

其中 m 为 F 的横坐标,本题 $m=1$,t 为 CD 斜率的倒数(设 $y=k(x-m)$ 亦无不可,但
(1)排除了 $k=0$,即 CD 与 AB 重合的情况,同时允许 $t=0$,即直线(1)可以垂直于 x 轴).

可考虑一般的椭圆(本题 $a^2=4,b^2=3$)

$$\frac{x^2}{a^2}+\frac{y^2}{b^2}=1. \tag{2}$$

将(1)代入,整理得 C,D 的纵坐标适合方程

$$(b^2t^2+a^2)y^2+2b^2tmy+b^2(m^2-a^2)=0, \tag{3}$$

$$k_1=\frac{y_1}{x_1+a}=\frac{y_1}{ty_1+m+a},\quad k_2=\frac{y_2}{ty_2+m-a}.$$

要证明 $k_1=\lambda k_2$,λ 为一常数(与 t 无关),即

$$t(1-\lambda)y_1y_2=\lambda(m+a)y_2-(m-a)y_1. \tag{4}$$

当然希望能够用韦达定理,即(4)中两边应为 y_1,y_2 的对称函数(即 y_1y_2 与 y_1+y_2
的函数),所以应有

$$\lambda(m+ta)=a-m,$$

即

$$\lambda=\frac{a-m}{a+m}\left(=\frac{2-1}{2+1}=\frac{1}{3}\right) \tag{5}$$

而在 λ 适合(5)时,由韦达定理(4)的两边(乘以 $b^2t^2+a^2$ 后)分别为

$$t\cdot\frac{2m}{a+m}\cdot b^2(m^2-a^2),\ -(m-a)(-2b^2tm),$$

它们显然相等,因此

$$\frac{k_1}{k_2}=\frac{a-m}{a+m}=\frac{1}{3}. \tag{6}$$

其次,再介绍利用压缩的解法,椭圆 $\dfrac{x^2}{a^2}+\dfrac{y^2}{b^2}=1$ 由圆 $x^2+y^2=a^2$ 压缩而得(x 不变, y 改为 $\dfrac{b}{a}y$).

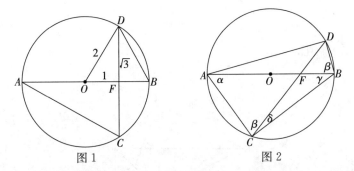

图 1　　　　　　　　　图 2

因为横轴方向的长不变,纵轴方向上的长按同一比值压缩,所以压缩前后 $\dfrac{k_1}{k_2}$ 是同一个值,从而只需考虑圆的情况.

其中 $CD\perp AB$ 的情况最为简单(如图 1), $k_1=-\dfrac{\sqrt{3}}{3}$, $k_2=-\sqrt{3}$,所以 $\dfrac{k_1}{k_2}=\dfrac{1}{3}$,这样,就预先确定答案为 $\dfrac{k_1}{k_2}=\dfrac{1}{3}$.

一般情况(如图 2),

$$\frac{k_1}{k_2}=\frac{\tan\alpha}{\tan\beta}=\frac{\sin\alpha}{\cos\alpha}\cdot\frac{\cos\beta}{\sin\beta}=\frac{\sin\alpha}{\sin\gamma}\cdot\frac{\sin\delta}{\sin\beta}=\frac{\sin\delta}{\sin\beta}\cdot\frac{\sin\delta}{\sin\gamma}$$

$$=\frac{CF}{AF}\cdot\frac{FB}{CF}=\frac{FB}{AF}=\frac{1}{3}.$$

以上平面几何的解法(及压缩变换)应装在教师的桶里.

有人收集了十多种解析几何的解法,作为教师,多搜集一些解法也好,但不必都会说给学生.少则得,多则惑,讲清一种解法即可,其余大同小异的,没有必要讲.如能介绍一下压缩变换,倒可提高学生的学习兴趣.

92. 一题多解

下面的题,希望能用最少的知识解出(比如说不用三角函数).

如图 1,已知 $\triangle ABC$ 中,$AB=7$,$\angle B=22.5°$,$\angle C=45°$,求 $S_{\triangle ABC}$.

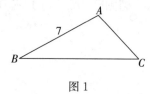

图 1

也来个一题多解吧.

解法一

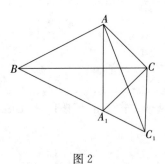

图 2

如图 2,先将 $\triangle ABC$ 关于 BC 对称,得 $\triangle A_1BC$,显然 $S_{四边形ABA_1C}=2S_{\triangle ABC}$,四边形 ABA_1C 的面积又如何求呢?

它可以分为 $\triangle ABA_1$ 与 $\triangle AA_1C$,但分别求它们的面积仍不容易,不如索性再过 C 作 AA_1 的平行线交 BA_1 的延长线于 C_1,这时

$$S_{\triangle ABC_1}=S_{\triangle ABA_1}+S_{\triangle AA_1C_1}$$
$$=S_{\triangle ABA_1}+S_{\triangle AA_1C}$$
$$=S_{四边形ABA_1C}=2S_{\triangle ABC}.$$

所以只需求 $S_{\triangle ABC_1}$.

算一算角.

$$\angle ABA_1=2\angle ABC=45°,$$

$$\angle AA_1B=\frac{1}{2}(180°-45°),$$

$$\angle ACA_1=2\angle ACB=90°,$$

$$\angle AA_1C=\angle A_1AC=45°,$$

$$\angle ACC_1=90°+45°,$$

$$\angle CC_1A_1=\angle AA_1B=\frac{180°-45°}{2},$$

$$\angle CA_1C_1=180°-\angle AA_1B-\angle AA_1C$$

$$=180°-45°-\frac{180°-45°}{2}$$

$$=\frac{180°-45°}{2}=\angle CC_1A_1,$$

所以 $CC_1=CA_1=CA.$

$$\angle CAC_1=\angle CC_1A=\frac{1}{2}(180°-(90°+45°))=22.5°,$$

$$\angle BAC_1=180°-\angle ABC-\angle ACB-\angle CAC_1=90°.$$

$$AC_1=AB=7,$$

$$S_{\triangle ABC_1}=\frac{1}{2}\times7^2,$$

$$S_{\triangle ABC}=\frac{1}{4}\times7^2=\frac{49}{4}.$$

关键是得出一个等腰直角三角形 ABC_1.

解法二 如图 3,作 $\angle CBO=\angle CBA$,并且 BO 与 BA 在 BC 的异侧,又过点 A 作 BO 的垂线,交 BO 于点 O.

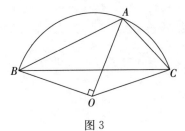

图 3

在 $\triangle OAB$ 中,$\angle BOA=90°$,$\angle ABO=45°$,所以 $OA=OB$,

$$\angle ACB=45°=\frac{1}{2}\angle AOB,$$

所以 C 在 $\odot O$ 上,$OC=OB$.

$$\angle OCB=\angle CBO=\angle CBA,OC/\!/AB,$$

$$S_{\triangle ABC} = S_{\triangle ABO} = \frac{1}{4} \times AB^2 = \frac{49}{4}.$$

解法二的图形更为简单,但要利用"A,B 都在 $\odot O$ 上,当且仅当 C 在 $\odot O$ 上,$\angle ACB = \frac{1}{2} \angle AOB$".

解法三(费振鹏) 设高 $AD = x$,作 $\angle ABE = \angle ABD$,BE 与 CA 的延长线相交于点 E(如图 4 所示).

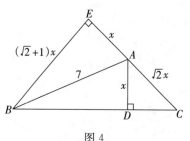

图 4

$\angle EBC = 2\angle ABC = 45°$,所以 $\angle CEB = 180° - 45° - 45° = 90°$.

$AE = AD = x$,$BE = CE = (\sqrt{2}+1)x$,并且

$$7^2 = x^2 + (\sqrt{2}+1)^2 x^2 = (4+2\sqrt{2})x^2 = 2(2+\sqrt{2})x^2,$$

$$S_{\triangle ABC} = \frac{1}{2} BE \times AC = \frac{1}{2}(\sqrt{2}+1)\sqrt{2}x^2 = \frac{49}{4}.$$

其实本题,高中生用三角也很简单,如图 5 所示.

高 $BD = 7\sin(45° + 22.5°) = 7\cos 22.5°$,

边 $AC = \frac{7}{\sin 45°} \times \sin 22.5°$,

$$S_{\triangle ABC} = \frac{1}{2} BD \times AC$$

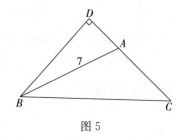

$$= \frac{7^2}{2\sin 45°} \times \sin 22.5° \cos 22.5°$$

图 5

$$= \frac{7^2}{4\sin 45°} \times \sin 45°$$

$$= \frac{49}{4}.$$

算作解法四吧!

以上解法,你喜欢哪一种?在第 94 节中,有一些讨论,当然见仁见智,不必相同.

93. 多读点书

网上有人讨论"定边对定角衍生出的周长最大值",即"已知$\triangle ABC$的边BC为定长,$\angle A$为定角α,求$AB+AC$的最大值".

这个问题,40年前我写的《几何不等式》第3节例5就已经讨论过,其中至少介绍了两种方法.

一种是很直观的,用"等高线".

在B,C固定时,满足

$$AB+AC=2a$$

(a为定长)的A点的轨迹是一个椭圆,以B,C为焦点,$2a$为长轴.

当a增长时,这个椭圆随之扩大,好像石子落入水中,激起的波纹,一圈一圈地向外扩去,只不过通常的水纹是圆形的,而现在是椭圆形的.

点A又应当在以BC为底,含角为α的圆弧(圆弧的弦所对的圆周角为α)上,当"等高线"(即上述椭圆)与这圆相切时,$AB+AC$为最大,易知这时A为弧$\overset{\frown}{BC}$的中点.

另一种是用"化直法"证明.

延长BA到C',使$AC'=AC$,则$AB+AC$这折线的长化为一条线段BC'的长,这时

$$\angle BC'C=\frac{1}{2}\angle BAC=\frac{\alpha}{2},$$

所以C'在以BC为底,含角为$\frac{\alpha}{2}$的圆弧上.在$\angle BCC'=90°$,即BC'是这个圆的直径时,$AB+AC$最大.

详细的叙述与讨论请看那本书.

我们读中学时,苏联的数学家写过100多本数学小册子,其中有60多本被译成了中文.这些小册子对于中学生与中学教师很有帮助.

"文化大革命"结束后,上海教育出版社出版了一批性质类似的小册子,以常庚哲老师的《抽屉原则及其他》为代表,我也写了一些,这些小册子近年来大多又由中国科学技术大学出版社重新出版.

中学教师,中学生多读些书,是有益的.比起一些大而无当,内容空泛的书,我更赞成读点小册子.时间花得较少,却有实际的收获.

94. 说"学"

古人云"学然后知不足"(《礼记·学记》).

但恕我直言,当下喜学的,善学的人并不多(我说的是数学教育界).

以解题为例,如果一道题做不出来,可能很想知道解法.但如果能够自己做出来,而且是花了一些功夫做成的,往往会自我满足,自我陶醉:

我这解法真好!

这样,就不会发现自己解法中的不足之处,不会学习别人的长处,学习别人更好的解法.

所以,学是从不自我满足开始的,上面的古话或者可以说成"知不足然后学".

以第 92 节一题多解为例,我在帖中介绍了三种解法,后来发到朋友圈,又加了第四种解法,并修改了第二种解法.接着,又看到朋友们发的第五种、第六种解法,或许还有更多种(错误的解法也有,不计在内).

聪明人善于汲取别人的长处.

总结一下各种解法,分析其优缺点正是学的好时机.

这道题从思维角度可以分为两种:

一种是代数的思维方式,设未知数 x,将各个量用 x 表示,建立方程,解出 x.

另一种是算术的思维方式,由已知的数 $7,22.5°,45°$ 出发,将有关量逐步算出,最后得出结果.

两种思维方式,各有千秋,似现在持第一种思维方式的人较多,但本题,第二种方式似更简单些.

这题入手的方式(选择的道路)也可以分为两种.

一种利用最熟悉的公式:三角形面积$=\dfrac{1}{2}\times$底$\times$高.

高中同学有了三角知识,走这条路最好.

第四种解法就是这样,作 AC 边上的高 BD,如图 1 所示.

$$BD=7\sin(45°+22.5°)=7\cos 22.5°.$$

边 AC 长度可用正弦定理求得,$AC=\dfrac{7}{\sin 45°}\cdot\sin 22.5°$.

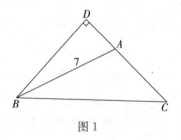

图 1

如不用正弦定理,则稍麻烦.

也可作 AB 边上的高 CE,如图 2 所示(第七种解法):

$$CE=AC \cdot \sin(45°+22.5°)=AC \cdot \cos 22.5.$$

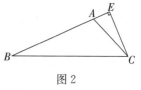

图 2

而 $AC=\dfrac{7}{\sin 45°} \times \sin 22.5°$,$S_{\triangle ABC}=\dfrac{1}{2}AB \times CE=\dfrac{1}{2} \times 7 \times \dfrac{7}{2}=\dfrac{49}{4}.$

作 BC 边的高较繁.

另一种入手方式是作等积变形.

第一种解法就是这样,先将 $\triangle ABC$ 面积两倍变成四边形 $ABDC$,如图 3 所示,再等积变形(过 C 作对角线 AD 的平行线)为 $\triangle ABE$,但证明 $\triangle ABE$ 为等腰直角三角形稍费事.

第二种解法仍是等积变形,但不必将 $\triangle ABC$ 面积两倍,而是直接作一个等腰直角三角形 ABO,如图 4 所示,其面积为 $\dfrac{49}{4}$,再

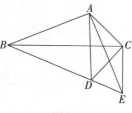

图 3

证明 $CO /\!/ AB$.(如果你知道本题答案是这个,这样做实在是最简单,最自然的处理办法)

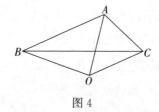

图 4

由 $\angle AOB=2\angle ACB$,可知 C 在 $\odot O$(以 OA 为半径)上,从而 $OC=OB$,$\angle OCB=\angle OBC=\angle ABC$,$CO /\!/ AB$.

以上解法,哪一种最好?

我认为解法二最好.

有人说:你叫别人不自我陶醉,你却自我陶醉了!

这个,我并非所有的题,都认为自己的解法最好,若别人的好,我也是服善的.

就这题而言,我这解法可能独一无二. 老年人,有点自我陶醉,也不为过,我这把年纪,不学习,也无可指责. 年轻人,可不能不学啊!

当然,我也发现自己的不足,解法二中写了一段看法,后来发朋友圈时改正了(也就是上面的说法). 当时说那段看法,是误为 A 为圆心了,怎么会发生这种错误(好在不影响证明结果)? 可解是大脑供血不足,一时糊涂. 随着年龄增长,这种状态可能会频繁出现,但能不患阿尔茨海默病,那就感谢上帝或如来佛了.

95. 说"问"

学问＝学＋问.

不但要学,而且要问.

提倡勤学好问.

问谁呢?

一是问书,很多结论,书上已有,看看书就可以解决,所以要提倡读书.

我就写了不少书,常有人奉承我说:

"我们都是看您老的书长大的."

我听了很受用,有点飘飘然. 不禁多问了一句:"您读过我哪几本书?"

他却支支吾吾说不出来,最后说出几本,却都不是我写的.

我的虚荣心颇受打击,但也发现了一个定理:

"很多说读(你的)书的人,其实并未读(你的)书."

还是应当提倡读书(当然不一定读我写的书).

不过,很多问题,书上也没有答案.

二是问朋友、同学.

中国很重视朋友之间的讨论,诗云:"如切如磋,如琢如磨". 但当下讨论学问的气氛不浓,往往无人可以与你讨论(据说还有些学霸明明知道答案却装着不会).

三是问老师.

师者,传道授业解惑,但老师也不可能解答所有的问题,尤其是课外的问题.

而且,我认为老师不应当回答你所有的问题,以免造成你的依赖,可以因材施教,适当作一些提示即可:

一个人有老师指导的时间是有限的,毕业了,你问谁去?

所以,问,首先是问你自己,你自己想出问题的答案,不要依赖书本,朋友或老师. 有人问我问题,我一般不回答,因为我老了,因为我没有回答的义务,更重要的,我认为问问题的人应当多问问自己,不可依赖别人.

你来问我,我问谁去?

当然,有时我也可以说几句.

最近我写一帖"多项式"(第 322 节),是清华丘试的题,有人问我:

"为什么设 $D=2+|b_{t-1}|+|b_{t-2}|+\cdots+|b_0|$?"

这个,"设"是你的权利,你爱怎么设都可以.标准是"方便",其实 D 照前面设($D=|b_{t-1}|+\cdots+|b_0|$)也无不可,将 $|a_n|\geqslant 2D+2$ 改为 $|a_n|\geqslant 2D+4$ 亦可(目的是 $|a_n|\geqslant 4$).

又问"为什么 $1-\sum\limits_{i=N}^{n-1}\dfrac{D}{|a_i|}\geqslant 1-\dfrac{D}{|a_N|}-\dfrac{2D}{|a_N|^2}-\dfrac{2D}{|a_N|^3}-\cdots$"这种问题就应当先问自己,看不懂,拿起笔来推一推,上式即

$$|a_{N+1}|\geqslant \frac{1}{2}|a_N|^2,$$

$$|a_{N+1}|\geqslant \frac{1}{2}|a_N|^{k+1}(k=2,3,\cdots),$$

前一个容易啊,

$$|a_{N+1}|\geqslant a_N^2\left(1-\frac{D}{|a_N|}\right)\geqslant \frac{1}{2}a_N^2.$$

再推一个

$$|a_{N+2}|\geqslant a_{N+1}^2\left(1-\frac{D}{|a_{N+1}|}\right)$$

$$\geqslant \frac{1}{2}a_{N+1}^2\geqslant \frac{1}{8}a_N^4\geqslant \frac{1}{2}|a_N|^3(这里用到 |a_N|\geqslant 4).$$

依此类推.

或者设

$$|a_{N+k-1}|\geqslant \frac{1}{2}|a_N|^k(k\geqslant 2),$$

则

$$|a_{N+k}|\geqslant \frac{1}{2}|a_{N+k-1}|^2\geqslant \frac{1}{8}|a_N|^{2k}\geqslant \frac{1}{2}|a_N|^{k+1}.$$

实际上 $|a_n|$ 可以很大,以上结果都是显而易见的(初学者应踏踏实实地推几回,直到觉得的确是显然的).所以严文兰也用贝努利不等式,但在估算上和我略有不同,效果一样.

很多数学家,这些"显然"的地方都不会详细地写(也没有必要详细地写).所以读书时一定要自己多问自己,开始你可能觉得数学家跳过许多步骤,后来你也能体会到这里是显而易见的.如是,表明你的水平已有提高.有时数学家写的东西,某些细节可能有误,但并不影响大局,因为"诸葛亮但观大略".学数学,更应注意大的方向(如上帖用贝努利不等式).

96. 举例子

看到有人发了一道"1990 年全国硕士研究生数学考题",题目:

不恒为常数的函数 $f(x)$ 在闭区间 $[a,b]$ 上连续,在开区间 (a,b) 可导.

求证:在 (a,b) 内至少存在一点 ξ,使

$$f'(\xi)>0. \tag{1}$$

这道题,一看就知道是错误的.

怎么知道?

举个简单的例子,任一在 $[a,b]$ 单调递减的函数(当然要满足题中条件),均不会有 (1) 出现,最简单的莫过 $y=-x$,恒有 $y'=-1<0$.

举正例或反例,是基本的功夫. 如果连上面的反例也举不出来,大学四年完全白读了.

作为中学教师,也必须会举例子,常有学生持题来问. 这些题,有可能漏了条件,因而本身不正确. 如果教师不会举例,不会判断,做了半天,毫无结果,浪费时间.

这道考题,就漏了条件 "$f(a)=f(b)$".

有这条件,很容易做:

由已知条件,函数 $f(x)$ 在 $[a,b]$ 上有最大值 M 与最小值 m. 因为 $f(x)$ 不是常数,所以 $M>m$.

因为 $f(a)=f(b)$,所以 M,m 不会全与 $f(a)$ 相等,不妨设 $M>f(a)$,

则
$$M=f(c),c\in(a,b).$$

由拉格朗日中值定理,有 $\xi\in(a,c)$

$$f'(\xi)=\frac{f(c)-f(a)}{c-a}>0.$$

或设恒有 $f'(x)\leqslant0$,则 $f(x)$ 在 $[a,b]$ 上递减,$f(a)\geqslant f(x)\geqslant f(b)$,从而对一切 $x\in[a,b]$,$f(x)=f(c)$,这与 $f(x)$ 不为常数矛盾. 矛盾表明 (1) 成立.

这样的题作为研究生考题,似乎太容易了.

据说这题还是大轴题,据说还有人不会做. 唉,大学生的水平,好像还不如以前.

97. 教师与解题高手

如图,先看下面的一道堪称经典的问题.

P 在 $\triangle ABC$ 的外接圆 $\odot O$ 外,PA 与 $\odot O$ 切于点 A.$AQ \perp OP$,Q 为垂足.

求证:$\triangle AQC \backsim \triangle BQA$.

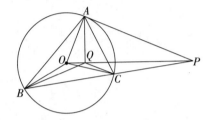

证明　因为 $PO \times PQ = PA^2 = PC \times PB$,

所以 O,B,C,Q 四点共圆.

因为 $\angle OQB = \angle OCB = \angle OBC = \angle CQP$,

$\angle AQC = 90° + \angle CQP = 90° + \angle OQB = \angle BQA$,

$\angle QAC = \angle QAP - \angle CAP = \angle AOQ - \angle ABC$

$\qquad = \angle AOC - \angle QOC - \angle ABC$

$\qquad = 2\angle ABC - \angle QOC - \angle ABC$

$\qquad = \angle ABC - \angle QBC = \angle QBA$,

所以 $\triangle AQC \backsim \triangle BQA$.

经典的问题,解法应做到尽量精简,本题得出 O,B,C,Q 共圆后,由四点共圆即可得出结论.不必再绕圈子.

由此,想到教师与解题高手有所不同,解题高手能做难题,但未必能当好的教师,有时解的过程未曾简化,有时说不清楚.而教师,由于时间关系或能力限制,未必能解难题,当"解题高手".但不很难的,经典的问题,应做得纯熟,而且可以指导学生.当然,既是解题高手,又是好的教师,非常之好,但不易做到,可以根据自身特点,选择其一做好,也很不错.

98. 奇技淫巧，不宜提倡

问题　已知 $\dfrac{x^2}{4}-y^2=1$，求函数 $f(x)=3x^2-2xy$ 的最小值.

有人推荐了两种"巧解".

解法一　因式分解，换元.

由题意可知 $x^2-4y^2=4 \Rightarrow (x+2y)(x-2y)=4$.

令 $\begin{cases} x-2y=t, \\ x+2y=\dfrac{4}{t}, \end{cases}$ 得 $\begin{cases} x=\dfrac{1}{2}\left(t+\dfrac{4}{t}\right), \\ y=\dfrac{1}{4}\left(\dfrac{4}{t}-t\right). \end{cases}$

由基本不等式可知

$$3x^2-2xy=3\times\dfrac{1}{4}\left(t+\dfrac{4}{t}\right)^2-\dfrac{1}{4}\left(t+\dfrac{4}{t}\right)\left(\dfrac{4}{t}-t\right)$$

$$=t^2+\dfrac{8}{t^2}+6\geqslant 4\sqrt{2}+6.$$

解法二　齐次化＋换元.

令 $3x^2-2xy=m$.

因为 x,y 是对称的，且要求最小值，不妨设 $x>0,y>0$.

则
$$\dfrac{3x^2-2xy}{x^2-4y^2}=\dfrac{3-\dfrac{2y}{x}}{1-\dfrac{4y^2}{x^2}}=\dfrac{m}{4}.$$

令 $3-\dfrac{2y}{x}=t \Rightarrow \dfrac{y}{x}=\dfrac{3-t}{2}$.

由基本不等式可知

$$\dfrac{m}{4}=\dfrac{1}{-\left(t+\dfrac{8}{t}\right)+6}\geqslant\dfrac{1}{6-4\sqrt{2}},$$

即
$$m\geqslant 6+4\sqrt{2}.$$

以上两种解法,过"巧",不易想到.过于特殊,不是普遍的解法,不宜提倡.

那么,应当怎么做?

初中阶段可用判别式.

令 $3x^2-2xy=m$,则

$$(3x^2-m)^2=4x^2y^2=x^2(x^2-4)(\text{这一步消去 } y),$$

即

$$8x^4-(6m-4)x^2+m^2=0,$$

这方程应有实数解 x,所以判别式

$$\Delta=(6m-4)^2-32m^2\geqslant 0,$$

即

$$m^2-12m+4\geqslant 0,$$

$$m\geqslant 6+4\sqrt{2}.$$

(显然 $m=3x^2-2xy=2x^2+4y^2+4-2xy\geqslant 4>6-4\sqrt{2}$)

在 $m=6+4\sqrt{2}$ 时,

$$8x^4=m^2,$$

即

$$x^2=2+\frac{3}{\sqrt{2}},x=\pm\sqrt{2+\frac{3}{\sqrt{2}}},$$

$$y^2=\frac{x-4}{4}=\frac{1}{4}\left(\frac{3}{\sqrt{2}}-2\right),y=\pm\frac{1}{2}\sqrt{\frac{3}{\sqrt{2}}-2}.$$

在 $(x,y)=\left(\sqrt{2+\frac{3}{\sqrt{2}}},\frac{1}{2}\sqrt{\frac{3}{\sqrt{2}}-2}\right)$ 或 $\left(-\sqrt{2+\frac{3}{\sqrt{2}}},-\frac{1}{2}\sqrt{\frac{3}{\sqrt{2}}-2}\right)$ 时,$3x^2-2xy$ 取得

最小值 $6+4\sqrt{2}$(前面两种解法,均未给出函数 $3x^2-2xy$ 取最小值时 x,y 的值.所以前面两种解法均是不完整的,这种错误,教师尤其不该发生).

更一般地,在高中,应当用导数.

由于有条件 $\frac{x^2}{4}-y^2=1$,所以 $3x^2-2xy$ 实际上是 x 的一元函数,求导数有两种方法.

方法一 直接写出一元函数

$$f(x)=3x^2-2xy=3x^2-x\sqrt{x^2-4},$$

$$f'(x)=6x-\sqrt{x^2-4}-\frac{x^2}{\sqrt{x^2-4}},$$

$f'(x)=0$ 即

$$6x=\sqrt{x^2-4}+\frac{x^2}{\sqrt{x^2-4}},$$

平方得

$$36x^2=x^2-4+2x^2+\frac{x^4}{x^2-4},$$

化简得

$$2x^4-8x^2-1=0.$$

所以(限制 x,y 非负时)

$$x^2=2+\frac{3}{\sqrt{2}},x=\sqrt{2+\frac{3}{\sqrt{2}}}.$$

以下同前(用判别式的解法).

由于在 $(2,+\infty)$ 上这是唯一的极值点,所以必是取最大或最小值的点,再由 $f(2)=12$ 知这是最小值.

方法二 由 $\frac{x^2}{4}-y^2=1$ 得(将 y 作为 x 的函数)

$$\frac{2x}{4}-2yy'=0,$$

即

$$y'=\frac{x}{4y},$$

$$f'(x)=(3x^2-2xy)'=6x-2y-2xy'=6x-2y-\frac{x^2}{2y},$$

从而 $f'(x)=0$ 即

$$6x=2y+\frac{x^2}{2y}.$$

平方得

$$36x^2=4y^2+2x^2+\frac{x^2}{4y^2},$$

再将 $4y^2=x^2-4$ 代入.

以下同上面用导数的方法一.

中国数学教育的缺点之一就在于小技巧太多,而忽视一般的解法.

99. 好题应有好解

设 $a>0$，函数 $f(x)=\sin ax-a\sin x$ 在 $(0,2\pi)$ 上没有零点，求 a 的取值范围.

这题不落俗套，是一道好题. 好题应有好解法.

首先，注意 $\sin ax-a\sin x=0$，即 $\dfrac{\sin ax}{a}=\sin x$，因此原问题等价于"函数 $g(x)=\dfrac{\sin ax}{a}$ 与 $h(x)=\sin x$ 的图像在 $(0,2\pi)$ 上没有交点，求 a 的取值范围".

这一转化，非常有用，原题 $\sin ax, a\sin x$ 均与 a 有关，而现在只有 $g(x)$ 与 a 有关，显然，兼顾两个函数比着重注意一个函数，要麻烦一些.

很遗憾，这样简单的转化并非人人都能看到，包括一些名师或以名师自诩的人.

其次，应当充分利用图像. $y=h(x)=\sin x$ 以 $[0,2\pi)$ 为一个完整周期，振幅为 1，它的图像为大家熟知（如图所示）.

（ⅰ）在 $a=\dfrac{1}{2}$ 时，$y=g(x)=2\sin\dfrac{x}{2}$ 以 $[0,2\pi)$ 为半个周期，它的图像在 $y=\sin x$ 的上方，仅在 $x=0$（及不在 $[0,2\pi)$ 内的 2π）时与 $y=\sin x$ 有公共点，即在 $(0,2\pi)$ 上两者无公共点（$0,2\pi$ 均在 $(0,2\pi)$ 之外）. 以下草图虽不准确，但亦反映了这一点.

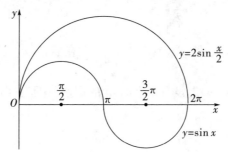

（ⅱ）在 $(0<)a<\dfrac{1}{2}$ 时，$[0,2\pi)$ 还不足 $y=\dfrac{1}{a}\sin ax$ 的半个周期，即它的图像与 x 轴的第二个公共点在 2π 的右方，图像在 $(0,2\pi)$ 上与 $y=\sin x$ 更无公共点.

于是，在 $0<a\leqslant\dfrac{1}{2}$ 时，$y=f(x)$ 在 $(0,2\pi)$ 上没有零点. 但直观虽有助于我们获得答案，给出一个严格的证明仍是有必要的，这可以利用导数.

$y = \sin x$ 与 $y = \dfrac{1}{a}\sin ax$ 在 $x = 0$ 相等, 而在 $0 < x \leqslant \pi$ 时, $0 < ax < x \leqslant \pi$,

$$\left(\dfrac{1}{a}\sin ax - \sin x\right)' = \cos ax - \cos x > 0,$$

所以 $\dfrac{1}{a}\sin ax - \sin x$ 在 $[0, \pi]$ 上递增, 在 $(0, \pi]$ 上恒有 $\dfrac{1}{a}\sin ax > \sin x$.

而在 $(\pi, 2\pi)$ 上, $\dfrac{1}{a}\sin ax > \dfrac{1}{a}\sin \pi = 0 > \sin x$,

因此, 与图像的直观一致, $y = f(x)$ 在 $(0, 2\pi)$ 上没有零点.

接下来考虑 $\dfrac{1}{2} < a$ 的情况.

(ⅲ) 在 $\dfrac{1}{2} < a < 1$ 时, $g(x) = \dfrac{1}{a}\sin ax$ 的振幅为 $\dfrac{1}{a} > 1$.

所以

$$\dfrac{1}{a}\sin\left(a \cdot \dfrac{\pi}{2a}\right) = \dfrac{1}{a} > 1 > \sin \dfrac{\pi}{2a}.$$

而 $\pi < 2\pi a < 2\pi, \dfrac{1}{a}\sin(a \cdot 2\pi) < 0 = \sin 2\pi$,

所以 $y = \dfrac{1}{a}\sin ax$ 的图像在 $(0, 2\pi)$ 上必定与 $y = \sin x$ 的图像有公共点.

(ⅳ) $a = 1$ 时, $y = g(x)$ 与 $y = h(x) = \sin x$ 的图像重合有无穷多个公共点, $f(x)$ 恒为 0.

(ⅴ) $1 < a$ 时, $y = \dfrac{1}{a}\sin ax$ 的振幅为 $\dfrac{1}{a} < 1$,

$g\left(\dfrac{\pi}{2}\right) \leqslant \dfrac{1}{a} < 1 = h\left(\dfrac{\pi}{2}\right), g\left(\dfrac{3\pi}{2}\right) \geqslant -\dfrac{1}{a} < -1 = h\left(\dfrac{3\pi}{2}\right)$, 所以在 $\left(\dfrac{\pi}{2}, \dfrac{3\pi}{2}\right)$ 上, $y = g(x)$

与 $y = h(x)$ 的图像有公共点, 即 $f(x)$ 在 $\left(\dfrac{\pi}{2}, \dfrac{3\pi}{2}\right)$ 上有零点.

综上所述, $f(x)$ 在 $(0, 2\pi)$ 上没有零点时, a 的取值范围为 $\left(0, \dfrac{1}{2}\right]$.

直观, 严谨, 都很重要.

100. 教育不是教愚

见到一道 2019 年某省高考的最后一题：

$$f(x)=a\ln x+\sqrt{1+x}\,(a\neq 0)\text{对}\ x\in\left[\frac{1}{e^2},+\infty\right)\text{均有}\ f(x)\leqslant\frac{\sqrt{x}}{2a},$$

求 a 的取值范围.

据说这题考得很糟，不少同学大哭，这样的题的确不好，不该出.

中学学习应与大学接轨. 看看大学的微积分，有考参数 a 的取值范围吗？我在大学读过，也教过大学微积分，真没见过这种题.

再看提供的解答，竟然是设

$$g(a)=\frac{\sqrt{x}}{2a^3}-\frac{\sqrt{x+1}}{a^2}-\frac{\ln x}{a}.$$

更令人倒吸一口凉气，怎么变成 a 的函数了？普遍的方法应当考虑 x 的函数啊？这个解答介绍了太偏的方法. 偏方或许也能解决问题，但更应当介绍普遍的方法，让学生学习普遍的方法. 如果偏方很繁琐，那更是指错了方向，引错了路. 明明前面有坑，还要领大家迈着正步往坑里走. 我看到一些教师提供的解法，常觉得他们将生动的数学变成了无聊的苦活，一些教育工作者似乎在比谁更愚蠢一些. 教育可不是教愚啊！

我不赞成出这种求取值范围的题.

不过，既已出了，怎么做呢？

首先，我喜欢先试一试特殊值.

对于这题，最好的特殊值，当然是 $x=1$. 看到 $\ln x$，我便想到它的零点 $x=1$，而且由 $x=1$ 分出正负：$x>1$ 时，$\ln x>0$，$x<1$ 时，$\ln x<0$.

$x=1$ 代入 $f(x)\leqslant\frac{\sqrt{x}}{2a}$ 得 $\sqrt{2}\leqslant\frac{1}{2a}$，可知 $a>0$ 且 $a\leqslant\frac{\sqrt{2}}{4}$.

其次 $f(x)\leqslant\frac{\sqrt{x}}{2a}$，即

$$\sqrt{x}-2a^2\ln x-2a\sqrt{1+x}\geqslant 0, \tag{1}$$

求 a 为何值时(1)成立？

（这里 x 当然正值，但不明白 $\frac{1}{e^2}$ 从何而来，暂且不去管它.）

(1)式中的 a 都不在分母上，前面的 $g(a)$，a 全在分母上，实在自找麻烦.

$a \in \left(0, \dfrac{\sqrt{2}}{4}\right]$ 是(1)成立的必要条件,下面证明它也是充分条件.

令 $h(x) = \sqrt{x} - \dfrac{1}{4}\ln x - \dfrac{\sqrt{2}}{2}\sqrt{1+x}$,则 $h(1) = 0$.

$$h'(x) = \frac{1}{2\sqrt{x}} - \frac{1}{4x} - \frac{1}{2\sqrt{2(1+x)}},$$

$x \geqslant 1$ 时,$h'(x) \geqslant 0 \Leftrightarrow 2\sqrt{x(1+x)} - \sqrt{1+x} - \sqrt{2}x \geqslant 0$. \qquad (2)

$x = 1$ 时,(2)中等号成立,再取导数,得(2)式左边为

$$\frac{1+2x}{\sqrt{x(1+x)}} - \frac{1}{2\sqrt{1+x}} - \sqrt{2}.$$

因为

$$\frac{2x}{\sqrt{x(1+x)}} \geqslant \sqrt{2} \Leftrightarrow \sqrt{2x} \geqslant \sqrt{1+x} \Leftrightarrow 2x \geqslant 1+x \Leftrightarrow x \geqslant 1.$$

$$\frac{1}{\sqrt{x(1+x)}} \geqslant \frac{1}{2\sqrt{1+x}} \Leftrightarrow 2 \geqslant \sqrt{x} \Leftrightarrow 4 \geqslant x.$$

所以在 $1 \leqslant x \leqslant 4$ 时,(2)成立.

而在 $x > 4$ 时,

$$2\sqrt{x(1+x)} - \sqrt{1+x} - \sqrt{2}x$$
$$= \sqrt{2x(1+x)} - \sqrt{2}x + (2-\sqrt{2})\sqrt{x(1+x)} - \sqrt{1+x}$$
$$> \sqrt{1+x}((2-\sqrt{2})\sqrt{x} - 1) > \sqrt{1+x}(2(2-\sqrt{2})-1) > 0,$$

所以(2)恒成立,即 $x \geqslant 1$ 时,$h'(x) \geqslant 0$,$h(x) \geqslant h(1) = 0$.

$x \leqslant 1$ 时,

因为 $h(1) = 0$,所以要证 $h(x) \geqslant 0$,只需证
$$h'(x) \leqslant 0,$$

$$h'(x) \leqslant 0 \Leftrightarrow \sqrt{1+x} + \sqrt{2}x \geqslant 2\sqrt{x(1+x)}$$
$$\Leftrightarrow \sqrt{1+x} - \sqrt{x(1+x)} \geqslant \sqrt{x(1+x)} - \sqrt{2}x$$
$$\Leftrightarrow \sqrt{1+x}(1-\sqrt{x}) \geqslant \sqrt{x} \cdot \frac{1-x}{\sqrt{1+x} + \sqrt{2x}}$$
$$\Leftrightarrow \sqrt{1+x} \geqslant \frac{\sqrt{x}(1+\sqrt{x})}{\sqrt{1+x} + \sqrt{2x}}$$
$$\Leftrightarrow \sqrt{1+x}(\sqrt{1+x} + \sqrt{2x}) \geqslant \sqrt{x}(1+\sqrt{x})$$
$$\Leftrightarrow 1+x + \sqrt{2x(1+x)} \geqslant \sqrt{x} + x \Leftarrow 1 \geqslant \sqrt{x}.$$

因此 $h'(x) \leqslant 0$,$h(x) \geqslant h(1) = 0$,从而 $x \leqslant 1$ 时,亦有 $f(x) \leqslant \dfrac{\sqrt{x}}{2a}$.

即 $a \in \left(0, \dfrac{\sqrt{2}}{4}\right]$ 时,对于 $x \in (0, +\infty)$,恒有 $f(x) \leqslant \dfrac{\sqrt{x}}{2a}$.

101. 做几道高一的题

俗话说："曲不离口，拳不离手"，教数学的教师也得常常做题.

最近看到这几道题，觉得还不错，怎么解为好？颇值得讨论，建议大家也做一做，议论议论.

题目如下：

1. 若函数 $f(x)=2\sin(2x+\varphi)$ 的图像过点 $\left(\dfrac{\pi}{6},1\right)$，则它的一条对称轴方程可能是

（　　）

A. $\dfrac{\pi}{6}$ B. $\dfrac{\pi}{3}$

C. $\dfrac{\pi}{12}$ D. $\dfrac{5\pi}{12}$

解 由 $f\left(\dfrac{\pi}{6}\right)=1$ 得 $\varphi=2n\pi-\dfrac{\pi}{6}$ 或 $2n\pi+\dfrac{\pi}{2}(n\in\mathbf{Z})$.

在 $\varphi=2n\pi-\dfrac{\pi}{6}$ 时，$f\left(\dfrac{\pi}{3}\right)=2$，其他情况均得不出 $f(x)$ 的值为 ±2，所以选 B.

2. 已知 $\alpha,\beta\in\left(0,\dfrac{3\pi}{4}\right)$，且 $\sin\alpha=\dfrac{2\sqrt{6}}{7}$，$\cos(\alpha-\beta)=\dfrac{\sqrt{10}}{5}$，则 $\sin\beta=$ _____.

A. $\dfrac{9\sqrt{15}}{35}$ B. $\dfrac{11\sqrt{10}}{35}$

C. $\dfrac{\sqrt{15}}{35}$ D. $\dfrac{\sqrt{10}}{35}$

解 $\sin\beta=\sin(\alpha-(\alpha-\beta))$

$\qquad=\sin\alpha\cos(\alpha-\beta)-\cos\alpha\sin(\alpha-\beta)$

$\qquad=\dfrac{2\sqrt{6}}{7}\times\dfrac{\sqrt{10}}{5}-\varepsilon\times\dfrac{5}{7}\times\dfrac{\sqrt{15}}{5}(\varepsilon=1\text{ 或}-1)$

$\qquad=\dfrac{4-5\varepsilon}{35}\sqrt{15}.$

B,D 当然淘汰,$4-5=-1$,所以 C 亦淘汰. 故选 A.

注 本题不必先考虑 α,β 的取值范围.

3. 已知 $\sin\alpha+\sin\beta=\dfrac{3}{5}$,$\cos\alpha+\cos\beta=\dfrac{4}{5}$,则 $\cos\alpha\cos\beta=$ _____.

解 已知两式平方再相加得 $\cos(\alpha-\beta)=-\dfrac{1}{2}$.

又已知两式相除得 $\tan\dfrac{1}{2}(\alpha+\beta)=\dfrac{3}{4}$.

所以 $\cos(\alpha+\beta)=2\cdot\cos^2\dfrac{\alpha+\beta}{2}-1=2\left(\dfrac{4}{5}\right)^2-1=\dfrac{7}{25}$,

$\cos\alpha\cos\beta=\dfrac{1}{2}(\cos(\alpha+\beta)+\cos(\alpha-\beta))=\dfrac{1}{2}\left(\dfrac{7}{25}-\dfrac{1}{2}\right)=-\dfrac{11}{100}$.

注 有人令 $\cos\theta=\dfrac{4}{5}$,从而 $\sin\theta=\dfrac{3}{5}$,但接下去一个等式 $\cos\alpha\cos\beta=\cos\left(\theta+\dfrac{\pi}{3}\right)$ $\cos\left(\theta-\dfrac{\pi}{3}\right)$ 实在不知从何而来.

4. 在 $\triangle ABC,\triangle AEF$ 中,B 是 EF 中点,$CA=CB=3$,$AB=EF=2$. 若 $\overrightarrow{AB}\cdot\overrightarrow{AE}+\overrightarrow{AC}\cdot\overrightarrow{AF}=7$,则 $\cos\langle\overrightarrow{EF},\overrightarrow{BC}\rangle=$?

解 $7=\overrightarrow{AB}\cdot\overrightarrow{AE}+\overrightarrow{AC}\cdot\overrightarrow{AF}$
$=\overrightarrow{AB}\cdot(\overrightarrow{AB}+\overrightarrow{BE})+(\overrightarrow{AB}+\overrightarrow{BF})\cdot\overrightarrow{AC}$
$=4+\overrightarrow{AB}\cdot\overrightarrow{BE}+\overrightarrow{AB}\cdot\overrightarrow{AC}+\overrightarrow{BF}\cdot(\overrightarrow{AB}+\overrightarrow{BC})$
$=4+\overrightarrow{AB}\cdot\overrightarrow{AC}+\overrightarrow{BF}\cdot\overrightarrow{BC}$.

设 AB 中点为 D,则 $CD\perp AB$,

$$\overrightarrow{AB}\cdot\overrightarrow{AC}=\overrightarrow{AB}\cdot(\overrightarrow{AD}+\overrightarrow{DC})=\overrightarrow{AB}\cdot\dfrac{1}{2}\overrightarrow{AB}=2,$$

所以

$$7=4+2+3\cos\langle\overrightarrow{BF},\overrightarrow{BC}\rangle$$

$$\cos\langle\overrightarrow{EF},\overrightarrow{BC}\rangle=\dfrac{1}{3}.$$

注 $\overrightarrow{AB}\cdot\overrightarrow{AC}$ 的值需利用 $\triangle ABC$ 为等腰三角形($CA=CB$)这一条件求出.

5. 矩形草坪 $ABCD$,$AB=100$ m,$BC=50\sqrt{3}$ m,在这草坪铺设三条小路 ME,EF 和 MF,要求 M 为 AB 中点,E,F 分别在边 BC 与边 AD 上,且 $\angle EMF=90°$.

(1)设 $\angle DME=\alpha$,试将 $\triangle MEF$ 的周长 l 表为 α 的函数,并求出这函数的定义域;

(2)求 l 的最小值.

解 (1)$l = \dfrac{50}{\sin \alpha} + \dfrac{50}{\cos \alpha} + \sqrt{\left(\dfrac{50}{\sin \alpha}\right)^2 + \left(\dfrac{50}{\cos \alpha}\right)^2}$

$\qquad = 50\left(\dfrac{1}{\sin \alpha} + \dfrac{1}{\cos \alpha} + \dfrac{1}{\sin \alpha \cos \alpha}\right)$

$\qquad = \dfrac{50(\sin \alpha + \cos \alpha + 1)}{\sin \alpha \cos \alpha}$,

因为 $\dfrac{1}{\sqrt{3}} \leqslant \tan \alpha \leqslant \sqrt{3}$,所以定义域为 $30° \leqslant \alpha \leqslant 60°$.

(2)$\dfrac{\sin \alpha + \cos \alpha + 1}{\sin \alpha \cos \alpha} \geqslant \dfrac{4(\sin \alpha + \cos \alpha + \sin^2 \alpha + \cos^2 \alpha)}{(\sin \alpha + \cos \alpha)^2}$

$\qquad\qquad = \dfrac{4}{\sin \alpha + \cos \alpha} + \dfrac{4(\sin^2 \alpha + \cos^2 \alpha)}{(\sin \alpha + \cos \alpha)^2}$

$\qquad\qquad \geqslant \dfrac{4}{\sqrt{2(\sin^2 \alpha + \cos^2 \alpha)}} + 2 \geqslant 2\sqrt{2} + 2$,

$l \geqslant 100 + 100\sqrt{2}.$

在 $\alpha = 45°$ 时,l 取最小值 $100 + 100\sqrt{2}$.

第三章

代　数

本章的内容以代数为主.

我的朋友肖刚教授说:"代数是一种解释".

我将这句话理解为应当从不同的角度看问题. 横看成岭侧成峰,将这些从不同角度得到的结果综合起来,才能对问题有全面的、深刻的见解.

因此,观察能力,也就是眼光. 眼力,是十分重要的,需要注意培养.

102. 数学之美

在网上看到一道题：

$x+y+2xy=14$ 且 x,y 都是整数，求 $x+y$．

一位网师的解法是："设法将已知条件写成

$$(x+a)(2y+b)=?\tag{1}$$

展开成

$$2xy+bx+2ay+ab=?$$

与原式比较得

$$b=1,2a=1.$$

从而

$$\left(x+\frac{1}{2}\right)(2y+1)=\frac{1}{2}+14,\tag{2}$$

$$\cdots\cdots（下略）"$$

解法没有错，但缺乏数学之美．

本题 x,y 是对称的（地位平等），但上面的解法，(1)左边 x 系数为 1，而 y 系数为 2，不平等了，失去对称之美．

再者，做法不够简洁，(2)中出现分数 $\frac{1}{2}$，造成运算的麻烦，失去简洁之美．

其实，$2xy$ 的系数 2 不能分成两个相同的整数的积，这是一望而知的，补救的办法，应当将原方程两边乘 2，变为

$$2x+2y+4xy=28.\tag{3}$$

而 $4=2\times2$，所以(3)可变为

$$(2x+1)(2y+1)=29,\tag{4}$$

根本不必用分数运算！

而且(3)到(4)，应一步完成，这种心算能力随时注意培养（小学有心算，可到了初中，很少有教师注意培养心算）．

最后的结果是 $x+y=14$ 或 -16（也不难心算出结果）．

常有人谈数学之美，却多流入空泛，在实际解题中，完全忘记基本的对称之美，简洁之美，可谓叶公好龙．

103. 敏锐的感觉

解方程

$$\frac{x-2}{2\,019}+\frac{x}{2\,020}+\frac{x+2}{2\,021}=6. \tag{1}$$

学生甲拿了这个方程去问虎跑寺里的老衲,老衲(以下简称"衲")虽老,思维却很敏捷,他看了一眼便说 $x=4\,040$.

甲:怎么做的?

衲:(1)的左边有 3 个分式,和为 6,而 6 是 3 个 2 的和,如果三个分式的值都是 2,那么由中间的分式,

$$x=2\,020\times2=4\,040.$$

甲:另两个分式的值呢?

衲:你自己验证一下.

甲: $\dfrac{2\,020\times2-2}{2\,019}=\dfrac{2\times(2\,020-1)}{2\,019}=2,$

$\dfrac{2\,020\times2+2}{2\,021}=\dfrac{2\times(2\,020+1)}{2\,021}=2,$

所以 $x=4\,040$ 的确是(1)的根.

可是方程(1)会不会有其他根?

衲:方程(1)是几次方程?

甲:方程(1)是一元一次方程,只有一个根.

衲:所以得出 $x=4\,040$,就做完了.

甲:可是,这题出得不巧了,要是……

衲:巧人出巧题,巧题巧人解,出这样的题,就是为了培养你的观察能力,心算能力.

甲:如果题目不是这样巧,那么还得用一般的方法.

衲:当然,我这里有一只"阿尔法狗",凡是呆板的解法,它都能完成,用不着我们费心了.你只要想想巧妙的解法.

104. 估一估

已知 $\sqrt{a^2+8a+29}$ 是自然数，求 a.

甲：这个题也能心算吗？

衲：当然应当心算.

甲：怎么算呢？

衲：$a^2+8a+29$ 是平方数.

甲：不知道是多少？

衲：可以估一估.

甲：比 a^2 大，再大一些，比 $(a+4)^2=a^2+8a+16$ 还要大.

衲：大多少？

甲：大 $13(=29-16)$.

衲：你背背平方数.

甲：$\cdots$，$5^2=25$，$6^2=36$，$7^2=49$.

衲：可以了，停下来想一想.

甲：$49-36=13$，所以 $a=2$.

衲：然也，然也.

包不同：非也，非也.

"滚一边去"老衲大袖一挥，包不同跌出门外.

105. 单调性

单调性在证明解的唯一性时很有用.

例 解方程 $5^x-2^x=3^x$.

解 显然 $x=1$ 是方程的解,问题是如何证明这是唯一的解.

移项得

$$5^x=2^x+3^x,$$

两边同除以 5^x,得

$$\left(\frac{2}{5}\right)^x+\left(\frac{3}{5}\right)^x=1.$$

在 $0<a<1$ 时,a^x 是 x 的(严格)减函数,所以 $x>1$ 时.

$$\left(\frac{2}{5}\right)^x+\left(\frac{3}{5}\right)^x<\frac{2}{5}+\frac{3}{5}=1.$$

在 $x<1$ 时,

$$\left(\frac{2}{5}\right)^x+\left(\frac{3}{5}\right)^x>\frac{2}{5}+\frac{3}{5}=1.$$

从而 $x=1$ 是原方程的唯一解.

本题不将 -2^x 移到右边,或两边同除以 2^x(或 3^x),也可以做,但不如上面的解法好,其中两函数 $\left(\frac{2}{5}\right)^x$,$\left(\frac{3}{5}\right)^x$ 都是减函数,可以统一处理.

106. 门的把手是 2

开门关门，应抓把手，解题亦应抓住题的"把手".

例 化简 $\sqrt{8-\sqrt{63}}$.

一位网师的解法是：

原式 $=\sqrt{8-3\sqrt{7}}=\sqrt{\dfrac{16-6\sqrt{7}}{2}}$

$=\sqrt{\dfrac{16-2\times 3\sqrt{7}}{2}}=\sqrt{\dfrac{3^2-2\times 3\times\sqrt{7}+(\sqrt{7})^2}{2}}$

$=\dfrac{3-\sqrt{7}}{\sqrt{2}}=\dfrac{3\sqrt{2}-\sqrt{14}}{2}$.

这类"二次不尽根式"时常出现，但网师的解法仍不够好，不应当将内层根号里的因数 9 移出变为 3.

内层根号前面的系数只应为 2，即这类式子应化为

$$\sqrt{x+y\pm 2\sqrt{xy}}.$$

然后用与十字相乘同样的方法，将内层根号里的数分解为 $x\cdot y$.

如果内层根号前面缺乏系数 2，应设法添上 2，但不要添其他东西，本题的解应为

原式 $=\sqrt{\dfrac{16-2\sqrt{63}}{2}}=\sqrt{\dfrac{9+7-2\sqrt{9\times 7}}{2}}=\dfrac{\sqrt{9}-\sqrt{7}}{\sqrt{2}}=\dfrac{3\sqrt{2}-\sqrt{14}}{2}$.

虽然在第 83 节已经说过这个方法，还有人不很清楚，这里重复一遍.

107. 走了弯路

网上看到一道解方程：$x^{x^{2\,020}}=2\,020(x>1)$.

说是没有思路，一位网师来分析思路，他话说得太多，不想重复，只将他的解法写在下面：

取对数
$$x^{2\,020}\ln x=\ln 2\,020. \tag{1}$$

令 $t=x^{2\,020}$，则
$$2\,020\ln x=\ln t,$$
$$\ln x=\frac{\ln t}{2\,020}.$$

代入(1)得
$$t\frac{\ln t}{2\,020}=\ln 2\,020,$$
$$t\ln t=2\,020\ln 2\,020,$$

所以
$$t=2\,020,$$

即
$$x^{2\,020}=2\,020,$$
$$x=\sqrt[2\,020]{2\,020}.$$

这道题是指数方程，并非一定要取对数，取了对数，后来又回到指数，实在是作重复劳动，走了弯路.

正确的解法是：由原方程得
$$(x^{2\,020})^{x^{2\,020}}=2\,020^{2\,020}.$$

因为函数 $y=x^x(x>1)$ 是严格增加的，所以
$$x^{2\,020}=2\,020,$$
$$x=\sqrt[2\,020]{2\,020}.$$

其中换元 $t=x^{2\,020}$，只要心中有数即可，不必写出.

注意 $y=x^x(x>0)$ 并不是严格增加的，但在 $0<x\leqslant 1$ 时，$x^x\leqslant 1$，所以
$$x^{x^{2\,020}}=2\,020(x>0)$$

的解也只有 $x=\sqrt[2\,020]{2\,020}$.

再如解方程 $x^{x^4}=64$.

同样 $(x^4)^{x^4}=64^4=8^8$,

所以
$$x^4=8,$$
$$x=\sqrt[4]{8}.$$

注意 通常形如 x^x 的函数，约定 $x>0$，所以最后的 x 只取正值.

电影《遍鹰日记》

物竞天择适者强 雨只雏鹰事下上 谈隐决意杀并
伯推牠出巢坠于 文丈书有小考里 起牠关爱备至细抚
养温饲养多与鸭 肝训练捕食和飞 翔往伯终于振翅起
乘万里风向朝阳 纵情享受自由乐 上碧空翔长下摆弄
一日飞出来飞回 小考爱慈饭不看 幸喜数日又回来着
恋相处好时光 男孩热诸鹰性情 热爱自由性轩昂

决心送牠去远山 独立门户作鹰王 侯然数年青青遇
壮年亚伯返家乡 争夺无长鹰王住 恶斗一番幸未伤
依然我勇不再争 至相尊重聚一堂 鹰合作若干年
遭遇雪崩一鹰亡 小考长成男子汉 人鹰不见如参商
突然相逢终驾鹫 喜友谊地久天长 亚伯有妻正孵化
男人事业方起航 各有前程终须别 时候依列后想
男人情重胸怀宽 明白天意心衷亮 人鹰志皆在自
由各行其是最欢畅

• 142 •

单谈数学

108. 大道

用微积分求一元函数的极值,是一条普遍适用的康庄大道,然而仍有很多中学师生喜欢在崎岖小路上表演技巧,而不走大道.

例 已知 $x>0, y>0$,求函数

$$\frac{2xy}{x^2+4y^2}+\frac{xy}{x^2+y^2}$$

的最大值.

解 每个分式的分子、分母都是 2 次的,令 $t=\dfrac{x}{y}$,则原来的函数化为 t 的一元函数.

$$f(t)=\frac{2t}{t^2+4}+\frac{t}{t^2+1}(t>0).$$

导数 $f'(t)=\dfrac{2(t^2+4)-4t^2}{(t^2+4)^2}+\dfrac{t^2+1-2t^2}{(t^2+1)^2}$

$$=-\frac{2(t^2-4)(t^2+1)^2+(t^2-1)(t^2+4)^2}{(t^2+4)^2(t^2+1)^2}.$$

为方便起见,记 t^2 为 s,$f'(t)$ 的分子

$$=2(s-4)(s+1)^2+(s-1)(s+4)^2$$
$$=3s^3+3s^2-6s-24$$
$$=3(s-2)(s^2+3s+4),$$

仅有一个实根 $s=2$,即 $f'(t)$ 仅有一个正零点 $t=\sqrt{2}$. $t<\sqrt{2}$ 时,$f'(t)>0$,$f(t)$ 递增;$t>\sqrt{2}$ 时,$f'(t)<0$,$f(t)$ 递减. 所以

$$f(\sqrt{2})=\frac{2}{3}\sqrt{2}$$

为 $f(t)$ 的最大值,即 $\dfrac{2xy}{x^2+4y^2}+\dfrac{xy}{x^2+y^2}$ 的最大值为 $\dfrac{2}{3}\sqrt{2}$.

大道也是正道,为何不走正道呢?

109. 不需大动干戈

例 $f(x)=ax^3-3x+1$ 对于 $x\in[-1,1]$, 总有 $f(x)\geqslant0$, 求 a 的值.

这类问题, 首先是用特殊值代入, 看看 a 必须满足哪些条件.

由 $f(-1)=-a+4\geqslant0$ 得 $a\leqslant4$.

由 $f\left(\dfrac{1}{2}\right)=\dfrac{a}{8}-\dfrac{1}{2}\geqslant0$ 得 $a\geqslant4$.

因此必有 $a=4$.

另一面,

$$4x^3-3x+1=(x+1)(2x-1)^2\geqslant0,$$

所以 $a=4$.

本题并不需要求 $f(x)$ 的最小值, 不必大动干戈. $f(1)$ 当然也可算, 但也无必要.

这是一道初中生可以完成的题, 我见到的解法先用导数求最小值, 再求 a, 可谓杀鸡用牛刀.

110. 有理化

已知 $(2a+\sqrt{4a^2+1})(b+\sqrt{b^2+1})=4$，求 $a+b$ 的最小值.

解 已知条件中，有两个根式，难以处理，设法将出现的式子均变为有理式：

令

$$x=2a+\sqrt{4a^2+1},\ y=b+\sqrt{b^2+1},\ \text{则}\ x,y>0\ \text{且}$$

$$xy=4, \tag{1}$$

并且不难(无非移项、平方、化简)解得

$$a=\frac{x^2-1}{4x}, \tag{2}$$

$$b=\frac{y^2-1}{2y}, \tag{3}$$

$$a+b=\frac{y(x^2-1)+2x(y^2-1)}{4xy}=\frac{2x+7y}{16}\geqslant\frac{1}{8}\sqrt{14xy}=\frac{\sqrt{14}}{4}.$$

最小值为 $\frac{1}{4}\sqrt{14}$，在 $2x=7y$ 时取得，即

$$x=\sqrt{14},\ y=\frac{2\sqrt{14}}{7},$$

$$a=\frac{13\sqrt{14}}{56},\ b=\frac{\sqrt{14}}{56}$$

时取得.

111. 凑,很有用

一道因式分解题:分解
$$x^4 + 7x^3 + 14x^2 + 7x + 1.$$

据说难住不少学生与老师.

其实,很容易啊!

这个多项式没有有理根(显然 ± 1 都不是它的根),因此,没有一次的有理因式,它只能分为两个二次多项式的积,即设
$$x^4 + 7x^3 + 14x^2 + 7x + 1 = (x^2 + ax + 1)(x^2 + bx + 1), \tag{1}$$
其中 x^4 拆为 $x^2 \cdot x^2$,而 1 拆为 1×1 或 $(-1) \times (-1)$(本题感觉上,只能拆为 1×1. 如果不成功,再试试 $(-1) \times (-1)$).

系数 a, b 是待定的,由 x^3, x^2, x 的系数比较得
$$a + b = 7, \tag{2}$$
$$ab + 2 = 14, \tag{3}$$
$$a + b = 7. \tag{4}$$
于是 $ab = 12, a = 4, b = 3$(或 $a = 3, b = 4$),从而
$$x^4 + 7x^3 + 14x^2 + 7x + 1 = (x^2 + 4x + 1)(x^2 + 3x + 1).$$

凑很有用,常用的配方法,华罗庚先生称之为凑方,因式分解中的十字相乘法,也是靠凑.

有趣的是在一个既有加法又有乘法,而且分配律、结合律成立,但交换律不成立的有单位的环中(例如 n 阶矩阵的集合),如果 a, b 是其中元素,并且 $1 - ab$ 可逆,即存在元素 c,满足
$$c(1 - ab) = (1 - ab)c = 1,$$
那么 $1 - ba$ 也可逆,即存在元素 d 满足
$$d(1 - ba) = (1 - ba)d = 1.$$

谁能把这个 d"凑"出来(用 $a, b, c, 1$ 表示)? 这个结果就是华罗庚先生凑出来的.

112. 求值

1. 已知 $a^2+2b^2=2$, $c^2+2d^2=2(|b|\neq|d|)$, 求 $\dfrac{a^2d^2-b^2c^2}{b^2-d^2}$ 的值.

解 保持分母不变, 将分子中的 a^2 换为 $2-2b^2$, c^2 换为 $2-2d^2$ (消去 a,c),

原式 $=\dfrac{(2-2b^2)d^2-b^2(2-2d^2)}{b^2-d^2}=\dfrac{2d^2-2b^2}{b^2-d^2}=-2.$

2. 已知 $a^2+2b^2=2$, $c^2+2d^2=2$, $ac+bd=0$, 求 $\dfrac{1}{a^2+b^2}+\dfrac{1}{c^2+d^2}$ 的值.

解 多了一个条件, 而要求值的两个分式的和, 分母不同, 通分之后, 计算好像也不太方便. 多出的条件如何能够用上?

$ac+bd=0$ 中, 若 $b=0$, 则由 $a^2+2b^2=2$ 得 $a^2=2$, 所以 $c=0$, 从而由 $c^2+2d^2=2$ 得 $d^2=1$. 这样就有

$$\frac{1}{a^2+b^2}+\frac{1}{c^2+d^2}=\frac{1}{2}+\frac{1}{1}=\frac{3}{2},$$

若 $d=0$, 则同 $b=0$ 的一样, 结果为 $\dfrac{3}{2}$.

设 $b\neq0$, $d\neq0$, 我们希望结果仍为 $\dfrac{3}{2}$, 这时, 由 $ac+bd=0$ 得

$$\frac{a}{b}\times\frac{c}{d}=-1,$$

令 $k=\dfrac{a}{b}$, $h=\dfrac{c}{d}$,

则 $$kh=-1. \tag{1}$$

而 $a^2+2b^2=2$ 即

$$(k^2+2)b^2=2, \tag{2}$$

同样

$$(h^2+2)d^2=2, \tag{3}$$

于是

$$\frac{1}{a^2+b^2}+\frac{1}{c^2+d^2}=\frac{1}{(k^2+1)b^2}+\frac{1}{(h^2+1)d^2}$$

$$=\frac{k^2+2}{2(k^2+1)}+\frac{h^2+2}{2(h^2+1)}$$

$$=\frac{k^2+2}{2(k^2+1)}+\frac{k^2(h^2+2)}{2k^2(h^2+1)}$$

$$=\frac{k^2+2}{2(k^2+1)}+\frac{1+2k^2}{2+2k^2}$$

$$=\frac{3(k^2+1)}{2(k^2+1)}$$

$$=\frac{3}{2}.$$

连接原点与点 (b,a) 的直线，斜率 $k=\dfrac{a}{b}$.

连接原点与点 (d,c) 的直线，斜率 $h=\dfrac{c}{d}$.

这种形如 $y=kx$ 的代换，常常有用.

113. 拉马努金的题

求出下式中的 x：

$$\sqrt[3]{\sqrt[3]{2}-1}=\frac{1-\sqrt[3]{2}+\sqrt[3]{4}}{x}.$$

这道题是印度数学家拉马努金的题，虽然不难，但若误入歧途，也挺麻烦.

我们有

$$x=\frac{1-\sqrt[3]{2}+\sqrt[3]{4}}{\sqrt[3]{\sqrt[3]{2}-1}}$$

$$=\frac{1+2}{\sqrt[3]{\sqrt[3]{2}-1}(1+\sqrt[3]{2})}$$

$$=\frac{3}{\sqrt[3]{(\sqrt[3]{2}-1)(1+\sqrt[3]{2})(1+\sqrt[3]{2})^2}}$$

$$=\frac{3}{\sqrt[3]{(\sqrt[3]{4}-1)(1+\sqrt[3]{4}+\sqrt[3]{16})}}$$

$$=\frac{3}{\sqrt[3]{4}-1}=\sqrt[3]{9}.$$

本题用到立方和、立方差公式

$$a^3\pm b^3=(a\pm b)(a^2\mp ab+b^2),$$

现行教材将这两个公式砍掉，不知是什么人的主意.

114. 代数恒等式

有人说"恒等式一旦写出来,就成为显然".

这话当然有点夸张,试看下面的恒等式:

已知 $$x=\frac{a^2}{bc-a(b+c)},\ y=\frac{b^2}{ca-b(c+a)},\ z=\frac{c^2}{ab-c(a+b)},$$

求证:

$$xy+yz+zx+2xyz=1. \tag{1}$$

是否可以轻松地证明?

本题有多种证法,这里介绍两种.

解法一 $x=0$ 时,$a=0$,$y=-\dfrac{b}{c}$,$z=-\dfrac{c}{b}$,$xy+yz+zx+2xyz=yz=1$.

同样,$y=0$ 或 $z=0$ 时,(1)式成立.

以下设 $xyz\neq0$,(1)等价于 $\dfrac{1}{x}+\dfrac{1}{y}+\dfrac{1}{z}+2=\dfrac{1}{xyz}$,

即

$$\frac{bc-ab-ca}{a^2}+\frac{ca-bc-ab}{b^2}+\frac{ab-ca-bc}{c^2}+2=\frac{(bc-ab-ca)(ca-bc-ab)(ab-ca-bc)}{a^2b^2c^2}. \tag{2}$$

因为

$$\frac{ca-bc-ab}{b^2}+1=\frac{ca-bc-ab+b^2}{b^2}=\frac{(a-b)(c-b)}{b^2},$$

$$\frac{ab-ca-bc}{c^2}+1=\frac{(a-c)(b-c)}{c^2},$$

$$\frac{ca-bc-ab}{b^2}+\frac{ab-ca-bc}{c^2}+2=\frac{(a-b)(c-b)}{b^2}+\frac{(a-c)(b-c)}{c^2}$$

$$=\frac{(b-c)^2(ab+ac-bc)}{b^2c^2},$$

$$\frac{(bc-ab-ca)(ca-bc-ab)(ab-ca-bc)}{a^2b^2c^2}-\frac{(b-c)^2(ab+ac-bc)}{b^2c^2}$$

$$=\frac{(bc-ab-ca)(b^2c^2-a^2(b-c)^2+(b-c)^2a^2)}{a^2b^2c^2}$$

$$=\frac{(bc-ab-ca)b^2c^2}{a^2b^2c^2}=\frac{bc-ab-ca}{a^2},$$

所以(2)式成立.

解法二 去分母,(1)等价于

$$a^2b^2(ab-ca-bc)+b^2c^2(bc-ab-ca)+c^2a^2(ca-bc-ab)+2a^2b^2c^2=(ab-ca-bc)(bc-ab-ca)(ca-bc-ab). \tag{3}$$

先视(3)的左边为 a 的多项式.

令 $a=\dfrac{bc}{b+c}$,则(3)式左边

$$=a^2b^2\left(\frac{(b-c)bc}{b+c}-bc\right)+c^2a^2\left(\frac{(c-b)bc}{b+c}-bc\right)+2a^2b^2c^2$$

$$=a^2b^2c^2\left(\frac{-2b}{b+c}+\frac{-2c}{b+c}+2\right)=0,$$

于是 $a-\dfrac{bc}{b+c}$ 是左边的因式,从而 $bc-ab-ac$ 是左边的因式.

同理,$ab-ca-bc$,$ca-bc-ab$ 也是(3)式左边的因式,

$$\sum a^2b^2(ab-ca-bc)+2a^2b^2c^2=k\prod(ab-ca-bc).$$

比较两边 a^3 的系数均为 $(b-c)^2(b+c)$,即知 $k=1$.

从而(3)成立.

现在国内的初数专家知道不少套路,如本题,不少人用 $\dfrac{x}{1+x}=\dfrac{a^2}{(a-b)(a-c)}$ 及 $\sum\dfrac{a^2}{(a-b)(a-c)}=1$ 来解(他们的解法相同,如出一辙,所以我认为这是一种他们熟知的套路了). 我年轻时,未学过这些套路,老了更不记这类套路. 其实何必学、记这些套路? 以上两法,并未倚仗套路,一样解决问题.

115. 眼光

解方程

$$\sqrt{x+1}+\sqrt{x-1}-\sqrt{x^2-1}=x. \tag{1}$$

这道题考验你的眼力.

$\sqrt{x+1}$ 与 $\sqrt{x-1}$ 大致是 $\sqrt{x}$, $\sqrt{x^2-1}$ 大致是 x, 将它移到右边, 得

$$\sqrt{x+1}+\sqrt{x-1}=\sqrt{x^2-1}+x. \tag{2}$$

如果能看出 (2) 式左边的平方正好是 (2) 式右边的 2 倍, 因而也是左边的 2 倍, 问题就基本解决了, 也就是 (2) 平方导出

$$2(\sqrt{x+1}+\sqrt{x-1})=(\sqrt{x+1}+\sqrt{x-1})^2, \tag{3}$$

显然 $x\geqslant1$, $\sqrt{x+1}+\sqrt{x-1}>0$, 所以由 (3) 得

$$\sqrt{x+1}+\sqrt{x-1}=2. \tag{4}$$

以下已经很容易了, 平方也可以, 最好用 2 除以 (4) 的两边 (或者 (4) 的左边分子有理化) 得

$$\sqrt{x+1}-\sqrt{x-1}=1, \tag{5}$$

从而

$$\sqrt{x+1}=\frac{3}{2},$$

$$x=\frac{5}{4}.$$

经检验是原方程的根.

116. 逻辑必须严密

一位网师讲下面的题：

x, y 为整数，并且

$$y = \sqrt{29 - x} + \sqrt{10 - x}, \tag{1}$$

求 x, y.

他设 $\sqrt{29 - x} = a, \sqrt{10 - x} = b$，则 $a + b = y$ 为整数，

$$(a - b)(a + b) = (29 - x) - (10 - x) = 19 \tag{2}$$

也为整数.

接着他说，(2)中 19 为整数，$a + b$ 为整数，所以 $a - b$ 为整数.

这就说错了（有读者破口大骂："什么混账的逻辑！"），一错全错.

$a - b$ 的确是整数，但不能从(2)直接推出，从(2)只能得出 $a - b = \dfrac{19}{a + b}$ 为有理数.

但 $a - b, a + b$ 都是有理数，可得出 $2a, 2b$ 都是有理数，从而 a, b 都是有理数.

引理　在 k 为正整数时，若

$$\sqrt{k} = \text{有理数} \ r, \tag{3}$$

则 r 为正整数.

这个引理，或许很多人觉得显然，严格说，还是应证明一下.

设 $r = \dfrac{p}{q}$，p, q 为互质的正整数，则

$$k = r^2 = \dfrac{p^2}{q^2},$$

即

$$kq^2 = p^2.$$

由唯一分解定理及 $(q, p) = 1$，立即得出 $q = 1$，从而 $r = p$ 为整数（$k = p^2$ 为平方数）.

由引理，及 $\sqrt{29 - x} = a, \sqrt{10 - x} = b$ 均为有理数，得出 a, b 均为正整数或 0.

从而由(2)

$$\begin{cases} a+b=19, \\ a-b=1, \end{cases}$$

所以 $\qquad a=10, b=9, x=-71, y=19.$

数学推理一定要严密.

遊羊山公园　己亥重阳

重阳老羊遊羊山　　老者浅衫少黑衫
一路石停直登顶　　河山大好待我看

旷地儿童爱嬉闹　　大树正中居鸟巢
远处地铁飞驰过(注)　　风筝纸鸢放得高

今日天凉好个秋　　湖畔芦苇频点头
身边留意美景多　　无事不必向远求

好书一次莫读完　　撖揽回味更觉甘
羊山书苑未能去　　他日有暇再续缘

注 南京地铁2号线，仙鹤门以东都在此高架桥上。

117. 代数的解法

已知 $x,y,z,\in \mathbf{R}$,且

$$\begin{cases} \sqrt{2x-xy}+\sqrt{2y-xy}=1, & (1) \\ \sqrt{2y-yz}+\sqrt{2z-yz}=\sqrt{2}, & (2) \\ \sqrt{2z-xz}+\sqrt{2x-xz}=\sqrt{3}, & (3) \end{cases}$$

求 $(1-x)^2(1-y)^2(1-z)^2$ 的值.

这道代数题,有人用三角代换做,巧诚巧矣,但有两个问题:

1. 若这是初中的题,学生尚未学过三角,则无法用三角代换.

2. 三角代换

$$\begin{cases} x=2\cos^2\alpha, \\ y=2\cos^2\beta, \\ z=2\cos^2\gamma \end{cases}$$

并不容易想到,可能命题人心里有数,就是这样构造题目的.但解题人不知底细,很难像命题人那样潇洒.能想到这种代换的,很可能是一位天才或至少有一点天赋,但别人难以追随.

我一向主张代数问题尽可能用代数的方法解,上面的三角代换并不容易想到(即使想到,解法也还需要较多的计算与技巧),还是多想想代数方法.

首先(1)即

$$\sqrt{x(2-y)}+\sqrt{y(2-x)}=1,$$

如果令 $1-x=u,1-y=v,1-z=w$(这样要求的值 $(1-x)^2(1-y)^2(1-z)^2$ 变为更简单的 $u^2v^2w^2$),那么

$$1+u=2-x,1+v=2-y,1+w=2-z,$$

所以(1)变为(形式更好的)

$$\sqrt{(1-u)(1+v)}+\sqrt{(1+u)(1-v)}=1, \tag{$1'$}$$

同样(2)、(3)变为

$$\sqrt{(1-v)(1+w)}+\sqrt{(1+v)(1-w)}=\sqrt{2}, \tag{$2'$}$$

$$\sqrt{(1-w)(1+v)}+\sqrt{(1+w)(1-v)}=\sqrt{3}. \tag{$3'$}$$

将$(2')$两边平方,整理、化简得

$$\sqrt{(1-v^2)(1-w^2)}=vw.$$

从而v、w同号(包括某个为0,但不全为0的情况),再平方,整理得

$$v^2+w^2=1. \tag{4}$$

同样由$(1')$得

$$2\sqrt{(1-u^2)(1-v^2)}=2uv-1,$$

再平方,化简得

$$4u^2+4v^2-4uv=3. \tag{5}$$

同样,由$(3')$得

$$4u^2+4w^2+4uw=3, \tag{6}$$

$(6)-(5)$得

$$u(w+v)+(w^2-v^2)=0, \tag{7}$$

因为w、v同号,所以$w+v\neq0$,从而

$$v=u+w. \tag{8}$$

$(5)+(6)$得(利用(4)、(8))

$$8u^2+4-4u^2=6,$$

从而

$$u^2=\frac{1}{2},$$

再由

$$u^2=(v-w)^2=1-2vw,$$

得

$$v^2w^2=\frac{(1-u^2)^2}{4}=\frac{1}{16}.$$

所以

$$(1-x)^2(1-y)^2(1-z)^2=u^2v^2w^2=\frac{1}{32}.$$

现在的代换似更易想到,计算也不复杂,而且纯粹是代数的!

怎样提高解题能力?当然要学习别人的,尤其是经典的解法,但更重要的是自出机杼,给出自己的解法.

后来发现本题为2022年美国数学奥林匹克赛题,但原题多了一个条件:x,y,z均为正实数,从而$x,y,z\leqslant2$,这时作前述三角变换也是顺理成章的事了(否则先讨论x,y,z的正负).但代数解法仍是很大路的,椭圆或双曲线方程的推导就是这样平方后得到的.

118. 不要怕算

一道初中竞赛题：解方程
$$x+6=(x^2-6)^2. \tag{1}$$

很多人做不出来，很正常，因为他们未学过有关内容．这道题，高中生也做不出来．因为他们也未学过余数定理、因式定理等内容．

我读书以前（1949 年以前），国内流行欧美教材，代数书很多，最风靡的是《范氏（Fine）大代数》，这书的突出优点就是因式分解讲得很详细．

我读中学时，国内全用苏联教材，吉西略夫的代数有一章专讲多项式与方程，也有上述定理（但在高中）．

后来，大陆的教材就不见余数定理、因式定理等内容了．这是不妥的，因为这些内容重要，而且中学生不难接受，所以拙著《代数的魅力与技巧》中作了较多介绍．

熟悉上述知识的人，这道题不过是搬用现成的方法．

首先，将（1）展开，整理得
$$x^4-12x^2-x+30=0. \tag{2}$$

它的有理根应当是 30 的约数 ±1、±2、±3、±5、±6、±10、±15、±30，逐一代入检验即可．

不过，在展开之前，可以先看一看、猜一猜，有没有 x 的值适合（1）（我就是这样做的）．一看就知道 $x=3$ 是适合（1）的，这种"猜"的本领需要培养，至少应试一试．很可惜，提倡这样猜的教师不多，而这却是培养数学感觉的重要一环（也有人建议在（1）的两边减去 9）．

既有一根 $x=3$ 在手，问题就容易多了，直接作除法．
$$(x^4-12x^2-x+30)\div(x-3)=x^3+3x^2-3x-10.$$

这除法可以心算，也可以用竖式除，现在有些人怕算，这是不好的．过去，有人称数学为算学，当然数学不仅是算，但也不能完全不算．

接下去，再看
$$x^3+3x^2-3x-10=0$$

的整数根(有理根),可能的候选是±1、±2、±5、±10.

不难试出 $x=-2$ 是根($-8+12+6-10=0$),并且 $x^3+3x^2-3x-10=(x+2)(x^2+x-5)$.

最后由 $x^2+x-5=0$ 得 $x=\dfrac{-1\pm\sqrt{21}}{2}$.

方程(1)有四个根

$$3,-2,\dfrac{-1\pm\sqrt{21}}{2}.$$

本题不知道方法,当然无从下手,需要读一点书(例如上面提到的拙著,2020 年由中国科学技术大学出版社出版).知道方法后,就是一个普通的练习,但一定要作一些练习才能掌握方法.不要怕算,一定要多练,练到熟练化方才罢手.

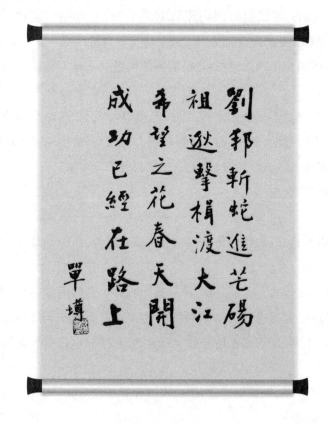

刘邦斩蛇进芒砀
祖逖击楫渡大江
希望之花春天开
成功已经在路上

单墫

119. 别做难了

现在中、小学数学的题(包括升学与竞赛)有越来越难的趋势. 这不太好,难题,固然可以给难题爱好者带来兴奋,对于大多数学生,却可能会挫伤他们的信心.

作为教师,应当帮助学生化难为易,不要反而将不难的题算得很难,切不可以艰深文丑陋.

试看两例

例 1 求最大的实数 c,使得对所有的实数 x,y,

$$x^2+y^2+1\geqslant c(x+y). \tag{1}$$

解 这道有 x^2,y^2 的不等式题,采用配方就可以解决.(1)的两边无 xy 项,所以不宜将 x^2,y^2 配在一起. x^2 与 1 相配,也不恰当,因为 x^2 若与 1 相配, y^2 与谁配呢? x^2,y^2 地位平等,应当公平对待,所以将 1 分为 $\frac{1}{2}+\frac{1}{2}$, x^2,y^2 各与一个 $\frac{1}{2}$ 相配.

$$\begin{aligned}
x^2+y^2+1 &=\left(x^2+\frac{1}{2}\right)+\left(y^2+\frac{1}{2}\right)\\
&=\left(x-\frac{1}{\sqrt{2}}\right)^2+\left(y-\frac{1}{\sqrt{2}}\right)^2+\sqrt{2}(x+y)\\
&\geqslant\sqrt{2}(x+y).
\end{aligned} \tag{2}$$

在 $x=y=\dfrac{1}{\sqrt{2}}$ 时,(2)中等号成立,所以(1)中 c 的最大值为 $\sqrt{2}$.

公平的分配,也就是合理的分配.

例 2 求最大的实数 c,使得对所有的实数 x,y,

$$x^2+xy+y^2+1\geqslant c(x+y). \tag{3}$$

解 这次(3)的左边有 xy,可这 xy 与 x^2,或与 y^2 相配,都不很合理,索性 x^2,xy,y^2 先分作三家,而 1 也平分为三个 $\dfrac{1}{3}$,即

$$x^2+xy+y^2+1$$

$$=\left(x^2+\frac{1}{3}\right)+\left(y^2+\frac{1}{3}\right)+\left(xy+\frac{1}{3}\right)$$

$$=\left(x-\frac{1}{\sqrt{3}}\right)^2+\left(y-\frac{1}{\sqrt{3}}\right)^2+\left(x-\frac{1}{\sqrt{3}}\right)\left(y-\frac{1}{\sqrt{3}}\right)+\sqrt{3}(x+y)$$

$$\geqslant\sqrt{3}(x+y)\ (显然\ A^2+B^2+AB\geqslant0) \tag{4}$$

在 $x=y=\dfrac{1}{\sqrt{3}}$ 时,(4)中等号成立.

所以(3)中 c 的最大值为 $\sqrt{3}$.

以上两题是斯洛文尼亚的选拔题,题不难,但这种不难的题一定要做好,不要把它做难了.

好的解法,往往整齐、简洁、体现对称之美.

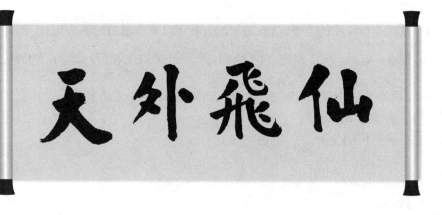

120. 基本方法重要

不等式的问题,常有人爱拖出一大堆著名不等式,如什么柯西不等式,算术-几何平均不等式,幂平均不等式,还有什么换元法,三角代换,……,好像从武库中搬出长枪大戟,甚至坦克,飞机也都出来了.

其实,首先考虑的应当是基本方法,即恒等变形与适当放缩.

例 (巴尔干赛题)已知 a,b,c 为正实数,证明

$$\frac{a^2b(b-c)}{a+b}+\frac{b^2c(c-a)}{b+c}+\frac{c^2a(a-b)}{c+a}\geq 0. \tag{1}$$

解 这是 a,b,c 的轮换式.

我们可以去分母,先将分式化为整式,即(1)$\Leftrightarrow$

$$\sum a^2b(b^2-c^2)(c+a)\geq 0, \tag{2}$$

展开(共有 $3\times 4=12$ 项),合并成等价的(只有 6 项的)

$$\sum a^3b^3-\sum a^2bc^3\geq 0. \tag{3}$$

(3)已经不太复杂,再变形为等价的

$$a^3b^2(b-c)+b^3c^2(c-a)+c^3a^2(a-b)\geq 0. \tag{4}$$

(用轮换的记号即 $\sum a^3b^2(b-c)\geq 0$,不熟悉轮换记号的请参看拙著《代数的魅力与技巧》,中国科学技术大学出版社,2020 年出版.)

不妨设 a,b,c 中,a 为最大,b,c 的大小则有两种可能.

(i)$b\geq c$

这时(4)中,$c-a\leq 0$,而 $a-c=(a-b)+(b-c)$.

(4)$\Leftrightarrow$

$$a^3b^2(b-c)+c^3a^2(a-b)\geq b^3c^2(a-b)+b^3c^2(b-c). \tag{5}$$

(5)$\Leftrightarrow$

$$b^2(b-c)(a^3-bc^2) \geqslant c^2(a-b)(b^3-a^2c). \tag{6}$$

(6)的左边$\geqslant b^2(b-c)c^2(a-b) \geqslant (b^3-a^2c)c^2(a-b)=$右边.

所以这时(4)成立.

（ ii ）$b < c$

这时(4)中,仅 $a-b$ 为正,而 $a-b=(a-c)+(c-b)$.

(4)⟺

$$a^2c^3(a-c)+a^2c^3(c-b) \geqslant b^3c^2(a-c)+a^3b^2(c-b), \tag{7}$$

(7)⟺

$$c^2(a-c)(a^2c-b^3) \geqslant a^2(c-b)(ab^2-c^3). \tag{8}$$

(8)的左边$\geqslant c^2(a-c)a^2(c-b) \geqslant (ab^2-c^3)a^2(c-b)=$右边,所以这时(4)成立.

整个证明没有用到任何一个著名不等式,完全是最基本的恒等变形,其中(6)的证明((8)的证明)体现了"对大小的感觉",进行了适当的放缩. 这种感觉才是不等式证明中最需要培养的. 没有感觉,麻木不仁是学不好数学的,这种基本功夫要扎实,不要好高骛远.

121. 换个看法

若对于任意非零实数 a，抛物线

$$y = ax^2 + ax - 2a \tag{1}$$

不过点 $P(x_0 - 3, x_0^2 - 16)$.

问这样的点 P 有几个？

这道题不难，千万别尽往复杂的方面想. 题目是说方程

$$x^2 - 16 = a(x-3)^2 + a(x-3) - 2a \tag{2}$$

对一切非零实数 a 无解.

(2)也可看作 a 的方程，也就是说，对于任一实数 x，(2)无解或者解为 $a=0$.

我们就采用后一观点，即解关于 a 的方程.

注意到(2)即

$$x^2 - 16 = a((x-3)^2 + (x-3) - 2) = a(x-4)(x-1). \tag{3}$$

如果 $x = 1$，那么(3)成为

$$1 - 16 = 0,$$

矛盾，这时(3)无解.

如果 $x = 4$，那么(3)成为

$$0 = 0,$$

这时一切 a 都是(3)的解.

如果 $x \neq 1, 4$，那么(3)有解.

$$a = \frac{x^2 - 16}{(x-1)(x-4)} = \frac{x+4}{x-1},$$

但在 $x = -4$ 时，这解 $a = 0$，其他情况，$a \neq 0$.

因此，仅有 $x = 1$ 与 $x = -4$，使得(2)对一切非零实数 a 无解.

从而符合要求的点 P 有两个，即

$$(-2, -15), (-7, 0).$$

这题解法的要点就是将方程(2)看作关于 a 的方程.

观点，也就是看法，是很重要的，我的朋友肖刚曾说："代数是一种解释". 我理解为就是用不同的观点来看问题.

122. 多项式的有理根

某大学考研出了一道题,需求函数 $\dfrac{-21z-9}{20z^3-6z^2-3z-4}$ 的极点,也就是作为分母的那个多项式

$$20z^3-6z^2-3z-4 \tag{1}$$

的零点(根). 很多人不会.

其实整系数多项式的有理数并不难求.

如果 $\dfrac{p}{q}$(p,q 是整数,互质)是(1)的根,也就是 $qx-p$ 是(1)的因式,那么必有

$$q\,|\,20,\ p\,|\,4,$$

这是一个熟知的定理.

问题在于 20 有很多因数,即使正因数也有 1、2、4、5、10、20 这 6 个,4 的因数则有 ± 1、± 2、± 4 这 6 个,所以共有

$$6\times 6=36$$

种组合,逐一验证也颇麻烦.

但下面有一个极简单的定理,可大大地简化检验工作.

定理 1:如果 $qx-p$ 是整系数多项式

$$f(x)=a_n x^n+a_{n-1}x^{n-1}+\cdots+a_1 x+a_0$$

的因式(q,p 为互质整数),那么

$$(q-p)\,|\,f(1).$$

证明很容易,设

$$f(x)=(qx-p)g(x)$$

($g(x)$ 为整系数多项式),则

$$f(1)=(q-p)g(1),$$

所以 $(q-p)\,|\,f(1)$.

用于多项式(1),我们有

$$f(1)=20-6-3-4=7.$$

7 的因数只有 ± 1、± 7,符合 $q-p|\pm 1,\pm 7$ 的只有 $(q,p)=(2,1),(1,2),(5,-2)$,$(5,4)$ 这 4 个.

直接做除法,或代入,不难验证仅 $(5,4)$ 符合要求:

$$f\left(\frac{4}{5}\right)=\frac{4^4}{5^2}-\frac{6\times 4^2}{5^2}-\frac{3\times 4}{5}-4=\frac{2}{5}\times 4^2-\frac{3}{5}\times 4-4=4-4=0,$$

或

$$f(x)=(5x-4)(4x^2+2x+1).$$

同样地,有

定理 2:条件同定理 1,则

      (1)$(q+p)|f(-1)$;

      (2)$(2q-p)|f(2)$.

例如上面我们可算出

$$f(2)=20\times 8-6\times 4-3\times 2-4=126,$$

而 $2\times 5-(-2)=12\nmid 126$,

所以 $-\dfrac{2}{5}$ 不是 $f(x)$ 的根,$5x+2$ 不是 $f(x)$ 的因式.

123. 虚晃一枪

O 为原点，A,B 均在抛物线 $y=\dfrac{1}{9}x^2+bx$ 上，AB 平行于 x 轴，A 的坐标为 $(-3,4)$.
P 为直线 AB 上任意一点，A 关于直线 OP 的对称点为 C. 求线段 BC 的最小值.

解　这道题的有趣之处在于第一，并不需要求抛物线的方程(即求 b).

由韦达定理

$$\frac{1}{9}x^2+bx=4$$

一根为 -3，另一根为 $\dfrac{-4\times 9}{-3}=12$，即 B 为 $(12,4)$.

第二，P 点无关紧要，如图，OP 为任一条自 O 发出的直线，可以先作出 C 点(只要满足 $OC=OA$)，线段 AC 的中垂线就是 OP.

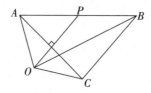

所以 C 是以 O 为圆心，OA 为半径的圆上一点，

$OC=OA=\sqrt{(-3)^2+4^2}=5$,

$OB=\sqrt{12^2+4^2}=4\sqrt{10}$,

$BC\geqslant OB-OC=4\sqrt{10}-5$.

BC 的最小值为 $4\sqrt{10}-5$，在 C 为线段 OB 与以 O 为圆心，OA 为半径的圆的交点时取得. 两将交战，常有虚晃一枪的虚招，本题的 b，P 都属于这种虚招.

124. 一道中考题

如图 1,直线 $y=2x$, $y=2x-6$ 分别交反比例函数 $y=\dfrac{k}{x}$ 在第一象限的部分于点 A, B. 已知 $S_{\triangle OAB}=3$,求 k.

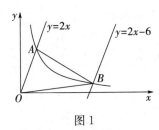

图 1

解　直线 $y=2x-6$ 与 $y=2x$ 平行,应充分利用这一点来解题.

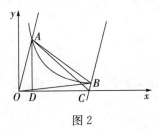

图 2

如图 2,直线 $y=2x-6$ 交 x 轴于点 $C(3,0)$, D 为点 A 在 OC 上的垂足.

因为 $BC/\!/OA$,所以

$$S_{\triangle OAC}=S_{\triangle OAB}=3=\frac{1}{2}\times OC\times AD,$$

从而点 A 的纵坐标($\triangle OAC$ 的高)为 2,

A 的横坐标 $x=\dfrac{y}{2}=1$.

$k=xy=1\times 2=2$.

本题如求 B 的坐标,显然麻烦许多,作一点挪移,将 B 平移到 C,问题就简单化了.

125. 双曲线函数

定义　$\mathrm{sh}\,x = \dfrac{1}{2}(\mathrm{e}^x - \mathrm{e}^{-x})$ 为双曲正弦.

　　　　$\mathrm{ch}\,x = \dfrac{1}{2}(\mathrm{e}^x + \mathrm{e}^{-x})$ 为双曲余弦.

　　　　$\mathrm{th}\,x = \dfrac{\mathrm{sh}\,x}{\mathrm{ch}\,x}$ 为双曲正切.

（ⅰ）证明 $1 - \mathrm{sh}^2 x = \mathrm{ch}^2 x$；

（ⅱ）证明 $\mathrm{th}^2 x + 1 = (\mathrm{ch}x)^{-2}$；

（ⅲ）证明 $\mathrm{sh}\,2x = 2\mathrm{sh}\,x\mathrm{ch}\,x$；

（ⅳ）证明 $\mathrm{ch}\,2x = \mathrm{ch}^2 x + \mathrm{sh}^2 x$；

（ⅴ）求 $y = \dfrac{1}{2}(\mathrm{e}^x - \mathrm{e}^{-x})$ 的反函数；

（ⅵ）求 $y = \dfrac{1}{2}(\mathrm{e}^x + \mathrm{e}^{-x})$ 的反函数；

（ⅶ）求 $\displaystyle\int \dfrac{\mathrm{d}x}{\sqrt{1+x^2}}$.

这些题均不难证明，可作为练习.

答案：（ⅴ）$x = \ln(y + \sqrt{y^2 + 1})$.

（ⅵ）$x = \begin{cases} \ln(y + \sqrt{y^2 - 1})，若\ x > 0； \\ \ln(y - \sqrt{y^2 - 1})，若\ x < 0. \end{cases}$

（ⅶ）$\displaystyle\int \dfrac{\mathrm{d}x}{\sqrt{x^2 + 1}} = \ln(x + \sqrt{x^2 + 1}) + C.$

126. 求对称轴

有人介绍了两种求函数图像对称轴的方法，一种利用图像，一种变量替换（换元），其实在对称轴与 y 轴平行时，不需要这些方法，举个具体例子即可.

例 1 $y=f(2x-1)$ 是偶函数，求 $y=f(x+1)$ 的图像的对称轴.

解 首先注意 x 轴上的点 $(x_0,0)$ 关于直线 $x=g$ 的对称点是 $(2g-x_0,0)$，特别地，$(x_0,0)$ 关于 y 轴的对称点是 $(-x_0,0)$.

在本题中，取 $x_0=0$，

$$f(0+1)=f(1)=f(2\times1-1)（由 2x-1=1 得 x=1）$$

$$=f(2\times(-1)-1)（因为 f(2x-1) 是偶函数）$$

$$=f(-3)=f(-4+1)，\frac{0+(-4)}{2}=-2,$$

即 $(0,f(0+1))$ 与 $(-4,f(-4+1))$ 关于直线 $x=-2$ 对称.

所以 $y=f(x+1)$ 的图像的对称轴为直线 $x=-2$.

例 2 $y=f(2x-1)$ 的图像以直线 $x=1$ 为对称轴，求函数 $y=f(x+1)$ 的图像的对称轴.

解 取 $x_0=0$，

$$f(0+1)=f(1)=f(2\times1-1)\quad（由 2x-1=1 得 x=1）$$

$$=f(2\times(2\times1-1)-1)\quad（y=f(2x-1) 以直线 x=1 为对称轴）$$

$$=f(1)=f(0+1),$$

即 $(0,f(0+1))$ 与自身对称，

所以，$y=f(x+1)$ 的图像即以 $x=0$（y 轴）为对称轴.

如果对 $x=0$ 代入的结果还不放心（其实大可不必），可再取一个 $x_0=2$（取 $x_0=2$ 而不是 $x_0=1$，只是避免出现分数，减少计算麻烦. 从理论上，选 $x_0=1$ 并无不可），

$$f(2+1)=f(3)=f(2\times2-1)\quad（由 2x-1=3 得 x=2）$$

$$=f(2\times(2\times1-2)-1)\quad（y=f(2x-1) 以直线 x=1 为对称轴）$$

$$=f(-1)=f(-2+1),$$

即$(2, f(2+1))$与$(-2, f(-2+1))$对称,所以$y=f(x+1)$的图像的对称轴是直线$x=\dfrac{2+(-2)}{2}=0$,即对称轴是y轴,与上面取$x_0=0$的结果一致.

一般地,设$y=f(ax+b)$的图像以直线$x=c$为对称轴,考虑函数$y=f(a'x+b')$的图像的对称轴$(aa'\neq 0)$.

取$x_0=0$,

$$f(a' \times x_0 + b') = f(b') = f\left(a \cdot \frac{b'-b}{a} + b\right)$$

$$= f\left(a \cdot \left(2c - \frac{b'-b}{a}\right) + b\right) = f(2ac - b' + 2b)$$

$$= f\left(a' \cdot \frac{2ac + 2b - 2b'}{a'} + b'\right),$$

$$\frac{1}{2}\left(0 + \frac{2ac + 2b - 2b'}{a'}\right) = \frac{ac + b - b'}{a'},$$

所以$y=f(a'x+b')$的图像以直线$x=\dfrac{ac+b-b'}{a'}$为对称轴.

读者可用以上二例来验证这一结果.

127. 等概率吗?

南京中考今年考了一道概率题,题目如下:

袋中有 3 个球,2 红 1 白,第一次摸出一个,如果是白球,就放回袋中,如果是红球就不放回.然后抽第二次.问两次抽到的都是白球的概率是多少?

解 第一次抽到白球的概率是 $\frac{1}{3}$,两次都抽到白球的概率是

$$\frac{1}{3} \times \frac{1}{3} = \frac{1}{9},$$

这是正确答案.

有人不以为然,他设红球为 A、B,白球为 C,则抽 2 个球,有 7 种情况,

AB,AC,BA,BC,CA,CB,CC,所以两次均为白球的概率是 $\frac{1}{7}$.

为什么与答案不符呢?

因为上面 7 种情况出现的概率不全相同,AB 出现的概率是

$$\frac{1}{3} \times \frac{1}{2} = \frac{1}{6},$$

AC,BA,BC 出现的概率也都是 $\frac{1}{6}$,

而 CA 出现的概率为

$$\frac{1}{3} \times \frac{1}{3} = \frac{1}{9},$$

CB,CC 出现的概率也是 $\frac{1}{9}$,

总概率为

$$\frac{1}{6} \times 4 + \frac{1}{9} \times 3 = \frac{2}{3} + \frac{1}{3} = 1.$$

其实,前 4 种出现的概率即第一次抽出红球的概率,概率值为 $\frac{2}{3}$.

后 3 种出现的概率即第一次抽出白球的概率,概率值为 $\frac{1}{3}$,而后 3 种等概率,各为

$$\frac{1}{3} \times \frac{1}{3} = \frac{1}{9}.$$

用图来解释,如图 1,2 所示.

图 1   图 2

第一次取到白球的概率为 $\frac{1}{3}$,即一个圆的 $\frac{1}{3}$;

第二次再取到白球的概率是将上面的 $\frac{1}{3}$ 再分为 3 等份,取到白球的概率是 $\frac{1}{3}$ 的 $\frac{1}{3}$,即 $\frac{1}{9}$.

本题的结果与红球放不放回无关.

概率论,常有争议,如贝特朗的悖论,就是一个最有名的例子.

这些争论的产生大多由于概率的定义不很明确,难以断定一些事件是否等概(尤其是由经验产生的"先验概率").直至柯尔莫哥洛夫发表《概率论的公理基础》,才用测度论给概率论奠定了坚实的基础.

目前我国数学教材十分重视概率与统计.结果小学、初中、高中均有有关内容,既重复,又给小学、初中的教与学带来困难.其实实用统计可另设一门课程,与数学分开.而概率内容最好集中在一起,系统地学习.排列与组合也是如此,这种内容还是放在高中集中、系统学习为好.学过排列组合,再学概率就比较容易.现在的教材剪得支离破碎,不成体统,何必呢?

128. 一道初中竞赛题

如图 1,已知边长为 a 的正方形 $ABCD$,以 D 为圆心,DA 为半径作圆与以 BC 为直径的圆交于 C 及另一点 P,延长 AP 交 BC 于点 N. 求 $\dfrac{BN}{NC}=$?

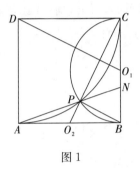

图 1

本题有很多解法.

第一要点是"熟悉你面前的图形".

在本题中,定出 P 点位置最为重要.

设 BC 中点为 O_1,O_1 是 $\odot CPB$ 的圆心,D 是 $\odot APC$ 的圆心,连心线 $DO_1 \perp$ 公共弦 CP. 又有 $BP \perp CP$(直径上的圆周角为直角).

CP 与 AB 的交点 O_4 是什么点?

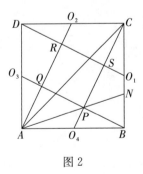

图 2

设正方形 $ABCD$ 的各边中点 O_1,O_2,O_3,O_4(如图 2),则易知 AO_2,CO_4 与 DO_1,BO_3 互相垂直(绕中点 O 旋转 90° 即知),围成正方形 $PQRS$,从而直线 CO_4 就是直线 CP,BO_3 就是 BP. 又由中位线可知

$$PO_4 = \frac{1}{2}AQ = \frac{1}{2}RQ = \frac{1}{2}SP = \frac{1}{2}CS.$$

所以，$PO_4 = \frac{1}{4}CP.$

第二要点是定出比值 $\frac{BN}{NC}$.

这也有许多方法，比如作适当的平行线，但用力学方法更好（这个方法用熟了很方便）.

设在 A,B 处各放 1 个 2 g 的小球，它们的重心在中点 O_4，再在 C 点放 1 个 1 g 的小球，则 A,B,C 三球的重心相当于在 O_4 放 1 个 4 g 的小球，在 C 点放 1 g 的小球，重心恰好在 P 处. 而如果先求 B,C 两球重心，再求它们与 A 球的重心，那么 B,C 的重心应在 N（然后与 A 的重心在线段 AN 上），而且

$$\frac{BN}{NC} = \frac{1}{2}.$$

当然熟悉 Ceva 定理的人也可用

$$\frac{BN}{NC} = \frac{AB}{AO_4} \times \frac{PO_4}{CP} = 2 \times \frac{1}{4} = \frac{1}{2}.$$

注 图 2 在第 52,53 节已出现过.

129. 二次多项式的分解

解题的简繁,首先在对基本知识的熟练掌握,而非特殊的技巧.

例 设 $f_1(x)$,$f_2(x)$ 是两个二次函数,二次项系数相等,α_1,β_1 是方程 $f_1(x)=0$ 的两个根,α_2,β_2 是方程 $f_2(x)=0$ 的两个根,求证:

$$f_1(\alpha_2)f_1(\beta_2)=f_2(\alpha_1)f_2(\beta_1). \tag{1}$$

解 设 $f_1(x)$ 与 $f_2(x)$ 的二次项系数为 a.

因为 α_1,β_1 是 $f_1(x)=0$ 的两个根,所以

$$f_1(x)=a(x-\alpha_1)(x-\beta_1),$$

这可以称为二次多项式的分解定理,对于 $f_2(x)$ 也有类似的等式,从而

$$f_1(\alpha_2)f_1(\beta_2)=a(\alpha_2-\alpha_1)(\alpha_2-\beta_1)\cdot a(\beta_2-\alpha_1)(\beta_2-\beta_1)$$
$$=a(\alpha_1-\alpha_2)(\alpha_1-\beta_2)\cdot a(\beta_1-\alpha_2)(\beta_1-\beta_2)$$
$$=f_2(\alpha_1)f_2(\beta_1).$$

这道题不必用韦达定理,甚至二次函数的一次项系数与常数项都不必出现,只需用上面的二次多项式的分解定理,还有乘法交换律.

130. 思考的习惯

不同的人,会有不同的思考习惯.

比较一下,研究研究,颇有意思.

举两个小例子.

1. 设 a,b,c 是绝对值小于 1 的实数,证明

$$ab+bc+ca+1>0. \tag{1}$$

一种思考习惯是寻找一个式子或一个函数,从总体上考虑,一下子得出结果,例如

$$(1)的左边=\frac{1}{2}((1-a)(1-b)(1-c)+(1+a)(1+b)(1+c))>0.$$

这式子很优美,但要找到它,也得有一定的功力.

我的思考习惯是先考察已知中的量, a,b,c 绝对值均小于 1,但"是正,还是负"呢? 需要讨论(不等式中量的正负很重要).

如果 a,b,c 均正,那么(1)显然成立.

如果 a,b,c 均负,(1)也显然成立.

如果 a,b,c 中恰有一个为负,不妨设 $a<0$,那么(1)中的 ab,ca 均 $\leqslant 0$,而 $bc\geqslant 0$,因为 $a>-1$,所以 $ab>-b,ac>-c,ab+bc+ca+1>1-b-c+bc$.

上式右边也就是最极端的情况" $a=-1,ab=-b,ac=-c$ ".

容易看出

$$1-b-c+bc=(1-b)(1-c)>0.$$

如果 a,b,c 中恰有两个为负,不妨设 $b<0,c<0$,这时 $bc>0,1>a>0,ab>b,ac>c$,所以 $ab+bc+ca+1>b+bc+c+1=(1+b)(1+c)>0.$

因此,恒有(1)成立.

上面的讨论属于枚举法,其中采用"不妨设",是由于字母的地位平等($ab+bc+ca$ 为 a,b,c 的对称式),这可以省去很多情况的类似讨论($b<0$ 或 $c<0$ 与 $a<0$ 的情况类似).

其实"恰有两个为负"的情况,也可化为"恰有一个为负"的情况,只需将 a,b,c 换成 $-a,-b,-c,ab+bc+ca+1$ 不变,而情况已由一种变为另一种了.

2. 设 $x,y,z\in(0,1)$，求证

$$x(1-y)+y(1-z)+z(1-x)<1 \tag{2}$$

一种思考是由

$$右-左=(1-x)(1-y)(1-z)+xyz>0$$

立即得出（这个式子可由三次方程的韦达定理看出）.

另一种思考，还是考虑各个量，现在 x,y,z 及 $1-x,1-y,1-z$ 都是正的，只需讨论它们之间的大小.

如果 $x\geqslant 1-z$，那么

$$x(1-y)+y(1-z)\leqslant x(1-y)+yx=x,$$

从而

$$x(1-y)+y(1-z)+z(1-x)\leqslant x+z(1-x)<x+(1-x)=1.$$

如果 $x<1-z$，那么

$$x(1-y)+y(1-z)<(1-z)(1-y)+y(1-z)=1-z,$$

$$x(1-y)+y(1-z)+z(1-x)<1-z+z(1-x)<1-z+z=1.$$

其实(2)也可写成

$$xv+yw+zu<1, \tag{3}$$

其中 $x,y,z,u,v,w\in(0,1)$，并且 $x+u=y+v=z+w=1$.

我们不妨设 x,y,z,u,v,w 中，x 最大，

(3)的左边 $\leqslant xv+yx+zu=x+zu<x+u=1$.

两种思考方式，各有千秋.

善于学习的人，能够将别人的长处化为自己的长处.

131. 心中有数 VS 手中有机

求出 $\sqrt{13}+\sqrt{3}$ 的整数部分.

这道题做法很多,网上一位老师的做法是先平方

$$(\sqrt{13}+\sqrt{3})^2=16+2\sqrt{39}.$$

因为

$$6<\sqrt{39}<7,$$

所以

$$28<16+2\sqrt{39}<30,$$
$$\sqrt{28}<\sqrt{13}+\sqrt{3}<\sqrt{30}.$$

从而

$$5<\sqrt{13}+\sqrt{3}<6,$$
$$[\sqrt{13}+\sqrt{3}]=5.$$

做得没有问题,唯一需要问的就是一开始为何平方?想来应当是希望确定 $(\sqrt{13}+\sqrt{3})^2$ 在哪个平方数之间,这一目的最好向听众(学生)说明白,再则一开始就应当心中有数:

因为 $\qquad\qquad \sqrt{13}=3.\cdots,\sqrt{3}=1.\cdots$

所以 $\sqrt{13}+\sqrt{3}$ 在 4 与 6 之间.

只需要确定 $\sqrt{13}+\sqrt{3}$ 与 5 的大小.

所以上面的过程(先平方,……),其实只需要下面部分:

$$6<\sqrt{39},$$
$$(\sqrt{13}+\sqrt{3})^2=16+2\sqrt{39}>28>25,$$
$$[\sqrt{13}+\sqrt{3}]=5.$$

如果知道 $\sqrt{3}=1.7\cdots$,那么只需证明

$$\sqrt{13}>3.3,$$

而

$$3.3^2=11\times0.99<11<13,$$

所以

$$(6>)[\sqrt{13}+\sqrt{3}]\geqslant[3.3+1.7]=5.$$

心中有数,可以做得快一些,也可以多几种做法,不过"心中有数"未必比得上"手中有机",计算器按几下就解决问题(手机上都有计算器,下载一个科学计算器就足够用了).

因此,我不太赞成出这种用计算器很容易做的题目.

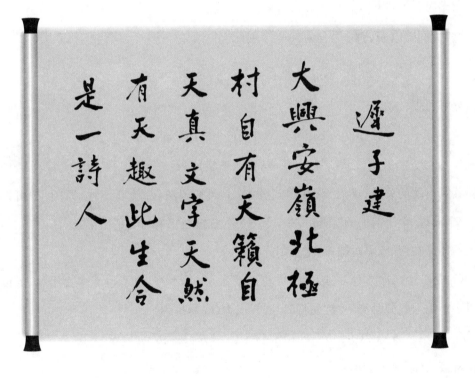

132. 痒在何处

见到一道题:

解关于 x 的方程

$$8ab^2x+(x^2-a^2-b^2)^2=4b^2(a^2+b^2). \tag{1}$$

网上的解法是:

"两边同除以 b^4,再令 $\dfrac{a}{b}=m,y=\dfrac{x}{b}$,则

$$8my+(y^2-m^2-1)^2=4(m^2+1)$$

因式分解可得

$$(y^2-2my+m^2+1)(y^2+2my+m^2-3)=0$$

$$\cdots\cdots(以下略)"$$

其实本题的关键(难点)就在因式分解. 上面的解法,却语焉不详,只用了"可得"二字,等于没说. 至于前面的"同除……,令……",统统是可有可无的废话.

不知痒在何处,隔靴搔痒,毫无用处.

(1)是一个四次方程,一般四次方程的解法,中学不讲,讲了也无多大用处,太麻烦. 所以多半用因式分解来解. 首先将(1)展开成为(降幂排列)

$$x^4-2(a^2+b^2)x^2+8ab^2x+(a^2+b^2)^2-4b^2(a^2+b^2)=0.$$

其中常数项(不含 x 的项)

$$(a^2+b^2)^2-4b^2(a^2+b^2)=(a^2+b^2)(a^2-3b^2).$$

将 $x^4-2(a^2+b^2)x^2+8ab^2x+(a^2+b^2)(a^2-3b^2)$ 因式分解,它可分成一个一次因式乘一个三次因式,或两个二次因式相乘,但三次方程仍需用因式分解法解,所以可以设定分解为两个二次因式相乘,即

$$x^4-2(a^2+b^2)x^2+8ab^2x+(a^2+b^2)(a^2-3b^2)=(x^2+cx+d)(x^2+mx+n). \tag{2}$$

比较两边 x 的同次幂的系数,得 $m=-c$(x^3 的系数为 0),

且
$$\begin{cases} dn=(a^2+b^2)(a^2-3b^2), & (3) \\ c(d-n)=-8ab^2, & (4) \\ d-c^2+n=-2(a^2+b^2), & (5) \end{cases}$$

于是 $d=a^2+b^2$ 或 a^2-3b^2,$n=a^2-3b^2$ 或 a^2+b^2.

考虑到 (4),取 $d=a^2-3b^2$,$n=a^2+b^2$,从而

$$c=2a.$$

它们也适合 (5),因此 (2) 的右边是

$$(x^2+2ax+a^2-3b^2)(x^2-2ax+a^2+b^2), \qquad (6)$$

从而
$$x^2-2ax+a^2+b^2=0. \qquad (7)$$

或
$$x^2+2ax+a^2-3b^2=0. \qquad (8)$$

(7) 无实数根,由 (8)

$$x-a=\pm\sqrt{3}b,$$

即
$$x=a\pm\sqrt{3}b.$$

讲题者必须自己做题,才知道痒在何处.

133. 截搭题

过去科举考试,对于主考,一件大事就是命题.一年一年过去,好题目很多都出过了,只得出截搭题,即将论语(或其他经典)中两段不相干的话放在一起,硬凑成一个题目.

数学中,也有人喜欢截搭题.其中二次方程可以说是"百搭".集合问题中可以放二次方程,图像中可以放二次方程,数列中也可放二次方程.

截搭题,可以帮助温习过去的知识,但用得太多,令人厌烦,而且大多没有什么好的思想,只是凑合,所以不宜多用.

下面举几个集合与二次方程截搭的题.

1. 集合 $A=\{x\,|\,x^2+2(a+1)x+a^2-1=0\}$,$B=\{x\,|\,x^2+4x=0\}$,$A\cap B=A$.求实数 a 的值.

解 本题的 A 最好写成

$$A=\{x\,|\,x^2+2(a+1)x+a^2-1=0,x\in\mathbf{R}\},$$

$A\cap B=A$,即 $B\supseteq A$,应注意 A 可以为空集(所以我们加上"$x\in\mathbf{R}$",以强调 A 可能没有实数根,从而是空集.而二次方程总是有复数根的).

方程

$$x^2+2(a+1)x+a^2-1=0 \tag{1}$$

的判别式

$$\Delta=4(a+1)^2-4(a^2-1)=8(a+1).$$

在 $a<-1$ 时,$\Delta<0$,方程(1)没有实数根,$A=\varnothing=A\cap B$.

显然 $B=\{0,-4\}$.

$A\subseteq B$ 的情况,可能还有 $A=\{-4,0\}$,$A=\{0\}$,$A=\{-4\}$ 三种.

$A=\{-4,0\}$ 时,由韦达定理

$$-2(a+1)=-4,a^2-1=0,$$

所以 $a=1$.

$A=\{0\}$ 时,(1)有重根 0,所以 $a+1=0$,$a=-1$.

$A=\{-4\}$ 时,(1)有重根 -4,所以 $a+1=4$,$a^2-1=-4$,但这组方程无解.

于是,$a \leqslant -1$ 或 $a=1$.

反之,若 $a < -1$ 时,(1)无实根,$A=\varnothing$,在 $a=-1$ 时,$A=\{0\}$,0 为(1)的重根,在 $a=1$ 时,$A=\{-4,0\}$.

注意 本题应当充分利用二次方程的性质,特别是:

$\Delta < 0$ 时,(1)无实数根.

$\Delta = 0$ 时,(1)仅有一个实数根(或两个相等的实数根).

$\Delta > 0$ 时,(1)有两个实数根,互不相等.

2. $A=\{-3,-4\}$,$B=\{x \mid x^2-2px+q=0, x \in \mathbf{R}\}$,$B \subseteq A$ 且 $B \neq \varnothing$,求实数 p, q.

解 $B=\{-3\}$,$\{4\}$或$\{-3,4\}$.

若 $B=\{-3,4\}$,则由韦达定理

$$p=\frac{1}{2}, q=-12$$

(这时 $x^2-x-12=0$ 显然有两个根$-3,4$);

若 $B=\{4\}$,则 4 是重根,仍由韦达定理

$$p=4, q=16$$

(这时 $x^2-8x+16=0$ 显然以 4 为重根);

若 $B=\{-3\}$,则-3 是重根,仍由韦达定理

$$p=-3, q=9$$

(这时 $x^2+6x+9=0$ 显然以-3 为重根).

注意 重根的处理,不必再用 Δ.

134. 做得快些

设非空集合 $S=\{x\mid m\leqslant x\leqslant l\}$，满足：若 $x\in S$，则 $x^2\in S$.

有下列命题：

(1)若 $m=1$，则 $S=\{1\}$；

(2)m 的取值范围为 $-1\leqslant m\leqslant 1$；

(3)若 $l=\dfrac{1}{2}$，则 $-\dfrac{\sqrt{2}}{2}\leqslant m\leqslant 0$；

(4)$m+l\geqslant-\dfrac{1}{4}$.

其中正确的命题是_____.

解 这是一道小题（填空或选择题）.

不难，但希望能快一点完成，节省时间.

想快一点完成，当然得把题意先弄清楚，尤其其中的 m 与 l 的情况.

首先，由已知 $l^2\in S$，所以

$$m\leqslant l^2\leqslant l.$$

从而 $l\geqslant0$ 并且 $l\leqslant1$.

从而，仍由已知

$$m\leqslant m^2\leqslant l,$$

若 $m=1$，则 $S=\{1\}$，S 满足要求，(1)成立.

若 $m<1$，则由 $m\leqslant m^2$ 得

$$m\leqslant0 \text{ 且 } m\geqslant-1,$$

所以(2)不正确（$m\notin(0,1)$）.

若 $l=\dfrac{1}{2}$，则

$$m\leqslant m^2\leqslant\dfrac{1}{2},$$

所以 $m\leqslant0$ 且 $m\geqslant-\dfrac{\sqrt{2}}{2}$.

（反之，若 $-\dfrac{\sqrt{2}}{2}\leqslant m\leqslant 0$，则对于 $x\in[m,0]$，有

$$m\leqslant x\leqslant x^2\leqslant m^2\leqslant\left(-\dfrac{\sqrt{2}}{2}\right)^2=\dfrac{1}{2}=l.$$

对于 $x\in\left(0,\dfrac{1}{2}\right)$，有 $0\leqslant x^2\leqslant\left(\dfrac{1}{2}\right)^2<\dfrac{1}{2}$）

所以（3）正确.

最后，因为 $m\leqslant m^2\leqslant l$，所以

$$m+l\geqslant m+m^2=\left(m+\dfrac{1}{2}\right)^2-\dfrac{1}{4}\geqslant-\dfrac{1}{4},$$

所以（4）正确.

老辣
打油

下厨

老夫今日下厨
房豆芽青菜一
锅装调和鼎鼐
难比说仅能勉
强充饥肠

十二月六日

135. 正六边形内一点

如图 1, P 为正六边形 $ABCDEF$ 内一点, 已知 $\triangle PAB, \triangle PCD, \triangle PEF$ 的面积分别为 a, b, c, 求 $\triangle PBC, \triangle PDE, \triangle PFA$ 的面积.

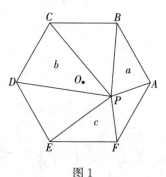

图 1

解 设 $\triangle PBC, \triangle PDE, \triangle PFA$ 的面积分别为 x, y, z, P 到边 $AB, BC, \cdots, FA$ 的距离分别为 $h_1, h_2, \cdots, h_6$. 又设正六边形的中心为 O, O 到各边的距离为 d, $\triangle OAB$ 的面积为 S, 我们有

$$h_1 + h_4 = h_2 + h_5 = h_3 + h_6 = 2d,$$

所以

$$c + x = \frac{h_2 + h_5}{2} \times BC = d \times BC = 2S.$$

同样

$$a + y = 2S, b + z = 2S.$$

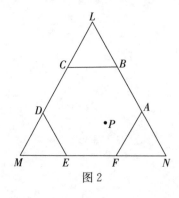

图 2

如图 2，又直线 AB, CD, EF 交成一个正三角形，边长 MN 是 EF 的 3 倍，高 h 是 d 的 3 倍，所以

$$\frac{1}{2}(h_5 \times MN + h_1 \times NL + h_3 \times LM) = S_{\triangle PMN} + S_{\triangle PNL} + S_{\triangle PLM} = S_{\triangle LMN} = \frac{1}{2}h \times MN.$$

从而

$$h_1 + h_3 + h_5 = h = 3d,$$

同理

$$h_2 + h_4 + h_6 = 3d,$$

因此

$$a + b + c = \frac{1}{2}(h_1 + h_3 + h_5) \times AB = x + y + z,$$

$$a + b + c = x + y + z = 3S,$$

$$x = 2S - c = \frac{2(a+b+c)}{3} - c = \frac{2a+2b-c}{3}.$$

同样

$$y = \frac{2b+2c-a}{3},$$

$$z = \frac{2c+2a-b}{3}.$$

第四章

平面几何

平面几何的主要作用是培养思维能力.

思维要敏锐,能抓住要点,一针见血;思维要严谨,不能有疏漏,有错误;思维要深刻,不能只做表面文章,要看到问题的实质.

几何问题有多种解法,三角、向量、复数都可以用.但纯几何的方法更值得提倡.因为能凸显出种种几何性质,体现几何的优美.还应当有运动、变换的观点,让图形动起来.当然,好的方法都是简单、一般,能揭示问题本质的.

136. 老封新题

老友叶中豪,人称老封.

老封常常编出新的好题,太复杂的不敢做,下面两题不难.

1. 如图 1,P 是 $\triangle ABC$ 内一点,$AP \perp BC$,M 是 BC 中点. D,E,F 分别在 PM,AB,AC 上,且 $\dfrac{PD}{DM} = \dfrac{AE}{EB} = \dfrac{AF}{FC}$. 求证:$DE = DF$.

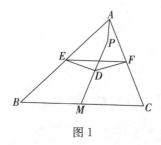

图 1

证明 $\dfrac{PD}{DM} = \dfrac{AE}{EB}$ 这个等式,不能直接导出 $\dfrac{DE}{BM}$ 的值,也不能导出 $DE /\!/ BM$,不及 $\dfrac{AE}{EB} = \dfrac{AF}{FC}$ 好,这是因为 P 不是点 A.

为了克服这个障碍,过 M 作 AP 的平行线,交 AD 的延条线于点 Q(如图 2),则

$$\frac{AD}{DQ} = \frac{PD}{DM} = \frac{AE}{EB},$$

所以

$$\frac{DE}{QB} = \frac{AE}{EB}.$$

同理

$$\frac{DF}{QC} = \frac{AF}{FC} = \frac{DE}{QB}. \tag{1}$$

$MQ /\!/ AP$,所以 $MQ \perp BC$,MQ 是 BC 的垂直平分线,所以 $QC = QB$,结合(1),得 $DE = DF$.

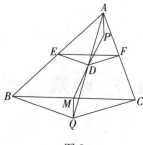

图 2

这题,老封称为入门题,的确不难. 但确是好题,宁做这样的好题入门,不要做太偏太难的题,陷身泥淖之中.

2. 四边形 $ABCD$ 中,$AC^2 = AB \times AD$,$\angle BAD + 2\angle BCD = 360°$,求证:$AC$ 平分 $\angle BAD$ 或 $AB = AD$.

证明 若 AC 不平分 $\angle BAD$,不妨设 $\angle CAD > \angle BAC$.

如图 3,在 $\angle CAD$ 内,作 $\angle CAE = \angle BAC$,并取点 E 使 $AE = AD$.

由已知,易知 $\triangle ABC \backsim \triangle ACE$,

$\angle ACE = \angle B$,$\angle AEC = \angle ACB$.

若 E 在 $\triangle ACD$ 内或 CD 上(如图 3 中点 E_1),则

$\angle BAE + ABC + \angle ACB + \angle ACE + \angle AEC = 360°$,

即 $$\angle BAE + 2\angle BCE = 360°. \tag{2}$$

但 $$\angle BAE = 2\angle BCE < \angle BAD + 2\angle BCD = 360°,$$

所以 E 一定在 $\triangle ACD$ 外,这时仍有(2)成立,从而与已知比较得

$$2\angle DCE = \angle EAD.$$

因为 $AD = AE$,所以 C 在以 A 为圆心,AD 为半径的圆上,从而 $AC = AD = AE$,$AB = \dfrac{AC^2}{AD} = AC = AD$.

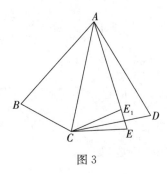

图 3

137. 暗藏二圆

如图，已知四边形 $ABCD$，E 在 BC 上，$\triangle ABE$，$\triangle DEC$ 都是正三角形，F 是 CD 中点，$AD \cap BF=G$，$AF \cap BC=H$，$\angle AGB=30°$.

求证：$\angle AHB=30°$.

这题颇为趣，暗藏一个以 BH 为直径的圆.

因为 $EA=EB$，$\angle AEB=2\angle AGB=60°$，

所以 G 在 $\odot(E,EA)$ 上，从而 $EG=EA$.

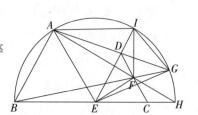

如图，延长 ED 交圆于点 I，则 I 是圆的又一个六等分点（因为 $\angle AEI=60°$）.

于是 $\angle BGI=60°=\angle EDC$.

I,D,F,G 四点共圆（又一个暗藏的圆）.

因为 $\angle IGD=\angle DGF=30°$，所以 $ID=DF=\dfrac{1}{2}DE$.

从而

$$DE=2ID=\frac{2}{3}EI.$$

正 $\triangle DEC$ 的高 $EF=\dfrac{\sqrt{3}}{2}DE=\dfrac{1}{\sqrt{3}}EI=\dfrac{EA}{\sqrt{3}}$.

因为 $\angle AEF=60°+\dfrac{1}{2}\times60°=90°$，所以 $\angle EAF=30°$.

$\angle AHB=\angle BEA-\angle EAF=60°-30°=30°$.

上面的证法指明 $EC=\dfrac{2}{3}EB$，从而也给出了 C 点的位置与作法（及整个图形的作法），而且不难得出 BH 是 $\odot E$ 的直径.

本题还可以引出一些（等价的）命题，如：

设 BH 为 $\odot E$ 的直径，C 在 EH 上，并且 $EC=\dfrac{2}{3}EH$，作正 $\triangle DEC$，F 为 CD 中点，则 A,F,H 三点共线，BF,AD 的交点 G 在 $\odot E$ 上.

138. 师生讨论

如图 1，一正方形 $ABCD$ 外有一点 E，$AE=5$，$BE=2$，$CE=4$.
求正方形 $ABCD$ 的面积是多少.

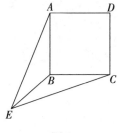

图 1

学生甲：这道题，我们做了，但比较繁. 老师，你怎么做？

师：大家都是中学生，学过代数吧？

众：当然学过代数.

师：我来做，第一步就是将 $5,2,4$ 换作 a,b,c，这样可以得到较一般的结果，而且避免过程中一些不必要的计算.

学生乙：是的，应当用字母代替数，可是做题时却忘了.

学生甲：建立关系式（方程）也有点麻烦，我们设了些辅助线，设正方形边长为 x，又设 E……

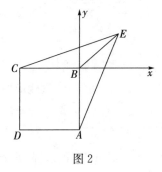

图 2

师：其实这个图可以画成图 2，B 代为原点，建立直角坐标系，A,C 坐标分别为 $(0,-x)$，$(-x,0)$（x 就是边长），E 的坐标可设为 (u,v)，由距离公式立即得出

$$\begin{cases} u^2+v^2=b^2, & (1) \\ (u+x)^2+v^2=c^2, & (2) \\ u^2+(v+x)^2=a^2. & (3) \end{cases}$$

乙:这样建立方程,很容易了,不必设辅助线.

师:由于(1)、(2)、(3)可化为

$$x^2+2ux=c^2-b^2, \tag{4}$$

$$x^2+2vx=a^2-b^2. \tag{5}$$

我们的目标是求出 x^2,所以应当消去 u,v,即由(4)、(5)得

$$u=\frac{c^2-b^2-x^2}{2x}, v=\frac{a^2-b^2-x^2}{2x},$$

再代入(1)得

$$\left(\frac{a^2-b^2-x^2}{2x}\right)^2+\left(\frac{c^2-b^2-x^2}{2x}\right)^2=b^2,$$

去分母,整理得

$$2x^4-2(a^2+c^2)x^2+(a^2-b^2)^2+(c^2-b^2)^2=0. \tag{6}$$

甲:由求根公式

$$x^2=\frac{a^2+c^2\pm\sqrt{(a^2+c^2)^2-2((a^2-b^2)^2+(c^2-b^2)^2)}}{2}. \tag{7}$$

乙:应当考虑一下判别式的正负,还有根号前面该取什么符号.

师:这些属于讨论的范围,我们先把这道具体的题做掉,然后再讨论.

甲:现在(6)(作为 x^2 的二次方程)的判别式

$$\Delta=511>0,$$

所以可用(7),

$$x^2=\frac{41\pm\sqrt{511}}{2}. \tag{8}$$

乙:(4)这时是

$$x^2+2ux=12. \tag{9}$$

图 2 中,u,v 都是正的,所以 $x^2<12$,在(8)中只能取"一"号,得

$$S_{\text{四边形}ABCD}=x^2=\frac{41-\sqrt{511}}{2}.$$

师:这个"从图 2(或图 1)中,看出 $u>0$"不很严谨.当然这是题目本身的问题,应将题改为"如图 1,正方形 $ABCD$ 外有一点 E,E 与 D 不在直线 AB 同侧,也不在直线 BC 同侧,$AE=5$,$BE=2$,$CE=4$.求正方形 $ABCD$ 的面积是多少."

这样,乙的理由就说得通.更好的说法是:图 2 中,E 在第一象限,所以不在正方形 $ABCD$ 的外接圆内,因此 $\angle AEC$ 为锐角或直角,$2x^2 = AC^2 \leqslant AE^2 + CE^2 = a^2 + c^2 = 41$. 所以(8)式的根号前取"—"号.

如果不严格说明 E 的位置,那么应当有两解,(8)中"+"与"—"均可取. 前者 E 在正方形 $ABCD$ 的外接圆内,后者在外接圆外.

甲:那么判别式 Δ 什么时候 $\geqslant 0$?

师:$\dfrac{1}{4}\Delta = (a^2 + c^2)^2 - 2((a^2 - b^2)^2 + (c^2 - b^2)^2)$

$\qquad = 2a^2c^2 + 4a^2b^2 + 4c^2b^2 - a^4 - c^4 - 4b^4$.

当且仅当,$a, c, \sqrt{2}b$ 成三角形时,$\Delta > 0$,并且 $\dfrac{1}{4}\Delta = 16S^2$,$S$ 为这三角形的面积.

当且仅当 $a, c, \sqrt{2}b$ 成退化的三角形,即有一个是其他两个的和时,$\Delta = 0$.

当且仅当 $a, c, \sqrt{2}b$ 中有一个大于另两个和时,$\Delta < 0$,这时无解.

乙:那么我可以编一道题:

正方形 $ABCD$ 外有一点 E,设 $a = AE$,$c = CE$ 与 $\sqrt{2}BD$ 可以组成一个三角形,面积为 S,又设正方形的边长为 x,证明

$$2x^2 = a^2 + c^2 \pm 4S. \qquad\qquad (10)$$

甲:加上"说明什么时候取'+'号,什么时候取'—'号".

139. 不用复数也可以

老封出了一题：

如图 1,已知 $\triangle ADE \backsim \triangle ABC, BD \perp BC.$

求证: $\dfrac{EB^2-ED^2}{CA^2-CB^2}=\dfrac{BD^2}{AB^2}.$

(1)

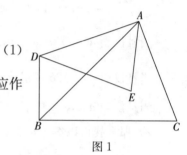

图 1

证明　(1)式左边的比,分子、分母均为平方差,所以应作 E 在 BD 上的射影 H,C 在 AB 上的射影 G,如图 2 所示.

$$\frac{EB^2-ED^2}{CA^2-CB^2}=\frac{BH^2-HD^2}{AG^2-GB^2}=\frac{BD\times(BH-HD)}{AB\times(AG-GB)},$$

所以(1)即$\dfrac{BH-HD}{AG-GB}=\dfrac{BD}{AB}$,亦即

$$\frac{BH}{AG}=\frac{BD}{AB}.$$

(2)

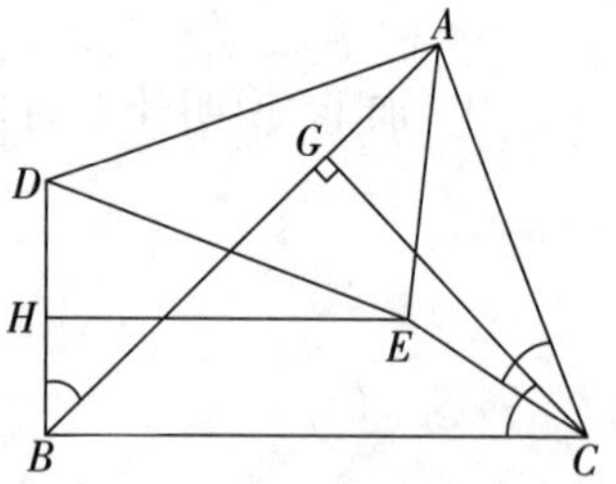

因为$\triangle ADE \backsim \triangle ABC$,所以

$$\triangle AEC \backsim \triangle ADB, \frac{CE}{BD}=\frac{AC}{AB}, \angle ACE=\angle ABD,$$

$$\angle GCB=90°-\angle ABC=\angle ABD=\angle ACE,$$

图 2

从而

$$\angle ECB=\angle ACG.$$

$$BH=CE \cdot \sin\angle ECB=CE \cdot \sin\angle ACG=\frac{BD}{AB}\times AC \cdot \sin\angle ACG=\frac{BD}{AB}\times AG.$$

即(2)成立

本题宋书华用复数给出一个优雅的证明,这里不用复数给出另一个证明.

140. 深刻的结论

老封发表了以下结论：

A 是 $\odot O$ 上动点，B,C 是两个定点，求证：

$$BC^2 \times \cot A + C \text{ 对} \odot O \text{的幂} \times \cot B + B \text{ 对} \odot O \text{的幂} \times \cot C = 4S_{\triangle OBC}. \tag{1}$$

他称这个结论为深刻的结论.

很希望老封说一说，他是如何发现这个结论的，深刻在哪里？因为这些内容只有老封本人清楚，别人说，多半"隔靴搔痒"，不得要领.

至于解答，我们可代拟一个如下：

如图，设 $\odot O$ 半径为 R，又设 $\triangle ABC$ 的外心为 O_1，半径为 R_1，$\angle BAO = \alpha_1$，$\angle OAC = \alpha_2$.

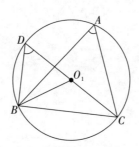

设 CD 为 $\odot O_1$ 的直径，由正弦定理

$$BC^2 \cdot \cot A = BC \cdot \cos A \cdot 2R_1 = BC \times BD = 4S_{\triangle O_1 BC}, \tag{2}$$

$$C \text{ 对} \odot O \text{的幂} \times \cot B = (CO^2 - R^2)\frac{\cos B}{\sin B} = (CA^2 - 2CA \cdot R\cos \alpha_2)\frac{\cos B}{\sin B}. \tag{3}$$

与(2)同，

$$CA^2 \cdot \frac{\cos B}{\sin B} = 4S_{\triangle O_1 AC}, \tag{4}$$

$$CB^2 \cdot \frac{\cos C}{\sin C} = 4S_{\triangle O_1 AB}, \tag{5}$$

由(3)、(4)、(5)

$$\sum BC^2 \cot A = 4\sum S_{\triangle O_1 BC} = 4S_{\triangle ABC}. \tag{6}$$

$$2CA \cdot R\cos \alpha_2 \frac{\cos B}{\sin B} = 2CA \cdot R\sin \alpha_2 + 2CA \cdot R\left(\cos \alpha_2 \frac{\cos B}{\sin B} - \sin \alpha_2\right)$$

$$= 4S_{\triangle OAC} + \frac{2CA}{\sin B} \cdot R\cos(\alpha_2 + B). \tag{7}$$

同样，

$$2CB \cdot R\cos \alpha_1 \frac{\cos C}{\sin C} = 4S_{\triangle OAB} + \frac{2CB}{\sin C} \cdot R\cos(\alpha_1 + C)$$

$$= 4S_{\triangle OAB} - \frac{2CA}{\sin B} \cdot R\cos(\alpha_2 + B), \tag{8}$$

所以

$$2CA \cdot R\cos \alpha_2 \frac{\cos B}{\sin B} + 2CB \cdot R\cos \alpha_1 \frac{\cos C}{\sin C} = 4(S_{\triangle OAC} + S_{\triangle OAB}). \tag{9}$$

由(3)、(6)、(9)得

(1)式左边 $= 4S_{\triangle ABC} - 4(S_{\triangle OAC} + S_{\triangle OAB}) = 4S_{\triangle OBC}.$

141. 作图是证明的开始

如图,设锐角△ABC的外接圆在点B,C的切线相交于点D,过A作AB的垂线,过点C作AC的垂线相交于点E,过A作AC的垂线,过B作AB的垂线,相交于点F.求证:AD⊥EF.

证明,做几何题,往往要作图,图并不要求十分准确(因为重点在证明,而不是作图),但也要能反映出图形的特点(相等、平行、垂直等等).

我们先来画图,当然要画一个⊙O(最好用圆规画),再作内接△ABC,作切线BD,CD(分别与OB,OC垂直),再作AB,AC的垂线AE,AF,

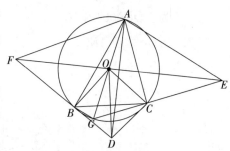

CE,BF.这四条线构成平行四边形,作垂直当然可用三角板.但在有圆的情况下,可利用直径上的圆周角为直角,即设A的对径点是为G,则GB,GC分别与AB,AC垂直,它们就是直线BF,CE.

□AFGE中,O是AG中点,当然也是EF中点,易知Rt△BFA∽Rt△BOD(∠BOD=$\frac{1}{2}$∠BOC=∠BAC,∠BDO=90°−∠BOD=90°−∠BAC=∠BAF),所以△BFO∽△BAD.

BF绕点B旋转90°再放大$\frac{BA}{BF}$得BA,BO绕点B旋转90°再放大$\frac{BD}{BO}=\frac{BA}{BF}$得BD,所以,FO绕点B旋转90°,再放大$\frac{AD}{FO}=\frac{BA}{BF}$得AD,证毕.

几何题,往往在作图时就开始了证明(发现其中一些量的关系,如本图AF∥CE,AE∥BF,对径点G与A,F,E组成平行四边形,O为□AFGE中心等等).

有一点运动、变换的观点,有利于解题(如本题中△BFO绕点B旋转90°再放大,得到△BAD).

142. 绕山而行

见到一道刘国梁老师的题.

如图 1,已知 $\triangle ABC$ 中,$\angle C = 90°$,I 为内心,AI 交 BC 于 H,交外接圆于 D. BI 交 AC 于 G,交外接圆于 E,GH 中点为 M,MI 交 AB 于 N. 求证:

(1)I 为 $\triangle DEN$ 的内心;

(2)$\triangle EDN \backsim \triangle ABC$;

(3)$MN \perp AB$.

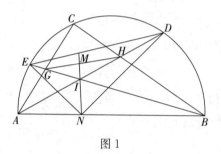

图 1

这题条件很多,应当不太难证,但也有一些困难,其一就是条件"M 为 GH 中点",不太好用.

为此,我们将这条件与求证的结论(3)"$MN \perp AB$"交换,改为"已知 $IN \perp AB$,N 为垂足,IN 交 GH 于 M","求证 M 为 GH 的中点".

这就是同一法,载于《九阳真经》1001 页.

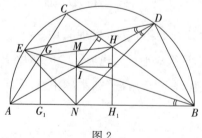

图 2

如图 2,连接 BD,则 $\angle ADB = 90° = 180° - 90° = 180° - \angle INB$.

所以 D,I,N,B 共圆.

$\angle IDN = \angle IBN = \angle ADE = \frac{1}{2} \angle ABC.$

$\angle EDN = \angle ABC.$

同理，$\angle IEN = \angle IAN = \angle BED = \frac{1}{2} \angle ACB,$

$\angle DEN = \angle BAC.$

所以 $\triangle DEN \backsim \triangle BAC$，而且 I 为 $\triangle DEN$ 的内心.

设 G, H 在 AB 上的射影分别为 G_1, H_1，$\triangle AH_1H$ 与 $\triangle ACH$ 关于 AH 对称，所以 I 到 HH_1 的距离等于 I 到 CH 的距离，即 $NH_1 = r$.

同样，$NG_1 = r = NH_1.$

N 为 G_1H_1 中点，而 $GG_1 /\!/ HH_1 /\!/ MN$. 所以 M 为 GH 中点.

同一法，很多人不愿意用，但有时不用却难以解决问题，而同一法可以化难为易.

好比我们被山挡住去路，翻山困难，撞山愚蠢（有位共工氏就用头撞不周山，结果是一命呜呼），何不绕山而行？

同一法，就是绕山而行.

143. 线段相等

如图,在直角梯形 $ABCD$ 中,$AD /\!/ BC$,$CD \perp BC$,E,F 在 AB 上,$AE \times AF = AD^2$,$BE \times BF = BC^2$,M 为 CD 中点. 求证:$ME = MF$.

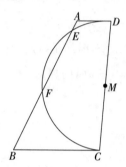

证明 以 M 为圆心,MC 为半径作圆,这圆过 D 点,交 AB 于 E',F',则 AD,BC 为切线,

$$AE' \times AF' = AD^2 = m, \tag{1}$$

$$BE' \times BF' = BC^2 = n. \tag{2}$$

记 $AB = b$,对于射线 AB 上的点 X,Y,设 $AX = x$,$AY = y$,若

$$\begin{cases} xy = m, & \text{(3)} \\ (b-x)(b-y) = n, & \text{(4)} \end{cases}$$

则

$$x + y = b + \frac{m-n}{b}. \tag{5}$$

由(3)、(5)唯一定出 x,y 的值(不计 x,y 的顺序),所以 $E' = E$,$F' = F$,$ME = ME' = MF' = MF$.

这里用的正是同一法.

144. 完全不用三角

如图 1，$0° < \alpha < 30°$，D 在 $\triangle ABC$ 内，$\angle ACB = 30°$，$\angle ABC = 60° + \alpha$，$\angle ACD = \alpha$，$\angle DAC = 2\alpha$. 证明：

$$\frac{DA}{DC} = \frac{BA}{BC}. \tag{1}$$

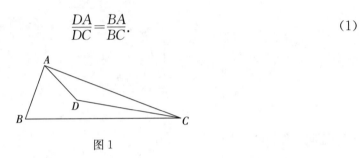

图 1

不用三角，如何做？

Polya 说过，一道较复杂的题，如果做不出来，那么多半是由于有一道更简单的题没有解好（大意如此，未及核对）.

反过来，也可以说，如果那些更简单的题都做好了，那么这道较复杂的题也就易如反掌了.

本题有两个更简单的题，应当先做.

命题 1 如图 2，在 $\triangle ADC$ 中，$\angle DCA = \alpha$，$\angle DAC = 2\alpha (0° < \alpha < 30°)$，则

$$\frac{DA}{DC} = \frac{1}{2\cos\alpha}. \tag{2}$$

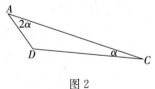

图 2

证明 如图 3，延长 CA 到点 E，$AE = AD$，作 $AF \perp DE$，垂足为点 F，则

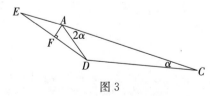

图 3

F 为 DE 中点，$\angle DEA = \angle ADE = \dfrac{1}{2}\angle DAC = \alpha = \angle DCA$，

所以

$$ED = DC,$$

$$\frac{DA}{DC} = \frac{EA}{DE} = \frac{EA}{2FE}. \tag{3}$$

从而(2)成立.

命题 2 如图 4，在 $\triangle ABC$ 中，$\angle ACB = 30^\circ$，$\angle ABC = 60^\circ + \alpha\,(0^\circ < \alpha < 30^\circ)$，则

$$\frac{BA}{BC} = \frac{1}{2\cos\alpha} \tag{4}$$

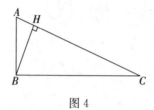

图 4

证明 作 AC 边上的高 BH，则

$$\angle HBC = 60^\circ,\ \angle ABH = \angle ABC - 60^\circ = \alpha,$$

$$BH = \frac{1}{2}BC,$$

$$\frac{BA}{BC} = \frac{BA}{2BH}. \tag{5}$$

即(4)成立.

由(2)、(4)即得(1).

或许有人说(2)、(4)中仍出现了余弦 $\cos\alpha$，用到三角. 其实可以不用余弦，因为直角三角形 ABH 与直角三角形 AEF 显然相似，所以

$$\frac{BA}{BH} = \frac{EA}{FE},$$

从而由(3)、(5)得(1)成立.

145. 几何三角，三角几何

问题：如图 1，在 $\triangle ABC$ 中，$\angle B = 70°$，$\angle BCA = 30°$，D 在 BC 延长线上，$\angle BDA = 10°$.

求证：

$$\frac{AB}{AC} = \frac{BC}{CD}. \qquad (1)$$

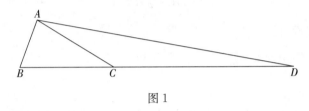

图 1

这道题，初中用几何做，高中可以用三角做.

用三角容易些，我们先用几何做.

用几何做，证明比例式通常有两个方法：一是找相似三角形，二是利用平行线. 本题没有平行线，虽然可以作平行线，似乎远水不救近火. 相似三角形呢？

AB，BC，CA 在同一个三角形中，但 CD 不在这个三角形中，而且 CD 与 BC 不构成三角形.

不过 CD 与 AC 倒构成 $\triangle ACD$，所以（1）宜改为

$$\frac{AB}{BC} = \frac{AC}{CD}. \qquad (2)$$

可是 $\triangle ACD$ 与 $\triangle ABC$ 显然不相似.

已知一些角，$\angle B = 70°$，$\angle ACB = 30°$，$\angle BDA = 10°$，还可算出 $\angle BAC = 80°$，$\angle CAD = 20°$.

竟然没有一对角是相等的.

为此，我们改造 $\triangle ACD$，保持两边 CA，CD 之长，而将它们的夹角改为 $70°$，即过 C 作 $CE /\!/ AB$，且 $CE = CA$，如图 2 所示.

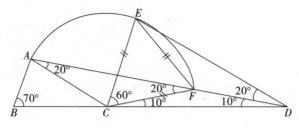

图 2

换句话说,让 CA 绕 C 旋转起来,旋转到与 BA 平行的位置 CE. 这时,$\angle ECD = \angle ABC = 70°$.

连接 DE,如果 $\angle CDE = \angle BCA = 30°$,那么

$$\triangle CDE \backsim \triangle BCA, \tag{3}$$

从而(2)成立,大功告成!

但如何知道 $\angle CDE = 30°$ 或 $\angle ADE = 20°$ 呢?

不好办啊!

已知 $\angle CAF = 20°$,可惜看不出如何证明 $DE \parallel CA$,不过,$\angle CAD = 2\angle CDA$,这一点可以利用,也是常用的.

设 F 在 AD 上,并且 $CF = CA$,那么 $\angle CFA = \angle CAD = 20°$(在上面 CA 绕 C 旋转时,如果到 CE 后,再继续旋转,那么与 AD 的交点就是 F),

$$\angle FCD = \angle CFA - \angle CDA = 10° = \angle CDA,$$

所以 $FD = CF$.

连接 EF,不难得出 $\angle ECF = 60°$,$\triangle ECF$ 是正三角形,于是 $EF = FC = FD$.

$$\angle ADE = \angle FED = \frac{1}{2}\angle AFE = \frac{1}{2}(60° - \angle AFC) = \frac{1}{2}(60° - 20°) = 20°,$$

从而 $\angle EDC = 30°$,(3)成立.

本题中,有很多几何关系,如 $\triangle EFD \cong \triangle ACF$,$F$ 是 $\triangle ECD$ 的外心等等.

只要能作出 F(与 E),问题就迎刃而解.

下面看看三角证法

(1)即

$$\frac{AB}{AC} = \frac{BC}{CD} = \frac{S_{\triangle ABC}}{S_{\triangle ACD}} = \frac{AB \times AC \sin\angle BAC}{AC \times AD \sin\angle CAD}.$$

易知 $\angle BAC = 80°$,$\angle CAD = 20°$,所以上式即

$$AD \cdot \sin 20° = AC \cdot \sin 80°. \tag{4}$$

但在 $\triangle ACD$ 中，由正弦定理

$$\frac{AC}{\sin 10°} = \frac{AD}{\sin 30°},$$

所以

$$AD \cdot \sin 20° = 2AD \cdot \sin 10° \cos 10°$$

$$= 2AC \cdot \sin 30° \cos 10°$$

$$= AC \cdot \sin 80°,$$

因此结论成立.

以前有一道趣题：

三角几何共一元.

几何三角.

三角几何？

答：三角七角.

146. 解法不必太多

下面一道几何题,有人已经收集了 345 种证法.

问题:如图 1,△ABC 是正三角形,D 在△ABC 外,且∠CDA=90°,若

$$2\angle CAD=3\angle DBC, \tag{1}$$

求证:AD=CD.

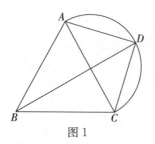

图 1

对于一题多解热,我向来持批评的态度.

一道复杂的题,可能有几种解法,如果解法确有实质的不同,而且均很简明一般,当然均有存在的价值.但如果题本身并不复杂,解法也大同小异,那么应当只保留一种最好的,仔细琢磨学习这种最好的解法就可以了,不必寻找上百种解法,与其找上百种解法,不如去做上百道不同的题.

上面的题,我不知道那 345 种证法,但它不能算一道复杂的题.说实在话,不值得花那么多精力去讨论.如果允许用反证法,这题似乎是显然的.

并没太大难度,我就用反证法来证.

首先,以 AC 为直径作圆,交 BC 于点 E,交 AB 于点 F,圆心 O,E,F 分别为三边的中点,D 在这圆上(与 B 分别在直线 AC 的两侧),如图 2 所示.

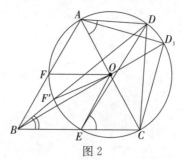

图 2

如果 D 是 $\overset{\frown}{AC}$ 的中点 D_1,那么

$$AD_1 = CD_1,$$

而且 $\angle D_1 BC = 30°$,$\angle CAD_1 = 45°$,$2\angle CAD_1 = 3\angle D_1 BC$.

下面我们证明 D 在其他位置均不满足(1).

如果 D 在 $\overset{\frown}{AD_1}$ 内部(即在 $\overset{\frown}{AD_1}$ 上,但不同于 A,D_1),那么设 DB 又交 $\odot O$ 于 F',则

$$\angle CAD = \angle CED = \angle DBC + \angle BDE,$$

$$2\angle CAD = 2\angle DBC + 2\angle BDE = 2\angle DBC + \angle F'OE. \tag{2}$$

因为 $BE = CE = OE$,所以

$$\angle OBC = \angle BOE. \tag{3}$$

因为折线 BFO 包围折线 $BF'O$,所以 $BF + FO > BF' + F'O$,

即 $BF' < BF = FO = F'O$,

$$\angle DBO > \angle F'OB, \tag{4}$$

(3)+(4),得

$$\angle DBC > \angle F'OE, \tag{5}$$

结合(2),得

$$2\angle CAD < 3\angle DBC. \tag{6}$$

同理,D 在 $\overset{\frown}{D_1 C}$ 内部,则 $2\angle CAD > 3\angle DBC$.

于是(1)成立时,D 必为 D_1,$AD = DC$.

很可能这种解法与那 345 种均不相同,哈哈!

希尔伯特曾经说过:禁止数学家使用排中律,就像禁止拳击手使用拳头. 这里使用排中律,就是使用反证法.

147. 面积问题

如图 1，$\triangle ABC$ 中，D，E 分别在边 AC，AB 上，BD，CE 相交于点 F，$\triangle BEF$，$\triangle BFC$，$\triangle CDF$ 面积分别为 S_1，S_2，S_3，四边形 $AEFD$ 面积为 S，则

$$S = \frac{(S_1 + 2S_2 + S_3)S_1 S_3}{S_2^2 - S_1 S_3}. \tag{1}$$

本文证明 (1) 成立.

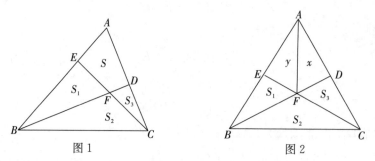

图 1   图 2

如图 2，连 AF，记 $\triangle AFD$，$\triangle AEF$ 的面积分别为 x，y，则

$$\frac{x}{S_3} = \frac{AD}{DC} = \frac{S_1 + S}{S_2 + S_3}, \tag{2}$$

$$\frac{y}{S_1} = \frac{AE}{EB} = \frac{S_3 + S}{S_1 + S_2}, \tag{3}$$

所以

$$S = x + y = \frac{S_3(S_1 + S)}{S_2 + S_3} + \frac{S_1(S_3 + S)}{S_1 + S_2}.$$

移项

$$S\left(1 - \frac{S_3}{S_2 + S_1} - \frac{S_1}{S_1 + S_2}\right) = \frac{S_3 S_1}{S_2 + S_3} + \frac{S_1 S_3}{S_1 + S_2},$$

两边同乘 $(S_2 + S_3)(S_1 + S_2)$ 并化简得

$$S(S_2^2 - S_1 S_3) = S_1 S_3 (S_1 + 2S_2 + S_3).$$

从而 (1) 成立，

148. 拿起三角形

初等平面几何,可以训练思维,但这一部分内容毕竟太古老了,对于数学的发展已经不起作用.因此,除特别兴趣浓厚的朋友,一般的师生不必做过分复杂的几何题,尤其线条众多令人眼花缭乱的题(我就很少做).

下面的一道题,线条不多,却有一定难度,可以做做玩.

如图 1,已知$\triangle ABC$ 中,$\angle C=40°$,D 在边 BC 上,并且 $BD=AC$,$\angle DAC=60°$.求$\angle B$.

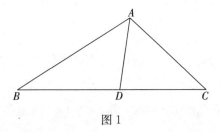

图1

题中的$\angle DAC=60°$,这是一个很好的条件(有可能构成正三角形).$\angle C=40°$,不是特殊角,不太好利用.

$BD=AC$,也是一个有用的条件,但两者相距太远,如何利用这一条件便是本题的关键.

解 将$\triangle ADC$拿起,然后将 AC 放在 BD 上,使 A 与 B,C 与 D 重合,如图 2 所示,这时点 D 落到 E 点.

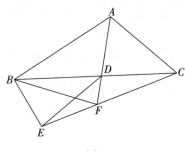

图2

连接 EC,因为 $DE=DC$,所以

$$\angle DEC = \angle DCE = \frac{1}{2}\angle BDE = \frac{1}{2}\angle ACD = 20°, \angle ACF = 40° + 20° = 60°.$$

设 AD 交 CE 于点 F，

因为 $\angle FAC = \angle ACF = 60°$，所以 $\triangle AFC$ 是正三角形，$\angle AFC = 60° = \angle EBD$，

B, E, F, D 四点共圆，$\angle DBF = \angle DEF = 20°$，

又 $\angle BDF = \angle ADC = 180° - 60° - 40° = 80°$，

所以 $\angle BFD = 100° - 20° = 80° = \angle BDF$，$BF = BD = AC = AF$，

$$\angle ABF = \frac{1}{2}(180° - \angle BFD) = 50°, \angle ABD = \angle ABF - \angle DBF = 50° - 20° = 30°.$$

又解　这题虽然达不到奥数的难度，却也不容易，原先做过，忘记了，又重做一次，却与上面的解稍有不同，可资比较.

常说"移山倒海"．几何中，也常移动图形，本题只需要平移：AC 与 BD 相等，但 AC 与 BD 相距稍远，平移 AC 到 DE，这样 $DE = DB$，而且 DE, DB 构成等腰三角形 DBE，

$$\angle DBE = \angle DEB = \frac{1}{2}\angle CDE = \frac{1}{2}\angle ACD = 20°. \angle BDF = \angle ADC = 180° - 40° - 60° = 80°,$$

$\angle BFD = 180° - 20° - 80° = 80° = \angle BDF, BF = BD.$

如图 3，设 AD 延长线交 BE 于点 F，因为 $AF \parallel CE$（$AC \underline{\parallel} DE$，所以四边形 $ADEC$ 是平行四边形，$AD \parallel CE$），所以由 $BF = BD$ 得 $FE = DC$，四边形 $DFEC$ 是梯形，而且是等腰梯形，$CF = DE = AC$.

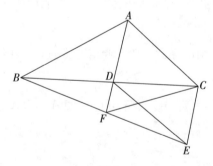

图 3

又 $\angle DAC = 60°$，所以 $\triangle FAC$ 是正三角形，$FA = AC = BD = BF$，

$$\angle FBA = \angle FAB = \frac{1}{2}\angle DFE = \frac{1}{2}\angle FDC = \frac{1}{2}(40° + 60°) = 50°,$$

$$\angle ABD = 50° - 20° = 30°.$$

149. 相似法作图

如图 1,已知 $\triangle ABC$,试用圆规与直尺,在 AB 上找一点 D,CB 上找一点 E,使得 $AD=DE=EC$.

这种作图题,文革前的教材(基本上是苏联教材的译本)中并不罕见,它对于开拓思维,还是颇有益的.现行的教材,缺乏这种内容,不知哪位能够解决?

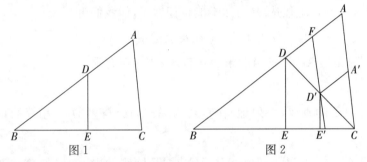

图 1   图 2

如图 2,在 CB 上任取一点 E',在 AB 上取 F,使 $AF=CE'$.

过点 F 作 AC 的平行线,以 E' 为圆心,$E'C$ 为半径画弧,交这平行线于 D'.

若过点 D' 作 $D'A'/\!/FA$,交 AC 于点 A',则

$$A'D'=AF=E'C=E'D' \tag{1}$$

现在将四边形 $CA'D'E'$"放大",即作直线 CD',交 AB 于点 D,过点 D 作 $DE/\!/D'E'$,交 BC 于点 E.

这时四边形 $CADE$ 与四边形 $CA'D'E'$ 位似,从而由(1)得

$$AD=DE=EC.$$

150. 作正三角形

如图1,已知直线 $a /\!/ b /\!/ c$,求作一正三角形 ABC,顶点 A,B,C 分别在直线 a,b,c 上.

这是一道尺规作图的好题,宋书华校长已经给出好几个解答,本文也提供一个.

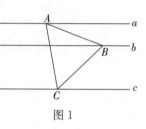

图1

首先,点 A 可在 a 上任选. B 当然不能再任选了,但我们可在直线 b 上任选一点 D,比如说 D 为 A 在 b 上的射影,以 AD 为边可作一正三角形 ADE. E 当然未必在直线 c 上(哪有那么好的事).

但过 E 作 AE 的垂线(一般地,作直线与 AE 构成与 $\angle ADB$ 相等的角),交直线 c 于 C.

再作直线 AB,与 AC 成 $60°$ 角(AB,AC 在 AE 同侧,如图2所示),交直线 b 于 B.

这时 $\triangle ADB \cong \triangle AEC$(ASA).

所以 $AB=AC$,$\triangle ABC$ 为正三角形.

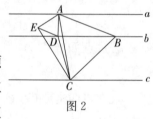

图2

上面的作图也可说成:将直线 b 绕 A 旋转 $60°$(图2中是顺时针旋转)成为直线 CE,CE 交直线 c 于点 C. 然后再补全正三角形 ABC(作 AB 使 $\angle CAB=60°$,AB 交直线 b 于点 B),则正三角形 ABC 即为所求.

当然,将直线 C 绕 A 旋转 $60°$(逆时针)就可产生 B 点.

上面的作法也适合于其他情况,例如:

1. 作 $\triangle ABC$,$\angle ABC=90°$,$AB=BC$,并且 A,B,C 分别在 a,b,c 上;

2. 作 $\triangle ABC$,与已知 $\triangle DEF$ 相似,并且 A,B,C 分别在 a,b,c 上.

留下两个问题供大家思考:

1. 设本题所作的 $\triangle ABC$ 重心为 G,当 A 在直线 a 上移动时,G 的轨迹是什么?

2. 平面 $L /\!/ M /\!/ N /\!/ P$,试作一正四面体 $ABCD$,使得四个顶点分别在四个平面上.

151. 不困难的问题

如图 1，三条平行直线 a,b,c，设 a,b 到 c 的距离分别为 a,b（仍用字母 a,b），上次作出一正三角形 ABC，A,B,C 分别在 a,b,c 上.

求：(1) $\triangle ABC$ 的边长 l；

(2) $\triangle ABC$ 重心 G 到直线 c 的距离.

这题不困难，(2) 尤为容易，显然 G 到直线 c 的距离为

$$y=\frac{1}{3}(a+b).$$

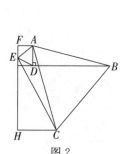

图 1

(1) 也不难，而且做法很多.

解法一 用我们上次的作图（字母意义见图自明），

$$AE=AD=a-b,EF=\frac{1}{2}AE=\frac{a-b}{2},$$

$$EH=a-\frac{a-b}{2}=\frac{a+b}{2},$$

$$CE=\frac{2EH}{\sqrt{3}}=\frac{a+b}{\sqrt{3}},$$

所以 $l=\frac{2}{\sqrt{3}}\sqrt{a^2+b^2-ab}$.

图 2

$$\left(l^2=AC^2=AE^2+CE^2=(a-b)^2+\left(\frac{a+b}{\sqrt{3}}\right)^2=\frac{4(a^2-ab+b^2)}{3}\right).$$

解法二 宋书华的作法.

图 3 中 $\triangle OAA_1$，$\triangle OCC_1$ 都是正三角形.

$$l^2=AC^2=OA^2+OC^2+OA\cdot OC$$

$$=\left(\frac{2(a-b)}{\sqrt{3}}\right)^2+\left(\frac{2b}{\sqrt{3}}\right)^2+\frac{2(a-b)}{\sqrt{3}}\cdot\frac{2b}{\sqrt{3}}$$

$$=\frac{4(a^2-ab+b^2)}{3},$$

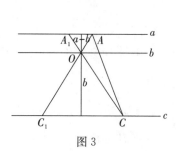

图 3

$$l=\frac{2}{\sqrt{3}}\sqrt{a^2-ab+b^2}.$$

在四个平行平面 L,M,N,P 上各选一点，形成正四面体，比本题难一些，它是第 14 届 IMO 的大轴题，各位有好的方法吗？

152. 作正四面体

已知平面 $a /\!/ b /\!/ c /\!/ d$，作一正四面体 $ABCD$，使得 A,B,C,D 分别在平面 $a,b,c,$ d 上.

作法：作平面 M 与平面 a 成 α 角，α 的大小以后给出.

如图，平面 M 截平面 a,b,c,d 得直线 a',b',c',d'. 设平面 a,b,d 到平面 c 的距离分别为 a,b,d（为不使符号太多，仍沿用 a,b,d，希望不致混淆）.

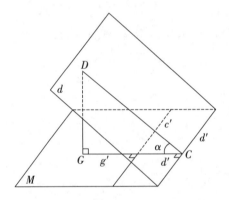

又设 a',b',d' 到直线 c' 的距离分别为 a',b',d'，则

$$a'=\frac{a}{\sin\alpha},b'=\frac{b}{\sin\alpha},d'=\frac{d}{\sin\alpha}, \tag{1}$$

用上次方法作出正三角形 ABC，A,B,C 分别在直线 a',b',c' 上，因而在平面 $a,b,$ c 上.

过 $\triangle ABC$ 的重心 G 作平面 M 的垂线，交平面 d 于点 D.

如果 α 满足

$$\tan\alpha=\frac{\sqrt{\dfrac{2}{3}}\,l'}{d'+g'}, \tag{2}$$

其中 $l'=\dfrac{2}{\sqrt{3}}\sqrt{a'^2-a'b'+b'^2}$ 为 $\triangle ABC$ 边长.

g' 为 G 到直线 c' 的距离, $g'=\dfrac{a'+b'}{3}$.

那么 $DG=\sqrt{\dfrac{2}{3}}\,l'$.

从而 $DC^2=DG^2+CG^2=\left(\sqrt{\dfrac{2}{3}}\,l'\right)^2+\left(\sqrt{\dfrac{1}{3}}\,l'\right)^2=l'^2$,

$DC=l'$.

四面体 $ABCD$ 为正四面体.

由(1)、(2)

$$\tan\alpha=\dfrac{2\sqrt{2}\sqrt{a^2-ab+b^2}}{3d+a+b},\qquad(3)$$

(3)的右边,各长度均为已知,所以 α 可作出,从而一切皆可定出.

153. 再作正三角形

已知三个圆同心,圆心为 O,半径分别为 a,b,c.试作一正三角形,三个顶点分别在三个圆上.

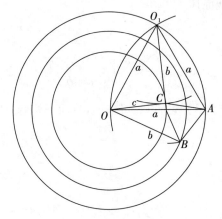

分析 $3,4,5$ 可改成更一般的 $c<b<a$.

如图,设正 $\triangle ABC$ 的顶点 A,B,C 分别在三个同心圆上,

$$OA=a,OB=b,OC=c.$$

A 可任在 $\odot(O,a)$ 上选取.

取定 A 后,将 $\triangle OAB$ 绕 A 点顺时针旋转 $60°$,这时 B 成为 C,O 成为 O_1,其中 O_1 是以 OA 为边的正三角形的顶点,不难作出.而

$$O_1C=OB=b.$$

所以,C 在 $\odot(O_1,b)$ 上,以 O_1 为圆心,b 为半径作圆,交 $\odot(O,c)$,交点之一即为 C.

由此即得到满足要求的正三角形 ABC.

作法、证明、讨论,请读者自己补足,此处不再赘述.

154. 鸡爪定理

收到哈尔滨工业大学出版社赠送的《鸡爪定理》.

金磊老师写的这本书很好,内容丰富,叙述简明,随手一翻,就看到一道最近又出现的题(P.3):

设 I 为 $\triangle ABC$ 内心,过 I 作 BC 垂线,交外接圆于 P,Q,PA,QA 交 BC 于点 E,F,求证:A,I,E,F 四点共圆.

解法优雅,仅仅一页纸(加上两个图,略超过一页).

再一翻,翻到 154 页,一道题:

$DI \perp DI',O,O'$ 分别在 DI,DI' 的中垂线上,IO' 交 $I'O$ 于 P 点,OO' 交 DI 于点 J,求证:$\angle OJD = \angle JDP$.

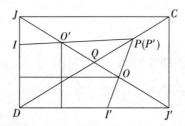

原书采用解析几何,当然很好.

用纯几何方法也不难,我这里提供一个.

设 OO' 交 DI' 于点 J',完成矩形 $DJ'CJ$. 设其中心为 $Q,I'O$ 交 DC 交于 P',易知

$$\frac{QJ'}{OJ'} = \frac{DJ}{DI}.$$

记 $DJ'=a,DJ=b,DI'=2u,DI=2v$,则由截线定理($\triangle DQJ'$ 与截线 $I'OP'$),

$$\frac{P'Q}{P'D} = \frac{OQ}{OJ'} \times \frac{I'J'}{I'D} = \frac{QJ'-OJ'}{OJ'} \times \frac{I'J'}{I'D} = \frac{b-2v}{2v} \times \frac{a-2u}{2u},$$

由对称性,IO' 也交 DC 于点 P'.

所以 $P'=P$,而且 $\angle OJD = \angle JDP$.

155. 外切三角形

一圆半径为 r，它的外切三角形面积最小时，是否一定为正三角形？最小面积是多少？

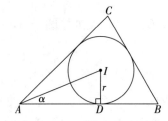

解　如图，设 $\triangle ABC$ 的角为 $2\alpha, 2\beta, 2\gamma$，AB 与 $\odot I$ 相切于点 D，则

$AD = r\cot\alpha$，

$$S_{\triangle ABC} = r^2 \sum \cot\alpha$$

$$\geqslant 3r^2 \cot\frac{\alpha+\beta+\gamma}{3} \quad \left(\text{由图像即知 }\cot x\text{ 在 }\left(0, \frac{\pi}{2}\right)\text{ 上是下凸函数}\right)$$

$$= 3r^2 \cot 30° = 3\sqrt{3}r^2.$$

当且仅当 $\alpha = \beta = \gamma = 30°$，即 $\triangle ABC$ 为正三角形时，面积最小，最小面积为 $3\sqrt{3}r^2$.

很自然地，产生一个问题：

在三维空间中，半径为 r 的球，外切四面体是否一定是正四面体？

156. 观点

半径分别 r,R 的两个圆均与直角坐标系中的两条坐标轴相切,且相交于 $A(x_1,y_1)$.
求证

$$x_1^2 + y_1^2 = Rr. \tag{1}$$

王杨[1]给了一个优雅的解析几何证明(原题涉及坐标,用解析几何是当然的),并指出这题可引申为:

如图,$\odot B,\odot C$ 相交于点 A,分别切直线 DE 于点 D,E,直线 BC 交直线 DE 于点 O,则

$$OA^2 = OD \cdot OE.$$

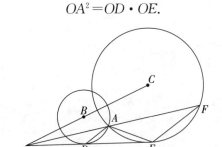

这题可用位似的观点来看,更为清楚.

$\odot B,\odot C$ 位似,O 是位似中心,D,E 是一对对应点.

延长 OA 交 $\odot C$ 于点 F,则 A,F 是又一对对应点,
所以

$$\angle OAD = \angle OFE.$$

再由相切得

$$\angle AEO = \angle OFE = \angle OAD,$$

所以

$$\triangle OAD \backsim \triangle OEA,$$

$$OA^2 = OD \cdot OE.$$

[1]从分析解题过程学解题,王杨,哈尔滨工业大学出版社,2020.

157. 复数解易如反掌

如图,在△ABC 的边上向外作正方形 ACDE,ABGF,BCIH,K,J,L 分别为 GH,DI,HI 的中点.

求证:$AL = KJ$ 并且 $AL \perp KJ$.

证明　本题用复数解,易如反掌.

设 A 为原点,BC 与 x 轴(实轴)平行,并且 B,C 的复数表示分别为 B,C,以下各点的复数表示均用与各点相同的字母表示.

$$H = B + (B-C)i,$$
$$I = C + (B-C)i,$$

所以

$$L = \frac{H+I}{2} = \frac{B+C}{2} + (B-C)i.$$

因为

$$G = B - Bi,$$

所以

$$K = \frac{G+H}{2} = B - \frac{C}{2}i.$$

同样

$$D = C + Ci.$$

所以

$$J = \frac{I+D}{2} = C + \frac{B}{2}i.$$

从而

$$J - K = C - B + \frac{B+C}{2}i = (-i)L,$$

即

$$JK = AL.$$

并且

$$JK \perp AL.$$

本题用复数,不费脑筋,连辅助线都不必作.

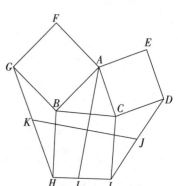

158. 乾坤大挪移

如图 1,已知 $AB=AC=CD=DE$,$DB=BE$.

求 $\angle EBD$.

这道初中的几何题有点难,难在找不到全等三角形. 相等的线段不少,但 AB 与 AC 在一个三角形中,DB 与 BE 又在另一个三角形中,$\triangle CDE$ 与 $\triangle CAB$ 有两对对应边相等,但 $\angle CDE$ 与 $\angle CAB$ 不知是否相等,无法导出两三角形全等(实际上 $\angle CDE>\angle CAB$,两三角形不全等).

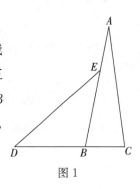

图 1

但还有相等的线段:

$AE=AB-BE=CD-DB=CB$.

AE,CB 不在一个三角形内,CB 在 $\triangle ACB$ 里,AE 在哪个三角形里?

图中没有一个三角形以 AE 为边.

但没有三角形,可以造出一个三角形.

所谓两三角形全等,其实就是一个三角形经过运动(平移、旋转、对称)变成另一个三角形.

现在有 $\triangle ABC$ 含边 BC,我们把它拿起来,再放下去,使得 BC 与 AE 重合,而顶点 A 落到 F 处,如图 2 所示.

这时 $\angle AEF=\angle ABC$,所以 $EF \parallel BC$,而且 $EF=AC=DC$,所以四边形 $CDEF$ 是平行四边形,$CF=DE=AC=AF$.

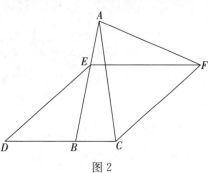

图 2

从而 $\triangle ACF$ 是正三角形,$\angle AFC=60°$.

设 $\angle BDE=\alpha$,则

$\angle ABC=2\alpha$,$\angle BAC=180°-4\alpha$,$60°=\angle AFE+\angle EFC=(180°-4\alpha)+\alpha=180°-3\alpha$,所以 $\alpha=40°$,$\angle ABC=2\alpha=80°$,$\angle EBD=180°-80°=100°$.

将 $\triangle ABC$ 拿起来,再放下去使 BC 与 AE 重合,这就是乾坤大挪移,张无忌从《原本》中学到的功夫.

159. 有点几何意义好

试证:在锐角三角形中,有一条高不小于 $R+r$,这里 R,r 分别为外接圆与内切圆半径.

证明 应当知道(参见拙著《平面几何的知识与问题》)

$$R+r=OA_1+OB_1+OC_1 \tag{1}$$

这里 OA_1,OB_1,OC_1 分别为外心 O 到三条边 BC,CA,AB 的距离.

在 $\triangle ABC$ 为钝角三角形时也成立,只是其中 OA_1,OB_1,OC_1 有正有负.

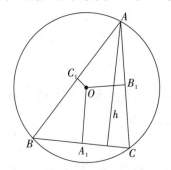

如图,不妨设 BC 为最短的边,h 为 BC 边上的高,则

$$h \times BC = 2S_{\triangle ABC}$$

$$= OA_1 \times BC + OB_1 \times CA + OC_1 \times AB$$

$$\geqslant (OA_1+OB_1+OC_1) \times BC,$$

从而

$$h \geqslant OA_1+OB_1+OC_1.$$

不知道(1)式,纯用三角去做,容易陷于繁琐的境地.

160. 我来试试

看到 2019 年阿根廷的一种竞赛的题目.

第一题颇有趣：

在正六边形 $ABCDEF$ 的边 AB,CD,DE,FA 上分别取点 P,Q,R,S,使得四边形 $PQRS$ 为正方形,求证：$PQ\!\parallel\!BC$.

很好的题：图形优美,条件简明,结论十分漂亮.

当然也应当有一个好的解法,可能用一点三角,但不要太多.

看到一个解答,好像不很合乎上面的理想,那么 Let me try.

如图,设 $\angle APS=\alpha$,$\angle ASP=\beta$,延长 AB,DC 相交于点 G,则 $\triangle AGD$ 为正三角形.

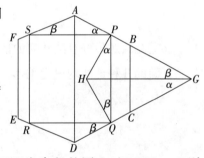

将 $\triangle PAS$ 绕 P 逆时针旋转 $90°$,成为 $\triangle PHQ$.

因为 $DQ\!\parallel\!AS$,$DR\!\parallel\!AP$,$QR\!\parallel\!PS$,所以 $\angle DQR=\angle ASP=\beta$,$\angle DRQ=\angle APS=\alpha$,而且 $HQ\perp DG$. $\triangle QRD$ 绕 Q 顺时针旋转 $90°$,成为 $\triangle QPH$.

因为 $\angle HPG=\angle HQG=90°$,所以 P,Q 都在以 HG 为直径的圆上,记 $HG=d$,则 $GP=d\cos\beta$,$HP=d\sin\beta$.

$$AG=AP+GP=d(\cos\beta+\sin\beta).$$

同样

$$DG=d(\cos\alpha+\sin\alpha).$$

因此

$$\cos\beta+\sin\beta=\cos\alpha+\sin\alpha,$$

从而

$$\alpha=\beta.$$

（另一种可能 $\alpha+\beta=90°$,不存在,因为 $\alpha+\beta=60°$.）

所以

$$PS\!\parallel\!BF,$$

$$PQ\!\parallel\!BC.$$

161. 四种几何证法

如图 1，已知 I 为 $\triangle ABC$ 的内心，$\angle IBC = 2\angle ICB$，并且 $IC = AB$，求 $\angle A$.

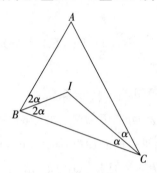

图 1

这道几何题最好有纯几何的证法，不用三角.

下面的几种证法均很优雅，第一种是今心的.

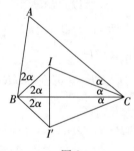

图 2

设 $\angle ICB = \angle ACI = \alpha$，$\angle ABI = \angle IBC = 2\alpha$（以下解法均同此，不再赘述），如图 2，作 I 关于 BC 的对称点 I'，则 $\angle I'BC = \angle IBC = 2\alpha = \angle BCA$，所以 $BI' \parallel AC$. 又 $I'C = IC = AB$，所以梯形 $ABI'C$ 是等腰梯形，$\angle A = \angle I'CA = 3\alpha$，

由

$$3\alpha + 4\alpha + 2\alpha = 180°,$$

得

$$\angle A = 3\alpha = 60°.$$

第二种解法也是今心的.

如图 3，作 A 关于 BC 的对称点 A'.

$\angle BCA' = \angle BCA = 2\alpha = \angle IBC$，所以 $BI \parallel A'C$.

又 $BA' = BA = CI$，

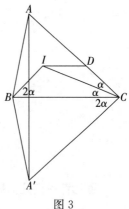

所以梯形 $IBA'C$ 是等腰梯形，

$\angle BAC = \angle BA'C = \angle A'CI = 3\alpha$.

与前一种证法同样，得出 $\angle BAC = 60^\circ$.

这两种解法中，均有对称与等腰梯形.

沙国祥的证法可能更简单些：

图 3

如图 4，过 I 作 BC 的平行线交 AC 于点 D，因为 $\angle IBC = 2\alpha = \angle BCD$，所以四边形 $IBCD$ 是等腰梯形. 从而 $BD = IC = AB$，又由 $\angle ADB = \angle ACB + \angle DBC = \angle ACB + \angle ICB = 3\alpha = \angle ABD$，得 $AD = AB$.

所以 $\triangle ABD$ 是正三角形，$\angle A = 60^\circ$.

第三种证法只用到等腰梯形，未用到轴对称（反射）.

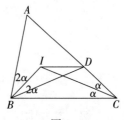

我也来一种解法，与沙国祥的类似，不另画图.

作 $\angle IBC$ 的平分线，交 AC 于点 D，则 $\angle ABD = 3\alpha = \angle DBC + \angle DCB = \angle ADB$，所以 $AB = AD$.

图 4

又 $\triangle IBC \cong \triangle DCB$（ASA），所以 $BD = IC = AB$，

因此 $\triangle ABD$ 是正三角形，$\angle A = 60^\circ$.

这种解法，不需要作 ID，也不需要等腰梯形.

做平面几何的问题，有什么用？

我想，用处并不太大，实用的意义当然有，但实用的几何其实非常简单，用不到稍复杂的几何题（抑或非常复杂，平面几何又不够用）.

做平面几何题的作用主要还是训练思维，其次做题的人自得其乐，乐在其中.

因此，平几题最好、尽量不用三角去做，虽然三角是一把利器，在想不出几何方法而又得交卷时，可作救急之用，但切勿滥用. 凡题皆用三角，并不利于培养思维能力，也缺乏了几何的美，就好像只是填饱肚子，而未能欣赏烹饪的功夫，令易牙辈扼腕兴叹.

162. 稍作转换

网上有一道几何题,做得颇繁,题目如下:

如图,D 在 $\triangle ABC$ 的边 AB 上,$\angle A = 70°$,$\angle B = 10°$,$\angle ADC = 30°$,求证

$$\frac{AC}{CD} = \frac{AD}{BD}. \tag{1}$$

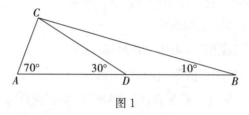

图 1

解 其实本题不难,只需稍作转换.

如图 2,过 B 作 AC 的平行线,交 CD 的延长线于点 E,则

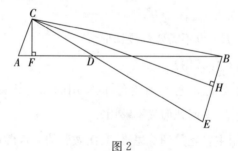

图 2

$$\frac{AD}{BD} = \frac{AC}{BE}. \tag{2}$$

(1)、(2)比较,要证(1),只需证明

$$CD = BE, \tag{3}$$

$\triangle CEB$ 是一个等腰三角形,顶角 $\angle ECB = 30° - 10° = 20°$,$\angle CBE = 10° + 70° = 80°$,
$\angle CEB = 180° - 20° - 80° = 80° = \angle CBE$.

作底边 BE 的高 CH,又作 $CF \perp BD$,F 为垂足. $\text{Rt}\triangle CHB$ 与 $\text{Rt}\triangle BFC$ 有公共斜边 BC,又有

$$\angle BCH = 10° = \angle CBF,$$

所以

$$Rt\triangle CHB\cong Rt\triangle BFC.$$

从而 $BE=2BH=2CF=CD$（因为 Rt$\triangle CFD$ 中，$\angle FDC=30°$）.

(3)成立，(1)亦成立.

"将军欲以巧胜人，盘马弯弓惜不发"，做题不宜太急，想清楚了再做，往往事半功倍.

后半部用到一个更简单的题，即下面的：

如图 3，已知$\triangle CEB$ 中，$CE=CB$，$\angle ECB=20°$，D 在 CE 上，并且$\angle CBD=10°$.

求证：$BE=CD$.

图 3

163. 几何解法

叶中豪提出一个问题：

如图 1，设 D 为 $\triangle ABC$ 的边 BC 上，作 DE, DF 分别垂直于 AC, AB, E, F 为垂足. 设 E, F 在 BC 上的射影分别为 E_1, F_1, E_1F 与 F_1E 相交于点 G.

证明：$\angle CDG$ 为定值.

不少人证明了这道题（有的还作了推广），我也用解析几何得出

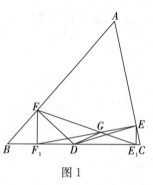

图 1

$$\tan\angle CDG = \frac{HN}{BN-NC}, \tag{1}$$

其中 H 为垂心，N 为 AH 与 BC 的交点.

结论得到后，希望有一几何证法（已有结论，证明应当不难）.

下面是我们的证明，如图 2. 设 G 在 EF 上的射影为 G_1.

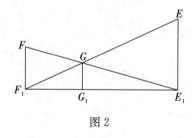

图 2

首先有

$$\frac{G_1G}{E_1E}=\frac{F_1G_1}{F_1E_1}, \frac{G_1G}{F_1F}=\frac{G_1E_1}{F_1E_1}, \tag{2}$$

两式相加得

$$G_1G\left(\frac{1}{E_1E}+\frac{1}{F_1F}\right)=1 \tag{3}$$

（即 G_1G 是 E_1E, F_1F 的调和中项的 2 倍，这应是一个熟知的结论），所以

$$\frac{E_1E}{G_1G}=\frac{EE_1+FF_1}{FF_1}. \tag{4}$$

单谈数学

由图 3，

$$DG_1 = DE_1 - G_1 E_1 = E_1 E \tan C - G_1 E_1. \tag{5}$$

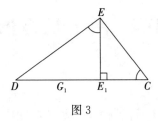

图 3

同样

$$F_1 E_1 = F_1 D + DE_1 = F_1 E_1 \tan B + E_1 E \tan C. \tag{6}$$

于是

$$\frac{DG_1}{G_1 G} = \frac{DE_1 - G_1 E_1}{G_1 G} = \frac{EE_1 \tan C}{G_1 G} - \frac{F_1 E_1}{F_1 F}$$

$$= \frac{(E_1 E + F_1 F) \tan C}{F_1 F} - \frac{F_1 F \tan B + E_1 E \tan C}{F_1 F} \tag{7}$$

$$= \tan C - \tan B.$$

又由图 4

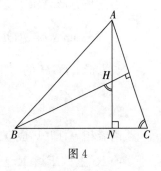

$$BN = HN \tan \angle BHN = HN \tan C,$$

$$CN = HN \tan B,$$

所以

$$\frac{BN - CN}{HN} = \tan C - \tan B,$$

图 4

即(1)式成立.

本文只用到三角函数正切的定义(题中还有正切出现,所以定义是必须用的),可算纯几何证明.

164. 两个长方形

两个长方形 $ABCD$, $EFGH$ 面积相等,各边交点如图. 求证:

$$OP^2 - PI^2 + IJ^2 - JK^2 + KL^2 - LM^2 + MN^2 - NO^2 = 0 \qquad (1)$$

证明 这题要充分利用两长方形的面积相等这一条件.

设 $\angle OPE = \alpha$,则

$$S_{\triangle OPE} = \frac{1}{2}PE \times OE = \frac{1}{2}OP^2 \sin\alpha\cos\alpha.$$

同理可得图中其他一些三角形的面积:

溢出长方形 $ABCD$ 的面积为

$$\frac{1}{2}\sin\alpha\cos\alpha(OP^2 + IJ^2 + KL^2 + MN^2),$$

溢出长方形 $EFGH$ 的面积为

$$\frac{1}{2}\sin\alpha\cos\alpha(PI^2 + JK^2 + LM^2 + MO^2).$$

两者相等,即(1)成立.

或 $\text{Rt}\triangle POE \backsim \text{Rt}\triangle PIA \backsim \text{Rt}\triangle JIF \backsim \text{Rt}\triangle JKB \backsim \text{Rt}\triangle LKG \backsim \text{Rt}\triangle LMC \backsim \text{Rt}\triangle MNH \backsim \text{Rt}\triangle OND$,

所以

$$S_{\triangle POE} : S_{\triangle PIA} : S_{\triangle JIF} : S_{\triangle JKB} : S_{\triangle LKG} : S_{\triangle LMC} : S_{\triangle MNH} : S_{\triangle OND}$$
$$= PO^2 : PI^2 : JI^2 : JK^2 : LK^2 : LM^2 : MN^2 : NO^2.$$

再由两长方形面积相等得

$$S_{\triangle POE} + S_{\triangle JIF} + S_{\triangle LKG} + S_{\triangle MNH} = S_{\triangle PIA} + S_{\triangle JKB} + S_{\triangle LMC} + S_{\triangle OND},$$

从而

$$PO^2 + JI^2 + LK^2 + MN^2 = PI^2 + JK^2 + LM^2 + NO^2.$$

165. 康威的圆

著名数学家康威(John Horton Conway)出了一道几何题：

如图1，已知△ABC的三边为a,b,c，延长各边得A_b,A_c等点，且$AA_b=AA_c=a$等等.

求证：A_b,A_c,B_c,B_a,C_a,C_b六点共圆，并求出这个圆的半径(用a,b,c表示).

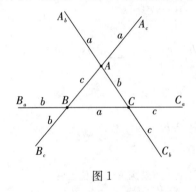

图1

这个圆称为康威圆.

康威是个玩数学的大家，他有一本《稳操胜券》(谈祥柏译，上、下两册)，里面有很多数学游戏，引人入胜.

康威做过(玩过)很多数学难题，但这道几何题却很容易.

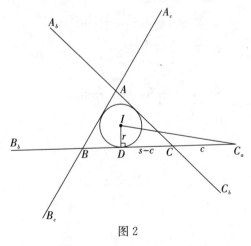

图2

如图2，设I为△ABC的内心，切BC于点D，则

$$DC = s - c,$$

其中 $s = \dfrac{1}{2}(a+b+c)$.

所以

$$IC_a^2 = ID^2 + DC_a^2 = r^2 + (s-c+c)^2 = r^2 + s^2.$$

同理，$IA_b^2, IA_c^2, IB_c^2, IB_a^2, IC_b^2$ 也都是 r^2+s^2，所以 $A_b, A_c, B_c, B_a, C_a, C_b$ 六点共圆，圆心为 I，圆的半径为 $\sqrt{r^2+s^2}$.

将这半径用 a, b, c 来表示，虽不困难，但也要有一点演算能力，我们有

$$r^2 + s^2 = \frac{\triangle^2}{s^2} + s^2 = \frac{(s-a)(s-b)(s-c)}{s} + s^2$$

$$= \frac{1}{s}\left((s-a)(s-b)(s-c) + s^3\right)$$

$$= \frac{1}{s}\left(s^3 - (a+b+c)s^2 + \left(\sum ab\right)s - abc + s^3\right)$$

$$= \frac{1}{s}\left(\left(\sum ab\right)s - abc\right)$$

$$= \frac{\sum ab \cdot \sum a - 2abc}{a+b+c}$$

$$= \frac{a^2b + a^2c + b^2c + b^2a + c^2a + c^2b + abc}{a+b+c},$$

即所求半径为

$$\sqrt{\frac{a^2b + a^2c + b^2c + b^2a + c^2a + c^2b + abc}{a+b+c}}.$$

此外，不难证明

$$S_{\text{六边形}A_bA_cC_aC_bB_cB_a} \geqslant 13 S_{\triangle ABC} \tag{1}$$

事实上，

$$S_{\triangle A_c BC_a} = \frac{(a+c)^2}{ac} S_{\triangle ABC} \geqslant 4 S_{\triangle ABC},$$

$$S_{\triangle A_b AA_c} = \frac{a^2}{bc} S_{\triangle ABC} = \frac{a^3}{abc} S_{\triangle ABC},$$

所以

$$S_{\text{六边形}A_bA_cC_aC_bB_cB_a} = S_{\triangle A_c BC_a} + S_{\triangle C_b AB_c} + S_{\triangle B_a CA_b} + S_{\triangle A_b AA_c} + S_{\triangle C_a CC_b} + S_{\triangle B_a BB_c} - 2 S_{\triangle ABC}$$

$$\geqslant (3 \times 4 - 2) S_{\triangle ABC} + \frac{a^3 + b^3 + c^3}{abc} S_{\triangle ABC} \geqslant 13 S_{\triangle ABC}.$$

166. 如何消元

已知△ABC中,D为BC中点,∠B=2∠C,∠BAD=60°.

求证:∠BAC=90°.

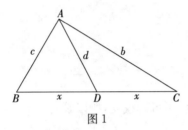

图 1

图不难画,如图 1,以 D 为心作圆,直径 BC 以 D 为中点. 在圆上取 A,使 BA=BD,则∠BAD=60°,∠ABD=60°=2∠C.

当然∠B=60°,∠C=30°,∠BAC=90°,都不是已知,证明中不能直接利用,但我们知道它们应当是什么.

题中三个条件得出三个等式:

$$b^2+c^2=2d^2+2x^2,\tag{1}$$

这是中线公式,d 为中线 AD 之长,x 为 $\dfrac{BC}{2}$.

$$c^2+d^2-cd=x^2,\tag{2}$$

这是△ABC 中的余弦定理,利用了∠BAD=60°.

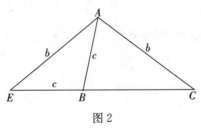

图 2

最后是条件∠B=2∠C,导致

$$b^2=c(c+2x).\tag{3}$$

这也是极常用的(如图 2,证法是延长 CB 到 E,使 BE=c,则∠E=$\dfrac{1}{2}$∠ABC=∠C=

$\angle BAE$，$AE = b$，$\triangle EAB \backsim \triangle ECA$，所以（3）式成立）.

现在的问题是由（1）、（2）、（3）得出有用的东西，例如 $d = c$ 或 $x = c$ 之类.

为此，得由这三个方程消元，首先由（1）、（3）消去 b^2（对 b 说 bye bye），得

$$c(c + 2x) + c^2 = 2d^2 + 2x^2,$$

即

$$c^2 + xc = d^2 + x^2. \tag{4}$$

剩下（2）与（4），它们可分别写成

$$x^2 - c^2 = d(d - c), \tag{2'}$$

$$x^2 - cx = c^2 - d^2, \tag{4'}$$

若 $x \neq c$，则由（2'），$d \neq c$.

（2'）$\div$（4'），得

$$\frac{x + c}{x} = -\frac{d}{c + d}.$$

上式左边为正，右边为负，不可能成立，所以必有

$$x = c = d.$$

$\triangle ABD$ 为正三角形，$\angle B = 60°$，$\angle C = \dfrac{1}{2} \angle B = 30°$，

$\angle BAC = 180° - \angle B - \angle C = 90°$.

本题的关键是消元，要看清楚先由（1）、（3）消去 b^2，再由（2'）、（4'）看出 x, c, d 三者相等.

我看到一位做事极认真的朋友，解答写得很细，字也非常漂亮. 但容我吹毛求疵，找一缺点，他有点举轻若重，过于认真了.

其实，数学好玩，应举重若轻，至少不要弄得太复杂，自己给自己增加压力. 切记"化简"是化繁为简，若不能化简，则"不宜动土"，看看能否换一换地方下手（当然也不可太掉以轻心，我就曾将 cx 误写成 c^2）.

总之，别将简单问题复杂化，而应努力将复杂问题简单化.

167.《图说几何》

有人问到这道题.

这是《图说几何》(Arseniy Akopyan 著,姜子麟译,高等教育出版社出版)的 4.2.5.

这本书只有题,没有解,题也只有图,图上字很少,甚至没有.

从图看出这道题应是:

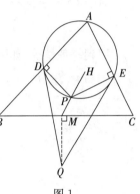

图 1

如图 1,H 为 △ABC 垂心,M 为边 BC 中点,P 为 HM 上任一点,过 P 作 AB,AC 的垂线,垂足分别为 D,E. 过 D,E 作 △ADE 外接圆的切线,相交于点 Q.

求证:$QM \perp BC$(或等价 $QB = QC$).

这道题应有多种证法,我久疏战阵,也来试一试.

我首先考虑两种简单,特殊的情况(如果简单情况也做不出来,那就收摊子吧).

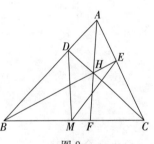

图 2

1. 如图 2,若 $P = H$,则 MD 为直角三角形 BCD 斜边上的中线,$\angle MDC = \angle MCD = 90° - \angle ABC = \angle BAH$,所以 MD 为 △ADE 外接圆的切线.

同理 ME 为 △ADE 外接圆的切线,$Q = M$,$QB = QC$.

2. 如图 3,若 $P = M$,则由余弦定理

$$QB^2 = QD^2 + DB^2 - 2QD \times DB\cos\angle BDQ$$

$$= QD^2 + DB^2 - 2QD \times DB\sin\angle DAM$$

$$= QD^2 + DB^2 - 2DB \times QD \times \frac{DM}{AM}$$

$$= QD^2 + DB^2 - DB \times DM \times \frac{QD}{DN}$$

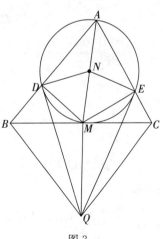

图 3

(N 为 AM 中点,即 △ADM 的外接圆的圆心.)

$$=QD^2+DB^2-DB\times DM\tan A. \tag{1}$$

而
$$DB^2-DB\times DM\tan A$$

$$=DB(DB-DM\tan A)$$

$$=\left(\frac{BC}{2}\right)^2\cos B(\cos B\cos A-\sin B\sin A)\cdot\frac{1}{\cos A}$$

$$=\frac{BC^2}{4\cos A}\cos B\cos(B+A)=-\frac{BC^2}{4\cos A}\cos B\cos C.$$

对于 QC^2，有同样结果，从而

$$QB^2-QC^2=0.$$

回到一般情况，如图 4，设 H,P,M 在 AB 上的射影分别为 D_1,D,D_2，在 AC 上的射影分别为 E_1,E,E_2.

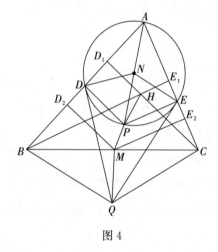

图 4

仍由余弦定理，与(1)相同，

$$QB^2=QD^2+DB^2-DB\times DP\tan A, \tag{2}$$

设 $\dfrac{MP}{PH}=\dfrac{x}{y}(x+y=1)$，则

$$PD=xHD_1+yMD_2, \tag{3}$$

$$BD=xBD_1+yBD_2, \tag{4}$$

于是

$$QB^2=QD^2+(xBD_1+yBD_2)^2-(xBD_1+yBD_2)(xHD_1+yMD_2)\tan A. \tag{5}$$

同样

$$QC^2=QE^2+(xCE_1+yCE_2)^2-(xCE_1+yCE_2)(xHE_1+yME_2)\tan A. \tag{6}$$

(5)、(6)都是 x 的二次式($y=1-x$)，它们在 $x=0$ 与 $x=1(y=0)$ 时相等，如果再在某个 x 的值相等，那么它们就永远相等，可惜上面只找了两个特例，可以保证 x^2 的系数，

y^2 的系数都相等,还需验证 xy 的系数,这并不难,因为我们还有

$$\frac{BD_1}{BD_2}=\frac{BC}{BM}=2, \frac{CE_1}{CE_2}=\frac{BE_1}{ME_2}=\frac{CD_1}{MD_2}=2. \tag{7}$$

将(7)代入(5)、(6),得

$$QB^2=QD^2+(x+1)^2BD_2^2-(x+1)^2BD_2\times MD_2\tan A+(x+1)BD_2\times CH\tan A,$$

$$QC^2=QE^2+(x+1)CE_2^2-(x+1)^2CE_2\times ME_2\tan A+(x+1)CE_2\times BH\tan A,$$

$$QB^2-QC^2=(x+1)\tan A(BD_2\times CH-CE_2\times BH)$$

$$=\frac{(x+1)\tan A}{2}(BD_1\times CH-CE_1\times BH)$$

$$=(x+1)\tan A(S_{\triangle BHC}-S_{\triangle BHC})=0.$$

其实还有第三个很容易计算的特例,则《图解几何》4.2.1,MH 与 $\triangle ABC$ 外接圆 $\odot O$ 有两个交点 A_1,V,A_1 是 $\odot O$ 中 A 的对径点. 于是 $A_1B\perp AB$,$A_1C\perp AC$,$\odot O$ 在 B,C 处的切线交点就是现在的 Q,显然 $QB=QC$.

于是(5)、(6)在 x 的 3 个特殊值(分别对应于 H,M,A_1)处相等,从而恒有 $QB^2=QC^2$.

询问了梁天祥,他与狄飞的解法如下,充分利用了《图解几何》的 4.2.1 与 4.2.3,MH 与 $\odot O$ 的另一个交点 V 是图 2 中 $\triangle ADE$ 的外接圆与 $\odot O$ 的交点 V.

设 B,C 处 $\odot O$ 的切线相交于 W,易证

$$\triangle VDB\backsim\triangle VEC,$$

从而

$$\triangle VDE\backsim\triangle VBC.$$

在上述相似下,$\triangle VDE$ 的外接圆对应于 $\triangle VBC$ 的外接圆(即 $\triangle ABC$ 的外接圆),Q 对应于 W,从而

$$\triangle VDB\backsim\triangle VQW$$

$\angle VWQ=\angle VBD$ 与 P(与 Q)的位置无关,取 $P=H$,则 $Q=M$(即我们的第一个特例),从而 WM 过点 Q.

168. 对称之美

刘国梁老师的一道几何题如下：

如图 1，锐角三角形 ABC 中，$AB=AC$，D 为 AC 中点，Γ 为 $\triangle ABD$ 的外接圆，过 A 作 Γ 的切线，交直线 BC 于 E，O 为 $\triangle ABE$ 的外心.

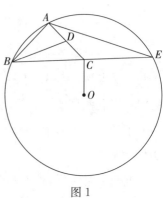

图 1

求证：线段 AO 的中点在圆 Γ 上.

证明 因为 AE 切圆 Γ，所以 $\angle CAE=\angle ABD$.

因为 $AB=AC$，所以 $\angle ABC=\angle ACB$.

$\angle AEB=\angle ACB-\angle CAE=\angle ABC-\angle ABD=\angle DBC$.

如图 2，延长 BD 交 $\odot O$ 于点 F，$\angle AFB=\angle AEB=\angle DBC$，

所以 $AF/\!/BE$.

$\odot O$ 的内接梯形 $ABEF$ 是等腰梯形，所以 $\angle ACB=\angle ABC=\angle FEC$，$AC/\!/EF$，四边形 $ACEF$ 为平行四边形.

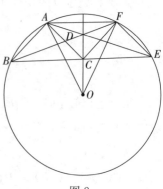

图 2

又 D 为 AC 中点，所以 D 也是 BF 中点，四边形 $ABCF$ 为平行四边形.

$BC=AF=CE$，C 为 BE 中点，上图关于 OC 对称.

$\angle AOC=\dfrac{1}{2}\angle AOF=\angle ABF$.

设 AO 中点为 M，则 $DM/\!/CO$，$\angle AMD=\angle AOC=\angle ABF$，

所以 M 在 $\triangle ABD$ 的外接圆上.

几何题，希望有一个尽量几何的证明. 用解析几何，三角，比例，当然有助于解决问题，但往往削弱了几何意义，少了不少几何的味道，几何的优美.

我们这图，是一个堂堂正正的轴对称的几何美人！（中国古代有称男人为美人，后来却成为美女的专称了.）

169. 对称的力量

对称好,不偏左,不偏右.

下面的一道几何题,很好地展显了对称的力量.

问题:如图 1,E 在矩形 $ABCD$ 的对角线 DB 的延长线上,并且 $2EB=EC$,F 为 EC 中点.求证:AF 与 $\triangle EBF$ 的外接圆相切.

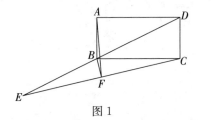

图 1

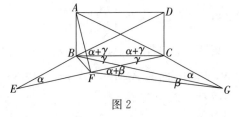

图 2

证明 即证明 $\angle AFB=\angle DEC$,如果只在图的左边考虑,困难较大,应当利用对称.

浙江乐清市知临中学初二数研一班宋颐宸同学给出了一个优雅的几何证明.

如图 2,在 AC 的延长线上取 G,使 $AG=DE$.

我们得到一个左右对称的图形,$CG=BE=EF=FC$,

连 GF,设 $\angle CGB=\alpha$,$\angle BGF=\beta$,则 $\angle CFG=\angle CGF=\alpha+\beta$,

设 $\angle CBG=\gamma$,则 $\angle DBC=\angle ACB=\angle CBG+\angle CGB=\alpha+\gamma$.

$\alpha+\gamma+\gamma=\angle ACF=2(\alpha+\beta)$,

所以

$$\gamma=\beta+\frac{\alpha}{2}. \tag{1}$$

因为 $\triangle EBF$ 是等腰三角形,顶角 $\angle BEF=\angle BGC=\alpha$,所以 $\angle DBF=90°+\frac{\alpha}{2}$,

因此 $\angle ABF+\angle AGF=\left(90°+\frac{\alpha}{2}-(\alpha+\gamma)\right)+90°+(\alpha+\beta)=180°+\beta+\frac{\alpha}{2}-\gamma=180°$.

所以 A,B,F,G 四点共圆,$\angle AFB=\angle CGB=\alpha=\angle DEC$,所以 AF 与 $\triangle EBF$ 的外接圆相切.

整个图形关于过矩形 $ABCD$ 的中心且垂直于 BC 的直线对称.

170. 老封新题的几何证明

如图,已知$\odot(O_1,r_1)$与$\odot(O_2,r_2)$相交于P,Q,M在PQ上,A_1A_2过M,A_1在$\odot O_1$上,A_2在$\odot O_2$上,且$A_1M=MA_2$,A_1C_2为$\odot O_1$切线,$O_2C_2\perp A_1C_2$,A_2C_1为$\odot O_2$切线,$O_1C_1\perp A_2C_1$,求证:$\dfrac{O_1C_1}{O_2C_2}=\dfrac{r_1}{r_2}$.

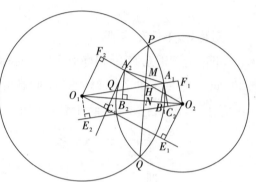

证明 设M,A_1,A_2在O_1O_2上的射影为N,B_1,B_2,因为$A_2M=MA_1$,所以$B_2N=NB_1$.

$O_1C_1=O_1E_1-r_2=O_2F_2-r_2$,

$O_2C_2=O_2E_2-r_1=O_1F_1-r_1$,

要证$\dfrac{O_1C_1}{O_2C_2}=\dfrac{r_1}{r_2}\Leftrightarrow O_2F_2\times r_2-O_1F_1\times r_1=r_2^2-r_1^2$.

$r_2^2-r_1^2=O_2P^2-O_1P^2=O_2N^2-O_1N^2=O_1O_2\times(O_2N-O_1N)=O_1O_2\times(O_2B_2-O_1B_1)$,

$O_2F_2\times r_2=O_2F_2\times O_2A_2=O_2O_1\times O_2B_2$,

$O_1F_1\times r_1=O_1F_1\times O_1A_1=O_2O_1\times O_1B_1$.

因此$O_2F_2\times r_2-O_1F_1\times r_1=O_2O_1\times(O_2B_2-O_1B_1)=r_2^2-r_1^2$.

刘国梁猜测$\triangle O_1C_1A_1\backsim\triangle O_2C_2A_2$,$A_1,C_1,C_2,A_2$四点共圆都是正确的(且用我图中的字母).

因为$O_1F_1\parallel O_2C_2$,$O_1C_1\parallel O_2F_2$,

而 $$\dfrac{O_1C_1}{O_2C_2}=\dfrac{r_1}{r_2}=\dfrac{O_1A_1}{O_2A_2},$$

所以$\triangle O_1C_1A_1\backsim\triangle O_2C_2A_2$.

$\angle A_2C_1A_1=\angle O_1C_1A_1-90°=\angle O_2C_2A_2-90°=\angle A_1C_2A_2$.

所以A_1,A_2,C_1,C_2四点共圆.

略有遗憾的是,我们由叶题的结论导出上述结果,而不是由上述结果导出叶题的结论.

171. 几何的优美

如图 1, 以正方形 $ABCD$ 一边为直径向内作半圆, E 为 CD 上任一点, EA, EB 分别交半圆于 F, G, 求证: $\angle DFE + \angle EGC = 90°$.

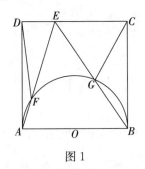

图 1

这题解法多种多样, 但以纯几何解法为好, 因为其他解法难以展现几何之美.

如图 2, 过 B, F 作直线, 交 AD 于点 F_1, 因为 AB 为半圆直径, $\angle AFB = 90°$. 同理, 过 A, G 作直线, 交 BC 于点 G_1, 则 $\angle AGB = 90°$.

如果将半圆补成全圆, 我们会发现直线 DF, CG 的交点 M 在圆上, 如果能证明这一点, 那么

$$\angle DFE + \angle EGC = \angle AFM + \angle MGB = \angle AGM + \angle MGB = \angle AGB = 90°.$$

但交点 M 在圆上, 却不易 (虽然这结论是对的, 实际上, 由 $\angle DFE + \angle EGC = 90°$ 可逆推出 M 在圆上), 因此, 我们也不必非坚持走这条艰难的路.

路多得很, 道道大路通罗马.

把 $\triangle AF_1B$ 绕 A 顺时针旋转 $90°$, 再平移, 即可与 $\triangle DAE$ 重合.

从而 $AF_1 = DE$, $DF_1 = EC$.

同样 (也是一种对称), 由旋转知 $\triangle ABG_1 \cong \triangle BCE$ (这里 G_1 是 AG 与 BC 的交点),

$BG_1 = CE$, $G_1C = DE$,

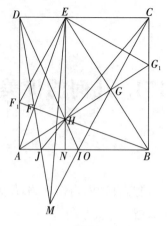

图 2

并且 $CE = CD - DE = AB - AF_1 = DF_1$,

同理 $CG_1 = DE$.

所以 $\triangle DF_1E$ 经过顺时针旋转 $90°$，再平移，又可与 $\triangle CEG_1$ 重合，于是 $\angle DF_1E = \angle CEG_1$.

因为 $\angle EDF_1$ 与 $\angle EFF_1$ 都是 $90°$，所以 D, E, F, F_1 四点共圆（以 EF_1 为直径），$\angle DFE = \angle DF_1E$.

同理 $\angle EGC = \angle EG_1C$.

于是 $\angle DFE + \angle EGC = \angle CEG_1 + \angle EG_1C = 90°$.

以上体现了几何图形的运动之美，对称之美.

本题还有许多可挖掘的性质，如上面所说的 DF, CG 与 $\triangle ABF$ 的外接圆共于一点 M，再如设 $AG \cap BF = H$，则 DM, AB, CH 共点，CM, AB, DH 共点等等.

有兴趣的朋友，亦可试一试，怎么证明.

我们将在下节介绍与此图有关的共线点与共点线.

172. 共点与共线

共点与共线,极能体现几何之优美.

以上次的题为例,图中有许多共点与共线.

1. 设 $DF \cap AB = J$,H 为 $\triangle ABE$ 的垂心(即 BF,AG 的交点),如第 171 节中图 2 所示,则 C,H,J 共线.

证明 记 $AB = 1$,$CE = a$,则 $DE = 1-a$,易知 $AF_1 = 1-a$(F_1 是 BF 与 AD 的交点).

$$HN = AF_1 \times \frac{BN}{AB} = a(1-a),$$

$$HE = 1 - HN = 1 - a + a^2,$$

$$\frac{AJ}{DE} = \frac{AF}{FE} = \frac{S_{\triangle ABH}}{S_{\triangle EBH}} = \frac{S_{\triangle ABH}}{S_{\triangle ECH}} = \frac{HN \times 1}{HE \times a},$$

所以 $AJ = \dfrac{1-a}{a} \times \dfrac{HN}{HE}$.

$$C,H,J \text{ 共线} \Leftrightarrow \frac{JN}{CE} = \frac{HN}{HE} \Leftrightarrow \frac{1-a-AJ}{a} = \frac{HN}{HE} \Leftrightarrow 1-a-AJ = a \times \frac{HN}{HE} \Leftrightarrow 1-a = AJ + a \times \frac{HN}{HE}.$$

而 $AJ + a \times \dfrac{HN}{HE} = \left(\dfrac{1-a}{a} + a \right) \times \dfrac{HN}{HE} = \dfrac{1-a-a^2}{a} \times \dfrac{a(1-a)}{1-a+a^2} = 1-a$,于是结论成立.

2. DH,AB,CG 共点,即图中 I 点. 证法同上(由"对称性",不必再证).

3. DF,CG 相交于 $\odot O$(以 AB 为直径的圆)上一点 M.

证明 设 DJ,CG 相交于 M,考虑六边形 $MFBBAG$,它的三组对边分别相交于 J,H,C,其中 $MF \cap BA = J$,$FB \cap AG = H$,$BB \cap MG = C$.

已证 J,H,C 三点共线,因此由 Pascal 定理之逆,M 在 $\odot O$ 上.

4. $\angle DFE + \angle EGC = 90°$.

证明 $\angle DFE = \angle AFM = \angle AGM = \angle CGG_1 = 90° - \angle EGC$.

其中 G_1 是 AG 与 BC 的交点.

这个证明当然不及一些朋友的直接证明(上次我也证了)简单,聊备一格,作为 3 的推论.

5. AB,GF,G_1F_1 三线共点.

证明 考虑 $\triangle BGG_1$ 与 $\triangle AFF_1$,

$GG_1 \bigcap FF_1 = H,AF \bigcap BG = E,AF_1 \bigcap BG_1 = EH$ 上的无穷远点.

三个交点共线,由笛沙格定理(或其逆,我分不清孰正孰逆),结论成立.

6. GC,AD,EJ 共点.

证明 圆内接六边形 $MGBAAF$ 的对边相交:$MG \bigcap AA = MG \bigcap AD$,

$GB \bigcap AF = E,BA \bigcap FM = J$.

由 Pascal 定理,三个交点共线,即 EJ,MG,AD 共点.

7. DF,BC,ED 共点.

证明 这是与 6 对称的结论(这里对称不是图形的对称,而是,而是一种精神上的对称).

173. 有趣的问题，艰苦的运算

在网上见到一题(如下)，颇有趣，但运算不易.

如图1，一个平行四边形中有一正六边形，面积为99. 又有一正八边形面积为100，求平行四边形的面积.

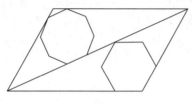

图1

艰苦的运算可作为运算能力的锻炼，教师也可指导学生，或亲作示范. 我也做一做，若有错误，请指正.

首先，100 与 99 两个数值，没有什么意义. 不如改为更一般的，正六边形面积为 S，正八边形面积为 T.

其次，应知道正六边形与正八边形面积的计算公式. 设正六边形的边长为 a，则正六边形由 6 个边长为 a 的正三角形组成，所以

$$S = 6 \times \frac{\sqrt{3}}{4}a^2 = \frac{3\sqrt{3}}{2}a^2 \qquad \left(a^2 = \frac{2S}{3\sqrt{3}}\right). \tag{1}$$

如图2，正八边形由 8 个等腰三角形组成，每个的底为 b，顶角为 $45°$. 由此不难算出 T.

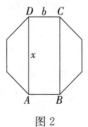

图2

更简单的办法是考虑图中矩形 $ABCD$，边长 AD 即

$$x = b + 2b\cos 45° = (1 + \sqrt{2})b.$$

这矩形面积相等于上面的 4 个等腰三角形,所以

$$T=2bx=2(1+\sqrt{2})b^2 \qquad \left(b^2=\frac{T}{2(1+\sqrt{2})}\right). \tag{2}$$

S, T 为已知时,a, b 均为已知,可由(1)、(2)算出.

现在看正六边形与包含它的三角形(平行四边形的一半)之间的关系.

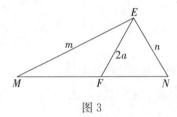

图 3

如图 3,设平行四边形的边长 $EM=m$,$EN=n$,$\angle MEN=120°$,并且它的平分线 EF 是正六边形的对角线,即 $2a$,由

$$S_{\triangle EMN}=S_{\triangle EMF}+S_{\triangle EFN},$$

得

$$2am+2an=mn. \tag{3}$$

又设平行四边形的面积 P,则

$$P=mn\sin 120°=\frac{\sqrt{3}}{2}mn. \tag{4}$$

再看正八边形与包含它的三角形 OMN 之间的关系,如图 4 所示.

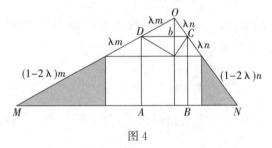

图 4

其实只需考虑上述矩形 $ABCD$ 与 $\triangle OMN$ 的关系.

设 $\dfrac{OD}{OM}=\lambda$,则 $OD=\lambda m$,$OC=\lambda n$,

$$b^2=\lambda^2(m^2+n^2+mn), \tag{5}$$

而且图中两个阴影部分拼在一起,正好是 $\triangle OMN$ 的 $(1-2\lambda)^2$,其余部分可折到矩形 $ABCD$ 内,成为 2 个矩形,即面积为 T,于是

$$P(1-(1-2\lambda)^2)=2T. \tag{6}$$

至此,一切几何(图上的)信息已经用完,下面由(3)、(4)、(5)、(6)消去 λ 等参数,求

出 P,也就是求出 mn 或 $mn-4a^2$.

由(3)、(5),

$$b^2=\lambda^2((m+n)^2-mn)=\lambda^2\left(\frac{m^2n^2}{4a^2}-mn\right)=\frac{\lambda^2t}{4a^2}q, \tag{7}$$

其中 mn 简记为 t,$mn-4a^2$ 简记为 q.

由(6),

$$2P\cdot\lambda(1-\lambda)=T,$$

即
$$2P\lambda=2P\lambda^2+T.$$

平方得

$$4P^2\lambda^2=4P^2\lambda^4+T^2+4PT\lambda^2.$$

由(7),$\lambda^{-2}=\dfrac{tq}{4a^2b^2}$,代入上式消去 λ 得

$$4P^2tq\cdot4a^2b^2=4P^2(4a^2b^2)^2+T^2t^2q^2+4PTtq\cdot4a^2b^2$$

因为 $P=\dfrac{\sqrt{3}}{2}t$,上式可约去 t^2,化为

$$T^2q^2-12a^2b^2tq+8\sqrt{3}a^2b^2Tq+48a^4b^4=0.$$

又 $t=q+4a^2$,所以上式即(q 比 t 多,所以保留 q,暂时去掉 t)

$$(T^2-12a^2b^2)q^2+(8\sqrt{3}a^2b^2T-48a^4b^2)q+48a^4b^4=0 \tag{8}$$

这是 q 的二次方程,用求根公式即可求出 q. 不过,可以先化简一下,其中 a^2,b^2 可分别用 S,T 表示(化到原始数据 S,T).

因为 $b^2=\dfrac{T}{2(1+\sqrt{2})}$,$a^2=\dfrac{2S}{3\sqrt{3}}$,所以

$$a^2b^2=\frac{ST}{3r},\text{其中 } r=\sqrt{3}(1+\sqrt{2})>4. \tag{9}$$

(8)成为

$$\left(T^2-\frac{4ST}{r}\right)q^2+\left(\frac{8ST^2}{\sqrt{3}r}-\frac{32S^2T}{3\sqrt{3}r}\right)q+\frac{16S^2T^2}{3r^2}=0,$$

即

$$\sqrt{3}(3rT-12S)q^2+2(12ST-16S^2)q+\frac{16\sqrt{3}S^2T}{r}=0$$

$$q=\frac{16S^2-12ST\pm\sqrt{(16S^2-12ST)^2-\dfrac{48S^2T}{r}(3rT-12S)}}{\sqrt{3}(3rT-12S)}. \tag{10}$$

下面还要确定根式前的"$\pm$"号是否均合理. 我们有

$$P = \frac{\sqrt{3}}{2} mn = \frac{\sqrt{3}}{2}(q + 4a^2)$$

$$= \frac{4}{3}S + \frac{8S - 6T \pm 4\sqrt{4S^2 - 6ST + 9STr^{-1}}}{3rT - 12S}S, \text{根式内 } 4S \geqslant (6 - 9r^{-1})T.$$

注意 $mn = 2a(m + n) \geqslant 4a\sqrt{mn}$，所以 $mn \geqslant 16a^2$，

$$P = \frac{\sqrt{3}}{2} mn \geqslant \frac{\sqrt{3}}{2} \times 16 \times \frac{2S}{3\sqrt{3}} = \frac{16}{3}S. \tag{11}$$

而

$$\frac{8S - 6T - 4\sqrt{4S^2 - 6ST + 9STr^{-1}}}{3rT - 12S}$$

$$= \frac{36r^{-1}(Tr - 4S)T}{(8S - 6T + 4\sqrt{4S^2 - 6ST + 9STr^{-1}})(3rT - 12S)}$$

$$= \frac{12r^{-1}T}{8S - 6T + 4\sqrt{4S^2 - 6ST + 9STr^{-1}}}$$

$$< \frac{12r^{-1}T}{8S - 6T} < \frac{12}{6r - 18} < \frac{12}{6} = 2.$$

所以取负号导致 $P < \frac{4}{3}S + 2S$ 与 (10) 不合，所以不可取负号. 只有

$$P = \frac{4}{3}S + \frac{8S - 6T + 4\sqrt{4S^2 - 6ST + 9r^{-1}ST}}{3rT - 12S}S, \tag{12}$$

其中 r 见 (9).

174. 有趣的问题，艰苦的运算（续）

图中正八边形面积为 T，正六边形有面积为 S. 我们证明：

1. $T > S$；　　　　　　　　　　　　　　　　　　　　　　　　　　(1)

2. $0.993\,883\,3\cdots \geqslant \dfrac{S}{T} \geqslant 0.982\,748\,8\cdots$.　　　　　(2)

(2)的左半部已包含了(1)，所以只需证(2).

我们有

$$S = \frac{3\sqrt{3}}{2}a^2, \quad 2a = \frac{mn}{m+n}.$$

如图，设 $\triangle OMN$ 的两个底角为 $\alpha \leqslant \beta$（顶角为 $120°$），则

$$\frac{m}{\sin \beta} = \frac{n}{\sin \alpha},$$

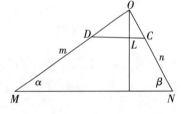

所以

$$2a = \frac{m\sin \alpha}{\sin \alpha + \sin \beta},$$

$$S = \frac{3\sqrt{3}}{8}\left(\frac{m\sin \alpha}{\sin \alpha + \sin \beta}\right)^2.　　(3)$$

设图中 $OL = \mu b$，则

$$DL = \mu b\cot \alpha, \quad LC = \mu b\cot \beta,$$

$$b = DC = DL + LC = \mu b(\cot \alpha + \cot \beta).$$

从而

$$\mu = \frac{1}{\cot \alpha + \cot \beta} = \frac{\sin \alpha\sin \beta}{\sin \alpha\cos \beta + \sin \beta\cos \alpha} = \frac{\cos(\alpha-\beta) - \cos(\alpha+\beta)}{\sin(\alpha+\beta)} = \frac{\cos(\alpha-\beta) - \frac{1}{2}}{\sqrt{3}}.$$

$$(4)$$

又

$$(1+\sqrt{2}+\mu)b = m\sin \alpha,$$

所以

$$b=\frac{m\sin\alpha}{1+\sqrt{2}+\mu},$$

$$T=2(1+\sqrt{2})b^2=\frac{2(1+\sqrt{2})(m\sin\alpha)^2}{(1+\sqrt{2}+\mu)^2}, \tag{5}$$

$$\frac{S}{T}=\frac{3\sqrt{3}(\sqrt{2}-1)}{16}\left(\frac{1+\sqrt{2}+\mu}{\sin\alpha+\sin\beta}\right)^2=\frac{3\sqrt{3}(\sqrt{2}-1)}{16}\left(\frac{1+\sqrt{2}+\mu}{\cos\frac{\alpha-\beta}{2}}\right)^2, \tag{6}$$

括号中

$$\frac{1+\sqrt{2}+\mu}{\cos\frac{\alpha-\beta}{2}}=\frac{r+\cos(\alpha-\beta)-\frac{1}{2}}{\sqrt{3}\cos\frac{\alpha-\beta}{2}} \quad (r=\sqrt{6}+\sqrt{3})$$

$$=\frac{r-\frac{3}{2}+2x^2}{\sqrt{3}x} \quad (x=\cos\frac{\alpha-\beta}{2}).$$

因为 $\left(\dfrac{r-\frac{3}{2}}{x}+2x\right)'=2-\dfrac{r-\frac{3}{2}}{x^2}\leqslant 2-\left(r-\dfrac{3}{2}\right)<0,$

所以 $\dfrac{r-\frac{3}{2}+2x^2}{x}$ 递减.

因为正八边形的每个内角为 $135°$,所以 $\beta\leqslant 45°$,又 $\alpha+\beta=60°$,所以

$$0°\leqslant\beta-\alpha\leqslant 45°-15°=30°,$$

$$1\geqslant x=\cos\frac{1}{2}(\beta-\alpha)\geqslant\cos 15°,$$

即 $\dfrac{S}{T}$ 在 $\alpha=\beta=30°$ 时,取最小值,在 $\beta=45°,\alpha=15°$ 时,取最大值,并且最小值为

$$\frac{\sqrt{3}(\sqrt{2}-1)}{16}\left(r+\frac{1}{2}\right)^2\approx 0.982\ 748\ 8\cdots,$$

最大值为

$$\frac{\sqrt{3}(\sqrt{2}-1)}{16}\left(\frac{r-\frac{1}{2}+\frac{\sqrt{3}}{2}}{(\sqrt{6}+\sqrt{2})/4}\right)^2\approx 0.993\ 883\ 3\cdots,$$

于是(2)成立.

注 不难验证 $\alpha=\beta=30°$ 与 $\alpha=15°,\beta=45°$ 这两种情况都可以作出正八边形.

175. 多少度?

如图,D 在正 $\triangle ABC$ 内,$\angle DBC = 42°$,$\angle BCD = 54°$,求 $\angle BAD$.

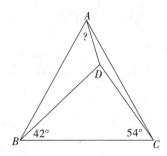

用量角器量一量就知道 $\angle BAD = 48°$.

当然我们还需要一个严格的证明.

问题等价于:在正 $\triangle ABC$ 内,作 $\angle DBC = 42°$,$\angle ECB = 54°$,$\angle BAF = 48°$,证明:BD,CE,AF 三线共点.

因为 $\angle FAC = 12°$,$\angle ACE = 6°$,$\angle DBA = 18°$,

$$\frac{\sin 48° \times \sin 42° \times \sin 6°}{\sin 12° \times \sin 18° \times \sin 54°} = \frac{\sin 48° \times \sin 42°}{2\cos 6° \times \sin 18° \times \sin 54°}$$

$$= \frac{\sin 48°}{4\cos 42° \times \sin 18° \times \sin 54°}$$

$$= \frac{1}{4\sin 18° \sin 54°}$$

$$= 1 \div \left(4 \times \frac{\sqrt{5}-1}{4} \times \frac{\sqrt{5}+1}{4}\right)$$

$$= 1.$$

根据 Ceva 定理,BD,CE,AF 三线共点.

176. 纯几何的证明

上节"多少度"的题,有无纯几何的证明?引起不少人关注和讨论,可谓"小题大做",我希望纯几何的证明,不太难,图不太复杂.下面的解法或许较接近这个想法.

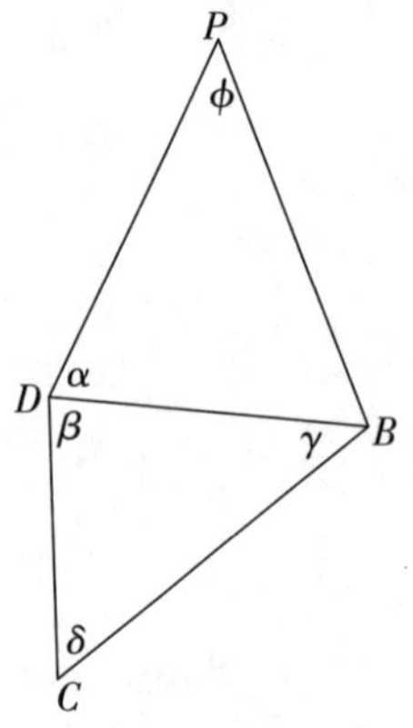

引理 如图 1,若四边形 $PDCB$ 中,$PB=PD$,$\alpha+\delta=120°$,$\phi+\gamma=90°$,$\beta=2\gamma$,则 $CB=PD$.

证明 以 PB 为边,在 $\triangle PDB$ 外作一个 $\triangle PBE \backsim \triangle BCD$,由 $\beta=2\gamma$ 得

$$a^2=c(c+d) \tag{1}$$

(如图 2,延长 PE 到点 F 使 $EF=c$,易知 $BF=a$,$\triangle BEF \backsim \triangle PBF$.)

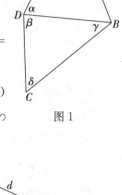

图 1

又由勾股定理及余弦定理

$$a^2+d^2=DE^2=b^2+c^2+bc \tag{2}$$

$(2)-(1)$,得

$$d^2=b^2+bc-cd,$$

即

$$(b-d)(b+d+c)=0.$$

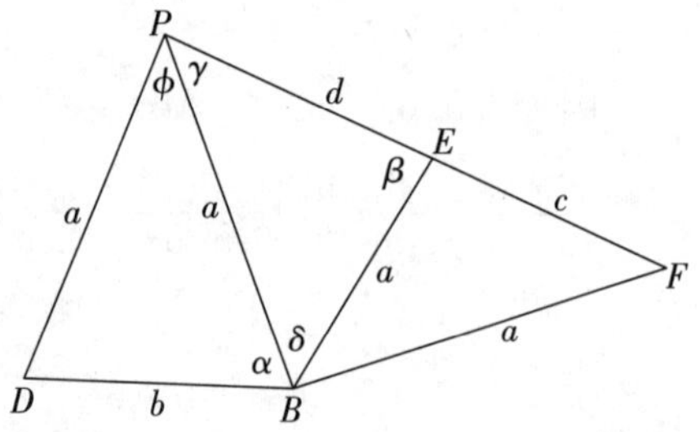

所以 $b=d$,即 $PE=DB$.

于是 $\triangle PBE \cong \triangle BCD$,$CB=BP=a$.

原题的证明,如图 3,以 BD 为底作等腰三角形 PBD,底角 $\angle PBD=\angle PDB=66°=\alpha$,则顶角 $\phi=48°$.由引理 $PD=BC=AB$,$\angle ABP=66°-(60°-42°)=48°=\phi$.设 PD 交 AB 于点 H,则 $PH=BH$,$AH=DH$,从而 $\angle HAD=\angle HDA=\phi=48°$.

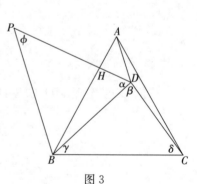

图 2

图 3

177. 还是求角

如图 1,已知等腰直角三角形 ABE,C 在斜边 AB 的延长线上,$\angle BCD=54°$,且 $DC=DE=AB$,F 在 AE 的延长线上.求 $\angle DEF$.

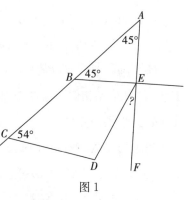

图 1

解 如图 2,过 C 作 AC 的垂线,过 E 作 AC 的平行线,相交于点 L,延长 CL 到点 G,使 $CG=2CL$.

易知 $CL=E$ 到 AC 的距离 $EH=\frac{1}{2}AB$,$CG=$

$AB=CD$,$\angle GCD=90°-54°=36°$,$\angle CGD=\angle CDG=\frac{1}{2}(180°-36°)=72°$.

延长 GD 到 E',使 $DE'=DC$.

连接 $E'C$,$\angle E'CD=\angle CE'D=\frac{1}{2}\angle CDG=36°$,

$\angle E'CG=36°+36°=72°=\angle G$,

所以 $E'C=E'G$.

中线 $E'L$ 也是 CG 的中垂线,所以直线 $E'L$ 与直线 EL 重合.

因为 $DE'=DC=DE$,所以 E' 与 E 重合.

$\angle ECD=\angle CED=36°$,

$\angle BCE=54°-36°=18°$,

$\angle BEC=45°-18°=27°$,

$\angle DEF=90°-27°-36°=27°$.

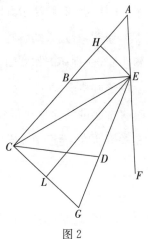

图 2

这次我们又用了"同一法",前面说过同一法是绕过大山的好方法.

178. 简化证明

已知边长为 6 的正三角形 ABC，P 为同平面上一点，$AP=3$，作点 Q，使 $\triangle PCQ \backsim \triangle PBC$，求 AQ 的最大值与最小值.

解 画好图后，觉得这道几何题，可能不太容易，点 P 在以 A 为圆心，3 为半径的圆上，由点 P 借助相似三角形作出点 Q，Q 似也应在一圆上运动，但这圆（Q 的轨迹）的圆心在何处？半径是多少？

我想用复数或解析几何去求，但感觉颇繁，便放下了. 纯几何方法，怎么做？我想不出来，至少在短时间内无法可想.

看了曹吉腾老师的解答.

看了别人的解法，最大的缺点就是自己多半不再去想了. 想，也容易受已有解法的影响，尤其是已有解法很好时更是如此，现在正是这样.

当然，看别人的解答也有好处，不仅知道一种解法，而且可以学习他的思路，梳清关键步骤，或许还能作些简化. 所以看解答，不仅是向别人学习的好机会，更是改善数学表达的绝好机会.

本题的关键是 Q 的轨迹为 $\odot O$，$\odot O$ 半径为 4，圆心可通过 B' 点与 $\angle CB'O$ 作出，这些是关键所在. 至于 A'，P' 似不重要，于是，证明可稍作简化如下，如图所示.

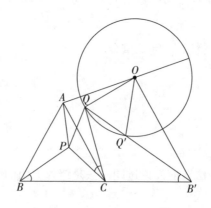

延长 BC 到 B'，使 $CB'=BC=6$，连接 $B'Q$.

因为$\angle QCB' = \angle CPB(=180° - \angle PCB - \angle PBC) = \angle QPC, \dfrac{CB'}{CQ} = \dfrac{BC}{CQ} = \dfrac{PC}{PQ}$,

所以$\triangle QCB' \backsim \triangle QPC \backsim \triangle CPB, \angle CQB' = \angle PQC, \dfrac{B'Q}{B'C} = \dfrac{BC}{BP}$.

即

$$B'Q = \dfrac{6^2}{BP}. \tag{1}$$

作射线与BB'成$60°$角，并在射线上取O，使$B'O = 8, \angle OB'Q = \angle ABP = 60° - \angle PBC$.

过点O作$\angle POQ' = \angle BAP, OQ'$交$B'Q$于点$Q'$，则$\triangle B'OQ' \backsim \triangle BAP$，

$$OQ' = AP \times \dfrac{B'O}{BA} = 3 \times \dfrac{8}{6} = 4.$$

$$B'Q' = BP \times \dfrac{4}{3}, \tag{2}$$

由(1)、(2)

$$B'Q \times B'Q' = 6^2 \times \dfrac{4}{3} = 48. \tag{3}$$

以O为心，4为半径作圆，Q'在这圆上.

又由(3)

$$B'Q \times B'Q' = 48 = 8^2 - 4^2 = B'O^2 - OQ'^2 = B'\text{对}\odot O\text{的幂},$$

所以Q是直线BQ'与$\odot O$的另一个交点.

由梯形$ACB'O$及余弦定理，易得

$$OA = \sqrt{CB'^2 + (OB' - AC)^2 - 2 \times CB'(OB' - AC)\cos 60°}$$

$$= \sqrt{6^2 + 2^2 - 2 \times 6} = 2\sqrt{7}.$$

所以Q的最大值与最小值在直线OA与$\odot O$的交点处取得，分别为$2\sqrt{7} + 4, 2\sqrt{7} - 4$.

179. 极线

如图，$\odot M$，$\odot N$ 相交于 A，B，AQ，DQ 为 $\odot N$ 的切线，XQ，YQ 为 $\odot M$ 的切线，D，X，Y 为切点. XY 交 DA 于点 K.

求证：B，K，Q，D 四点共圆.

（有的图 K 在 DE 延长线上，我这图 K 在线段 DE 上，不影响证明.）

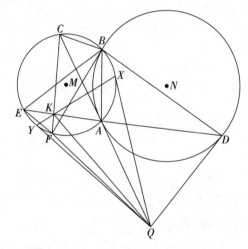

这是一道与极线有关的问题.

关于极线，可参阅拙著《平面几何的知识与问题》.

证明 K 在 Q 关于 $\odot M$ 的极线 XY 上，所以 Q 也在 K（关于 $\odot M$）的极线上.

设 QA，DK 又分别交 $\odot M$ 于点 C，E. CK 交 $\odot M$ 于点 F，则直线 EF，CA 的交点在 K（关于 $\odot M$）的极线上，因而就是 CA 与这极线的交点 Q.

于是 EF 过 Q（熟悉极线的人认为这是显然的）. 有了上述结论，证明共圆就很容易了.

$\because \angle KFB = \angle CAB = \angle KDB$（弦切角定理），

$\therefore K$，F，D，B 共圆.

$\because \angle EFK = \angle EAC = \angle QAD = \angle QDA$，

$\therefore K$，F，Q，D 共圆，

从而 K，B，D，Q，F 五点共圆.

180. 小数妖的问题

如图 1，$\triangle ABC$ 中，O 为外心，H 为重心，AK,BF，CE 为高，D 为 BC 中点，直线 OD 与 EF 相交于点 G，AG 交 $\odot O$ 于点 I. 求证 $\angle OKA = \angle DIA$.

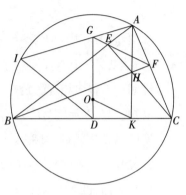

图 1

证明 如图 2，E,F 均在以 AH 为直径的圆上，设这圆圆心(即 AH 中点)为 J. 设 AD 交 $\odot J$ 于 S，SG 交 $\odot J$ 于 L，J 在 DG 上的射影为 U.

显然 $JU /\!/ KD$，熟知 $JH /\!/ OD$，

所以 $$\angle UHJ = \angle KOD = \angle OKA.$$

又 $$\angle ASF = \angle AEF = \angle ACB,$$

所以 F,C,D,S 共圆，$AS \times AD = AF \times AC$.

$$\angle AGF = \angle AEF + \angle EAI = \angle ACB + \angle BCI = \angle ACI,$$

所以 G,I,C,F 共圆.

$$AG \times AI = AF \times AC = AS \times AD.$$

所以 G,S,D,I 共圆.

$\angle DIA = \angle ASG$. 问题化为求证 $\angle UHJ = \angle ASG$.

$\angle DFC = \angle ACB$，$\angle DFE = 180° - \angle DFC - \angle AFE = 180° - \angle ACB - \angle ABC = \angle BAC$.

所以 DF 是 $\odot J$ 的切线，$JF \perp DF$，同理 $JE \perp DE$.
从而 J,U,F,D,E 均在以 DJ 为直径的圆上，

$$UG \times GD = EG \times GF = SG \times GL,$$

从而 L,U,S,D 共圆.

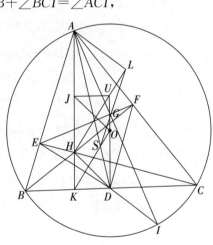

图 2

$$\angle ULS = \angle UDA = \angle HAD = \angle HLS,$$

从而 H,U,L 三点共线.

即 $$\angle ASG = \angle UHJ, \quad \angle DIA = \angle OKA.$$

181. 共圆点

如图,$\triangle ABC$中,$AB=AC$,P为边BC上一点,过P作AC平行线交AB于M,过P作AB平行线交AC于N,P点于直线MN的对称点为Q. 求证:Q在$\triangle ABC$的外接圆上.

证明 有很多相等的角.

易知$\angle MQN=\angle MPN=\angle BAC$.

所以A,M,N,Q共圆.

$\angle NAQ=\angle QMN=\angle PMN=\angle ANM$.

另一方面,设MN交CQ于点L.

因为$PN\parallel AB$,所以

$\angle NPC=\angle B=\angle ACB,NC=NP=NQ$,

$\angle NCL=\angle NQL=\angle NPL$,

N,P,C,L共圆,

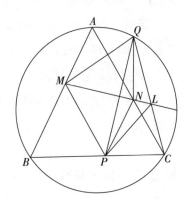

于是,$\angle AQC = \angle AQM+\angle MQN+\angle NQL$

$\qquad\qquad =\angle ANM+\angle BAC+\angle NPL$

$\qquad\qquad =\angle CNL+\angle NPL+\angle BAC$

$\qquad\qquad =\angle CPL+\angle NPL+\angle BAC$

$\qquad\qquad =\angle NPC+\angle BAC=180°-\angle B$,

从而A,B,C,Q共圆,即Q在$\triangle ABC$的外接圆上.

注 PQ,MQ,NQ分别为$\odot(M,MB)$与$\odot(N,NC)$的根轴,$\odot M$与$\odot ABC$的根轴,$\odot N$与$\odot ABC$的根轴,Q是这三个圆的根心.

182. 根轴

在 $\triangle ABC$ 中,D,E,F 分别在 BC,CA,AB 上,$EF /\!\!/ BC$. 直线 DE 又交 $\triangle ADC$ 的外接圆于 X,直线 DF 又交 $\triangle ADB$ 的外接圆于 Y,D' 为 D 关于 BC 中点的对称点.

求证:D,D',X,Y 四点共圆.

证明 金磊几何给出两个证明,一个用三角,一个用纯几何,我喜欢后一个证明.

这里给出一个用同一法的证明.

设 D 在 $\triangle ABC$ 的边 BC 上,D' 为 D 关于 BC 中点的对称点.

过 D,D' 任作一圆,分别与 $\odot ADC,\odot ADB$ 又交于 X,Y,$DY \cap AB = F$,$DX \cap AC = E$,往证 $EF /\!\!/ BC$.

设 $\odot O$ 为 $\triangle ABC$ 的外接圆,$\odot O'$ 为 $\triangle DXY$ 的外接圆. 因为 D,D' 关于 BC 的中点对称,所以 O 在 DD' 的中垂线上. O' 也在 DD' 的中垂线上,所以 $OO' \perp DD'$.

$\odot O$ 与 $\odot O'$ 的根轴(即公共弦所在直线)与 DD' 平行,即与 BC 平行.

AB 是 $\odot O$ 与 $\odot ABD$ 的根轴,

DY 是 $\odot O_1$ 与 $\odot ABD$ 的根轴,

所以 $F = AB \cap DY$ 是 $\odot O,\odot O_1,\odot ABD$ 的根心,在 $\odot O$ 与 $\odot O_1$ 的根轴上.

同理 E 在 $\odot O$ 与 $\odot O_1$ 的根轴上.

因此 EF 就是 $\odot O$ 与 $\odot O_1$ 的根轴,$EF /\!\!/ BC$.

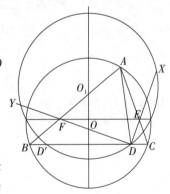

顺便说一下,为何将 $\triangle ABC$ 的外接圆请了出来,我想是理所当然的,既然请了 $\triangle ABC$,当然应请出与它关系最密切的圆,何况 $\triangle ABD,\triangle ACD$ 的外接圆都来了,别人都带夫人,它为何不带? 主人不请,殊为失礼,哈哈!

183. 三点共线

如图,自 D 作 $\odot J$ 的切线,切点为 E,F,AH 为 $\odot J$ 直径,AD 交 $\odot J$ 于点 S,过 D 作 AH 的平行线,交 EF 于点 G,SG 交 $\odot J$ 于点 L,J 在 DG 上的射影为点 U. 求证:H,U,L 三点共线.

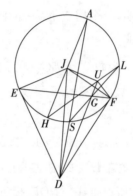

证明 J,U,F,D,E 五点均在以 DJ 为直径的圆上,因为

$$UG \times DG = EG \times GF = SG \times GL,$$

所以 U,S,D,L 共圆,

$$\angle ULS = \angle UDS = \angle HAD = \angle HLS,$$

从而 H,U,L 共线.

184. 作这个圆

过 $\triangle ABC$ 的内心 I 作 BC 的垂线,交外接圆于 D(D 与 A 在 BC 同侧),DA 交 BC 于 F,求证

$$DI^2 = DA \times DF. \tag{1}$$

如图,设 ID 又交外接圆 $\odot O$ 于 D_1,M 为 $\overparen{BC}$ 中点,则 AM 过 I. 设 AM 交 BC 于点 N,DD_1 交 BC 于点 H.

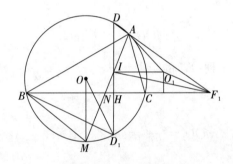

(1)式像切割线定理的结论,DI 是一圆的切线(切点为 I),DA 交这圆于 A,F.

作这个圆!

过 I 作 DI 的垂线,又作 IA 的中垂线,两线相交于 O_1,以 O_1 为圆心,O_1I($=O_1A$)为半径作圆,DI 是 $\odot O_1$ 的切线,$\odot O_1$ 过 A,F 在不在这个圆上?

应当在,必须在!

如何证明呢?

并不太好证,退而求其次,设 $\odot O_1$(半径 $d = O_1I$)与 BC 的(距 C 较远的)交点为 F_1,往证 F_1 在直线 DA 上,从而 $F_1 = F$,并且(1)式成立.

怎么证 F_1,D,A 共线呢?

只需证

$$\angle AF_1H + \angle ADH = 180° - \angle DHF_1 = 90°. \tag{2}$$

我们有

$$\angle ADH = \angle ABD_1 = \angle ABM - \angle D_1BM = \angle ABC + \frac{\angle BAC}{2} - \frac{1}{2}\angle MOD_1,$$

$$\angle AF_1H = \angle IF_1H + \angle AF_1I$$

$$= \angle IF_1H + \frac{1}{2}\angle AO_1I$$

$$= \angle IF_1H + 90° - \angle AIO_1$$

$$= \angle IF_1H + 90° - \angle ANF_1 \quad (\text{显然 } IO_1 /\!/ BC)$$

$$= \angle IF_1H + 90° - \left(\angle ABC + \frac{\angle BAC}{2}\right),$$

所以(2)等价于

$$\angle MOD_1 = 2\angle IF_1H. \tag{3}$$

因为 $IO_1 /\!/ BC$，所以

$$\angle IF_1H = \angle O_1IF_1 = \angle O_1F_1I = \frac{1}{2}\angle O_1F_1H,$$

所以只需证

$$\angle MOD_1 = \angle O_1F_1H. \tag{4}$$

D_1 到 OM 的距离 $= H$ 到 OM 的距离 $= \dfrac{a}{2} - (s-c) = \dfrac{1}{2}(c-b)$.

所以

$$\sin\angle MOD_1 = \frac{c-b}{2R} = \sin\angle ACB - \sin\angle ABC. \tag{5}$$

而

$$\sin\angle O_1F_1H = \frac{r}{d} = \frac{2r\cos\angle AIO_1}{AI} = \frac{2r\cos\left(\angle ABC + \dfrac{\angle BAC}{2}\right)}{AI}$$

$$= 2\cos\left(\angle ABC + \frac{\angle BAC}{2}\right)\sin\frac{\angle BAC}{2} = \sin\angle ACB - \sin\angle ABC. \tag{6}$$

因此，(4)、(3)、(2)、(1)均成立.

185. 换个角度看问题

如图,$\triangle ABC$ 中,I 为内心,AI 交外接圆于点 D,EF 过点 I,分别交 AB,AC 于点 E,F,且 $\angle AEF = \angle ACB$.求证:$\triangle DEF$ 的外心在直线 AD 上.

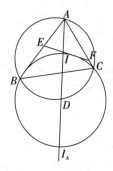

证明 这道题已有很好的解答(见刘国梁发的帖),这里只是换一个角度来解,即用反演来看这题.

显然 B,C,F,E 四点共圆,所以以 A 为反演中心,$AE \times AB$ 为反演幂,则 E 变为 B,F 变为 C,直线 EF 变为 $\triangle ABC$ 的外接圆,而 EF 上的点 I 变为 $\triangle ABC$ 的外接圆与 AI 的交点 D.

因为在这反演下,$E \leftrightarrow B$,$F \leftrightarrow C$,$I \leftrightarrow D$,所以,$\triangle IBC$ 的外接圆变为 $\triangle DEF$ 的外接圆.

熟知(由所谓鸡爪定理),$\triangle IBC$ 的外接圆的圆心为 D,II_A 为直径,I_A 为旁心,I,I_A 都在直线 AD 上,所以 I_A 的反演 J 在 AD 上,并且线段 DJ 的中点,即 $\triangle DEF$ 的外接圆的圆心在 AD 上,证毕.熟悉反演的人可谓兵不血刃.

186. 反演的作用

已知大圆与小圆相切于 A（如图 1），在大圆的直径 XY 上，作两个相切的半圆，它们分别与小圆相切于 B，C. 设 △ABC 的面积为 S.

求证

$$AB^2 + AC^2 + BC^2 = 8S. \qquad (1)$$

这也是老封出的题，盐城建湖高级中学彭成老师给出一个证法，体现了良好的计算能力，颇不容易。

本题也可利用反演。

以 A 为反演中心，1 为反演幂，任一点 D 变为射线 AD 上一点 D_1，满足 $AD \times AD_1 = 1$.

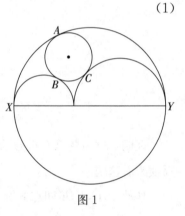

图 1

这时，点 B，C，X，Y 分别变为点 B_1，C_1，X_1，Y_1. 图 1 反演成图 2. 大圆变为直线 X_1Y_1，小圆变为直线 B_1C_1（经过反演中心的圆变为直线），原来这两个圆在 A 相切，现在变为平行的直线（关于反演，请参见拙著《平面几何的知识与问题》或有关书籍）。

另两个圆（图 1 中画的是半圆，可补全）变成夹在平行线 X_1Y_1，B_1C_1 间的两个相切的圆，它们与 X_1Y_1，B_1C_1 都相切。

$\angle XAY = 90°$，所以 $\angle X_1AY_1 = 90°$（直线 AX_1 即 AX，AY_1 即 AY）。

设图 2 中，A 在 X_1Y_1 上的射影为 P，在 B_1C_1 上的射影为 Q，$B_1Q = x$，$QC_1 = y$，$AP = t$，$PQ = d$，则显然 $x + y = d$.

由反演定义，

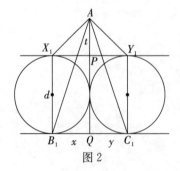

图 2

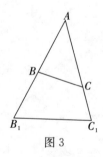

图 3

$$AB = \frac{1}{AB_1}, AC = \frac{1}{AC_1},$$

图 3 中,因为 $AB \times AB_1 = AC \times AC_1$,所以 $\triangle AB_1C_1 \backsim \triangle ACB$,

$$\frac{BC}{B_1C_1} = \frac{AB}{AC_1} = \frac{AC}{AB_1},$$

从而

$$\frac{BC^2}{B_1C_1^2} = \frac{AB \times AC}{AC_1 \times AB_1} = \frac{1}{AC_1^2 \times AB_1^2}.$$

$$AB^2 + AC^2 + BC^2 = \frac{1}{AB_1^2} + \frac{1}{AC_1^2} + \frac{B_1C_1^2}{AC_1^2 \times AB_1^2}$$

$$= \frac{AC_1^2 + AB_1^2 + B_1C_1^2}{AB_1^2 \times AC_1^2}. \tag{1}$$

记 $S = S_{\triangle ABC}, S_1 = S_{\triangle A_1B_1C_1}$,则

$$S = \frac{1}{2}AB \times AC\sin A,$$

$$S_1 = \frac{1}{2}AB_1 \times AC_1\sin A,$$

$$S = S_1 \times \frac{AB \times AC}{AB_1 \times AC_1} = \frac{S}{AB_1^2 \times AC_1^2}. \tag{2}$$

要证明

$$AB^2 + AC^2 + BC^2 = 8S, \tag{3}$$

即

$$AB_1^2 + AC_1^2 + B_1C_1^2 = 8S_1, \tag{4}$$

颇为有趣,原要证明的结论(3)与现在要证明的结论(4)形式完全一致,但反演后的图形简单多了,现在

$$AB_1^2 + AC_1^2 + B_1C_1^2 = x^2 + (t+d)^2 + y^2 + (t+d)^2 + d^2$$

$$= x^2 + t^2 + y^2 + t^2 + 4dt + 3d^2$$

$$= AX_1^2 + AY_1^2 + 4dt + 3d^2$$

$$= d^2 + 4dt + 3d^2$$

$$= 4d^2 + 4dt = 4d(d+t),$$

所以

$$8S_1 = 8 \times \frac{1}{2}(t+d)d = 4d(t+d).$$

因此(4)成立.

第五章

三角与立体几何

三角有众多的实际应用,但所含的数学内容并不多.它已不是一个数学分支,只是一个数学工具.

三角中,有不少公式.公式应当熟悉,运用才能自如.

立体几何,应有空间想象力,能绘出有关图形.

187. 该用三角

在网上见到一道题：

矩形 $ABDC$ 的边 CD 上有一点 E，$DE=4$，$EC=2$，$\angle AEB=120°$，求矩形 $ABDC$ 的面积.

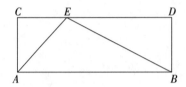

这道题不用三角，当然也可以做，大致是以 AB 为底向外作一个顶角为 $120°$ 的等腰三角形 OAB，O 是 $\triangle AEB$ 的外接圆的圆心.

这样的"辅助线"不易想到，而且仍然免不了计算，所以这样的题不适合在初中做.

该用三角.

设 $AC=x$，$CE=a$，$ED=b$，$\angle AEC=\alpha$，$\angle BED=\beta$，

则

$$a\tan\alpha=x=b\tan\beta, \tag{1}$$

$$\alpha+\beta=180°-120°=60°. \tag{2}$$

由(2)，

$$\tan(\alpha+\beta)=\frac{\tan\alpha+\tan\beta}{1-\tan\alpha\tan\beta}=\sqrt{3}. \tag{3}$$

将(1)中 $\tan\alpha=\dfrac{x}{a}$，$\tan\beta=\dfrac{x}{b}$ 代入(3)，得

$$\frac{\dfrac{x}{a}+\dfrac{x}{b}}{1-\dfrac{x}{a}\cdot\dfrac{x}{b}}=\sqrt{3},$$

即

$$x(a+b)=\sqrt{3}(ab-x^2),$$

整理得

$$x^2 + \frac{a+b}{\sqrt{3}}x - ab = 0.$$

由求根公式（只取正值）

$$x = \frac{-\dfrac{a+b}{\sqrt{3}} + \sqrt{\dfrac{(a+b)^2}{3} + 4ab}}{2} = \frac{\sqrt{a^2 + b^2 + 14ab} - (a+b)}{2\sqrt{3}},$$

在 $a = 2, b = 4$ 时，

$$x = \frac{\sqrt{33} - 3}{\sqrt{3}} = \sqrt{11} - \sqrt{3}.$$

所以，矩形 $ABDC$ 的面积为 $6(\sqrt{11} - \sqrt{3})$.

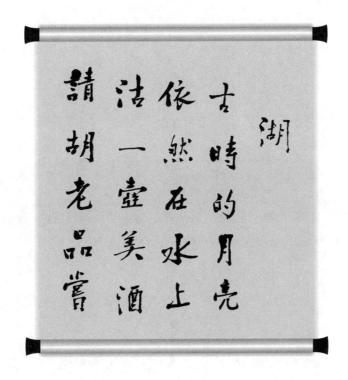

188. 二倍角公式闪金光

有人问到一道平面几何题：

如图 1,已知△ABC 中,∠ABC＝90°,DC⊥BC. E 在 CB 延长线上,DE 分别交 AB,AC 于 M,N,F 在线段 CB 上,DF 交 AC 于点 G. 若 AM＝BE,BM＝CF＝CG.

求证:AM＝AN.

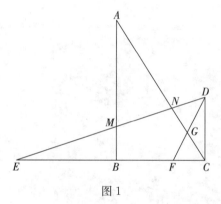

图 1

这道题的图不易画,先画一个草图,最后我们再说如何画得准确一些.

如图 2,设 AM＝BE＝a,BM＝CF＝CG＝c,DC＝d,BF＝f,∠FDC＝α.

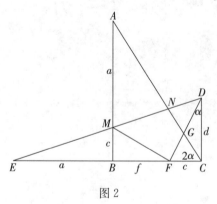

图 2

则∠DFC＝90°－α,

因为 CG＝CF,所以∠FCG＝180°－2∠DFC＝2α.

我们有

$$\frac{c}{d} = \tan \alpha, \tag{1}$$

$$\frac{a+c}{f+c} = \tan 2\alpha, \tag{2}$$

$$\frac{a}{a+f+c} = \frac{c}{d}. \tag{3}$$

(3)即

$$\frac{a}{f+c} = \frac{c}{d-c}. \tag{4}$$

即

$$\frac{a+c}{f+d} = \frac{c}{d-c} = \frac{\tan \alpha}{1-\tan \alpha} \quad （利用(1)） \tag{5}$$

由(2)、(5)得

$$\frac{f+c}{f+d} = \frac{\tan \alpha}{\tan 2\alpha(1-\tan \alpha)} = \frac{1+\tan \alpha}{2}$$

从而

$$f = d. \tag{6}$$

于是

$$\text{Rt}\triangle MBF \cong \text{Rt}\triangle FCD,$$

$$MF = FD,$$

$$\angle FDN = 45°, \angle CDN = 45° + \alpha,$$

$$\angle CND = 180° - (45° + \alpha) - (90° - 2\alpha) = 45° + \alpha = \angle CDN,$$

从而

$$\angle AMN = \angle CDN = \angle CND = \angle ANM,$$

$$AM = AN.$$

本解法中,二倍角正切的公式大展神威,而由方程(1)～(3)导出 $f=d$ 亦很重要.

于是作图问题也变得十分简单了,作 $\text{Rt}\triangle DCF(\angle DCF=90°)$,再作一个与它全等的 $\text{Rt}\triangle FBM,B$ 在 CF 延长线上,其余部分均不难作出.

189. 余弦的恒等式

若 α, β, γ 是一个三角形的三个内角,则

$$x = \cos \alpha, y = \cos \beta, z = \cos \gamma \tag{1}$$

适合下式

$$x^2 + y^2 + z^2 + 2xyz = 1. \tag{2}$$

证明很容易

$\cos^2 \alpha + \cos^2 \beta + \cos^2 \gamma + 2\cos \alpha \cos \beta \cos \gamma - 1$

$= (\cos^2 \gamma + 2\cos \alpha \cos \beta \cos \gamma + \cos^2 \alpha \cos^2 \beta) - (1 - \cos^2 \alpha - \cos^2 \beta + \cos^2 \alpha \cos^2 \beta)$

$= (\cos \gamma + \cos \alpha \cos \beta)^2 - \sin^2 \alpha \sin^2 \beta$

$= (-\cos(\alpha+\beta) + \cos \alpha \cos \beta)^2 - \sin^2 \alpha \sin^2 \beta$

$= (\sin \alpha \sin \beta)^2 - \sin^2 \alpha \sin^2 \beta = 0.$

这里 α, β, γ 可以换任意三个适合

$$\alpha + \beta + \gamma = (2n+1)\pi \quad (n \in \mathbf{Z}) \tag{3}$$

的实数 α, β, γ, 不一定要求它们是一个三角形的角.

反过来, 若(2)式对于实数 x, y, z 成立, 则 x, y, z 是否可以表成(1), 并且 α, β, γ 是三角形的内角, 或者适合(3)呢?

未必, 例如

$$x = y = 2, z = -1$$

它们适合(2), 但并不能都表成角的余弦.

但在 x, y, z 均是正数时, 结论成立, 即:设正实数 x, y, z 满足(2)式, 则可将它们表示成(1), 并且 α, β, γ 是一个三角形的内角.

证明也不难.

因为 x, y, z 均为正, 由(2)

$$x^2 < 1,$$

所以可证 $x = \cos\alpha, 0° < \alpha < 90°$.

同样，可设 $y = \cos\beta, z = \cos\gamma, 0° < \beta, \gamma < 90°$.

又由(2)

$$0 = \cos^2\alpha + \cos^2\beta + \cos^2\gamma + 2\cos\alpha\cos\beta\cos\gamma - 1$$

$$= (\cos\gamma + \cos\alpha\cos\beta)^2 - \sin^2\alpha\sin^2\beta$$

$$= (\cos\gamma + \cos(\alpha-\beta))(\cos\gamma + \cos(\alpha+\beta)).$$

因为 $0° \leqslant |\alpha-\beta| < 90°$，所以 $\cos(\alpha-\beta) > 0, \cos\gamma + \cos(\alpha-\beta) > 0$，
从而

$$\cos\gamma + \cos(\alpha+\beta) = 0.$$

$$\gamma = 180° - (\alpha+\beta).$$

即 α, β, γ 是一个三角形的三个角.

网友喜喜生威告诉我：张小明曾有文讨论这一结果.

190. 一题三解

请看下面的一道题

已知

$$\cos A+\cos B+\cos C=0, \tag{1}$$

$$\sin A+\sin B+\sin C=0. \tag{2}$$

求证

$$\cos 2A+\cos 2B+\cos 2C=0, \tag{3}$$

$$\sin 2A+\sin 2B+\sin 2C=0. \tag{4}$$

这道题不难,解法亦很多,可以展开讨论,交流解题的想法,这里介绍三种解法.

第一种解法,纯用三角,也不复杂.

已知两个方程,却有三个字母 A,B,C,通常不可能将它们全求出来,只能用一个作自由变量,将另两个用它的代数式表示.

为此先由(1)、(2)消去一字母,例如 C:

(1)即

$$\cos A+\cos B=-\cos C, \tag{5}$$

(2)即

$$\sin A+\sin B=-\sin C. \tag{6}$$

(5)平方、(6)平方,然后相加得

$$(\cos A+\cos B)^2+(\sin A+\sin B)^2=1,$$

即

$$\cos(A-B)=-\frac{1}{2},$$

从而

$$A=B+2n\pi\pm\frac{2\pi}{3}\quad(n\in\mathbf{Z}). \tag{7}$$

同样

$$C=B+2m\pi\pm\frac{2\pi}{3}\quad(m\in\mathbf{Z}). \tag{8}$$

而且

$$A = C + 2L\pi \pm \frac{2\pi}{3} (L \in \mathbf{Z}) \tag{9}$$

所以(7)、(8)两式的±号,应当相反,即一正一负.这时,

$$\cos 2A + \cos 2B + \cos 2C$$

$$= \cos\left(2B \pm \frac{4\pi}{3}\right) + \cos\left(2B \mp \frac{4\pi}{3}\right) + \cos 2B$$

$$= 2\cos\frac{4\pi}{3}\cos 2B + \cos 2B = 0.$$

$$\sin 2A + \sin 2B + \sin 2C$$

$$= \sin\left(2B \pm \frac{4\pi}{3}\right) + \sin\left(2B \mp \frac{4\pi}{3}\right) + \sin 2B$$

$$= 2\sin 2B\cos\frac{4\pi}{3} + \sin 2B = 0.$$

注意 不要引用复杂的公式,尤其不需要出现正切或余切.

第二种解法.

先看一个特例,如果 $A = 0$,那么(1)、(2)分别变为

$$\cos B + \cos C = -1, \tag{10}$$

$$\sin B + \sin C = 0. \tag{11}$$

由(11),

$$B = 2n\pi - C \ \text{或} \ (2n+1)\pi + C, n \in \mathbf{Z}.$$

但 $B = (2n+1)\pi + C$ 不适合(10),所以 $B = 2n\pi - C$,并且

$$C = 2m\pi \pm \frac{2}{3}\pi, B = 2L\pi \mp \frac{2}{3}\pi.$$

同样,两式的±号相反(一正一负).

这时,

$$\cos 2A + \cos 2B + \cos 2C = 1 + 2\cos\frac{4}{3}\pi = 0, \tag{12}$$

$$\sin 2A + \sin 2B + \sin 2C = \pm\sin\frac{4}{3}\pi \mp \sin\frac{4}{3}\pi = 0. \tag{13}$$

一般情况,注意(1)、(2)可用复数表示为

$$e^{iA} + e^{iB} + e^{iC} = 0, \tag{14}$$

从而除以 e^{iA} 得

$$e^0 + e^{i(B-A)} + e^{i(C-A)} = 0. \tag{15}$$

这也就是有一角为 0 的特殊情况,根据特殊情况的结果,

$$e^{2\times0} + e^{2i(B-A)} + e^{2i(C-A)} = 0, \tag{16}$$

从而乘以 e^{2iA} 得

$$e^{2iA}+e^{2iB}+e^{2iC}=0, \tag{17}$$

即(3)、(4)成立.

我最欣赏第二种解法,它从简单特殊情况开始(这种情况很容易处理),而后将一般情况(借助复数)化归为简单情况,几乎没有用三角公式,可谓"兵不血刃",这也是我自己的解法.

第三种解法,仍用复数,e^{iA},e^{iB},e^{iC} 是单位圆 $|z|=1$ 上的三个点 P,Q,R,它们的重心为 $\dfrac{1}{3}(e^{iA}+e^{iB}+e^{iC})$,由已知条件(1)、(2),$e^{iA}+e^{iB}+e^{iC}=0$,所以 $\triangle PQR$ 的重心为原点 O.

因为 $\triangle PQR$ 的重心与外心重合,所以 $\triangle PQR$ 是正三角形.

$$\angle POQ=\angle QOR=\angle ROP=\frac{2\pi}{3},$$

即

$$B-A=2n\pi+\frac{2\pi}{3},n\in\mathbf{Z},$$

$$C-B=2m\pi+\frac{2\pi}{3},m\in\mathbf{Z},$$

从而

$$2B-2A=4n\pi+\frac{4\pi}{3},$$

$$2C-2B=4m\pi+\frac{4\pi}{3},$$

即 $P'=e^{2iA},Q'=e^{2iB},R'=e^{2iC}$ 满足

$$\angle P'OQ'=\angle Q'OR'=\frac{4\pi}{3}.$$

从而 $\angle P'OR'=\angle R'OQ'=\dfrac{2\pi}{3}$,$\triangle P'R'Q'$ 为单位圆的内接正三角形,于是它的重心即外心,亦即原点 O,从而

$$\frac{1}{3}(e^{2iA}+e^{2iB}+e^{2iC})=0,$$

即(3)、(4)成立.

这种做法用到稍多的知识,叙述也应交代清楚,不可含混了事.

191. 陈省身杯

下面是 2021 年陈省身杯的第 6 题.

求证
$$\frac{1}{\sqrt[3]{\cos\frac{\pi}{9}}} - \frac{1}{\sqrt[3]{\cos\frac{2\pi}{9}}} + \frac{1}{\sqrt[3]{\cos\frac{4\pi}{9}}} = \sqrt[3]{6 - 6\sqrt[3]{9}}. \tag{1}$$

证明 $0, \dfrac{2\pi}{9}, \dfrac{4\pi}{9}, \dfrac{6\pi}{9}, \dfrac{8\pi}{9}$ 是 $\cos 5x - \cos 4x = 0$ 的五个根.

令 $\cos x = t$, 由三角公式(契比雪夫多项式)
$$\cos 4x = 8t^4 - 8t^2 + 1,$$
$$\cos 5x = 16t^5 - 20t^3 + 5t,$$

所以
$$\cos 5x - \cos 4x = 16t^5 - 8t^4 - 20t^3 + 8t^2 + 5t - 1$$
$$= (t-1)(16t^4 + 8t^3 - 12t^2 - 4t + 1)$$
$$= (t-1)(2t+1)(8t^3 - 6t + 1)$$

从而 $\cos\dfrac{2\pi}{9}, \cos\dfrac{4\pi}{9}, \cos\dfrac{8\pi}{9}$ 是
$$8t^3 - 6t + 1 = 0 \tag{2}$$

的 3 个根

令 $\alpha = \dfrac{-1}{\sqrt[3]{\cos\frac{\pi}{9}}} = \dfrac{1}{\sqrt[3]{\cos\frac{8\pi}{9}}}, \beta = \dfrac{1}{\sqrt[3]{\cos\frac{2\pi}{9}}}, \gamma = \dfrac{-1}{\sqrt[3]{\cos\frac{5\pi}{9}}} = \dfrac{1}{\sqrt[3]{\cos\frac{4\pi}{9}}},$

则 α^3, β^3, r^3 是方程
$$x^3 - 6x^2 + 8 = 0 \tag{3}$$

的 3 个根.

设 α, β, γ 为方程
$$u^3 - pu^2 + qu - r = 0 \tag{4}$$

的 3 个根, 令 $x = u^3$, 则由(4)(移项, 立方)得
$$(x - r)^3 = x(pu - q)^3$$

$$=x(p^3x-3p^2u^2q+3puq^2-q^3)$$

$$=x(p^3x-q^3-3pq(pu^2-qu))$$

$$=x(p^3x-q^3-3pq(x-r)).$$

整理得

$$x^3-(3r+p^3-3pq)x^2+(3r^2+q^3-3pqr)x-r^3=0. \tag{5}$$

与(3)比较得

$$-r^3=8, \tag{6}$$

$$3r+p^3-3pq=6, \tag{7}$$

$$3r^2+q^3-3pqr=0, \tag{8}$$

所以

$$r=-2, \tag{9}$$

$$p^3-3pq=12, \tag{12}$$

$$q^3+6pq+12=0. \tag{13}$$

由(10)得 $q=\dfrac{p^3-12}{3p}$,代入(11)得

$$(p^3-12)^3+54p^3(p^3-12)+27\times12p^3=0,$$

整理得

$$(p^3+6)^3=6^3\times9.$$

所以

$$p^3=-6+6\sqrt[3]{9},$$

$$-(\alpha+\beta+\gamma)=-p=\sqrt[3]{6-6\sqrt[3]{9}},$$

即(1)式成立.

这个解法的后半部分是由以 α,β,γ 为根的方程(4)构造出一个以 $\alpha^3,\beta^3,\gamma^3$ 为根的方程(5),再将(5)与(3)比较.

这一过程用韦达定理亦可完成:

$$6=\sum\alpha^3=\sum\alpha^3-3\alpha\beta\gamma+3\alpha\beta\gamma=3\gamma+p\left(\sum\alpha^2-\sum\alpha\beta\right)$$

$$=3\gamma+p(p^2-3q)=p^3-3pq+3\gamma,$$

$$8=-\alpha^3\beta^3\gamma^3=-\gamma^3,$$

$$0=\sum\alpha^3\beta^3=\left(\sum\alpha\beta\right)^3-3\sum(\alpha\beta)^2(\beta\gamma+\alpha\gamma)-6\alpha^2\beta^2r^2$$

$$=p^3-3\gamma\sum\alpha\beta(\alpha+\beta)-6\gamma^2$$

$$=p^3-3\gamma\sum\alpha\beta(\beta-\gamma)-6\gamma^2$$

$$=p^3-3pq\gamma+3\gamma^2.$$

192. 一道三角不等式

$\triangle ABC$ 中，证明

$$\cos B+\cos C-\cos B\cos C\geqslant\frac{\sqrt{3}}{2}\sin A. \tag{1}$$

证明 (1)式在 $A=B=C=60°$ 时，显然成立.

在(1)式中，B,C 的地位相同(对称)，而 A 的地位与它们不同，所以在 $B=C$ 时的特殊情况可以先考察一下，这时

$$B=C=\frac{1}{2}(180°-A)=90°-\frac{1}{2}A,$$

(1)成为

$$2\cos\left(90°-\frac{1}{2}A\right)-\cos^2\left(90°-\frac{1}{2}A\right)\geqslant\frac{\sqrt{3}}{2}\sin A, \tag{2}$$

即

$$2\sin\frac{A}{2}-\sin^2\frac{A}{2}\geqslant\sqrt{3}\sin\frac{A}{2}\cos\frac{A}{2}. \tag{3}$$

$(3)\Leftrightarrow$

$$1\geqslant\frac{1}{2}\sin\frac{A}{2}+\frac{\sqrt{3}}{2}\cos\frac{A}{2}=\sin\left(\frac{A}{2}+60°\right).$$

因此，(3)成立，即在 $B=C$ 时，(1)成立.

剩下的问题是证明 $\cos B+\cos C-\cos B\cos C$ 在 $B=C$ 时最小(也就是将 B,C 在保持和 $B+C=180°-A$ 时，调整为 $B=C$).

为此，作恒等变形，将角 B,C 的三角函数化为 $\frac{B+C}{2}$ 与 $\frac{B-C}{2}$ 的三角函数.

$$\cos B+\cos C-\cos B\cos C$$

$$=2\cos\frac{B+C}{2}\cos\frac{B-C}{2}-\frac{1}{2}(\cos(B-C)+\cos(B+C))$$

$$=2\cos\frac{B+C}{2}\cos\frac{B-C}{2}-\cos^2\frac{B-C}{2}+\frac{1}{2}-\frac{1}{2}\cos(B+C)$$

$$= -\left(\cos\frac{B-C}{2} - \cos\frac{B+C}{2}\right)^2 + \frac{1}{2} - \frac{1}{2}\cos(B+C) + \cos^2\frac{B+C}{2}$$

$$\geqslant -\left(1 - \cos\frac{B+C}{2}\right)^2 + \frac{1}{2} - \frac{1}{2}\cos(B+C) + \cos^2\frac{B+C}{2}.$$

而 $B = C$ 的情况，作同样的恒等变换，正好得出上式最后的式子，所以确有

$$\cos B + \cos C - \cos B\cos C \geqslant 2\cos\left(90° - \frac{A}{2}\right) - \cos^2\left(90° - \frac{A}{2}\right).$$

结合(3)，便得出(1)。

我赞同解题时，先多观察一下，尤其注意那些特殊情况。特殊情况，应较易证明，然后看看一般情况能否调整为特殊情况，如果能，那么就大功告成了。

如果不能，当然得再想办法。

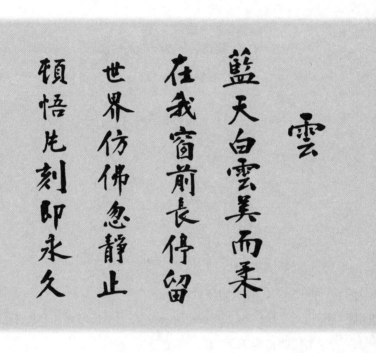

单谈数学

193. 又一道三角不等式

$\triangle ABC$ 的内角为 A, B, C，求证

$$\frac{\sqrt{3}}{2}\cos A + \cos B + \sqrt{3}\cos C \leqslant 2. \tag{1}$$

三角不等式，变幻莫测，并无统一的方法，这样的问题，我也只有试探。

(1)的左边较复杂，有三项，右边则极简单，仅有一项，而且是常数。与其费心机在左边变形，不如先移一项到右边，平方后，再看看能否化简，即

$$(1) \Leftrightarrow \cos B + \sqrt{3}\cos C \leqslant 2 - \frac{\sqrt{3}}{2}\cos A$$

$$\Leftrightarrow \cos^2 B + 3\cos^2 C + 2\sqrt{3}\cos B\cos C \leqslant 4 + \frac{3}{4}\cos^2 A - 2\sqrt{3}\cos A,$$

$$-2\sqrt{3}\cos A = 2\sqrt{3}\cos(B+C) = 2\sqrt{3}(\cos B\cos C - \sin B\sin C),$$

所以 $\qquad (1) \Leftrightarrow \cos^2 B + 3\cos^2 C \leqslant 4 + \frac{3}{4}\cos^2 A - 2\sqrt{3}\sin B\sin C.$

而 $\quad 4 - \cos^2 B - 3\cos^2 C - 2\sqrt{3}\sin B\sin C$

$$= \sin^2 B + 3\sin^2 C - 2\sqrt{3}\sin B\sin C$$

$$= (\sin B - \sqrt{3}\sin C)^2 \geqslant 0,$$

所以(1)成立，而且(1)中等号当且仅当 $A = 90°, B = 60°, C = 30°$ 时成立。

或许有人问为什么移 $\frac{\sqrt{3}}{2}\cos A$ 到左边，而不移 $\cos B$ 或 $\sqrt{3}\cos C$ 呢？

我觉得 $\cos B, \sqrt{3}\cos C$，如果除以 2，成为 $\frac{1}{2}\cos B, \frac{\sqrt{3}}{2}\cos C$，或许放在一边会有些好处 $\left(\left(\frac{\sqrt{3}}{2}\right)^2 + \left(\frac{1}{2}\right)^2 = 1\right)$。当然，也许没有好处。但试一试，正好平方后两边的乘积项均出现 $2\sqrt{3}$，有相消的可能。能够化简，就说明我们的选择正确，如果不能化简，越来越复杂，就应当考虑选择错了，需要重新选择。

最近看到几个解答，很奇怪，都是在左边变形，没有移项的。这样看来，我这解法尚有存在的价值。

194. 还是三角不等式

证明：在 $\triangle ABC$ 中，$\sum \sin B \sin C \leqslant \dfrac{\sqrt{3}}{2} \sum \sin A$.

证明　先来一种几何证法.

设 a 边上的高为 h_a，则

$$h_a = b \sin C = c \sin B,$$

所以

$$2 \sum h_a = \sum (b \sin C + c \sin B) = 4R \sum \sin B \sin C,$$

而

$$\frac{\sum h_a}{\sum a} \leqslant \frac{\sqrt{3}}{2} \tag{1}$$

所以

$$\sum \sin B \sin C = \frac{\sum h_a}{2R} \leqslant \frac{\sqrt{3} \sum a}{4R} = \frac{\sqrt{3}}{2} \sum \sin A.$$

(1)这个不等式可见拙著《几何不等式》P. 69. 例 9 亦可直接证明如下：

如图，由图易知 $2R h_a = bc$.

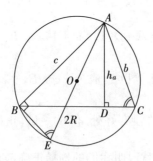

又圆内接三角形以正三角形周长为最大，即

$$a + b + c \leqslant 3\sqrt{3} R,$$

所以

$$\sum h_a = \frac{\sum bc}{2R} \leqslant \frac{3\sqrt{3}\sum bc}{2\sum a} \leqslant \frac{\sqrt{3}}{2}\sum a.$$

本题能否有三角的证法?

三角证法(严文兰):

若 $A=B=C=60°$,显然.

$$\sum \sin B \sin C = \frac{\sqrt{3}}{2}\sum \sin A.$$

设 A,B,C 不全等于 $60°$,则其中必有一个大于 $60°$,不妨设 $C>60°$,而

$$0° < \alpha = \frac{A+B}{2} < \frac{180°-60°}{2} = 60°,$$

$$\sum \sin B \sin C - \frac{\sqrt{3}}{2}\sum \sin A$$

$$= \left(\sin C - \frac{\sqrt{3}}{2}\right)(\sin A + \sin B) + \sin A \sin B - \frac{\sqrt{3}}{2}\sin C$$

$$= \left(\sin C - \frac{\sqrt{3}}{2}\right) \cdot 2\sin \alpha \cos \frac{A-B}{2} + \sin^2 \alpha - \sin^2 \frac{A-B}{2} - \frac{\sqrt{3}}{2}\sin C$$

$$\leqslant \left(\sin C - \frac{\sqrt{3}}{2}\right) \cdot 2\sin \alpha + \sin^2 \alpha - \frac{\sqrt{3}}{2}\sin C$$

$$= 2\sin \alpha \left(\sin 2\alpha - \sin 60° + \frac{1}{2}\sin \alpha - \frac{\sqrt{3}}{2}\cos \alpha\right)$$

$$= 2\sin \alpha (2\cos(\alpha+30°)\sin(\alpha-30°) - \cos(\alpha+30°))$$

$$= 4\sin \alpha \cos(\alpha+30°)(\sin(\alpha-30°) - \sin 30°)$$

$$< 0. \text{(因为 } \alpha-30° < 30°)$$

195. 你从哪里来啊

如图 1,在 △ABC 中,∠B＝90°,D,E 分别在 BC, BA 上,并且 ∠ECA＝∠DAC＝30°,∠ACD＝40°, 求 ∠ADE.

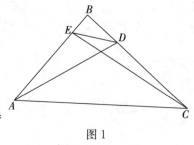

图 1

解 用量角器量一下就知道 ∠ADE＝40°.

但要证明 ∠ADE＝40° 却不容易,因为虽有 30° 是特殊角,40°,50°(＝∠EAC)等都不是特殊角.

你从哪里来啊,我的朋友?

其实图中的 B 是毫无用处的,徒乱人意.

应当考虑下正三角形 PAC,如图 2,它才是本题的来源.

这时 ∠PAC 的平分线 AD 与 ∠PCA 的平分线 CE 都是 △PAC 的对称轴.

如图 2,显然有 ∠APE＝∠PAE＝60°－50°＝10°.

∠CPD＝∠PCD＝60°－40°＝20°,所以 ∠EPD＝30°.

过 D 作 AC 平行线,交 CE 于点 F,则

∠DFC＝∠ACF＝30°＝∠EPD.

所以 P,E,F,D 四点共圆.

$$\angle EDF＝\angle EPF＝\angle EAF＝20°－\angle FAD$$
$$＝20°－\angle DCF＝20°－10°＝10°,$$

∠EDA＝∠EDF＋∠FDA＝10°＋30°＝40°.

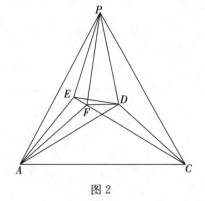

图 2

本题当然可用三角来做,但并不容易,由三角解法可产生一些三角问题:

1. 化简:$8\sin 20°\sin 40°\sin 80°$;

2. 化简:$\dfrac{2\sin 40°＋\cos 70°}{\sin 70°}$;

3. 解三角方程:$\cos x\sin 40°＝\sin(x－40°)\sin 70°$;

4. 解三角方程:$\sin(70°－x)\sin 50°＝\sin x\cos 10°$.

留待下节解决.

196. 三角问题

今天给出以下三角问题的解答.

1. 化简: $8\sin 20° \sin 40° \sin 80°$;

2. 化简: $\dfrac{2\sin 40° + \cos 70°}{\sin 70°}$;

3. 解三角方程: $\cos x \sin 40° = \sin(x - 40°)\sin 70°$;

4. 解三角方程: $\sin(70° - x)\sin 50° = \sin x \cos 10°$.

解 1. $8\sin 20° \sin 40° \sin 80°$

$= 4\sin 40°(\cos 60° - \cos 100°)$

$= 2(\sin 100° - \sin 20° - \sin 140° + \sin 60°)$

$= 2(\sin 100° - 2\sin 80° \cos 60° + \sin 60°)$

$= 2\sin 60° = \sqrt{3}.$

2. 原式 $= \dfrac{\sin 40° + \cos 50° + \cos 70°}{\sin 70°} = \dfrac{\sin 40° + 2\cos 60° \cos 10°}{\sin 70°}$

$\qquad = \dfrac{\sin 40° + \sin 80°}{\sin 70°} = \dfrac{2\sin 60° \cos 20°}{\sin 70°}$

$\qquad = 2\sin 60° = \sqrt{3}.$

3. $2\cos x \cos 70° = \sin(x - 40°)$,

$2\cos x \cos 70°(1 + \sin 70°) = \sin x \cos 40°$,

$4\cos x \cos 70° \sin 80° \cos 10° = \sin x \cos 40°$,

$8\sin 20° \sin 40° \sin 80° = \tan x$,

由第 1 题知 $\tan x = \sqrt{3}$,

$x = 60° + k \cdot 180°$(k 为整数).

4. $\sin(70° - x) = 2\sin x \cos 50°$,

$\sin x(2\sin 40° + \cos 70°) = \sin 70° \cos x$,

$\cot x = \dfrac{2\sin 40° + \cos 70°}{\sin 70°} = \sqrt{3}$,

$x = 30° + k \cdot 180°$(k 为整数).

197. 三角问题，代数帮忙

已知
$$\sin^2 4\alpha + (2\cos 2\alpha - \cos 4\alpha)^2 = 2,$$ (1)

求证
$$\frac{1}{2\cos 2\alpha} + \frac{1}{2\sin 3\alpha + 1} = 1.$$ (2)

喻甫祥看到这题，告诉我：题目错了！

真错了，因为将 α 换成 $-\alpha$，(1)不变，而(2)的第一个分式不变，第二个分式的值却改变了，除非 $\alpha = k\pi$，而 $\alpha = k\pi$ 时，(1)显然不成立，(2)也不成立。

题目漏了条件，应加上

$$0 < \alpha < \frac{\pi}{6}.$$ (3)

证明并不难，无非一些恒等变形。

首先，已知条件即

$$4\cos^2 2\alpha - 4\cos 2\alpha \cos 4\alpha = 1,$$ (4)

再由倍角公式，$\cos 4\alpha = 2\cos^2 2\alpha - 1$，上式可化为仅含 $\cos 2\alpha$ 的式子，若令 $x = 2\cos 2\alpha$，则(3)就是

$$x^3 - x^2 - 2x + 1 = 0.$$ (5)

(5)无有理根，暂且先放下，将要证明的式子处理一下，由倍角公式

$$\sin 3\alpha = 3\sin \alpha - 4\sin^3 \alpha = \sin \alpha(1 + 2\cos 2\alpha) = \sin \alpha(1 + x),$$

于是(2)即

$$\frac{1}{2(1+x)\sin \alpha + 1} = \frac{x-1}{x},$$

去分母，整理得

$$2(x-1)(x+1)\sin \alpha = 1,$$ (6)

平方，再将 $4\sin^2 \alpha$ 变为 $2 - x$，上式即

$$(x-1)^2(x+1)^2(x-2) + 1 = 0.$$ (7)

问题已化为已知(5)，求证(7)成立。这也就是(7)左边的多项式

$$(x^2-1)^2(x-2)+1$$

$$=(x^4-2x^2+1)(x-2)+1=x^5-2x^4-2x^3+4x^2+x-1,$$

能被 x^3-x^2-2x+1 整除,不难看出

$$x^5-2x^4-2x^3+4x^2+x-1$$

$$=(x^3-x^2-2x+1)(x^2-x-1),$$

因此结论成立.

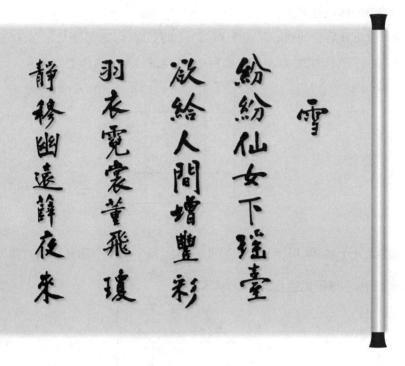

198. 两道有趣的立体几何小题

1. 棱长为 4 的正方体密闭容器内有一半径为 1 的小球,小球可在其中运动,它不能到达的部分的体积是多少?

解　立方体容器的核心是一个 $2\times2\times2$ 的立方体,这部分及与它有公共底面的 6 个 $1\times2\times2$ 的长方体,如图 1,小球全能到达. 其全部分可分为两类:

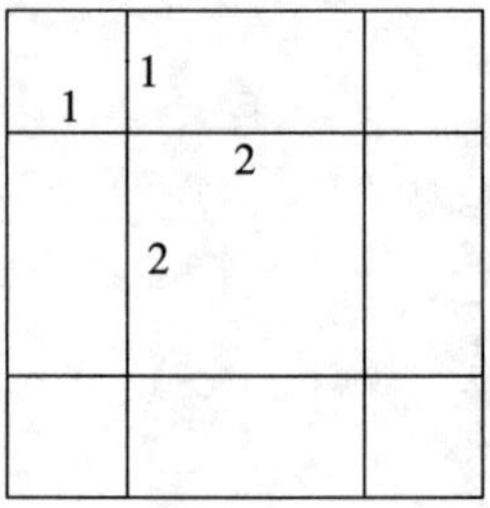

图 1

一类是 8 个角,即 8 个 $1\times1\times1$ 的立方体,每个角中小球可达到的部分是 $\frac{1}{8}$ 个球,如图 2,这类中,小球不能达到的部分,体积为

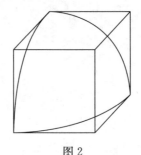

图 2

$$8\times1^3-8\times\frac{1}{8}\times\frac{4}{3}\pi\times1^3=8-\frac{4}{3}\pi.$$

另一类是 12 个长方体,每个体积为 $2\times1\times1$,每个长方体中,小球可达到的部分是 $\frac{1}{4}$ 的圆柱,柱高为 2,底面半径为 1,体积为 $\frac{1}{4}\times2\times\pi\times1^2$,这类中,小球不能达到的部分的体积为

$$12 \times \left(2 - \frac{1}{4} \times 2\pi\right) = 24 - 6\pi.$$

因此,整个容器中小球不能达到的部分体积为

$$\left(8 - \frac{4}{3}\pi\right) + (24 - 6\pi) = 32 - \frac{22}{3}\pi.$$

2. 一密闭容器由一底面直径为 2,高为 10 的圆柱及母线长为 2,底面直径为 2 的圆锥组成,一半径为 1 的小球在其中运动,不能到达的部分体积是多少?

解 小球无法碰触到的部分分为上、下两个部分(图 3 中阴影部分绕轴 AO_1 旋转产生),再与两个半球合在一起就是一个圆锥(底面半径为 1,高为 $\sqrt{3}$)及一个圆柱 $BCFG$(底面半径为 1,高为 $1+2-\sqrt{3}$).所以,去掉一个球(半径为 1),体积为

$$\frac{1}{3} \times \sqrt{3} \times \pi \times 1^2 + (1 + 2 - \sqrt{3}) \times \pi \times 1^2 - \frac{4}{3}\pi \times 1^3 = \frac{\pi}{3}(5 - 2\sqrt{3}).$$

小题虽小,并非容易,需要有一定的空间想象能力,同时要善于将图形组合,而不要分得支离破碎.

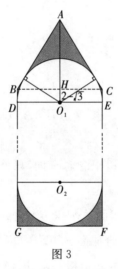

图 3

199. 智叟移山

1982 年美国数学学会出了一道题：

一个正四面体与一个正四棱锥的棱长全都相等，将正四面体的一个面与正四棱锥的一个侧面紧贴重合在一起，得到一个新的立体，它有几个面？

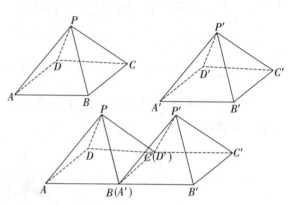

原以为新立体会有 7 个面，其实只有 5 个面，怎么证明呢？

证明并不能，但我们希望少一些计算（最好不用计算）.

证明其实极简单.

设想有两座金字塔形的山 $P-ABCD$ 与 $P'-A'B'C'D'$，它们是同样的各棱都相等的正四棱锥.

有一位法力甚大的老头智叟，口里念念有词，只见两山渐渐移近，直至 BC 与 $A'D'$ 重合.

这时两山之间的"谷"就是正四面体 $PBCP'$，它的面 PBP' 与 PAB，$P'A'B'$ 合成面 $PAB'P'$，面 PCP' 与 PDC，$P'D'C'$ 合成面 $PDD'P'$（面 PAB 与面 $P'A'B'$ 是同一个面，显然易见. 因为它们与底面 $AB'C'D$ 的倾角相同，$\angle PBA = \angle P'A'B' = 60°$，所以 $\angle PBP' = 60°$，从而 $PP' = PB = P'B$）.

因此正四面体 $PBCP'$ 与正四棱锥 $P-ABCD$ 合成的是五面体：一个三棱柱，底面为 PAD，$P'A'D'$；侧面为 $ABCD$，$ABP'P$，$DCP'P$.

还有人提出：(1) $PP' \perp AD$；(2) P，A，B，C，D，P' 不共球. 这些均为显然，P，P' 距底面距离相等，因此与底面平行，从而 $PP' /\!/ AB'$，$PP' \perp AD$.

过四点 P，B，C，P' 的球唯一，即正四面体 $PBCP'$ 的外接球，球心 O 在过 BC 且与垂直平分 PP' 的面上，当然 $OA^2 = OB^2 + AB^2 > OB^2$，$A$ 不在这球上.

200. 球的内接四面体

圆的内接三角形以正三角形面积为最大,这是大家熟知的.

推广到三维空间,就应当有:

球的内接四面体以正四面体体积为最大.

但这个初等的命题,却很少看到证明,下面我们给出一个.

设球心为 O,半径为 a,内接四面体为 $ABCD$,如图 1 所示.

设面 BCD 的极为 A'(即垂直于面 BCD 的直径与球的交点),则 A' 到面 BCD 的距离 $\geqslant A$ 到面 BCD 的距离,所以(为使 V_{A-BCD} 最大)可设 A 就是极 A',并且可设 $\triangle BCD$ 为正三角形,边长为 a.

设 AO 交面 BCD 于 O_1,则 O_1 是 $\triangle BCD$ 的外心.

设 $c = O_1B$,则 $c = \dfrac{a}{\sqrt{3}}$.

$$V_{A-BCD} = \frac{1}{3} \times O_1 A \times S_{\triangle BCD} = \frac{1}{3} \times (R + \sqrt{R^2 - c^2}) \times \frac{3\sqrt{3}}{4} c^2,$$

要求函数 $f(c) = c^2 (R + \sqrt{R^2 - c^2})$ 的最大值,

$$f'(c) = 2c(R + \sqrt{R^2 - c^2}) - \frac{c^3}{\sqrt{R^2 - c^2}}$$

$$= \frac{c}{\sqrt{R^2 - c^2}} (2R\sqrt{R^2 - c^2} + 2(R^2 - c^2) - c^2)$$

$$= \frac{c}{\sqrt{R^2 - c^2}} (2R\sqrt{R^2 - c^2} + 2R^2 - 3c^2),$$

所以 $f(c)$ 在 $f'(c) = 0$ 时取最大值,这时 $c = \dfrac{2\sqrt{2}}{3} R$,$a = \sqrt{3} c = \dfrac{2\sqrt{2}}{\sqrt{3}} R$,

$$AO_1 = 4\sqrt{R^2 - c^2} = \frac{4}{3} R,$$

$$AB = \sqrt{AO_1^2 + c^2} = \sqrt{\frac{24}{9}} R = \sqrt{3} c = a,$$

从而面积最大的四面体是正四面体.

201. 外接正四面体

今天做一道简单的题.

半径为 r 的球，它的外切正四面体体积是多少？（用 r 表示）

解　内切球心 I 也是正四面体的中心（外接球的球心、重心、垂心），所以正四面体的高

$$h = 4r,$$

外接球半径

$$R = 3r,$$

正四面体底面的高

$$r\sqrt{3^2 - 1^2} \times \frac{3}{2} = 3\sqrt{2}r,$$

底面面积

$$(3\sqrt{2}r)^2 \div \sqrt{3} = 6\sqrt{3}r^2,$$

所以正四面体体积

$$V = \frac{1}{3} \times 4r \times 6\sqrt{3}r^2 = 8\sqrt{3}r^3.$$

第六章

解析几何

　　建立坐标，曲线方程，将几何问题化成代数运算. 这是解决几何问题的一条康庄大道. 但应避免繁琐的计算，注意简单实用的技巧.

　　二次曲线，用解析几何的方法处理，更是比纯几何方法有效省力. 所以，直线与圆，是纯几何的天地. 二次曲线，是解析几何的世界，更高次的、更一般的曲线，就需要呼唤代数几何登场了.

202. 垂心与向量

有人问一个问题：

设 $\triangle ABC$ 的外心为 O，垂心为 H，则

$$\overrightarrow{OH}=\overrightarrow{OA}+\overrightarrow{OB}+\overrightarrow{OC}. \tag{1}$$

怎么证明？

证明 考虑向量 $\overrightarrow{OH}-(\overrightarrow{OA}+\overrightarrow{OB}+\overrightarrow{OC})$，

$(\overrightarrow{OH}-(\overrightarrow{OA}+\overrightarrow{OB}+\overrightarrow{OC}))\cdot(\overrightarrow{OB}-\overrightarrow{OC})$

$=(\overrightarrow{OH}-\overrightarrow{OA})\cdot(\overrightarrow{OB}-\overrightarrow{OC})-(\overrightarrow{OB}+\overrightarrow{OC})\cdot(\overrightarrow{OB}-\overrightarrow{OC})$

$=\overrightarrow{AH}\cdot\overrightarrow{CB}-(|\overrightarrow{OB}|^2-|\overrightarrow{OC}|^2).$

因为 $AH\perp CB$，所以 $\overrightarrow{AH}\cdot\overrightarrow{CB}=0$，

因为 $OB=OC$，所以 $|\overrightarrow{OB}|^2-|\overrightarrow{OC}|^2=0$，

从而

$$(\overrightarrow{OH}-(\overrightarrow{OA}+\overrightarrow{OB}+\overrightarrow{OC}))\cdot(\overrightarrow{OB}-\overrightarrow{OC})=0. \tag{2}$$

同理

$$(\overrightarrow{OH}-(\overrightarrow{OA}+\overrightarrow{OB}+\overrightarrow{OC}))\cdot(\overrightarrow{OA}-\overrightarrow{OB})=0. \tag{3}$$

若 $\overrightarrow{OH}-(\overrightarrow{OA}+\overrightarrow{OB}+\overrightarrow{OC})\neq0$，则(2)表示 $\overrightarrow{OH}-(\overrightarrow{OA}+\overrightarrow{OB}+\overrightarrow{OC})$ 与 $\overrightarrow{BC}$ 垂直，(3)表示 $\overrightarrow{OH}-(\overrightarrow{OA}+\overrightarrow{OB}+\overrightarrow{OC})$ 与 $\overrightarrow{AB}$ 垂直，但 $\overrightarrow{BC}$ 与 $\overrightarrow{AB}$ 是两个不共线(不平行)的向量，不可能有向量与它们都垂直，所以 $\overrightarrow{OH}-(\overrightarrow{OA}+\overrightarrow{OB}+\overrightarrow{OC})=\mathbf{0}$，即(1)成立.

203. 温故知新

孔子说:"温故而知新,可以为师矣",可见温故知新,是重要的学习方法,更是教师必须知道的教学方法.

最近见到一道题:

在△ABC中,H为垂心,

$$2\overrightarrow{HA}+3\overrightarrow{HB}+4\overrightarrow{HC}=0, \tag{1}$$

求△ABC中最大的角.

这道题的有关知识不少,可以借机温习一下.

1. 设△ABC的外心为O,BC的中点为D,则有

$$HA=2OD. \tag{2}$$

这个结论不难证明(几何方法,三角方法,解析几何方法均可以),但需注意A为锐角与A为钝角的图有所不同.前者O,H都在△ABC内(如图1),后者O,H都在△ABC外(如图2),而且不在BC的同侧.

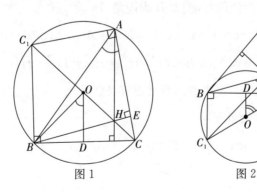

图1   图2

2. 设⊙O的半径为R,则

$$OD=R|\cos A|. \tag{3}$$

如果将OD作为有向线段,即O与A在BC同侧时,OD为正,O与A在BC异侧时,OD为负,那么(1)也可以写成

$$OD = R\cos A. \tag{4}$$

3. 由 1、2.

$$|\overrightarrow{HA}| = 2R|\cos A|, \tag{5}$$

$$|\overrightarrow{HB}| = 2R|\cos B|, \tag{6}$$

$$|\overrightarrow{HC}| = 2R|\cos C|. \tag{7}$$

4. $\angle BHC = \angle BAC$ 或 $180° - \angle BAC$.

如果 B, C 都是锐角,那么无论图 1 或图 2,均有

$$\angle BHC = 180° - \angle BAC.$$

如果 B 或 C 为钝角,例如 B 为钝角,那么如图 3,$\angle BHC = \angle BAC$.

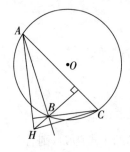

图 3

5. $\overrightarrow{HB} \cdot \overrightarrow{HC} = |\overrightarrow{HB}| \cdot |\overrightarrow{HC}| \cos\angle BHC = 4R^2|\cos B| \cdot |\cos C| \cdot \cos\angle BHC$.

(i) 在 B, C 均锐角时,

$$\overrightarrow{HB} \cdot \overrightarrow{HC} = 4R^2\cos B\cos A\cos(180° - \angle BAC) = -4R^2\cos A\cos B\cos C.$$

(ii) 在 B, C 中有一个为钝角时,例如 B 为钝角,则

$$\overrightarrow{HB} \cdot \overrightarrow{HC} = 4R^2\cos B(-\cos C)\cos A = -4R^2\cos A\cos B\cos C.$$

总之 $\overrightarrow{HB} \cdot \overrightarrow{HC} = -4R^2\cos A\cos B\cos C = \overrightarrow{HC} \cdot \overrightarrow{HA} = \overrightarrow{HA} \cdot \overrightarrow{HB}. \tag{8}$

有了上述准备,特别是(8),原来的问题就很容易做了.

在(1)的两边同乘 $\overrightarrow{HA}$(数量积)得

$$2(4R^2\cos^2 A) = 7(4R^2\cos A\cos B\cos C)$$

即

$$2\cos^2 A = 7\cos A\cos B\cos C. \tag{9}$$

同样

$$3\cos^2 B = 6\cos A\cos B\cos C, \tag{10}$$

$$4\cos^2 C = 5\cos A\cos B\cos C. \tag{11}$$

可见 A,B,C 均为锐角,而 $\cos^2 C$ 最小(等于 $\dfrac{5}{4}\cos A\cos B\cos C$),即 C 最大.

(9)、(10)、(11)三式相乘,得

$$\cos A\cos B\cos C=\frac{2\times 3\times 4}{7\times 6\times 5}=\frac{4}{35},$$

所以

$$\cos^2 C=\frac{5}{4}\times\frac{4}{35}=\frac{1}{7},$$

$$\sin^2 C=\frac{6}{7},$$

$$\sin C=\frac{\sqrt{42}}{7}.$$

注 上面忽略了 $\triangle ABC$ 是直角三角形的情况,不难看出对这种退化情况,(8)仍成立,且值为 0.

204. 向量的作用

叶中豪出了一道题:

如图,$\triangle ABC$ 中,G 为垂心,证明

$$\cot\angle BGC=\frac{1}{3}\cot A-\frac{2}{3}(\cot B+\cot C).\qquad(1)$$

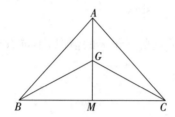

在火车上见到宋书华,严文兰等的证明,觉得宋的证明很好,尤体现向量的作用,略作变动如下.

设 BC 中点为 M,则

$$\overrightarrow{GB}+\overrightarrow{GC}=2\overrightarrow{GM}=\frac{2}{3}\overrightarrow{AM}=\frac{1}{3}(\overrightarrow{AB}+\overrightarrow{AC}),\qquad(2)$$

所以

$$4\overrightarrow{GB}\cdot\overrightarrow{GC}=(\overrightarrow{GB}+\overrightarrow{GC})^2-(\overrightarrow{GB}-\overrightarrow{GC})^2$$

$$=\frac{1}{9}(\overrightarrow{AB}+\overrightarrow{AC})^2-(\overrightarrow{AB}-\overrightarrow{AC})^2$$

$$=\frac{4}{9}\overrightarrow{AB}\cdot\overrightarrow{AC}-\frac{8}{9}(\overrightarrow{AC}-\overrightarrow{AB})^2$$

$$=\frac{4}{9}\overrightarrow{AB}\cdot\overrightarrow{AC}-\frac{8}{9}\overrightarrow{AC}\cdot\overrightarrow{BC}-\frac{8}{9}\overrightarrow{BA}\cdot\overrightarrow{BC}.\qquad(3)$$

而

$$GB\cdot GC\cdot\sin\angle BGC=2S_{\triangle BGC}=\frac{2}{3}S_{\triangle ABC}$$

$$=\frac{1}{3}bc\sin A=\frac{1}{3}ca\sin B=\frac{1}{3}ab\sin C,\qquad(4)$$

(3)$\div$(4)(左边除以左边,右边除以右边)得

$$\cot\angle BGC=\frac{1}{3}\cot A-\frac{2}{3}\cot B-\frac{2}{3}\cot C.$$

205. 向量与点

在△ABC中，$AB=4$，$AC=3$，$\angle BAC=90°$，D 在边 BC 上，延长 AD 到 P，使 $AP=9$. 若 $\overrightarrow{PA}=m\overrightarrow{PB}+\left(\dfrac{2}{3}-m\right)\overrightarrow{PC}$（$m$ 为常数），求 CD 的长.

解　这道题当然以 A 为原点，直线 AB,AC 分别为 x,y 轴建立如图所示的直角坐标系，B,C 的坐标分别为 $(4,0),(0,3)$.

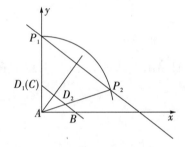

设 P 的坐标为 (x,y)，则
$$\overrightarrow{AP}=(x,y)$$
（这里 (x,y) 表示向量，奇怪的是很多高中同学不会这样表示向量），
$$\overrightarrow{BP}=(x-4,y),$$
$$\overrightarrow{CP}=(x,y-3),$$
由已知
$$\overrightarrow{AP}=m\overrightarrow{BP}+\left(\dfrac{3}{2}-m\right)\overrightarrow{CP}, \tag{1}$$
所以比较分量得
$$x=\dfrac{3}{2}x-4m,$$
$$y=\dfrac{3}{2}y-3\left(\dfrac{3}{2}-m\right),$$
即

$$\frac{1}{2}x = 4m,$$

$$\frac{1}{2}y = 3\left(\frac{3}{2} - m\right),$$

消去 m 得

$$\frac{x}{4} + \frac{y}{3} = 3. \tag{2}$$

这是一条与 CD 平行的直线（CD 的方程为 $\frac{x}{4} + \frac{y}{3} = 1$），它交 y 轴于 $P_1(0,9)$，P_1 就是满足要求（$PA=9$），相应的 AP 与 BC 的交点 D_1 与 C 重合，$CD_1=0$。

另一个满足要求的 P 为图中的 P_2，$AP_2 = AP_1 = 9$。

设 AP_2 交 BC 于点 D_2，则 $AD_2 = AC = 3$。

$$CD_2 = 2 \times AC\cos\angle ACB = 2 \times 3 \times \frac{3}{5} = \frac{18}{5}.$$

即 $CD = 0$ 或 $\frac{18}{5}$。

我们的解法计算很少，而且给出了满足条件（1）的点 P 的轨迹，它是一条平行于 BC 的直线，方程为(2)。

206. 叶、严的题

如图，D,E,F 分别在 $\triangle ABC$ 的边 BC,CA,AB 上，$\dfrac{BD}{DC}=x,\dfrac{CE}{EA}=y,\dfrac{AF}{FB}=z.$

求证：存在一点 P，使 $AP\parallel DF,BP\parallel DE,CP\parallel EF$ 的充要条件是

$$xy+yz+zx+2xyz=1. \tag{1}$$

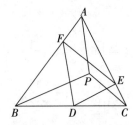

证明 设 P 为原点，A,B,C 的向量表示分别 $\boldsymbol{a}(=\overrightarrow{PA}),\boldsymbol{b},\boldsymbol{c}$，则存在实数 λ,μ,υ，满足

$$\lambda\boldsymbol{a}+\mu\boldsymbol{b}+\upsilon\boldsymbol{c}=\boldsymbol{0}. \tag{2}$$

D,E,F 的向量表示分别为

$$\frac{\boldsymbol{b}+x\boldsymbol{c}}{1+x},\frac{\boldsymbol{c}+y\boldsymbol{a}}{1+y},\frac{\boldsymbol{a}+z\boldsymbol{b}}{1+z}, \tag{3}$$

FD 方向为

$$(\boldsymbol{b}+x\boldsymbol{c})(1+z)-(\boldsymbol{a}+z\boldsymbol{b})(1+x)=(1-xz)\boldsymbol{b}+(1+z)x\boldsymbol{c}-(1+x)\boldsymbol{a}, \tag{4}$$

所以 $FD\parallel PA$ 即

$$\frac{1-xz}{\mu}=\frac{(1+z)x}{\upsilon}. \tag{5}$$

同样 $DE\parallel BP$ 即

$$\frac{1-yx}{\upsilon}=\frac{(1+x)y}{\lambda}. \tag{6}$$

$EF\parallel CP$ 即

$$\frac{1-zy}{\lambda}=\frac{(1+y)z}{\mu}. \tag{7}$$

所以存在一点 P，使 $AP\parallel DF,BP\parallel DE,CP\parallel EF$ 的充要条件是

$$(1-xz)(1-yx)(1-zy)=(1+z)(1+x)(1+y)xyz,$$

即(1).

这题是叶中豪,严文兰写的,又看见严文兰题的一种改版.

已知点 D,E,F 分别在 $\triangle ABC$ 的边 BC,CA,AB 上,且 $\dfrac{BD}{BC}+\dfrac{CE}{CA}+\dfrac{AF}{AB}=1$. 求证:存在一点 P,使 $AP\parallel DF,BP\parallel DE,CP\parallel EF$.

亦可用上面的方法.

或用 Ceva 定理,设 AP 与 BC,BP 与 AC,CP 与 AB 分别相交于点 A_1,B_1,C_1.

$AP\parallel DF$,则

$$\frac{BD}{BA_1}=\frac{BF}{BA}=\frac{1}{z+1},$$

$$BA_1=(z+1)BD=\frac{(z+1)x}{x+1}BC,$$

从而

$$A_1C=BC-BA_1=\frac{1-zx}{x+1},$$

$$\frac{BA_1}{A_1C}=\frac{x(z+1)}{1-zx}.$$

同理

$$\frac{CB_1}{B_1A}=\frac{y(x+1)}{1-xy},$$

$$\frac{AC_1}{C_1B}=\frac{z(y+1)}{1-yz}.$$

所以三式相乘积为 1,即

$$xyz(x+1)(y+1)(z+1)=(1-xy)(1-yz)(1-zx),$$

化简即得(1).

207. 向量与平行四边形

如图,已知 P 与 T,Q 与 U,R 与 V,S 与 W 分别在四边形 $ABCD$ 的边 AB,BC,CD,DA 上,并且四边形 $PQRS$ 为平行四边形,$AP=TB$,$BU=QC$,$CR=VD$,$DW=SA$.

求证:四边形 $TUVW$ 也是平行四边形.

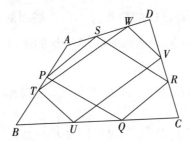

证明　$\overrightarrow{PS}=\overrightarrow{PA}+\overrightarrow{AS}=\overrightarrow{BT}+\overrightarrow{WD}$,

$\overrightarrow{QR}=\overrightarrow{QC}+\overrightarrow{CR}=\overrightarrow{BU}+\overrightarrow{VD}$,

$\mathbf{0}=\overrightarrow{PS}-\overrightarrow{QR}=\overrightarrow{BT}-\overrightarrow{BU}+\overrightarrow{WD}-\overrightarrow{VD}=\overrightarrow{UT}-\overrightarrow{VW}$,

所以,$UT\underline{\underline{\parallel}}VW$,

因此,四边形 $TUVW$ 为平行四边形.

208. 电视剧中的立几题

电视剧《隐秘的角落》里有一道立几题,据一位朋友说,很多高中生都做不出来. 这是一道只需写出答案的填空题,用什么方法才能尽快得出答案呢?

原题如下:

如图,正方体 $ABCD\text{-}A'B'C'D$ 的棱长为 1,O 为底面的中心,M,N 分别为 $A'D',CC'$ 的中点,求四面体 $O\text{-}MNB'$ 的体积.

这道题用向量做最简单.

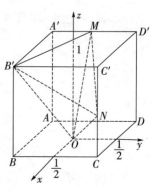

以 O 为原点,过 O 作 AB,BC,BB' 的平行线,分别作为 x 轴、y 轴、z 轴,N,M,B' 的坐标分别为 $\left(\dfrac{1}{2},\dfrac{1}{2},\dfrac{1}{2}\right)$,$\left(-\dfrac{1}{2},0,1\right)$,$\left(\dfrac{1}{2},-\dfrac{1}{2},1\right)$.

$$V_{O\text{-}MNB'}=\frac{1}{6}\begin{vmatrix} \dfrac{1}{2} & \dfrac{1}{2} & \dfrac{1}{2} \\[2mm] -\dfrac{1}{2} & 0 & 1 \\[2mm] \dfrac{1}{2} & -\dfrac{1}{2} & 1 \end{vmatrix}=\frac{1}{48}\begin{vmatrix} 1 & 1 & 1 \\ -1 & 0 & 2 \\ 1 & -1 & 2 \end{vmatrix}=\frac{1}{48}\begin{vmatrix} 0 & 1 & 3 \\ -1 & 0 & 2 \\ 0 & -1 & 4 \end{vmatrix}$$

$$=\frac{1}{48}\begin{vmatrix} 1 & 3 \\ -1 & 4 \end{vmatrix}=\frac{7}{48}.$$

这种行列式的简单计算,读过大学的教师当然都会. 而以 OA,OB,OC 为棱的平行六面体的体积是向量 $\overrightarrow{OA},\overrightarrow{OB},\overrightarrow{OC}$ 的混合积,即 $\begin{vmatrix} A_x & A_y & A_z \\ B_x & B_y & B_z \\ C_x & C_y & C_z \end{vmatrix}$. 教师也都知道,四面体 $O\text{-}ABC$ 体积是这个平行六面体的体积的 $\dfrac{1}{6}$.

中学教材既已列入向量及其数量积,就该引入向量积、混合积以及二、三阶行列式的计算. 改得不彻底,反而缩手缩脚.

209. 面积公式

如图 1，O 为原点，A,B 坐标分别为 $(x_1,y_1),(x_2,y_2)$，则

$$S_{\triangle OAB}=\frac{1}{2}\begin{vmatrix} x_1,y_1 \\ x_2,y_2 \end{vmatrix}=\frac{1}{2}(x_1y_2-x_2y_1).\tag{1}$$

在 $O \to A \to B \to O$ 为逆时针顺序时，面积为正. 反之，面积为负.

例如 $A(3,0),B(2,1)$，则 $S_{\triangle OAB}=\frac{1}{2}\begin{vmatrix} 3 & 0 \\ 2 & 1 \end{vmatrix}=\frac{3}{2}$，而

$$S_{\triangle OBA}=-\frac{3}{2},$$

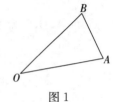

图 1

(1)是常用的公式.

例 如图 2，P 为梯形 $ABCD(AB/\!/CD)$ 中一点.

求证 $$S_{\triangle PDA}+S_{\triangle PBC}=\frac{|DC|}{|AB|}S_{\triangle PAB}+\frac{|AB|}{|DC|}S_{\triangle PCD}.\tag{2}$$

这道题若用解析几何，并用行列式表示面积，则十分容易.

以 P 为原点，建立直角坐标系，横轴与 AB 平行，各点坐标为 $A(a,h),B(b,h),C(c,k),D(d,k)$.

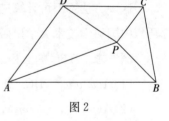

图 2

$$2(S_{\triangle PDA}+S_{\triangle PBC})=\begin{vmatrix} d & k \\ a & h \end{vmatrix}+\begin{vmatrix} b & h \\ c & k \end{vmatrix}=dh-ak+bk-ch=k(b-a)+h(d-c),$$

$$2\left(\frac{|DC|}{|AB|}S_{\triangle PAB}+\frac{|AB|}{|DC|}S_{\triangle PCD}\right)=\frac{c-d}{b-a}\begin{vmatrix} a & h \\ b & h \end{vmatrix}+\frac{b-a}{c-d}\begin{vmatrix} c & k \\ d & k \end{vmatrix}=-(c-d)h+k(b-a),$$

所以(2)成立.

选择 P 为原点较好，这样 A,B,C,D 地位平等. 使用面积公式需注意正负，不要搞错.

210. 多边形的面积

在直角坐标系中, $\triangle ABC$ 的面积用三阶行列式最为简便:

$$S_{\triangle ABC}=\frac{1}{2}\begin{vmatrix} x_A & y_A & 1 \\ x_B & y_B & 1 \\ x_C & y_c & 1 \end{vmatrix} \qquad (1)$$

在 A,B,C 为逆时针顺序时, 面积 (行列式) 为正, 否则为负.

如果不熟悉三阶行列式, 可用下面的方法计算:

即将横、纵坐标排成两列 (但第一行又作为最下面一行, 重写一次), 然后交叉相乘, $x_A y_B$, $x_B y_C$, $x_C y_A$ 相加; $x_B y_A$, $x_C y_B$, $x_A y_C$ 也相加; 再将两和相减后除以 2, 就得到 $S_{\triangle ABC}$.

这一方法不但可计算三角形面积, 也可计算多边形面积 (参见拙著《代数的魅力与技巧》, 中国科学技术大学出版社, 2020 年出版).

例 求 $\triangle ABC$ 的面积.

(1) $A(a,b+c)$, $B(a,b-c)$, $C(-a,c)$;

(2) $A(m_1 m_2, m_1+m_2)$, $B(m_2 m_3, m_2+m_3)$, $C(m_3 m_1, m_3+m_1)$.

解 (1) $S_{\triangle ABC}=\frac{1}{2}(a(b-c)+ac-a(b+c)-a(b+c)+a(b-c)-ac)=-2ac.$

(2) $S_{\triangle ABC}=\frac{1}{2}(\sum m_1 m_2(m_2+m_3)-\sum m_2 m_3(m_1+m_2))$

$\qquad = \frac{1}{2}\sum (m_1 m_2^2 - m_3 m_2^2)$

$\qquad = \frac{1}{2}(m_1-m_2)(m_2-m_3)(m_3-m_1).$

211. 椭圆的一个结论

椭圆 $\dfrac{x^2}{a^2}+\dfrac{y^2}{b^2}=1$ 的左、右顶点分别为 A,B，上、下顶点分别为 D,C，P 为椭圆上一动

点，证明：$S_{\triangle APD} \cdot S_{\triangle BPC}=S_{\triangle ACP} \cdot S_{\triangle BPD}$.

证明 用三角形面积公式.

设 P 坐标为 (x,y)，则

$$2S_{\triangle APD}=\begin{vmatrix} -a & 0 & 1 \\ x & y & 1 \\ 0 & b & 1 \end{vmatrix}=a(b-y)+bx,$$

$$\left[可用 \begin{matrix} -a & & 0 \\ x & & y \\ 0 & & b \\ -a & & 0 \end{matrix} 交叉相乘再相减得出 \right].$$

$$2S_{\triangle BPC}=\begin{vmatrix} a & 0 & 1 \\ x & y & 1 \\ 0 & -b & 1 \end{vmatrix}=a(y+b)-bx,$$

$$2S_{\triangle ACP}=\begin{vmatrix} -a & 0 & 1 \\ 0 & -b & 1 \\ x & y & 1 \end{vmatrix}=bx+ab+ay,$$

$$2S_{\triangle BPD}=\begin{vmatrix} a & 0 & 1 \\ x & y & 1 \\ 0 & b & 1 \end{vmatrix}=ay-ab+bx.$$

所以 $4S_{\triangle APD} \cdot S_{\triangle BPC}=(ab-ay+bx)(ab+ay-bx)$

$$=a^2b^2-(ay-bx)^2=a^2b^2-(a^2y^2+b^2x^2)+2abxy=2abxy.$$

$4S_{\triangle ACP} \cdot S_{\triangle BPD}=(bx+ab+ay)(ay-ab+bx)$

$$=(bx+ay)^2-a^2b^2=2abxy=4S_{\triangle APD} \cdot S_{\triangle BPC}.$$

212. 压缩变换

设 λ 为正实数，变换 $\begin{cases} y'=\lambda y, & (1) \\ x'=x, & (2) \end{cases}$

将点 $A(x,y)$ 变为点 $A'(x',y')$，这个变换称为压缩变换。

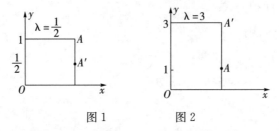

图 1   图 2

（如图 1，$\lambda<1$ 时，的确是压缩；如图 2，$\lambda>1$ 时，实际上是"拉伸"）

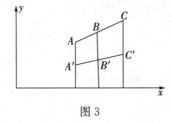

图 3

如图 3，设 A,B,C 为一条直线上三个点，经过上面的压缩变换变为 A'，B'，C'，则 A'，B'，C' 共线，并且线段比值 $\left|\dfrac{AB}{BC}\right|$ 不变，即

$$\left|\frac{A'B'}{B'C'}\right|=\left|\frac{AB}{BC}\right|. \tag{3}$$

特别地，中点仍变为中点。

这一性质是更一般的仿射变换的特点。

如果 $\triangle ABC$ 经压缩变换变为 $\triangle A'B'C'$，那么面积有什么变化？

由前面介绍的面积公式，易得

$$S_{\triangle A'B'C'}=\frac{1}{2}\begin{vmatrix} x_A' & y_A' & 1 \\ x_B' & y_B' & 1 \\ x_C' & y_C' & 1 \end{vmatrix}=\frac{1}{2}\begin{vmatrix} x_A & \lambda y_A & 1 \\ x_B & \lambda y_B & 1 \\ x_C & \lambda y_C & 1 \end{vmatrix}=\frac{\lambda}{2}\begin{vmatrix} x_A & y_A & 1 \\ x_B & y_B & 1 \\ x_C & y_C & 1 \end{vmatrix}=\lambda S_{\triangle ABC}, \tag{4}$$

即面积也乘以压缩系数 λ.

取 $\lambda = \dfrac{a}{b}$，则上面的压缩变换将椭圆

$$\frac{x^2}{a^2} + \frac{y^2}{b^2} = 1 \tag{5}$$

变为圆

$$x^2 + y^2 = a^2 \tag{6}$$

((6)中的 x, y 即 x', y'，我们省去了撇号)

将椭圆变为圆后，很多问题易于处理.

例如上节所说的"椭圆的一个结论"，椭圆 $\dfrac{x^2}{a^2} + \dfrac{y^2}{b^2} = 1$ 的左、右顶点分别为 A, B，上、下顶点分别为 D, C，P 为椭圆上一动点，则

$$S_{\triangle APD} \cdot S_{\triangle BPC} = S_{\triangle ACP} \cdot S_{\triangle BPD}. \tag{7}$$

现在就变为"圆 $x^2 + y^2 = a^2$ 上，A, C, B, D 将圆四等分，P 为圆上一动点(如图 4)，则 (7) 成立"(这里利用了(4)).

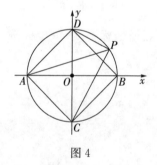

图 4

证明很容易：

$$\frac{S_{\triangle APD} \cdot S_{\triangle BPC}}{S_{\triangle ACP} \cdot S_{\triangle BPD}} = \frac{|PD| \, |PA| \sin 45° \cdot |PC| \, |PB| \sin 45°}{|PC| \, |PA| \sin 45° \cdot |PB| \, |PD| \sin 45°} = 1.$$

严文兰对椭圆的上述性质作了一个有趣的推广.

213. 再谈压缩变换

一个圆,半径为 a,圆心为原点 O,它的方程是

$$x^2+y^2=a^2. \tag{1}$$

对它作一点 y 轴的压缩变换,即令

$$x'=x, y'=\frac{b}{a}y, \tag{2}$$

则(1)变为椭圆

$$\frac{x'^2}{a^2}+\frac{y'^2}{b^2}=1. \tag{3}$$

压缩变换用途很多,由于每点横坐标不变,纵坐标按比值 $\frac{b}{a}$ 压缩,所以椭圆(3)的面积为

$$\pi a^2\times\frac{b}{a}=\pi ab,$$

椭圆内接三角形中最大面积是

$$\frac{3\sqrt{3}}{4}a^2\times\frac{b}{a}=\frac{3\sqrt{3}}{4}ab, \tag{4}$$

其中 $\frac{3\sqrt{3}}{4}a^2$ 为圆(1)的内接正三角形的面积. 每个圆内接正三角形,压缩后成为椭圆的面积最大的内接三角形(面积由(4)给出),反之亦然.

再举一个简单的例子,自椭圆

$$\frac{x^2}{a^2}+\frac{y^2}{b^2}=1 \tag{3'}$$

的右焦点 $F_1(c,0)$ 作垂线,交椭圆于 A,求 $|AF_1|$ 的长.

这将 $x=c$ 代入(3')得出 $y=\cdots$,即 $|F_1A|$ 的长.

不过也可先求在圆(1)中,如图 1,设 F_1A 交圆于 A_1,则由勾股定理

$$|A_1F_1|=\sqrt{a^2-c^2}=b,$$

从而压缩后得

$$|AF_1| = |A_1F_1| \times \frac{b}{a} = \frac{b^2}{a}.$$

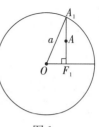

图 1

这比将 $x=c$ 代入 $(3')$ 求 AF_1 还容易一点 (AF_1 常称为半正焦弦).

下面再看一道稍复杂的题.

例 A 为椭圆 $(3')$ 上任意一点, AO 交椭圆于 B, AF_1, BF_1 分别交椭圆于 G, D. 若 $\overrightarrow{AF_1} = \lambda \overrightarrow{F_1G}$, $\overrightarrow{BF_1} = \mu \overrightarrow{F_1D}$. 求 $\lambda + \mu$ (用 a,b 表示).

解 还是先看在图 1 中,相应的点为 A_1, B_1, G_1, D_1.

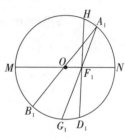

图 2

设 $A_1(x,y)$,由距离公式 $|A_1F_1| = \sqrt{(x-c)^2 + y^2} = \sqrt{a^2 + c^2 - 2cx}$,

由相交弦定理,

$|A_1F_1| \times |F_1G_1| = |HF_1^2|$,其中 H 即图 1 中的 A_1,所以

$|HF_1|^2 = b^2$ (或设 MN 为直径,则

$|A_1F_1| \times |F_1G_1| = |MF_1| \times |F_1N| = (a+c)(a-c) = b^2$),

从而

$$|F_1G_1| = \frac{b^2}{\sqrt{a^2 + c^2 - 2cx}},$$

$$\frac{|A_1F_1|}{|F_1G_1|} = \frac{a^2 + c^2 - 2cx}{b^2},$$

经过压缩变换,同一直线上线段的比保持不变,所以

$$\lambda = \frac{|AF_1|}{|F_1G|} = \frac{a^2 + c^2 - 2cx}{b^2}.$$

同理(B 的坐标与 A 的坐标成相反数)

$$\mu = \frac{a^2 + c^2 + 2cx}{b^2}.$$

从而

$$\lambda + \mu = \frac{2(a^2 + c^2)}{b^2} = \frac{2(2a^2 - b^2)}{b^2} = \frac{4a^2}{b^2} - 2.$$

可见压缩变换减少了很多计算的麻烦.

214. 椭圆规

如图，一根长为 l 的木杆，上面打一个洞，放进一只铅笔. 当木杆两端分别在 x,y 轴上运动时，铅笔画出的轨迹是什么？

解 一个椭圆.

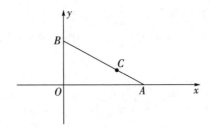

设 $AB=l$，C 处放铅笔，而

$$\frac{|BC|}{|CA|}=\frac{\lambda}{\mu}（定比 \lambda+\mu=1）.$$

又设 A 的横坐标为 m，B 的纵坐标为 n，则

$$m^2+n^2=l^2.\tag{1}$$

而 C 点的坐标 (x,y) 满足

$$x=\lambda m,y=\mu n,\tag{2}$$

即

$$m=\frac{x}{\lambda},n=\frac{y}{\mu}.\tag{3}$$

将 (3) 代入 (1) 得

$$\frac{x^2}{\lambda^2 l^2}+\frac{y^2}{\mu^2 l^2}=1,\tag{4}$$

这是一个两个半轴分别为 λl 与 μl 的椭圆.

上面的简易装置便是椭圆规. 特别地，在 C 为 AB 中点时 $(\lambda=\mu)$，(4) 即圆

$$x^2+y^2=\frac{1}{4}l^2.\tag{5}$$

215. 恰好用直角坐标系

见到一道非常适合用解析几何知识证明的几何证明题.

例 △ABC 的高 BE,CF,AD 相交于点 H(D,E,F 分别在 BC,CA,AB 上).EF 交 AD 于点 K,L 为 AH 中点.求证:$BK \perp CL$.

解 本题解法很多,用解析几何也很好,因为恰好可用 AD,BC 作 y,x 轴,建立直角坐标系,而且题中只用到直线的方程.

设 D 为原点,B,C,A,H,K 的坐标分别为 $(b,0),(c,0),(0,a),(0,h),(0,k)$,则由截距式

直线 AC 的方程为

$$\frac{x}{c}+\frac{y}{a}=1. \tag{1}$$

直线 BH 的方程为

$$\frac{x}{b}+\frac{y}{h}=1. \tag{2}$$

(1)与(2)垂直,所以

$$bc+ah=0. \tag{3}$$

而 E 点在直线

$$x\left(\frac{1}{c}+\frac{1}{b}\right)+y\left(\frac{1}{a}+\frac{1}{h}\right)=2 \tag{4}$$

上((1)+(2)得(4)).

同理,F 点也在直线(4)上,所以直线 EF 的方程就是(4).

在(4)中令 $x=0$,得

$$k=\frac{2}{\dfrac{1}{a}+\dfrac{1}{h}}=\frac{2ah}{a+h}, \tag{5}$$

故直线 BK 的方程为

$$\frac{x}{b}+\frac{y}{k}=1. \tag{6}$$

L 的坐标为 $\left(0, \dfrac{a+h}{2}\right)$，$CL$ 的方程为

$$\frac{x}{c} + \frac{y}{\dfrac{a+h}{2}} = 1. \tag{7}$$

由(5)、(3)可得

$$bc + k \cdot \frac{a+h}{2} = bc + ah = 0,$$

所以

$$CL \perp BK.$$

小時候

天上看得見星星　　夜晚常飛過流螢
過節知道祭祖先　　聽說鬼膽顫心驚

又一
放學之後到處溜　　小人書攤遍地有
鐵環銅板抽陀螺　　象棋撲克推牌九

又二
屋簷蜘蛛張起網　　無根水野一大缸

又三
覺得西遊連夜讀　　不覺風中油燈黃
小巷曲折又細長　　大爐燒餅噴噴香
愛在灶下看火勢　　添把柴禾火更旺

又四
橋頭垂下冰凌長　　堆個雪人肥又胖
過年家家放爆竹　　最愛總是天地響

216. 抛物线

直线 $y=kx-k+1$ 与抛物线 $G: y=a(x-1)^2$ 交于 A, B 两点(点 A 在点 B 左侧),与 G 的对称轴交于点 $C. G$ 的顶点为 $D,$ $|BC|=4|AC|,$ $\angle ADB=90°.$ 求点 B 的坐标.

解 先将坐标轴向右平移 1 个单位长度,问题变为直线

$$y=kx+1 \tag{1}$$

与抛物线

$$y=ax^2 \tag{2}$$

交于 A, B 两点……,求点 B 的坐标.

由(1)得 $1=y-kx$,代入(2)得

$$y(y-kx)=ax^2. \tag{3}$$

A, B 的坐标 $(x_1, y_1), (x_2, y_2)$ 均适合(1)、(2),因而也适合(3),(3)即

$$\left(\frac{y}{x}\right)^2-\frac{ky}{x}-a=0. \tag{4}$$

由韦达定理,$-a=\dfrac{y_1}{x_1} \cdot \dfrac{y_2}{x_2}$,而由 $\angle ADB=90°, DA, DB$ 的斜率相乘为 -1,所以 $a=1$.

$|BC|=4|AC|$ 即

$$x_2=-4x_1. \tag{5}$$

又由(1)、(2)($a=1$)消去 y,得

$$x^2-kx-1=0. \tag{6}$$

由韦达定理及(5)、(6),得

$$\frac{1}{4}x_2^2=1, \tag{7}$$

所以 $x_2=2$(只取正值)

在原来的坐标系中,B 的坐标为 $x=3, y=2^2=4$,即 $B(3,4)$.

217. 双曲线

设一条直线交双曲线 $xy=k(k>0)$ 在第一象限的部分于 C,D,又分别交 x 轴,y 轴于点 A,B,则 $|AC|=|BD|$.

这个性质是广东莫辉老师告诉我的,他还给出了一个漂亮的几何证明.

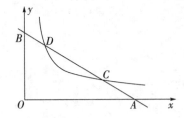

这里我们给出了一个解析几何的证明.

设直线方程为(截距式)

$$\frac{x}{a}+\frac{y}{b}=1. \tag{1}$$

这里 a 为 A 的横坐标,即直线在 x 轴上的截距,b 为 B 的纵坐标,即直线在 y 轴上的截距.

将

$$y=\frac{k}{x} \tag{2}$$

代入(1),消去 y 得

$$\frac{x}{a}+\frac{k}{bx}=1,$$

即

$$x^2-ax+\frac{ak}{b}=0. \tag{3}$$

C,D 的横坐标 x_C,x_D 是(3)的两个根,所以由韦达定理

$$x_C+x_D=a. \tag{4}$$

同样,C,D 的纵坐标 y_C,y_D 满足

$$y_C+y_D=b, \tag{5}$$

AB 中点坐标为 $\left(\dfrac{a}{2}, \dfrac{b}{2}\right)$，$CD$ 中点坐标为 $\left(\dfrac{x_C + x_D}{2}, \dfrac{y_C + y_D}{2}\right)$，两者相同，所以 $|AC| = |BD|$.

对于形如

$$\frac{x^2}{a^2} - \frac{y^2}{b^2} = k \tag{6}$$

（其中正数 a, b 固定，参数 $k \geqslant 0$）的双曲线族亦有类似结果，即设一条直线交 $\dfrac{x^2}{a^2} - \dfrac{y^2}{b^2} = m$ 于 A, B，交 $\dfrac{x^2}{a^2} - \dfrac{y^2}{b^2} = n$ 于 C, D，则 $|AC| = |BD|$（这里 m, n 为非负数，$k = 0$ 时，(6) 即双曲线的渐近线）.

证明类似，设直线方程为 $y = kx + d$，代入

$$\frac{x^2}{a^2} - \frac{y^2}{b^2} = m$$

中，消去 y，得

$$\frac{x^2}{a^2} - \frac{(kx + d)^2}{b^2} = m,$$

即

$$x^2(b^2 - a^2 k^2) - 2kda^2 x + a^2 d^2 - a^2 b^2 m = 0.$$

由韦达定理

$$x_A + x_B = \frac{2kda^2}{b^2 - a^2 k^2}.$$

同样

$$x_C + x_D = x_A + x_B,$$
$$y_C + y_D = y_A + x_B,$$

所以 $|AC| = |BD|$.

218. 一道极值问题

如图，梯形 $ABCD$ 中，$AD /\!/ BC$，$|AD|=3$，$|BC|=9$，$|AB|=4\sqrt{5}$，F 为 AB 的中点，以 CD 为斜边作等腰直角三角形 DEC. 求 $|EF|$ 的最值.

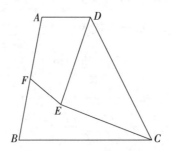

有人用复数做，得出 $|EF| \geqslant \sqrt{5}$，但未给出取最小值的情况（即何时 $|EF|=\sqrt{5}$）.

其实本题并不需要用复数，用解析几何或许更好一些，而且可以考虑更一般的情况.

设梯形 $ABCD$ 中，$AD /\!/ BC$，$|AD|=2d$，$|BC|=2c$，$|AB|=2h$，F 为 AB 中点，以 CD 为斜边作等腰直角三角形 DEC，求 $|EF|$ 的最大值与最小值.

注意 B 点可以固定为原点，BC 可作为 x 轴，C 的坐标为 $(2c,0)$.

A 的坐标未定，仅知 $|AB|=2h$，可设 A 的坐标为 $(2a,2b)$，则
$$a^2+b^2=h^2. \tag{1}$$

所说的最大值或最小值，就是在 a,b 变动时（但要满足(1)），$|EF|$ 的最大值与最小值.

易知，F 的坐标为 (a,b)，D 的坐标为 $(2a+2d,2b)$，CD 中点 G 的坐标为 $(a+d+c,b)$，CD 的斜率为 $\dfrac{b}{a+d-c}$.

所以设 E 的坐标为 (x,y)，EG 的参数方程为
$$\begin{cases} x-(a+d+c)=-bt, \tag{2} \\ y-b=(a+d-c)t. \tag{3} \end{cases}$$

因为 $\triangle DEC$ 是等腰直角三角形，DC 为斜边，所以
$$|EG|=|GD|,$$

即

$$(y-b)^2+(x-a-c-d)^2=(a+d-c)^2+b^2. \tag{4}$$

由(2)、(3)、(4),显然可得 $t=\pm1$,

$$x=(a+d+c)\mp b, \tag{5}$$

$$y=b\pm(a+d-c), \tag{6}$$

其中 $t=1$ 时,对应的 E 与 B 在 CD 的同侧, $t=-1$ 时,对应的 E 与 B 在 CD 的异侧.

在取 $t=1$ 时,

$$|EF|^2=(c+d-b)^2+(a+d-c)^2=2c^2+2d^2+h^2-2(b(c+d)+a(c-d)).$$

而 $(b(c+d)+a(c-d))^2 \leqslant (a^2+b^2)((c+d)^2+(c-d)^2)=2h^2(c^2+d^2)$,

所以 $|EF|$ 的最小值为

$$\sqrt{2c^2+2d^2+h^2-2h\sqrt{2(c^2+d^2)}}=\sqrt{2(c^2+d^2)}-h,$$

在 $a:b=(c-d):(c+d)$ 时,取得最小值(在 $c=\dfrac{9}{2}$, $d=\dfrac{3}{2}$ 时, $a:b=1:2$,再由 $a^2+b^2=h^2=20$ 得 $a=2$, $b=4$,最小值为 $\sqrt{5}$).

在 $t=1$ 时,

$|EF|$ 的最大值为 $\sqrt{2(c^2+d^2)}+h$(仍在 $a:b=(c-d):(c+d)$ 时取得,但 $x=(a+d+c)+b$, $y=b-(a+d-c)$,最大值为 $5\sqrt{5}$.

注 方程组(2)、(3)、(4)关于 t 的两个解,显然是 $t=\pm1$,将(2)、(3)代入(4)立即看出,这是这种解法最取巧的地方.

219. 轮我上场了

已知等腰直角三角形 ABC 中，D 为斜边 AB 的中点，E 在 AC 上，并且 $|AE|=2|EC|$. 将 $\triangle ADE$ 以 DE 为轴翻转，得 $\triangle FDE$. FD，FE 分别交 BC 于 N，M. 若 $|AC|=12$，求 $|NM|$.

解析几何在一旁看了这道题，摩拳擦掌，说："轮我上场了!"

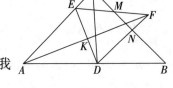

"为什么?"

"D 是现成的原点，AB，DC 分别为 x 轴，y 轴. 当然该我一显身手."

一般地，设 B 的坐标为 $(a,0)$，则 A 的坐标为 $(-a,0)$，C 的坐标为 $(0,a)$. 又设 $\dfrac{|EC|}{|AE|}=\dfrac{\lambda}{\mu}$，$\lambda+\mu=1$. 则由分点公式，$E$ 的坐标为 $(-\lambda a,\mu a)$.

设 F 的坐标为 (c,d)，则 AF 的中点 K 的坐标为 $\left(\dfrac{c-a}{2},\dfrac{d}{2}\right)$，$K$ 在直线 DE 上，而 DE 的方程为

$$y=-\frac{\mu}{\lambda}x,$$

即

$$\mu x+\lambda y=0, \tag{1}$$

所以

$$\mu(c-a)+\lambda d=0. \tag{2}$$

又 $AF\perp DE$，所以

$$-\frac{\mu}{\lambda}\cdot\frac{d}{c+a}=-1,$$

即

$$\lambda(c+a)-\mu d=0. \tag{3}$$

由(2)、(3)得

$$c = \frac{a(\mu^2 - \lambda^2)}{\lambda^2 + \mu^2} = \frac{a(\mu - \lambda)}{\lambda^2 + \mu^2}, \tag{4}$$

$$d = \frac{2\lambda\mu a}{\lambda^2 + \mu^2}. \tag{5}$$

直线 DF 的方程为

$$cy = dx, \tag{6}$$

直线 BC 的方程为

$$x + y = a. \tag{7}$$

N 为 DF 与 BC 的交点,N 的横坐标满足

$$c(a - x) = dx,$$

即

$$x_N = \frac{ca}{c + d} = \frac{a(\mu - \lambda)}{\mu - \lambda + 2\lambda\mu} = \frac{a(\mu - \lambda)}{1 - 2\lambda^2}, \tag{8}$$

直线 EF 方程为

$$(y - d)(c + \lambda a) = (x - c)(d - \mu a). \tag{9}$$

所以 M 的横坐标 x_M 满足

$$(a - x - d)(c + \lambda a) = (x - c)(d - \mu a).$$

即

$$x_M = \frac{\lambda a(a + c - d)}{c + d + \lambda a - \mu a}$$

$$= \frac{\lambda a(\lambda^2 + \mu^2 + (\mu - \lambda) - 2\lambda\mu)}{\mu - \lambda + 2\lambda\mu + (\lambda^2 + \mu^2)(\lambda - \mu)}$$

$$= \frac{\lambda a(1 + (\mu - \lambda) - 4\lambda\mu)}{2\lambda\mu - 2\lambda\mu(\lambda - \mu)} = \frac{a(\mu - \lambda)}{2\mu}. \tag{10}$$

$$x_N - x_M = a(\mu - \lambda)\left(\frac{1}{1 - 2\lambda^2} - \frac{1}{2\mu}\right) = \frac{(\mu - \lambda)(2\mu - 1 + 2\lambda^2)a}{2(1 - 2\lambda^2)\mu} = \frac{(1 - 2\lambda)(1 - 2\lambda + 2\lambda^2)a}{2(1 - \lambda)(1 - 2\lambda^2)},$$

$$|MN| = \frac{\sqrt{2}(1 - 2\lambda)(1 - 2\lambda + 2\lambda^2)a}{2(1 - \lambda)(1 - 2\lambda^2)},$$

在 $\sqrt{2}a = 12$,$\lambda = \frac{1}{3}$ 时,$|MN| = \frac{15}{7}$.

我(解析几何)不需要冥思苦想地添辅助线,寻找各种关系,简单的计算即可解决问题. 当然也要细心,不可算错!

220. 法线式的应用

一个正方形的四条边所在的直线,分别过点 $A(1,0)$, $B(2,0)$, $C(4,0)$, $D(8,0)$. 求这个正方形的面积.

解 这道题应当用法线式解.

设正方形四边的方程为

$$x\cos\alpha + y\sin\alpha = a_1,$$
$$x\cos\alpha + y\sin\alpha = a_2,$$
$$x\sin\alpha - y\cos\alpha = a_3,$$
$$x\sin\alpha - y\cos\alpha = a_4,$$

其中 $a_1 - a_2 = a_3 - a_4 =$ 正方形边长 a,则对它们与 x 轴的交点 $(x_i, 0)$,$1 \leqslant i \leqslant 4$,有

$$x_1\cos\alpha = a_1,$$
$$x_2\cos\alpha = a_2,$$
$$x_3\sin\alpha = a_3,$$
$$x_4\sin\alpha = a_4,$$

所以

$$(x_1 - x_2)\cos\alpha = a_1 - a_2 = a,$$
$$(x_3 - x_4)\sin\alpha = a_3 - a_4 = a,$$
$$1 = \cos^2\alpha + \sin^2\alpha = \frac{a^2}{(x_1-x_2)^2} + \frac{a^2}{(x_3-x_4)^2},$$
$$a^2 = \frac{(x_1-x_2)^2(x_3-x_4)^2}{(x_1-x_2)^2+(x_3-x_4)^2}. \tag{1}$$

四个点分为两组,有三个分法(不妨设 1 在第一组,另三个数选一个放在第一组,有 3 个选法),即 $\{1,2\}\bigcup\{4,8\}$,$\{1,4\}\bigcup\{2,8\}$,$\{1,8\}\bigcup\{2,4\}$,代入(1),分别得出面积

$$a^2 = \frac{16}{17}, \frac{36}{5}, \frac{196}{53}.$$

可能有人说课标中无法线式. 课标没有,考试却考,这是课标与考试(特别是高考)的矛盾,可以将课标理解为最低标准,幸亏教师的桶里水多些,可以将法线式教给学生,顺利地通过考试,取得好成绩.

既然会考到,课标还是增加法线式的内容为是.

221. 离心率

$y=Ax+\dfrac{B}{x}(A>0,B>0)$，即 $Ax^2-xy+B=0$，求它的离心率.

在通常的解析几何书中，都会讲到一般二次曲线. 讲到如何经过坐标变换，将二次曲线化为标准形. 现在的中学教材，不讲坐标变换，其实坐标变换是解析几何的精髓. 课程标准不宜弃掉精髓，却留下一些渣滓. 对此我们不多作议论，本文专谈一下如何作坐标变换.

令 $\begin{cases}x=x'\cos\theta-y'\sin\theta,\\ y=x'\sin\theta+y'\cos\theta\end{cases}$

（这样就可以保证新坐标系仍是直角坐标系，长度单位与原来相同，角 θ 在下面根据需要定出），则原方程变为

$$A(x'\cos\theta-y'\sin\theta)^2-(x'\cos\theta-y'\sin\theta)(x'\sin\theta+y'\cos\theta)+B=0,$$

其中 x'^2 的系数为 $A\cos^2\theta-\sin\theta\cos\theta$，

y'^2 的系数为 $A\sin^2\theta+\sin\theta\cos\theta$，

$x'y'$ 的系数为 $-2\sin\theta\cos\theta A-\cos^2\theta+\sin^2\theta$，

对照双曲线标准形 $\dfrac{x^2}{a^2}-\dfrac{y^2}{b^2}=1$，应使 xy 系数为 0，即 $\sin^2\theta-2\sin\theta\cos\theta A-\cos^2\theta=0$，

从而 $\tan\theta=A\pm\sqrt{A^2+1}$（为简单见，取 θ 为锐角，根号前只取正号）.

所以 $\dfrac{b^2}{a^2}=-\dfrac{A\cos^2\theta-\sin\theta\cos\theta}{\sin\theta\cos\theta+A\sin^2\theta}=\dfrac{-A+\tan\theta}{\tan\theta+A\tan^2\theta}$

$$=\dfrac{\sqrt{A^2+1}}{(A+\sqrt{A^2+1})(1+A^2+A\sqrt{A^2+1})}$$

$$=\dfrac{1}{(A+\sqrt{A^2+1})^2}$$

$$=(\sqrt{A^2+1}-A)^2.$$

所以离心率

$$e=\dfrac{c}{a}=\sqrt{\dfrac{b^2}{a^2}+1}=\sqrt{(\sqrt{A^2+1}-A)^2+1}$$

（B 在 $\dfrac{b^2}{a^2}$ 中自然约去，对于结果毫无影响）.

222. 斜坐标发威

下面的问题,使用斜坐标最为方便.

问题 如图,已知$\triangle ABC$中,D,E,F分别为BC,AB,AC的中点,M,N,T,S分别在线段AE,AF,EB,FC上,并且$\dfrac{|ME|}{|ET|}=\dfrac{|NF|}{|FS|}$,

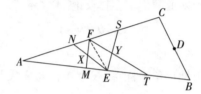

$MF\bigcap NE=X,ES\bigcap FT=Y.$

求证:X,Y,D三点共线.

证明 用斜坐标系,以A为原点,AB,AC分别为x,y轴,E点坐标为$(1,0)$,F点坐标为$(0,1)$,又设M,N,T,S的坐标分别为$(m,0),(0,n),(t,0),(0,s)$,则B,C,D的坐标为$(2,0),(0,2),(1,1)$,

并且
$$\frac{1-m}{1-t}=\frac{1-n}{1-s}. \tag{1}$$

由截距式,MF的方程为
$$\frac{x}{m}+\frac{y}{1}=1,$$

即
$$x+my=m. \tag{2}$$

同样,NE的方程为
$$nx+y=n, \tag{3}$$

$(2)-(3)$,得
$$x(1-n)-y(1-m)=m-n. \tag{4}$$

方程(4)表示的直线,显然过点X(因为X的坐标既适合(2)又适合(3)),同时又过点$D(1,1)$(将D的坐标代入(4)即知),所以(4)就是DX的方程.

同理,DY 的方程为

$$x(1-s)-y(1-t)=t-s. \tag{5}$$

而由(1)及比的性质,

$$\frac{1-m}{1-t}=\frac{1-n}{1-s}=\frac{m-n}{t-s}, \tag{6}$$

因此(4)与(5)是同一条直线,即 D,X,Y 三点共线.

本题源自刘国梁老师. 题中 M,T 及 N,S 只需分别在直线 AB 及 AC 上,并满足 $\left|\frac{ME}{ET}\right|=\left|\frac{NF}{FS}\right|$ 即可(不限定在图中的线段内).

辛亥革命
山雨欲来风满楼
腐败清朝在风口
百姓要求作主人
朝廷只肯用贵胄
武昌枪响暴政垮
南京会开民国构
一百一十二年逝
辛亥精神永不朽

223. 解要好解

宁吃好桃一个，不吃烂桃一筐．解，要找好解，解题能力才有进步．下面的题解法很多，希望找好解．

已知$\triangle ABC$中，$|AB|=2$，$|AC|=1$，$\angle BAC=120°$，AD 为 $\angle BAC$ 的平分线．

(1)求$|AD|$；

(2)过 D 作直线，分别交直线 AB,AC 于点 E,F．若 $|AE|=u|AB|$，$|AF|=v|AC|$，求 $\dfrac{1}{u}+\dfrac{2}{v}$．

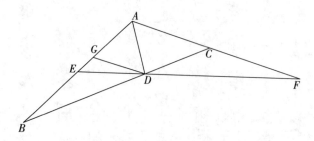

解　如图，过 D 作 AC 的平行线，交 AB 于点 G，则由角平分线性质

$$\frac{|GD|}{|AC|}=\frac{|BD|}{|BC|}=\frac{|BD|}{|BD|+|DC|}=\frac{|AB|}{|AB|+|AC|}=\frac{2}{2+1}=\frac{2}{3};$$

所以$|GD|=\dfrac{2}{3}|AC|=\dfrac{2}{3}$．

因为$\angle GDA=\angle DAF=60°=\angle GAD$，所以$\triangle GDA$是正三角形．

$|AD|=|GD|=|AG|=\dfrac{2}{3}$．

(2)如果知道斜坐标系中截距式仍然适用，那么以 AB 为 x 轴，AC 为 y 轴，EF 的方程为

$$\frac{x}{|AE|}+\frac{y}{|AF|}=1,\tag{I}$$

它过点 D，而 D 的坐标为$\left(\dfrac{2}{3},\dfrac{2}{3}\right)$，所以（I）即

$$\frac{1}{|AE|}+\frac{1}{|AF|}=\frac{3}{2}. \tag{II}$$

而 $|AE|=u|AB|=2u$，$|AF|=v|AC|=v$，所以

$$\frac{1}{u}+\frac{2}{v}=\frac{1}{\dfrac{|AE|}{2}}+\frac{2}{|AF|}=2\left(\frac{1}{|AE|}+\frac{1}{|AF|}\right)=3.$$

如果利用向量，可由

$$\overrightarrow{AD}=\overrightarrow{AG}+\overrightarrow{GD}=\frac{1}{3}\overrightarrow{AB}+\frac{2}{3}\overrightarrow{AC}=\frac{1}{3u}\overrightarrow{AE}+\frac{2}{3v}\overrightarrow{AF},$$

又 E,D,F 共线，所以 $\dfrac{1}{3u}+\dfrac{2}{3v}=1$，即 $\dfrac{1}{u}+\dfrac{2}{v}=3$．

（（II）亦可由面积 $S_{\triangle AED}+S_{\triangle ADF}=\dfrac{1}{2}(|AD|\times|AE|+|AD|\times|AF|)\sin\angle BAD=$

$S_{\triangle AEF}=\dfrac{1}{2}|AE|\times|AF|\sin\angle BAC$ 得出）

佳節喜重陽
重陽

蓬蒿荖荖
藜葭莽蒼蒼

老難行千米荒

思猶馳八荒

認真談數學

仿佛上課堂

當下享樂趣

不必求久長

224. 瞄准目标

点 $A(2,2)$，B，C 都在抛物线 $y^2=2x$ 上，直线 AB，AC 的斜率分别为 k_1，k_2，并且

$$k_1k_2=2, k_1+k_2=5. \tag{1}$$

求 BC 的方程.

本题不难，按部就班地做就可以，当然也有几点值得注意.

首先 B 点坐标怎么设？设其纵坐标为 $2b$，则由 $y^2=2x$ 得横坐标为 $2b^2$. 这样设可以避免出现分数.

同样，设 C 点坐标为 $(2c^2,2c)$.

其次，k_1，k_2 可由方程组（1）求出，但并无必要. 因为我们的最终目标是求 BC 的方程，而由点斜式，这方程为

$$y-2b=\frac{2b-2c}{2b^2-2c^2}(x-2b^2),$$

即

$$y-2b=\frac{1}{b+c}(x-2b^2). \tag{2}$$

所以应当求 b，c，而不求 k_1，k_2.

AB 的斜率

$$k_1=\frac{2b-2}{2b^2-2}=\frac{1}{b+1}.$$

同样，AC 的斜率

$$k_2=\frac{1}{c+1}.$$

所以（1）成为

$$(b+1)(c+1)=\frac{1}{2},$$

$$(b+1)+(c+1)=5(b+1)(c+1)=\frac{5}{2},$$

即

$$b+c=\frac{1}{2}, \tag{3}$$

$$bc=-1. \tag{4}$$

（2）即

$$y-2b=2(x-2b^2),$$

亦即

$$2x-y=2b(2b-1)=4b(-c)=4,$$

所求方程为

$$2x-y-4=0.$$

要弄清真正的目标，瞄准真正的目标，不必求 k_1,k_2，也不必求 b,c（有（3）、（4）即可）. 我们的目标是 BC 的方程，这一点切莫忘记.

自勉　十一月一日

今日自斟一杯酒
慶賀已晉七十九
古稀常見不為稀
登樓應登更高樓
尚有餘熱思奉人
惜無教鞭握在手
明年再寫書兩本
莫讓時光白白流

單墫打油

225. 切线与极线

例 1 过圆

$$x^2 + y^2 = r^2 \tag{1}$$

上一点 $P(x_0, y_0)$ 作圆的切线,求圆的切线方程.

解 切线方程为

$$y - y_0 = k(x - x_0), \tag{2}$$

只需求出 k.

在(1)的两边对 x 求导数得

$$2x + 2yy' = 0. \tag{3}$$

所以点 $P(x_0, y_0)$ 处的切线斜率

$$k = y'(x_0) = -\frac{x_0}{y_0}, \tag{4}$$

代入(2),整理得,切线方程为

$$x_0 x + y_0 y = r^2. \tag{5}$$

一般地,过二次曲线

$$ax^2 + 2bxy + cy^2 + 2dx + 2ey + f = 0 \tag{6}$$

上一点 (x_0, y_0) 作切线,切线方程为

$$ax_0 x + bx_0 y + by_0 x + cy_0 y + dx + dx_0 + ey + ey_0 + f = 0. \tag{7}$$

例 2 过圆(1)外一点 $P(x_0, y_0)$ 向圆引两条切线,切点为 P_1, P_2. 求直线 P_1P_2 的方程.

解 设点 P_i 的坐标为 $(x_i, y_i)(i = 1, 2)$,则切线 PP_1 的方程为

$$x_1 x + y_1 y = r^2, \tag{8}$$

因为 PP_1 过 P,所以

$$x_1 x_0 + y_1 y_0 = r^2. \tag{9}$$

同理,

$$x_2 x_0 + y_2 y_0 = r^2. \tag{10}$$

一次方程 $x_0 x + y_0 y = r^2$ 表示一条直线,由(9)知该直线过 P_1,由(10)知该直线过 P_2,因此(10)就是直线 $P_1 P_2$ 的方程.

$P_1 P_2$ 称为 P 关于圆(1)的极线.

(5)是一个有用的公式,P 在圆外时,它表示极线方程,P 在圆上时,它表示切线方程.

圆改为二次曲线时,相应的结论一样成立.

例3 动点 P 不在 x 轴上,过 P 作抛物线

$$y^2 = 4x \tag{11}$$

的两条切线,两切点连线 l_P 与 OP 垂直,交 x 轴于 R. 证明:R 为定点.

证明 l_P 是 P 关于抛物线(11)的极线,设 P 的坐标为 (x_0, y_0),则极线的方程为((7)的特殊情况)

$$y_0 y = 2(x + x_0). \tag{12}$$

因为 $l_P \perp OP$,所以

$$\frac{2}{y_0} \cdot \frac{y_0}{x_0} = -1,$$

从而

$$x_0 = -2. \tag{13}$$

R 的坐标满足(12),从而

$$2(x_R + x_0) = 0,$$

所以

$$x_R = -x_0 = 2.$$

即 R 为定点 $(2, 0)$.

226. 面积最大

问题 过直线 $2x-4y+3=0$ 上一点 $M(x_0,y_0)$ 作抛物线 $x^2=-2y$ 的两条切线,切点为 A,B. 直线 AB 交椭圆 $\dfrac{x^2}{4}+y^2=1$ 于 P,Q. 求 $\triangle OPQ$ 面积最大时,AB 的方程.

解 AB 的方程为

$$x_0 x=-y-y_0, \tag{1}$$

$$2S_{\triangle OPQ}=\left\|\begin{matrix} x_P & y_P \\ x_Q & y_Q \end{matrix}\right\| \xlongequal{\text{由}(1)} \left\|\begin{matrix} x_P & -(x_0 x_P+y_0) \\ x_Q & -(x_0 x_Q+y_0) \end{matrix}\right\| = \left\|\begin{matrix} x_P & -y_0 \\ x_Q & -y_0 \end{matrix}\right\| = |y_0(x_Q-x_P)|. $$
$$\tag{2}$$

x_P,x_Q 是方程

$$x^2+4(x_0 x+y_0)^2=4$$

的两个根,即方程

$$(1+4x_0^2)x^2+8x_0 y_0 x-4(1-y_0^2)=0 \tag{3}$$

的两个根,所以

$$|x_Q-x_P|=\frac{4\sqrt{4x_0^2 y_0^2+(1+4x_0^2)(1-y_0^2)}}{1+4x_0^2}=\frac{4\sqrt{1+4x_0^2-y_0^2}}{1+4x_0^2},$$

$$S_{\triangle OPQ}=\frac{2\sqrt{y_0^2(1+4x_0^2-y_0^2)}}{1+4x_0^2}\leqslant \frac{y_0^2+(1+4x_0^2-y_0^2)}{1+4x_0^2}=1,$$

在

$$\begin{cases} y_0^2=1+4x_0^2-y_0^2, \\ 2x_0-4y_0+3=0 \end{cases} \tag{4}$$

时,$S_{\triangle OPQ}$ 取最大值 1.

用代入法不难得出

$$7y_0^2-12y_0+5=0,$$

解得

$$\begin{cases} y_0=1, \\ x_0=\dfrac{1}{2} \end{cases} \text{或} \begin{cases} y_0=\dfrac{5}{7}, \\ x_0=-\dfrac{1}{14}. \end{cases}$$

AB 的方程 $x+2y+2=0$ 或 $x-14y-10=0$.

227. 方程的根

圆 $x^2+(y+1)^2=1$ 的圆心为 E，在 P 点的切线交抛物线 $x^2=4y$ 于 A,B，交 y 轴于 $T(0,t)(t>0)$. 已知 $|PA| \cdot |PB|=|TE|^2$，求 t 的值.

解 圆、抛物线的方程均为已知，关键是如何确定切线方程，设 P 坐标为 (x_P,y_P)，则

$$x_P^2+(y_P+1)^2=1, \tag{1}$$

切线方程为

$$x_P x+(y_P+1)y+y_P=0. \tag{2}$$

切线过 $T(0,t)$，所以

$$(y_P+1)t+y_P=0. \tag{3}$$

$$|TE|^2=(1+t)^2=\left(1-\frac{y_P}{y_P+1}\right)^2=\frac{1}{(y_P+1)^2}. \tag{4}$$

设 A,B 的横坐标分别为 x_1,x_2，则 x_1,x_2 是

$$4x_P x+(y_P+1)x^2+4y_P=0 \tag{5}$$

的两根，从而

$$(y_P+1)x^2+4x_P x+4y_P=(y_P+1)(x-x_1)(x-x_2),$$

$$(y_P+1)(x_P-x_1)(x_P-x_2)=(y_P+1)x_P^2+4x_P^2+4y_P. \tag{6}$$

设切线的倾斜角为 α，则

$$\tan\alpha=-\frac{x_P}{y_P+1},$$

$$\frac{1}{\cos^2\alpha}=1+\tan^2\alpha=\frac{1}{(y_P+1)^2},$$

$$|PA| \cdot |PB|=\frac{(x_P-x_1)(x_P-x_2)}{\cos^2\alpha}=\frac{1}{(y_P+1)^3}((y_p+1)x_P^2+4x_P^2+4y_P). \tag{7}$$

由已知(设 $u=y_P+1$)及(4)、(7)得

$$1=((u+4)(1-u^2)+4u-4)\frac{1}{u},$$

整理，得

$$u^2 + 4u - 4 = 0,$$

$$u = -2 \pm 2\sqrt{2},$$

$$t = \frac{1}{u} - 1 = \frac{\sqrt{2}-1}{2} (只取正值).$$

其中得出(6)是关键的一步.

茶花 一月二十八日作

大雪未曾來

籬畔花先開

為傳春消息

不惜身受災

預報大雪未至後院茶花卻開

了花

228. 一个简单的技巧

先看一个例题：

例1 过点 $R(q,0)(q\neq0)$ 任作一条不过原点 O 的直线,交椭圆

$$\frac{x^2}{a^2}+\frac{y^2}{b^2}+\frac{2}{a}x=0 \tag{1}$$

于 C,D 两点. 设 OC,OD 的斜率分别为 k_1,k_2. 求证: k_1k_2 为定值(只与 a,b,q 有关).

证明 设 CD 的方程为

$$x+my=q \tag{2}$$

(若用 $y=k(x-q)$ 也无不可,但我们的方程(2)排除了 CD 过原点的情况,保留了 CD 与 y 轴平行的情况).

C 点坐标适合(1)、(2),因而适合

$$\frac{x^2}{a^2}+\frac{y^2}{b^2}+\frac{2}{a}x\cdot\frac{x+my}{q}=0, \tag{3}$$

即 C 点在曲线

$$\frac{q}{b^2}y^2+\frac{2m}{a}xy+\left(\frac{q}{a^2}+\frac{2}{a}\right)x^2=0 \tag{4}$$

上,同样,D 点也在曲线(4)上.

(4)左边的方程是 x,y 的二次齐次式,右边是 0,所以原点 O 的坐标也适合(4),(4)的左边可分解为两个一次齐次式的积,即(4)可写成

$$(a_1x+b_1y)(a_2x+b_2y)=0.$$

$a_1x+b_1y=0$ 与 $a_2x+b_2y=0$ 都是直线方程,都过原点,C,D 点在这两条直线上,但每条线上只有一个点(因为直线 CD 不过原点),所以 $a_1x+b_1y=0$ 与 $a_2x+b_2y=0$ 分别为 OC,OD 的方程,它们合在一起成为(4),从而 k_1,k_2 即方程

$$\frac{q}{b^2}k^2+\frac{2m}{a}k+\left(\frac{q}{a^2}+\frac{2}{a}\right)=0 \quad (k=\frac{y}{x}) \tag{5}$$

的两个根,从而由韦达定理

$$k_1k_2=\left(\frac{q}{a^2}+\frac{2}{a}\right)\div\frac{q}{b^2}=\frac{b^2}{qa^2}(q+2a). \tag{6}$$

上述方法对一般二次曲线同样成立,不过,我们并不需要一般的公式,掌握方法即可(利用 $\dfrac{x+my}{q}=1$,将原来的二次程中一次项乘以 $\dfrac{x+my}{q}$,常数项乘以 $\left(\dfrac{x+my}{q}\right)^2$,均变成二次项).

例2 过点 $R(r,0)$ 任作一条不过 $A(a,0)$ 的直线 l,交椭圆

$$\frac{x^2}{a^2}+\frac{y^2}{b^2}=1 \tag{7}$$

于 $C,D.\ AC,AD$ 的斜率分别为 k_1,k_2,求 $k_1 k_2$.

解 现在 A 不是原点,但只需作一简单的坐标变换

$$\begin{cases} x=x'+a, \\ y=y', \end{cases} \tag{8}$$

则 A 的坐标变为 $(0,0)$,R 的坐标变为 $(r-a,0)$.

$\dfrac{x^2}{a^2}+\dfrac{y^2}{b^2}=1$ 变为 $\dfrac{(x+a)^2}{a^2}+\dfrac{y^2}{b^2}=1$(为方便起见,我们省略了撇号,即这里 x,y,其实是 x',y'),

即

$$\frac{x^2}{a^2}+\frac{y^2}{b^2}+\frac{2}{a}x=0.$$

因此,由上例

$$k_1 k_2=\frac{b^2}{qa^2}(q+2a)=\frac{b^2}{a^2}\cdot\frac{r+a}{r-a}. \tag{17}$$

坐标变换是解析几何中的重要内容,平移变换又非常容易,应用也非常广泛.不纳入课标之中十分可惜.学得多些,考得少些,不增加学生负担;学得少,考得难,却造成学生负担沉重.

229. 过定点吗?

见到一道解析几何题,如下:

过点 $A\left(-1,\frac{3}{2}\right)$ 作两条直线,除 A 点外,又分别交椭圆 $\frac{x^2}{4}+\frac{y^2}{3}=1$ 于 P,Q 两点,并且都与以 $B(0,-1)$ 为圆心,半径为 r 的圆相切.问直线 PQ 是否通过定点? 若过定点,求出这定点的坐标;若不过定点,请说明理由.

有人称这道题为"恶心"的题,的确,如果仅用课本上(也就是课标规定)的知识,解这题是颇麻烦的.

考试是指挥棒,既出了这样恶心的题,学生与教师不得不去做.

指挥棒,也可发挥积极的作用,即应当允许师生用课本上虽未讲到,但合理引深或拓展的知识.这样,学生可以获得更多的知识,能力也有所提高.当然,如果一道题,仅是偏、怪、难,即使拓广知识也无好办法,那可真令人恶心,不该出这样的题!

下面我们说明这道题的解法.

首先,$A\left(-1,\frac{3}{2}\right)$ 在椭圆

$$\frac{x^2}{4}+\frac{y^2}{3}=1 \tag{1}$$

上,所以 A 引出的直线 AP,除了 A 点外,与椭圆仅有一个交点 P. AQ 与椭圆(1)的交点,也是 A 与 Q.

其次,猜猜题目的这种表述,多半是 PQ 通过一个定点(当然,PQ 不通过定点的可能性也存在,只是可能性似乎小一些.这是我们的感觉,如果不对,我们也不坚持错误).

如果将 A 作为原点,BA 作为纵轴,问题将简单许多.

这就需要坐标变换的知识,而这正是解析几何极重要的内容.课标不详讲这重要内容,实际是见识太差.

新坐标 X,Y 与老坐标 x,y 的关系为

$$\begin{cases} x=X\cos\alpha+Y\sin\alpha-1, \\ y=X\sin\alpha-Y\cos\alpha+\frac{3}{2}. \end{cases} \tag{2}\tag{3}$$

显然由(2)、(3)，新的原点$(0,0)$是原来的点$A\left(-1,\dfrac{3}{2}\right)$.

α是原来的y轴(依逆时针方向)旋转到直线BA时转过的角，而向量

$$\overrightarrow{BA}=\left(-1,\frac{3}{2}\right)-(0,-1)=\left(-1,\frac{5}{2}\right)$$

与原y轴上单位向量$(0,1)$的数量积为$\dfrac{5}{2}$，所以

$$\cos\alpha=\frac{\dfrac{5}{2}}{\sqrt{0^2+(-1)^2}\cdot\sqrt{(-1)^2+\left(\dfrac{5}{2}\right)^2}}=\frac{5}{\sqrt{29}},$$

从而

$$\sin\alpha=\frac{2}{\sqrt{29}}.$$

(2)、(3)可写成

$$\begin{cases}x=aX+BY+c_1,&(2')\\y=bX-aY+c_2,&(3')\end{cases}$$

其中$a=\cos\alpha=\dfrac{5}{\sqrt{29}},b=\sin\alpha=\dfrac{2}{\sqrt{29}},c_1=-1,c_2=\dfrac{3}{2}$.

椭圆(1)在新坐标系中的方程为

$$3(aX+bY+c_1)^2+4(bX-aY+c_2)^2=12,$$

即

$$3(aX+bY)^2+4(bX-aY)^2+6c_1(aX+bY)+8c_2(bX-aY)=0\qquad(4)$$

(新原点$(0,0)$在椭圆上，所以常数项一定是0，不必计算).

(4)可写成

$$MX^2+NY^2-2abXY+(6c_1a+8c_2b)X+(6c_1b-8c_2a)Y=0,\qquad(4')$$

其中M,N不必算出.

设PQ在新坐标系中的方程为

$$mX+nY=1,\qquad(5)$$

这时X,Y的齐次方程

$$MX^2+NY^2-2abXY+((6c_1a+8c_2b)X+(6c_1b-8c_2a)Y)(mX+nY)=0\qquad(6)$$

代表两条直线，过原点A及P,Q，即直线AP,AQ，它们的斜率k_1,k_2是(6)的两个根$\left(\dfrac{Y}{X}\right)_1,\left(\dfrac{Y}{X}\right)_2$.

因为AP,AQ与以Y轴上的点B为圆心的圆相切，所以AP,AQ的斜率为相反

数,即

$$k_1+k_2=0. \tag{7}$$

由韦达定理,(7)表示(6)中 XY 的系数为 0,所以

$$n(3c_1a+4c_2b)+m(3c_1b-4c_2a)=ab, \tag{8}$$

即方程为(5)的直线 PQ 过定点

$$X=\frac{3c_1b-4c_2a}{ab}, Y=\frac{3c_1a+4c_2b}{ab}. \tag{9}$$

用 $(2')$,$(3')$ 换回原坐标,

$$x=aX+bY+c_1=3c_1-\frac{4c_2a}{b}+3c_1+\frac{4c_2b}{a}+c_1=-\frac{98}{5},$$

$$y=bX-aY+c_2=\frac{3c_1b}{a}-4c_2-\frac{3c_1a}{b}-4c_2+c_2=-\frac{21}{5},$$

即直线 PQ 过定点 $\left(-\frac{98}{5},-\frac{21}{5}\right)$.

注意 用字母代替数,可以减少计算量,通常是先作化简,最后才将数值代替字母,这是一种基本的品质.在七年级学习代数时就应当养成.然而,很遗憾,似乎很多教师也未具备这一品质.

我们的解法,特点是利用了坐标变换.学习坐标变换,远比解一道题重要.

230. 何不考虑一般情况?

已知椭圆 $C: \dfrac{x^2}{4} + \dfrac{y^2}{3} = 1$ 的左、右顶点分别为 A, B. 过右焦点 F 的直线 l 与椭圆 C 交于 P, Q 两点(P 在 x 轴上方). 设 AP, BQ 的斜率分别为 k_1, k_2,是否存在常数 λ,使得 $k_1 = \lambda k_2$? 若存在,求出 λ 的值;若不存在,请说明理由.

这种问题,循着通常路线即可解决,并无太大困难,但与其解一个特殊情况,不如考虑一般情况(在七年级时,学过用字母表示数,就应当经常地考虑一般情况:这恐怕是一个基本的数学素养),即考虑以 AB 为长轴($A(-a, 0), B(a, 0)$)的椭圆

$$\frac{x^2}{a^2} + \frac{y^2}{b^2} = 1, \tag{1}$$

过右焦点 $F(c, 0)(c^2 = a^2 - b^2)$ 的直线

$$y = k(x - c) \tag{2}$$

交 (1) 于 P, Q(P 在 x 轴上方),则 AP 的方程为

$$y = k_1(x + a), \tag{3}$$

BQ 的方程为

$$y = k_2(x - a). \tag{4}$$

问 $\lambda = \dfrac{k_1}{k_2}$ 是否为常数?

这里有两个例外先说一下.

1° $k = 0$,这时 $P = A, Q = B, k_1 = k_2 = 0$,比值 $\dfrac{k_1}{k_2}$ 无法确定. 这种情况应预先排除或作为极限情况处理.

2° $k = \infty$,即 (2) 成为 $x = c$,这时 P, Q 的横坐标均为 c,纵坐标符号相反.
用 $(x_P, y_P), (x_Q, y_Q)$ 分别表示 P, Q 的坐标(以下同此),则

$$k_1 = \frac{y_P}{x_P + a}, \quad k_2 = \frac{y_Q}{x_Q - a},$$

$$\lambda = \frac{k_1}{k_2} = \frac{y_P(x_Q - a)}{y_Q(x_P + a)} = \frac{c - a}{-(c + a)} = \frac{a - c}{a + c}$$

($a^2 = 4, b^2 = 3$ 时,$c = 1, \lambda = \dfrac{1}{3}$).

单谈数学

这也可以作为极限情况处理,但这极限已经求出为$\frac{a-c}{a+c}$. 如果 λ 始终为常数,那么极限值就是这个常数值. 所以我们已预先知道:如果 λ 确为常数,那么 $\lambda=\frac{a-c}{a+c}$.

现在正式解题,同上.

$$\lambda=\frac{k_1}{k_2}=\frac{y_P(x_Q-a)}{y_Q(x_P+a)}=\frac{k(x_P-c)(x_Q-a)}{k(x_Q-c)(x_P+a)}=\frac{x_Px_Q-ax_P-cx_Q+ac}{x_Px_Q+ax_Q-cx_P-ac}, \tag{5}$$

要证上式为$\frac{a-c}{a+c}$.

将(2)代入(1)消去 y,得

$$\frac{x^2}{a^2}+\frac{k^2(x-c)^2}{b^2}=1.$$

即 x_P,x_Q 为下面的方程的两个根:

$$Ex^2-2Fx+G=0, \tag{6}$$

其中

$$E=b^2+a^2k^2,F=a^2ck^2,G=a^2c^2k^2-a^2b^2. \tag{7}$$

所以

$$x_Px_Q=\frac{G}{E},$$

$$x_P=\frac{F+\sqrt{F^2-EG}}{E}=\frac{F+D}{E}(D=\sqrt{F^2-EG}),$$

$$x_Q=\frac{F-D}{E}.$$

从而

$$\lambda=\frac{G-a(F+D)-c(F-D)+acE}{G+a(F-D)-c(F+D)-acE}$$

$$=\frac{-(a-c)D-a^2b^2+acb^2+k^2(a^2c^2-a^3c-a^2c^2+a^3c)}{-(a+c)D-a^2b^2-acb^2+k^2(a^2c^2+a^3c-a^2c^2-a^3c)}$$

$$=\frac{(a-c)D+ab^2(a-c)}{(a+c)D+ab^2(a+c)}$$

$$=\frac{a-c}{a+c}.$$

代数式的运算是一项基本功(或叫做基本素养),适当引入几个字母,可以使式子显得简洁,计算也不易出错.

本题虽不能完全利用韦达定理,但有了求根公式,仍可计算,复杂程度只要稍增而已,并不太难,不必挖空心思去利用 x_P+x_Q,那样反是自讨苦吃,枉费心机.

总之,计算宜顺乎自然,x_P,x_Q 都可求,代入去算就是了.

本题的方法是最大路的方法.

大路的方法易于操作,好!

注 $\sqrt{F^2-EG}$前面放"$+$",放"$-$",不影响结果,因为这个 D 反正约掉.

231. 渐近线与离心率

一位网友"圆锥曲线"问及下面的问题：

设双曲线的渐近线的斜率为 k_1, k_2，离心率为 e，求证：

$$e=\frac{\sqrt{2(1+k_1^2)(1+k_2^2)+2(1+k_1k_2)\sqrt{(1+k_1^2)(1+k_2^2)}}}{|k_1-k_2|}, \tag{1}$$

这里的双曲线方程当然是一般情况下的方程.

解　这类问题，老的解析几何书，如 *Loney* 的 *The Elements of Coordinate Geometry* 早有讨论(汉译《龙氏解析几何》，但我未见过译本). 但现在很少见到，我来解一下吧.

首先，(1)$\Leftrightarrow e^2=\dfrac{2(1+k_1^2)(1+k_2^2)+2(1+k_1k_2)\sqrt{(1+k_1^2)(1+k_2^2)}}{(k_1-k_2)^2}$

$\Leftrightarrow \dfrac{e^2}{2-e^2}=-\dfrac{(1+k_1^2)(1+k_2^2)+(1+k_1k_2)\sqrt{(1+k_1^2)(1+k_2^2)}}{(k_1k_2+1)^2+(1+k_1k_2)\sqrt{(1+k_1^2)(1+k_2^2)}}$

$=-\dfrac{\sqrt{(1+k_1^2)(1+k_2^2)}}{1+k_1k_2}$(嗨，这个式子简单多啦!). $\tag{2}$

现在将双曲线平移，使中心(渐近线的交点)成为原点. 在平移中，渐近线的斜率不变，离心率不变，这时双曲线方程为

$$ax^2+2hxy+by^2=1(h^2-ab>0). \tag{3}$$

若化为标准形

$$\frac{x^2}{\alpha^2}-\frac{y^2}{\beta^2}=1, \tag{4}$$

则

$$\frac{1}{\alpha^2}-\frac{1}{\beta^2}=a+b,\ -\frac{1}{\alpha^2\beta^2}=ab-h^2,$$

从而

$$\alpha^2 - \beta^2 = -\frac{a+b}{h^2 - ab}, \alpha^2\beta^2 = \frac{1}{h^2 - ab},$$

$$\alpha^2 + \beta^2 = \sqrt{(\alpha^2 - \beta^2)^2 + 4\alpha^2\beta^2} = \frac{\sqrt{(a-b)^2 + 4h^2}}{h^2 - ab},$$

$$e^2 = \frac{\alpha^2 + \beta^2}{\alpha^2},$$

$$\frac{e^2}{2 - e^2} = \frac{\alpha^2 + \beta^2}{\alpha^2 - \beta^2} = -\frac{\sqrt{(a-b)^2 + 4h^2}}{a+b}. \tag{5}$$

渐近线方程为

$$ax^2 + 2hxy + by^2 = 0, \tag{6}$$

所以

$$k_1 + k_2 = -\frac{2h}{b}, k_1 k_2 = \frac{a}{b},$$

$$1 + k_1 k_2 = \frac{a+b}{b},$$

$$(1 + k_1^2)(1 + k_2^2) = 1 + \frac{a^2}{b^2} + \frac{4h^2}{b^2} - \frac{2a}{b} = \frac{1}{b^2}((a-b)^2 + 4h^2).$$

$$-\frac{\sqrt{(1 + k_1^2)(1 + k_2^2)}}{1 + k_1 k_2} = -\frac{\sqrt{(a-b)^2 + 4h^2}}{a+b}. \tag{7}$$

由(5),(7)得(2).

第七章

不 等

不等的情况，比之于相等，出现更频繁，也更重要.

中学的不等问题，形形色色，变化多端，与传统的平面几何相比也不遑
多让.

应注意培养大小的敏锐的感觉，解法注意简单自然.

导数是研究不等的重要工具.

232. 感觉，形式

学好数学，关键在数学感觉.

这是著名日本数学家、菲尔兹奖得主小平邦彦的说法.

前几天，我给一位高二学生做下面的题：

求 $\min \max\{|1-x|,|1-y|,|x-y|,|x+y|\}$.

他看了看，说出答案 $\dfrac{2}{3}$.

为什么？

他说 $x<\dfrac{1}{3}$ 时，$\max\{\cdots\}>\dfrac{2}{3}$，因此可设 $x\geqslant\dfrac{1}{3}$.

同样可设 $y\geqslant\dfrac{1}{3}$.

这时 $x+y\geqslant\dfrac{2}{3}$.

因此，恒有 $\max\{\cdots\}\geqslant\dfrac{2}{3}$，从而 $\min\limits_{x,y\in\mathbf{R}}\max\{\cdots\}\geqslant\dfrac{2}{3}$.

并且在 $x=y=\dfrac{1}{3}$ 时，等号成立，取得最小值.

这位同学的感觉很好！

最近也看到一位老师希望找"一般的解法"，他引进系数 a,b,c,d，在 a,b,c,d 均非负时，记 $\max\{\cdots\}$ 为 M，则

$$(a+b+c+d)M$$

$$\geqslant a|1-x|+b|1-y|+c|x-y|+d|x+y|$$

$$\geqslant|a-ax+b-by+cx-cy+dx+dy|,$$

再由 x,y 的系数为 0，定出待定系数 a,b,c,d.

这么个小题，一定要找一个"一般"方法，实在并无必要，徒具形式.

更严重的问题是为什么要 4 个系数. 虽然可设其中之一为 1，但另外还有 3 个，而条件只有两个（x,y 系数为 0），仍不能"确定"这些系数.

其实,解法的要点就在忽略 $|x-y|$(即 $c=0$),该忽略的不忽略,相当于自找麻烦.

不忽略这一项,很可能 x,y 的系数为 0,找出的值却非最小值,例如赵春指出可能最小值 $M\geqslant\dfrac{3}{5}$,而不是理想的结果 $\dfrac{2}{3}\left(>\dfrac{3}{5}\right)$.

感觉好,这是心中有目标(心中有数),知道哪些应该忽略,哪些不可忽略.

感觉比形式重要.

少搞点形式,

多增强感觉.

233. 基础啊!

看到一道 2002 年北京高考的题.

若函数 $f(x)=\sin(x+\varphi)+\cos x$ 的最大值为 2,则常数 φ 的一个取值为_____.

有两家培训公司分别介绍了他们的解答,我看了不禁哑然失笑.

"Gao,实在是 Gao!"

这 Gao,是糟糕的糕(接近于糟).

两家都用和差化积,捣乎一阵.

其实,最基本的东西,他们忘了!

$$\sin x \leqslant 1, \cos x \leqslant 1,$$

这是最基本的,如果对于正、余弦函数有一点感觉,而不是麻木不"人"(用一个别字),那么都应当知道这两个式子.

现在函数值最大时,$\sin(x+\varphi)+\cos x=2$,那么这时当然是 $\sin(x+\varphi)=1,\cos x=1$.

从而 $x=2k\pi(k\in\mathbf{Z})$,$\varphi=\dfrac{\pi}{2}+2h\pi(h\in\mathbf{Z})$,

所以 $\varphi=\dfrac{\pi}{2}$ 就是一个取值.

一眼就看穿的问题,却兜了很大的圈子,这可能是由于培训机构的朋友平时难题做得太多(很多人是搞奥数的).因此,什么题都当作难题,其实高考题有很多是基础题,要打好基础,别好高骛远,一味做难题,反而丢掉容易的题.

234. $3^2 > 2^3$

在学习自然数的幂时，3^2 与 2^3 是极耀眼的一对，它们的差为 1，即

$$3^2 - 2^3 = 1. \tag{1}$$

在不相等的正整数幂中，这一对数相差最小，而且

$$x^m - y^n = 1 \tag{2}$$

的正整数解，在 $m > 1, n > 1$ 时，也只有

$$x = 3, y = 2, m = 2, n = 3.$$

这件事证明当然是非常之难，这里不可能多谈，只谈一个与之有关的问题.

  证明 $\qquad\qquad\qquad \log_2 3 > \log_3 5. \tag{3}$

  如果用计算器不难验证，但普通的计算器也要知道换底公式.

  如果不用计算器呢？

  关键是利用 $3^2 > 2^3$，取以 2 为底的对数，得

$$\log_2 3 > \frac{3}{2}. \tag{4}$$

而

$$3^3 > 5^2,$$

取以 3 为底的对数，即得

$$\frac{3}{2} > \log_3 5. \tag{5}$$

由(4)，(5)即得(3)，比用计算器更简洁.

235. 最大的最小（一）

已知 $0 \leqslant x \leqslant y \leqslant 1$, 求 $\quad \min \max\{xy, xy-x-y+1, x+y-2xy\}$.

解 若 $\dfrac{4}{9} \geqslant x+y-2xy$, 则

$$\frac{4}{9} \geqslant 2\sqrt{xy} - 2xy,$$

即
$$9xy - 9\sqrt{xy} + 2 \geqslant 0,$$

从而
$$3\sqrt{xy} \geqslant 2 \text{ 或 } 3\sqrt{xy} \leqslant 1,$$

即
$$xy \geqslant \frac{4}{9} \text{ 或 } xy \leqslant \frac{1}{9}.$$

若为后者, 则因为

$$xy + (xy - x - y + 1) + (x + y - 2xy) = 1,$$

所以 $x+y-2xy$ 与 $xy-x-y+1$ 中至少有一个不小于 $\dfrac{4}{9}$.

总之, $\min\max\{xy, xy-x-y+1, x+y-2xy\} \geqslant \dfrac{4}{9}$,

在 $x=y=\dfrac{2}{3}$ 或 $x=y=\dfrac{1}{3}$ 时, 等号成立.

236. 绝对值

$x^2+(x-1)|x-a|+3\geqslant 2x$,对一切实数 x 成立. 求 a 的取值范围.

解 原不等式即

$$(x-1)^2+(x-1)|x-a|+2\geqslant 0, \tag{1}$$

它对一切成立,可以先取一些特殊的(便于计算的)x 试试,看看对 a 有何限制.

首先,$x\geqslant 1$ 时(1)显然恒成立.

取 $x=0$,(1)成为

$$1-|a|+2\geqslant 0,$$

从而

$$|a|\leqslant 3.$$

即

$$-3\leqslant a\leqslant 3. \tag{2}$$

再取 x 为负值,小于 a,则

$$(x-1)^2-(1-x)(a-x)+2\geqslant 0, \tag{3}$$

即

$$(a-1)x\geqslant a-3. \tag{4}$$

如果 $a>1$,则取 x 的绝对值很大,$(a-1)x$ 将为绝对值很大的负数,不可能 $\geqslant a-3$ (取负数 $x<\dfrac{a-3}{a-1}$ 即可),因此必有 $a\leqslant 1$.

结合(2),得 a 的范围为 $[-3,1]$.

当然还要证明 $a\in[-3,1]$ 时,(1)恒成立.

不妨设 $x<1$.

若 $x>a$,则

$$(x-1)^2+(x-1)|x-a|+2$$
$$=(x-1)^2-(1-x)(x-a)+2$$
$$=2x^2+a(1-x)+3(1-x)>0.$$

若 $x < a$，则
$$(x-1)^2 + (x-1)|x-a| + 2 = (x-1)^2 - (1-x)(a-x) + 2$$
$$= (1-x)(1-a) + 2 \geqslant 2 > 0.$$

因此，所求 a 的取值范围为 $[-3,1]$.

这类并不复杂的问题，作为练习，培养数学的感觉是很好的，应务求做得简单明了. 一个并不复杂的问题，如果做得很复杂，那么复杂的问题岂不成了复杂的平方或 n 次方？反之，如果这种题练熟了，那么复杂的问题也就不太复杂了.

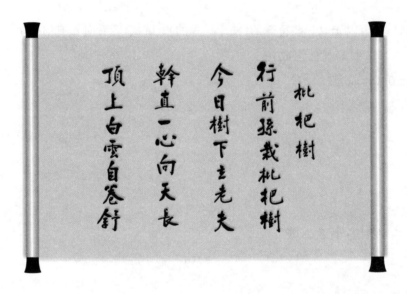

237. 犹太问题未必皆难

据说,苏联岐视犹太人,在犹太人升学时,炮制一些怪题刁难犹太学生,这些问题被称为犹太问题,下面就是一个:

证明不等式

$$\sqrt[3]{3+\sqrt[3]{3}}+\sqrt[3]{3-\sqrt[3]{3}}<2\sqrt[3]{3}. \tag{1}$$

不过,这道题并非怪题,而且不难(有人设想用凸函数,用系数,…,其实均无必要).

首先,(1)等价于

$$\sqrt[3]{1+\frac{\sqrt[3]{3}}{3}}+\sqrt[3]{1-\frac{\sqrt[3]{3}}{3}}<2. \tag{2}$$

令 $x=\sqrt[3]{1+\frac{\sqrt[3]{3}}{3}}+\sqrt[3]{1-\frac{\sqrt[3]{3}}{3}}$,

显然 $3>\sqrt[3]{3}$,所以 $x>0$.

$$x^3=2+3x\sqrt[3]{\left(1+\frac{\sqrt[3]{3}}{3}\right)\left(1-\frac{\sqrt[3]{3}}{3}\right)}$$

$$=2+3x\sqrt[3]{1-\frac{\sqrt[3]{9}}{9}}<2+3x,$$

从而

$$(x-2)(x^2+4x+4)<3(x-2). \tag{3}$$

因为 $x>0,x^2+4x+4>4>3$,所以由(3)得 $x<2$,

即(1)成立.

238. 三角帮忙

如图,已知直角三角形 ABC 中,$C=90°$,$b+\sqrt{3}a=2\sqrt{3}$,求 $a+c$ 的最小值.

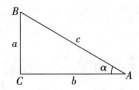

解 由三角函数知,$a=c\sin\alpha$,$b=c\cos\alpha$,

所以 $c\cos\alpha+\sqrt{3}c\sin\alpha=2\sqrt{3}$.

从而

$$3=\left(\frac{\sqrt{3}}{2}\cos\alpha+\frac{3}{2}\sin\alpha\right)c=\left(\frac{\sqrt{3}}{2}\cos\alpha+\frac{1}{2}\sin\alpha+\sin\alpha\right)c$$

$$=(\sin(60°+\alpha)+\sin\alpha)c$$

$$\leqslant(1+\sin\alpha)c=a+c,$$

在 $\alpha=30°$时,上式等号成立,即在 $\alpha=30°$时,$a+c$ 取得最小值 3.

239. 平面向量的极值问题

已知平面向量 a,b 满足 $a \perp b$，$|c|=2\sqrt{2}$，$|c-a|=1$，$|a|=|b|$。

求 $|a+b-c|$ 的最大值与最小值。

解 令 $e=c-a$，则 e 是单位向量。

已知 a 旋转 $90°$ 得 b，设依同样方向旋转 $90°$，c 变为 c_1，e 变为 e_1，则 $|c_1|=|c|=2\sqrt{2}$，$|e_1|=|e|=1$。

$|a+b-c|=|(a-c)+(b-c_1)+c_1|=|c-(e+e_1)|$，

所以 $|a+b-c| \leqslant |c_1|+|e+e_1|$。

单位向量 e_1，e 互相垂直，所以 $|e+e_1|=\sqrt{2}$。

从而 $|a+b-c| \leqslant 2\sqrt{2}+\sqrt{2}=3\sqrt{2}$。

同样，$|a+b-c| \geqslant |c_1|-|e+e_1|=2\sqrt{2}-\sqrt{2}=\sqrt{2}$。

在 $a=(\sqrt{13},0)$，$b=(0,\sqrt{13})$，$c=\left(\dfrac{10}{\sqrt{13}},\dfrac{-2}{\sqrt{13}}\right)$ 时，$|a+b-c|$ 取得最大值。

在 $a=(\sqrt{5},0)$，$b=(0,\sqrt{5})$，$c=\left(\dfrac{6}{\sqrt{5}},\dfrac{2}{\sqrt{5}}\right)$ 时，$|a+b-c|$ 取得最小值。

应当（至少）给出一组取得极值的向量。

240. 别想难了

见到一题：

已知 $f(x)=\log_2 x$，若对任意 $a,b,c\in[m,+\infty)$，在 a,b,c 成三角形时，必有 $f(a)$，$f(b)$，$f(c)$ 成三角形. 求 m 的最小值.

这是一道简单的题，别想复杂了.

解　不妨设 $a\geqslant b\geqslant c$.

a,b,c 成三角形，即

$$b+c>a. \tag{1}$$

$f(a)$，$f(b)$，$f(c)$ 成三角形，即

$$\log_2 b+\log_2 c>\log_2 a,$$

亦即

$$bc>a. \tag{2}$$

若 $m\geqslant 2$，则在 $a,b,c\in[m,+\infty)$ 时，

$$bc\geqslant bm\geqslant 2b\geqslant b+c,$$

所以由 (1) 立即得出 (2).

反之，若由 (1) 一定得 (2)，可取 $b=c=m$，这时 $bc=m^2$.

若 $m^2<2m$，则取 $a\in(m^2,2m)$，便有 $b+c=2m>a$，但 $bc=m^2\leqslant a$，矛盾，所以必须 $m^2\geqslant 2m,m\geqslant 2$.

综上所述，m 的最小值为 2.

241. 一个三元不等式

已知 a,b,c 为正实数,求证:

$$\frac{a^2b(b-c)}{a+b}+\frac{b^2c(c-a)}{b+c}+\frac{c^2a(a-b)}{c+a}\geqslant 0. \tag{1}$$

这个不等式不难证,不需要换元:

$$\sum\frac{a^2b(b-c)}{a+b}=\sum\frac{ab^2(a+c)}{a+b}-3abc$$

$$\geqslant 3\sqrt[3]{\frac{ab^2(a+c)}{a+b}\cdot\frac{bc^2(b+a)}{b+c}\cdot\frac{ca^2(c+b)}{c+a}}-3abc$$

$$=0.$$

这题真正一分钟解决:首先看到负项不宜与正项在一起估计,第一项中负项为 $-\dfrac{a^2bc}{a+b}$,要约去分母,需增加 $-\dfrac{ab^2c}{a+b}$,从而

$$\frac{a^2b(b-c)}{a+b}=\frac{a^2b^2+ab^2c}{a+b}-abc=\frac{ab^2(a+c)}{a+b},$$

后两项由轮换得同样结果.

242. 直接计算

下面是 2019 年中国科技大学新生入学考试的一道不等式问题.

设正实数 a,b,c,d 满足

$$abc = 1 \tag{1}$$

且 $1 < d < 2$，证明：

$$\frac{1}{d} < \frac{1}{a+d} + \frac{1}{b+d} + \frac{1}{c+d} < \frac{2}{d}. \tag{2}$$

题不难(也不甚易). 做法很多，这里介绍一种：

字母 a,b,c 地位平等，d 与它们不同.

先处理 d，注意

$$\frac{d}{a+d} + \frac{d}{b+d} + \frac{d}{c+d} = \frac{1}{\frac{a}{d}+1} + \frac{1}{\frac{b}{d}+1} + \frac{1}{\frac{c}{d}+1}$$

是 d 的增函数，所以

$$\frac{1}{a+1} + \frac{1}{b+1} + \frac{1}{c+1} < \frac{d}{a+d} + \frac{d}{b+d} + \frac{d}{c+d} < \frac{2}{a+2} + \frac{2}{b+2} + \frac{2}{c+2},$$

要证(2)，只需证明

$$1 < \frac{1}{a+1} + \frac{1}{b+1} + \frac{1}{c+1} \tag{3}$$

及

$$\frac{1}{a+2} + \frac{1}{b+2} + \frac{1}{c+2} < 1. \tag{4}$$

不必费心思去想什么著名不等式.

直接计算就有

$$(a+1)(b+1)(c+1) = abc + \sum ab + \sum a + 1 = 2 + \sum a + \sum ab, \tag{5}$$

$$\sum (a+1)(b+1) = 3 + \sum ab + \sum (a+b) = 3 + 2\sum a + \sum ab. \tag{6}$$

显然 $3 + 2\sum a + \sum ab > 2 + \sum a + \sum ab$，

所以

$$\frac{\sum (a+1)(b+1)}{(a+1)(b+1)(c+1)} > 1,$$

即(3)成立

同样

$$(a+2)(b+2)(c+2) = 9 + 4\sum a + 2\sum ab, \tag{7}$$

$$\sum (a+2)(b+2) = 12 + 2\sum (a+b) + \sum ab = 12 + 4\sum a + \sum ab. \tag{8}$$

因为 $9 + 4\sum a + 2\sum ab$

$$\geqslant 9 + 4\sum a + \sum ab + 3\sqrt[3]{ab \cdot bc \cdot ca}$$

$$= 12 + 4\sum a + \sum ab,$$

所以

$$\frac{\sum (a+2)(b+2)}{(a+2)(b+2)(c+2)} < 1,$$

即(4)成立.

243. 再添一个解法

已知 $a,b,c>0$,

$$ab+bc+ca+abc=4, \tag{1}$$

求证:

$$(a^4+1)(b^4+1)(c^4+1)\geqslant 8. \tag{2}$$

这道题(安振平博客问题 6024)已有三个解法,我再添一个解法.

证明不等式,有很多需要技巧,技巧太多,令人生畏. 我只做技巧不多的题,这题看上去就是可以做的,因为感觉上,abc 是比较小的(显然不大于 $\frac{1}{3}\sum a^3$),$\sum ab$ 也比较小(显然小于或等于 $\sum a^2$),而 $\sum a^4$ 是比较大的(下面亦可看到它的大). 所以(2)应当是不难证的((1)表明小的尚且大于 4,大的岂可不大于 8),我这老头亦可试一试.

具体做法:

首先,$\prod(a^4+1)\geqslant\prod(2a^2)=8a^2b^2c^2$.

若 $abc\geqslant 1$,则(2)已成立(先将容易拿下的先拿下),所以可设 $abc<1$,从而由(1),

$$\sum ab>3, \tag{3}$$

于是

$$\sum a^2\geqslant\sum ab>3, \tag{4}$$

$$\sum a^4\geqslant\frac{1}{3}(\sum a^2)^2>3, \tag{5}$$

$$\sum a^2b^2+a^2b^2c^2\geqslant\frac{1}{4}(\sum ab+abc)^2\geqslant 4, \tag{6}$$

$$\sum a^4b^4+a^4b^4c^4\geqslant\frac{1}{4}(\sum a^2b^2+a^2b^2c^2)^2\geqslant 4 \tag{7}$$

(幂次升高,平方和的 4 倍≥和的平方).

最后

$$\prod(a^4+1)=\sum a^4+(\sum a^4b^4+a^4b^4c^4)+1\geqslant 3+4+1=8.$$

某一方面的专家,往往可以耍出在这个方面的高度技巧.因为他在那个方面钻研很深,技术精湛,炉火纯青,令人叹为观止.但是,绝大多数人恐怕不能过早地陷入某一个方面,而应当看到更开阔的领域.因此,不宜沉溺于过多的技巧,有几件看家武器能耍起来就可以了.

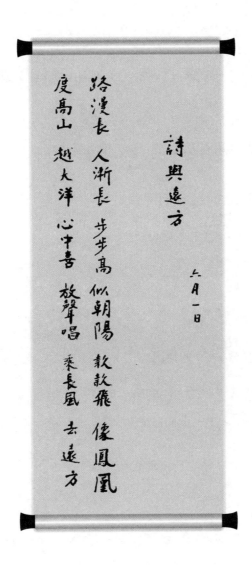

244. 不是难题

已知函数 $f(x) = \dfrac{1}{a}e^x - \sqrt{1+x}\,(x \geqslant -1)$，证明：当 $a = 1$ 或 $0 < a < \dfrac{2}{e}$ 时，$f(x) \geqslant \dfrac{1}{2}ax.$

这并不是一道难题，利用不等式 $e^x \geqslant 1 + x$ 即可解决.

$a = 1$ 时，

$$f(x) = e^x - \sqrt{1+x} \geqslant 1 + x - \sqrt{1+x}$$

$$= 1 + \frac{1}{2}x - \sqrt{1+x} + \frac{1}{2}x$$

$$= \sqrt{1 + x + \frac{1}{4}x^2} - \sqrt{1+x} + \frac{1}{2}x$$

$$\geqslant \frac{1}{2}x,$$

$0 < a < \dfrac{2}{e}$ 时，需要注意 $x < 0$ 的情况.

在 $x \geqslant 0$ 时，因为 $a < 1$，所以

$$f(x) \geqslant e^x - \sqrt{1+x} \geqslant \frac{1}{2}x\,(\text{上面已证})$$

$$\geqslant \frac{1}{2}ax.$$

在 $x < 0$ 时，因为 $\dfrac{1}{a} > \dfrac{e}{2}$，所以

$$f(x) = \frac{1}{a}e^x - \sqrt{1+x}$$

$$\geqslant \frac{e^{1+x}}{2} - \sqrt{1+x}$$

$$\geqslant \frac{1}{2}(1 + (1+x)) - \sqrt{1+x}$$

$$\geqslant \frac{1}{2} \times 2\sqrt{1 \cdot (1+x)} - \sqrt{1+x}$$

$$=0\geqslant\frac{1}{2}ax.$$

($f(x)$的定义域为$[-1,\infty)$，所以$1+x\geqslant0$）

据说这是某市二模的压轴题(应称为大轴题)，有人作了极繁琐的分析，还美其名曰格罗滕迪克解题法，不知这命名从何而来？

Grothendieck 地下有知，说不定被气得活了过来，找这命名的人算账.

诸葛亮

联孙抗曹战略高　可恨关羽过骄傲

彝陵一败丧元气　祁山六出徒自保

后主聪明信任专　丞相心血远谟少

早读储材备接手　事当抓大莫抓小

见永成元诸葛亮诗有感作此

245. 条件简化

已知正实数 a,b 满足

$$a(1-a)+(a-b)^2=a^3+b^3, \tag{1}$$

求

$$\frac{2a^2}{a+3b}+\frac{2b^2}{3a+b} \tag{2}$$

的最小值.

有人分析说,这是两道题拼在一起,一道是将

$$a^3+b^3-a(1-a)-(a-b)^2 \tag{3}$$

因式分解

另一道是用柯西不等式求(2)的极值.

不知命题人是否这样想的,不过既成为一道题,那就未必需要用柯西不等式了.

实际上,条件(1)可简化为

$$a+b=1. \tag{4}$$

$$\begin{aligned}
0 &=a^3+b^3-(a-b)^2-a(1-a)\\
&=(a^2-ab+b^2)(a+b)-(a^2-ab+b^2)+a^2+ab-a\\
&=(a^2-ab+b^2)(a+b-1)+a^2+ab-a\\
&=(a^2-ab+b^2+a)(a+b-1) \tag{5}
\end{aligned}$$

熟练+运气,很快得到(5)(当然如果事先知道(4)式,目标更加明确),而 a,b 为正实数

$$a^2-ab+b^2+a>0$$

所以由(5)得出(4).

从而

$$\begin{aligned}
\frac{a^2}{a+3b}+\frac{b^2}{3a+b}&=\frac{3a^3+3b^3+ab(a+b)}{3a^2+3b^2+10ab}\\
&=\frac{3(a^2-ab+b^2)+ab}{3a^2+3b^2+10ab}
\end{aligned}$$

$$= \frac{3-8ab}{3+4ab} = \frac{9}{3+4ab} - 2$$

$$\geqslant \frac{9}{3+(a+b)^2} - 2$$

$$= \frac{1}{4}.$$

从而 $\dfrac{2a^2}{a+3b} + \dfrac{2b^2}{3a+b}$ 在 $a=b=\dfrac{1}{2}$ 时,取最小值 $\dfrac{1}{2}$.

求复杂条件下的极值,当然第一步是将条件简化(使比较复杂的条件 (1) 化为简单的条件(4)),然后利用简化的条件将求最小值(或最大值)的式子尽可能化简(不先用柯西不等式),最后再求极值(本题利用基本不等式即可得 $4ab \leqslant (a+b)^2 = 1$).

蓝花草

小区蓝花草
一天一天高
红色摄人目
不如蓝色好

246. 判别式的惰性

已知 a 为实数,方程

$$x^2 + ax + a^2 - \frac{5}{7} = 0 \qquad (1)$$

的根都是实数,证明:根的绝对值不大于 1.

甲:这道题我会做,首先判别式

$$a^2 - 4\left(a^2 - \frac{5}{7}\right) = \frac{20}{7} - 3a^2 \geqslant 0,$$

即

$$a^2 \leqslant \frac{20}{21} < 1, \qquad (2)$$

然后,我们把根求出来.

乙:$x = \dfrac{-a \pm \sqrt{\dfrac{20}{7} - 3a^2}}{2}.$

甲:a 是正还是负?

乙:不妨先设 a 是正的.

甲:那么只需证

$$a + \sqrt{\frac{20}{7} - 3a^2} \leqslant 2. \qquad (3)$$

因为(2),所以 $2 - a > 0$,(3)式即

$$\frac{20}{7} - 3a^2 \leqslant (2 - a)^2 = 4 - 4a + a^2 \qquad (4)$$

亦即

$$a^2 - a + \frac{2}{7} \geqslant 0. \qquad (5)$$

再证明不等式(5)成立.

乙:配方,$a^2 - a + \dfrac{2}{7} = \left(a - \dfrac{1}{2}\right)^2 + \dfrac{2}{7} - \dfrac{1}{4} \geqslant \dfrac{2}{7} - \dfrac{1}{4} > 0,$

甲:$a \leqslant 0$ 时,同样可证

$$-a + \sqrt{\frac{20}{7} - 3a^2} \leqslant 2.\tag{6}$$

师:做得不错,不错,是指解法中没有错误,但做得不好.

甲:怎么不好?

师:做完题后,总应回顾一下,"却顾所来径",看看有无可改进的地方. 这次,你们的解法,一开始就用判别式与求根公式,这实在是一种惰性(惯性).

乙:那该怎么做?

师:二次方程的问题,并不是非用判别式与求根公式不可. 这题可以配方:

$$x^2 + ax + a^2 - \frac{5}{7} = \left(a + \frac{x}{2}\right)^2 + \frac{3x^2}{4} - \frac{5}{7},\tag{7}$$

甲:配方法应当是配成

$$\left(x + \frac{a}{2}\right)^2 + \frac{3a^2}{4} - \frac{5}{7}.\tag{8}$$

老师是不是做错了?

师:题目有什么已知条件?

乙:方程(1)的根都是实数.

师:如果 x 是(1)的根,那么从(7)能得到什么?

甲:$\left(a + \frac{x}{2}\right)^2 + \frac{3x^2}{4} - \frac{5}{7} = 0.$

乙:还有 $\left(a + \frac{x}{2}\right)^2 \geqslant 0$,所以

$$\frac{3x^2}{4} - \frac{5}{7} \leqslant 0.$$

甲:哦,与(2)差不多

$$x^2 \leqslant \frac{20}{21} < 1,$$

也就是

$$|x| < 1.$$

乙:这么说,上面我们做的都是白费力气?

师:也不算白费力气,至少知道了世上的路很多,不必非走一条老路不可. 路选择正确,事半功倍,路选择错了,麻烦颇多.

甲:祸福无门,唯人自召.

乙:别扯远了,看来见到二次方程就用判别式与求根公式是一种惰性.

甲:是人的惰性,不是判别式的惰性.

247. 根的位置

见到一道题,据说是某年国家集训队的试题.

试证明:$\left(2\cos\dfrac{2\pi}{9}\right)^{-3}\in\left(\dfrac{1}{4},0.28\right)$.

本题即证明

$$\sqrt[3]{\dfrac{1}{0.28}}<2\cos 40°<\sqrt[3]{4}. \tag{1}$$

这种题目用计算器(普通的智能手机上即有或下载一个科学计算器),立即可以得出.

我一直主张用计算器.

如果不许用计算器,这题也不难.

注意 $\cos 3\alpha=4\cos^3\alpha-3\cos\alpha$,所以

$$-\dfrac{1}{2}=4\cos^3 40°-3\cos 40°,$$

即

$$8\cos^3 40°-6\cos 40°+1=0,$$

换句话说,$2\cos 40°$是方程

$$x^3-3x+1=0 \tag{2}$$

的一个根.

$f(x)=x^3-3x+1$ 在 $x=0$ 时为正,在 $x=1$ 时为负,在 $x=2$ 时为正,所以在$(0,1)$,$(1,2)$中各有一根.另一根为负(由 $x=-2$ 时为负即知,或由三根之积为-1得出)

$$2\cos 40°>2\cos 60°=1.$$

所以 $2\cos 40°$应是$(1,2)$中的那一个根,(1)式只不过是将上、下限稍加精确而已.

x^3-3x+1 在$(1,2)$上递增(由负而正).

我们有

$$(\sqrt[3]{4})^3+1=5>3\sqrt[3]{4}=\sqrt[3]{108},$$

所以 $$2\cos 40° < \sqrt[3]{4}.$$

又 $$\left(\sqrt[3]{\dfrac{1}{0.28}}\right)^3 + 1 = \dfrac{1.28}{0.28} = \dfrac{32}{7},$$

$$3\sqrt[3]{\dfrac{1}{0.28}} = \sqrt[3]{\dfrac{2\ 700}{28}},$$

$$32^3 \times 4 = 1\ 024 \times 128 = 131\ 072 < 2\ 700 \times 49 = 132\ 300,$$

所以 $$\left(\sqrt[3]{\dfrac{1}{0.28}}\right)^3 + 1 < 3\sqrt[3]{\dfrac{1}{0.28}},$$

即 $$2\cos 40° > \sqrt[3]{\dfrac{1}{0.28}}.$$

当然用计算器计算要方便得多.

数学教育中,一个极值得研究的问题,就是随着计算机的普及与各种数学软件的使用,应当压缩或删去哪些内容(以前的矩阵运算、求逆矩阵、求导数、求积分等应当大幅度删减,而应更加强调推理与思维的创新).

248. 方程与三角

有些高次方程与三角有关,甚至是瞄准三角公式,"量体裁衣"

例 已知方程

$$x^3 - \frac{3}{4}x + c = 0 \tag{1}$$

有一实根绝对值不大于 1.

证明:(1)的根均为绝对值不大于 1 的实数.

证明 设那个已知的绝对值不大于 1 的实根为 $\cos\theta(0 \leqslant \theta < \pi)$,

则代入(1)得

$$4\cos^3\theta - 3\cos\theta = -4c,$$

即 $-4c = \cos 3\theta$.

这时,$\cos\left(\theta + \frac{2\pi}{3}\right)$ 与 $\cos\left(\theta - \frac{2\pi}{3}\right)$ 也是(1)的根:

$$4\cos^3\left(\theta \pm \frac{2\pi}{3}\right) - \cos\left(\theta \pm \frac{2\pi}{3}\right) = \cos 3\left(\theta \pm \frac{2\pi}{3}\right) = \cos 3\theta = -4c,$$

而且在 $\theta \neq 0, \frac{\pi}{3}, \frac{2\pi}{3}$ 时,$\cos\theta, \cos\left(\theta + \frac{2\pi}{3}\right), \cos\left(\theta - \frac{2\pi}{3}\right)$ 互不相同,因而它们就是三次方程(1)的全部根. 显然它们都是绝对值不超过 1 的实数.

如果 $\theta = 0, \frac{\pi}{3}$ 或 $\frac{2\pi}{3}$ 呢? 这时

$$-4c = \cos 3\theta = \pm 1.$$

而

$$4x^3 - 3x + 4c = 4x^3 - 3x \mp 1 = (x \mp 1)(2x \pm 1)^2$$

有三个实根 $1, -\frac{1}{2}, -\frac{1}{2}$ 或者 $-1, \frac{1}{2}, \frac{1}{2}$,绝对值均不大于 1.

评注 既然利用三角,索性用三角将三个根都表示出来,它们是

$$\cos\theta, \cos\left(\theta + \frac{2\pi}{3}\right), \cos\left(\theta - \frac{2\pi}{3}\right).$$

在 $\theta=0$ 时，$\cos\left(\theta+\dfrac{2\pi}{3}\right)=\cos\left(\theta-\dfrac{2\pi}{3}\right)=-\dfrac{1}{2}$ 是重根；

在 $\theta=\dfrac{\pi}{3}$ 时，$\cos\theta=\cos\left(\dfrac{\pi}{3}-\dfrac{2\pi}{3}\right)=\dfrac{1}{2}$ 是重根；

在 $\theta=\dfrac{2\pi}{3}$ 时，$\cos\theta=\cos\left(\dfrac{2\pi}{3}+\dfrac{2\pi}{3}\right)=-\dfrac{1}{2}$ 是重根.

这三个根当然全是实根，而且绝对值不大于 1.

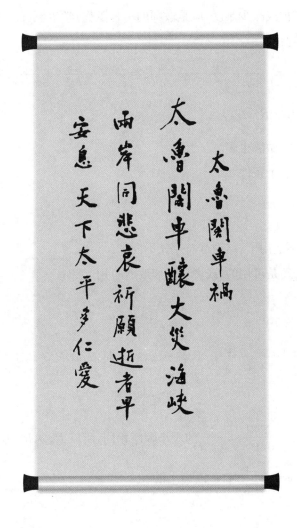

249. 加点难度，如何？

将题目变形，增加或减少难度，应是教师的一种工作，学生也可以做。

看到这样一道题：

$x, y, z, \in \mathbf{R}_+, P = \dfrac{x}{x+y} + \dfrac{y}{y+z} + \dfrac{z}{z+x}, Q = \dfrac{y}{x+y} + \dfrac{z}{y+z} + \dfrac{x}{z+x}, R = \dfrac{z}{x+y} + \dfrac{x}{y+z} + \dfrac{y}{z+x}$. 记 $f = \max\{P, Q, R\}$，求 $f_{\min}$。

这道题太容易了，做法也多。

加难一点，增加一个条件

$$x \geqslant y + z, \tag{1}$$

仍求 $f_{\min}$。

原先有些解法不适用了，结论也与原先不同了。

当然，有些方法还是可用的，或者稍加修改就可用。

首先，可设

$$x + y + z = 1, \tag{2}$$

否则用 $\dfrac{x}{x+y+z}, \dfrac{y}{x+y+z}, \dfrac{z}{x+y+z}$ 代替 x, y, z，这时 P, Q, R, f 均不变，而 (1) 变为

$$x \geqslant \dfrac{1}{2}.$$

注意 x, y, z 与 $\dfrac{1}{1-x}, \dfrac{1}{1-y}, \dfrac{1}{1-z}$ 的大小顺序相同，所以 P, Q, R 中，R 最大。

猜想在 $x = \dfrac{1}{2}, y = z = \dfrac{1}{4}$ 时，R 取最小值 $\dfrac{5}{3}$。

我们有

$$\dfrac{1}{x+y} + \dfrac{1}{z+x} = (x+y+z+x)\left(\dfrac{1}{x+y} + \dfrac{1}{z+x}\right)\dfrac{1}{1+x} \geqslant \dfrac{4}{1+x},$$

所以

$$\dfrac{z}{x+y} + \dfrac{y}{z+x} = \dfrac{1}{x+y} - 1 + \dfrac{1}{z+x} - 1 \geqslant \dfrac{4}{1+x} - 2,$$

$$R = \frac{x}{y+z} + \frac{z}{x+y} + \frac{y}{z+x} \geqslant \frac{x}{1-x} + \frac{4}{1+x} - 2 = \frac{1}{1-x} + \frac{4}{1+x} - 3 = R_1.$$

用导数不难求出 R_1 在 $\frac{1}{2} \leqslant x \leqslant 1$ 时的最小值（事实上，R_1 在 $\frac{1}{2} \leqslant x \leqslant 1$ 时是递增的）

不用导数也可以：$R_1 = \frac{5-3x}{1-x^2} - 3 = \frac{3x^2 - 3x + 2}{1-x^2}$，

二次函数 $3x^2 - 3x + 2$ 在 $x \geqslant \frac{1}{2}$ 时递增，$\frac{1}{1-x^2}$ 在 $0 < x < 1$ 时递增（因为 x^2 递增），所以

R_1 在 $x = \frac{1}{2}$ 时取最小值 $\frac{5}{3}$，从而本题答案为 $\frac{5}{3}$（在 $x = \frac{1}{2}$，$y = z = \frac{1}{4}$ 时，f 取得最小值）.

科大女生　某月十三日

的半方
三年漂亮
二年洋
一年土

數理化天生思想
知識改變人形像
自然端莊
儀態萬方
遠勝飛燕俏新妝

250. 不易就范

已知实数 $a,b \geqslant \dfrac{1}{2}$，且 $a^2-a=b-b^2$。求 $\dfrac{b^2}{a}+\dfrac{a^2}{b}$ 的最大值与最小值.

解 不妨设 $a \geqslant b$，要定出 a 的上界，

$$a^2-a=b-b^2 \leqslant \frac{1}{2}-\left(\frac{1}{2}\right)^2=\frac{1}{4},$$

所以

$$a \leqslant \frac{1}{2}+\frac{1}{\sqrt{2}}. \tag{1}$$

等号在 $b=\dfrac{1}{2}$ 时成立.

由已知

$$(a+b)^2=a^2+b^2+2ab=a+b+2ab,$$

所以

$$2ab=(a+b)(a+b-1),$$

$$\begin{aligned}
\frac{b^2}{a}+\frac{a^2}{b}&=\frac{a^3+b^3}{ab}=\frac{(a+b)(a^2+b^2-ab)}{ab}\\
&=\frac{(a+b)(a+b)}{ab}-(a+b)\\
&=\frac{2(a+b)}{a+b-1}-(a+b)\\
&=\frac{2}{t}-t+1,
\end{aligned}$$

其中 $t=a+b-1>\dfrac{1}{2}+\dfrac{1}{2}-1=0$，$\dfrac{2}{t}-t+1$ 是 t 的单调减函数，t 的变化范围需要定出.

因为 $a \geqslant b$，所以由已知 $a(a-1)=b(1-b)$ 得

$$a-1 \leqslant 1-b,$$

即

$$a+b \leqslant 2, t \leqslant 1.$$

从而 $\dfrac{2}{t}-t+1$ 在 $t=1$ 时最小，最小值为 2.

又因为

$$t^2=(a+b-1)^2=a^2+b^2+1-2a-2b+2ab$$

$$=1-a^2-b^2+2ab=1-(a-b)^2\geqslant1-\left(\dfrac{1}{2}+\dfrac{1}{\sqrt{2}}-\dfrac{1}{2}\right)^2=\dfrac{1}{2},$$

所以 $t\geqslant\dfrac{\sqrt{2}}{2}$.

$\dfrac{2}{t}-t+1$ 在 $t=\dfrac{\sqrt{2}}{2}$ 时最大，最大值为 $2\sqrt{2}-\dfrac{\sqrt{2}}{2}+1=\dfrac{3\sqrt{2}}{2}+1$.

于是 $\dfrac{b^2}{a}+\dfrac{a^2}{b}$ 的最大值为 $\dfrac{3\sqrt{2}+2}{2}$，在 $a=\dfrac{1+\sqrt{2}}{2}$，$b=\dfrac{1}{2}$ 时取得；最小值为 2，在 $a=b=1$ 时取得.

本题看似简单，但要定出 $a+b-1$ 的范围却不容易.

251. 陈计的风格

正实数 x,y 满足：存在 $a\in[0,x],b\in[0,y]$，使得
$$a^2+y^2=2,b^2+x^2=1,ax+by=1,$$
求 $x+y$ 的最大值.

宁波大学陈计教授是国内公认的证不等式的高手，他喜欢用一串的等式或不等式直接得出结果.

我也学陈计的风格，一个式子做到底：

$(x+y)^2+(a-b)^2$

$=x^2+y^2+a^2+b^2+2(xy-ab)$

$=2+1+2\sqrt{(a^2+y^2)(b^2+x^2)-(ax+by)^2}$

$=2+1+2\sqrt{2\times1-1^2}=5,$

所以 $x+y\leqslant\sqrt{5}$，

等号在 $a=b=\dfrac{1}{\sqrt{5}},x=\dfrac{2}{\sqrt{5}},y=\dfrac{3}{\sqrt{5}}$ 时取得，

所以 $x+y$ 的最大值为 $\sqrt{5}$.

252. 要简单些

有些题目,并非难题,应当做得更简单些.

例如,有人出了这样一道题:

求函数 $f(x)=\sqrt{bx^2-x^4}+\sqrt{ax^2-x^4}\,(a>0,b>0)$ 的最大值.

看了之后,觉得题应简化为更好的形式:

求函数 $g(t)=\sqrt{bt-t^2}+\sqrt{at-t^2}$ 在 $[0,c]$ 上的最大值 $(a>0,b>0,c=\min\{a,b\})$.

其中 t 就是上面的 x^2.

在用导数处理时,我们的简化是显然有益的.

如果不用导数,用柯西不等式也可以得出结论.

怎么用柯西不等式简单呢?

有人利用

$$
\begin{aligned}
g^2(t) &= (\sqrt{bt-t^2}+\sqrt{at-t^2})^2 \\
&= \left(\sqrt{b}\cdot\sqrt{t-\frac{t^2}{b}}+\sqrt{a}\cdot\sqrt{t-\frac{t^2}{a}}\right)^2 \\
&\leqslant (b+a)^2\left(t-\frac{t^2}{b}+t-\frac{t^2}{a}\right)^2
\end{aligned}
$$

……

去做.

繁了!

正确的做法是

$$g(t)=\sqrt{t}\cdot\sqrt{b-t}+\sqrt{a-t}\cdot\sqrt{t}\leqslant\sqrt{(t+(a-t))((b-t)+t)}=\sqrt{ab}.$$

在 $\dfrac{t}{b-t}=\dfrac{a-t}{t}$,亦即 $t=\dfrac{ab}{a+b}$ 时,$g(t)$ 取得最大值 $\sqrt{ab}$(即在 $x=\sqrt{\dfrac{ab}{a+b}}$ 时,$f(x)$ 取得最大值 $\sqrt{ab}$).

上面运用柯西不等式的简单技巧应当掌握好.

253. 最大与最小

已知 a,b 为正实数,满足

$$\frac{1}{a}+\frac{1}{b}=1, \tag{1}$$

试讨论 $a+\dfrac{b}{a}+\dfrac{25}{ab}$ 的最大值与最小值.

解 满足(1)的 a,b 很多,例如

$$a=b=2, \tag{2}$$

这时

$$a+\frac{b}{a}+\frac{25}{ab}=3+\frac{25}{4}=9\frac{1}{4}.$$

不知 $9\dfrac{1}{4}$ 是最大还是最小,或许既非最大也非最小,但可以作为一个对照的标准.

(1)中 a 可以取任意地大,而

$$b=\left(1-\frac{1}{a}\right)^{-1}=\frac{a}{a-1},$$

这时 $a+\dfrac{b}{a}+\dfrac{25}{ab}>a$ 也可任意地大,所以它没有最大值.

有没有最小值呢?

有的,而且求最小值的方法很多,例如:

方法一 由(1)得 $a+b=ab$ 及 $\dfrac{b}{a}=b-1$,

所以

$$a+\frac{b}{a}+\frac{25}{ab}=a+b-1+\frac{25}{ab}=ab+\frac{25}{ab}-1\geqslant 2\sqrt{ab\cdot\frac{25}{ab}}-1=10-1=9.$$

(它小于前面说的 $9\dfrac{1}{4}$).

在 $ab=\dfrac{25}{ab}=5=a+b$ 时,$a+\dfrac{b}{a}+\dfrac{25}{ab}=9.$

即 a,b 为方程

$$x^2-5x+5=0 \tag{3}$$

的两个根

$$a=\frac{5\pm\sqrt{5}}{2},b=\frac{5\mp\sqrt{5}}{2} \tag{4}$$

因此 9 为 $a+\dfrac{b}{a}+\dfrac{25}{ab}$ 的最小值,在(4)成立时取最小值.

方法二 化 $a+\dfrac{b}{a}+\dfrac{25}{ab}$ 为一元函数,即将 $b=\dfrac{a}{a-1}$ 代入得

$$a+\frac{b}{a}+\frac{25}{ab}=a+\frac{1}{a-1}+\frac{25(a-1)}{a^2}$$

$$=\frac{a^2}{a-1}-1+\frac{25(a-1)}{a^2}$$

$$\geqslant 2\sqrt{\frac{a^2}{a-1}\cdot\frac{25(a-1)}{a^2}}-1=9.$$

在 $\dfrac{a^2}{a-1}=5$,即 a 为方程(3)的根时,$a+\dfrac{b}{a}+\dfrac{25}{ab}$ 取得最小值 9.

注意 一定要指出至少有一组 a,b 使函数 $a+\dfrac{b}{a}+\dfrac{25}{ab}$ 取得最小值 9.

254. 选择题的解法

若关于 x 的方程 $ax^2+bx+c=0(a,b,c>0)$ 有实根，则以下结论正确的是＿＿＿．（正确的只有一个）

A. $\max\{a,b,c\}\geqslant\dfrac{1}{2}(a+b+c)$

B. $\max\{a,b,c\}\geqslant\dfrac{4}{9}(a+b+c)$

C. $\max\{a,b,c\}\leqslant\dfrac{1}{4}(a+b+c)$

D. $\max\{a,b,c\}\leqslant\dfrac{1}{3}(a+b+c)$

这是一道选择题，选择题有一些特别的解法．在只有一个选择枝正确时，排除法尤为常用．

首先，可设 $a+b+c=1$（否则用 $\dfrac{a}{a+b+c}$，$\dfrac{b}{a+b+c}$，$\dfrac{c}{a+b+c}$ 代替 a,b,c）．

二次方程有实根时，$b^2\geqslant4ac$，在 b 很大，a,c 很小时，此式显然成立，这时

$\max\{a,b,c\}=b>\dfrac{1}{3}(a+b+c)>\dfrac{1}{4}(a+b+c)$，所以 C，D 立即被排除．

又因为 $\dfrac{1}{2}>\dfrac{4}{9}$，所以 A 正确时，B 也正确时，但反之不然．因为只有一个选择枝正确，我们当然选 B，即

$$\max\{a,b,c\}\geqslant\frac{4}{9}(a+b+c).\tag{1}$$

这样，我们用极少的时间解决了这道选择题．

如何证明(1)的确正确，不是选择题的考查内容（犯不着花很多时间去做，在考试时应注意这一点），当然要证明(1)成立也不很难，早在三十年前，我写的《数学竞赛研究教程》（新版由上海教育出版社出版）第 20 讲例 2 就是这道题．证明如下：

若 $b\geqslant\dfrac{4}{9}$，(1)显然成立．

若 $b < \dfrac{4}{9}$，则

$$a + c = 1 - b > \frac{5}{9}.$$

又

$$\left(\frac{4}{9}\right)^2 > b^2 \geqslant 4ac > 4\left(\frac{5}{9} - c\right)c,$$

即

$$c^2 - \frac{5}{9}c + \frac{4}{81} > 0,$$

从而

$$c > \frac{4}{9} \text{ 或 } c < \frac{1}{9}.$$

前者(1)已成立，后者

$$c > \frac{5}{9} - c > \frac{4}{9},$$

(1)仍成立.

还可说一下，A 是不成立的，例如 $4x^2 + 4x + 1 = 0$.

思而不学则殆，很希望中学师生能读一点书，学一点好的解法，别一味空想，浪费时间.

255. 别尽往复杂处想

一般的数学问题，应尽量简化，越做越简单.

最近见到一道清华丘成桐班的招生题：

设 a,b,c,d 为正实数，w 是复数，满足

$$aw^3+bw^2+cw+d=0, \tag{1}$$

求证：

$$|w| \leqslant \max\left\{\frac{b}{a},\frac{c}{b},\frac{d}{c}\right\}. \tag{2}$$

证明 w 是三次方程

$$ax^3+bx^2+cx+d=0 \tag{3}$$

的复数根.

首先，可设 $a=1$，否则在 (3) 的两边同时除以 a，并用 $\dfrac{b}{a}$，$\dfrac{c}{a}$，$\dfrac{d}{a}$ 代替原来的 b,c,d.

(3) 的系数 $(a=)1,b,c,d$ 都是实数，所以它的虚根成对，因为 (3) 是三次，所以它至少有 1 个实数根.

如果 $x \geqslant 0$，那么（因为 $1,b,c,d$ 均正）

$$x^3+bx^2+cx+d \geqslant d > 0.$$

所以 (3) 的实数根一定是负的.

如果 (3) 的三个根都是负实数，记之为 $-r,-s,-t(r,s,t$ 为正)，那么由韦达定理.

$$r+s+t=b, \tag{4}$$

从而 r,s,t 均小于 b，(2) 已成立.

如果 (3) 只有一个根为负实数，记之为 $-r(r>0)$. 另两个根为共轭复数，记之为 $u+vi,u-vi(u,v \in \mathbf{R})$，

仍由韦达定理，

$$r-2u=b, \tag{5}$$

$$r(u^2+v^2)=d, \tag{6}$$

$$-r \cdot (2u)+u^2+v^2=c, \tag{7}$$

$r \leqslant b$ 时,由(5),$u \leqslant 0$,由(7),

$$u^2 + v^2 \leqslant c = b \times \frac{c}{b},$$

所以

$$\sqrt{u^2 + v^2} \leqslant \max\left\{b, \frac{c}{b}\right\}.$$

$r > b$ 时,$u > 0$,由(6)得 $u^2 + v^2 < \frac{d}{b}$,所以 $\sqrt{u^2 + v^2} \leqslant \max\left\{\frac{c}{b}, \frac{d}{c}\right\}.$

再由(7)及 r, u 为正,得

$$u^2 + v^2 > c, \tag{8}$$

最后结合(6)、(8),得 $r < \frac{d}{c}.$

于是恒有(2)成立.

本题涉及各项系数,利用韦达定理是极自然的,而且仅用韦达定理就足以解决问题,别想得过于复杂,更别尽往复杂处想.

256. 善用条件

条件,就是作战的装备,善于运用,则问题可能迎刃而解;不善于运用,费力而不讨好,事倍功半.

请看一例:

已知函数 $f(x)=x|x-b|+c$,对任意 $x\in[0,1]$,均有 $f(x)\leqslant 0$,求 $b+2c$ 的最大值.

这里的条件"对任意 $x\in[0,1]$,均有 $f(x)\leqslant 0$",如何运用?

当然应取一些特殊的 x 值代入.

哪些特殊的 x 值?

$x=0$ 与 $x=1$ 显然是备选者.

其实本题 $x=\dfrac{1}{2}$ 更好,在 $x=\dfrac{1}{2}$ 时,得

$$\frac{1}{2}\left|\frac{1}{2}-b\right|+c\leqslant 0,$$

从而

$$b-\frac{1}{2}+2c\leqslant 0.$$

即

$$b+2c\leqslant\frac{1}{2} \tag{1}$$

(1)已给出,$b+2c$ 的上限为 $\dfrac{1}{2}$.在 $b=1$ 时,$x|x-b|=x(1-x)\leqslant\dfrac{1}{4}$,因此 $b=1$,$c=-\dfrac{1}{4}$ 满足题设要求.

故 $b+2c$ 的最大值为 $\dfrac{1}{2}$.

257. 一个数列

设正数 $n \geqslant 2$，对 $1, 2, \cdots, n$ 的一个排列 $a_1, a_2, \cdots, a_n$. 用 x_i 表示以 a_i 为首项的递增子数列的长度的最大值，用 y_i 表示以 a_i 为首项的递减子数列的长度的最大值 $(1 \leqslant i \leqslant n)$.

求 $\displaystyle\sum_{i=1}^{n} |x_i - y_i|$ 的最小值.

解 在 $a_i < a_{i+1}$ 时，$x_i > x_{i+1}, y_i \leqslant y_{i+1}$. 所以 $x_i - y_i > x_{i+1} - y_{i+1}$.

在 $a_i > a_{i+1}$ 时，$x_i \leqslant x_{i+1}, y_i > y_{i+1}$，所以 $x_i - y_i < x_{i+1} - y_{i+1}$.

从而总有

$$|x_i - y_i| + |x_{i+1} - y_{i+1}| \geqslant 1,$$

$$\sum_{i=1}^{n} |x_i - y_i| \geqslant \left[\frac{n}{2}\right].$$

另一方面，$n = 2k$ 时，排列

$$k+1, k, k+2, k-1, k+3, k-2, \cdots, 2k, 1$$

满足 $x_1 = k, y_1 = k+1, x_2 = y_2 = k, \cdots, x_{2k-1} = 1, y_{2k-1} = 2, x_{2k} = y_{2k} = 1$，

因此 $$\sum_{i=1}^{n} |x_i - y_i| = k.$$

$n = 2k+1$ 时，排列

$$k+1, k, k+2, k-1, k+3, k-2, \cdots, 2k, 1, 2k+1$$

满足 $\displaystyle\sum_{i=1}^{n} |x_i - y_i| = k$，

因此 $\displaystyle\sum_{i=1}^{n} |x_i - y_i|$ 的最小值为 $\left[\dfrac{n}{2}\right]$.

258. 偏差

已知实数 $x_1 \leqslant x_2 \leqslant \cdots \leqslant x_{2n-1}$，$A$ 为它们的算术平均数，称 $\sum\limits_{i=1}^{2n-1}(x_i-A)^2$ 为偏差.

求证：

$$2\sum_{i=1}^{2n-1}(x_i-A)^2 \geqslant \sum_{i=1}^{2n-1}(x_i-x_n)^2. \tag{1}$$

证明 不妨设 $x_n=0$，否则用 x_i-x_n 代替 $x_i(i=1,2,\cdots,2n-1)$，同时用 $A-x_n$ 代替 A.

于是 $x_1 \leqslant x_2 \leqslant \cdots \leqslant x_{2n-1} \leqslant 0 \leqslant x_{n+1} \leqslant \cdots \leqslant x_{2n-1}$，(1)成为

$$2\sum_{i=1}^{2n-1}(x_i-A)^2 \geqslant \sum_{i=1}^{2n-1}x_i^2, \tag{2}$$

即

$$2\Big(\sum_{i=1}^{2n-1}x_i^2+(2n-1)A^2-2^2(2n-1)A\Big) \geqslant \sum_{i=1}^{2n-1}x_i^2. \tag{3}$$

又等价于

$$\sum_{i=1}^{2n-1}x_i^2 \geqslant (2n-1)A^2. \tag{4}$$

记 $P=x_{n+1}+x_{n+2}+\cdots+x_{2n-1}$，$N=-(x_1+x_2+\cdots+x_{n-1})$，

则

$$A=\frac{P-N}{2n-1},$$

$$2(n-1)\sum_{i=1}^{n-1}x_i^2 \geqslant 2\Big(\sum_{i=1}^{n-1}x_i\Big)^2=2N^2.$$

$$2(n-1)\sum_{i=n+1}^{2n-1}x_i^2 \geqslant 2P^2.$$

从而

$$\begin{aligned}
(2n-1)\sum_{i=1}^{2n-1}x_i^2 &\geqslant 2(n-1)\sum_{i=1}^{2n-1}x_i^2 \geqslant 2(P^2+N^2)\\
&\geqslant 2(P^2+N^2-2PN)\\
&=2(P-N)^2\\
&=2(2n-1)^2A^2,
\end{aligned}$$

即(4)成立.

259. 一道差题，一道好题？

下面的题，怎么评价呢？

已知 $a,b,c \in \mathbf{R}$，对任意 $x \in [-1,1]$，均有 $|ax^2+bx+c| \leqslant 1$，则当 $x \in [-1,1]$ 时，函数 $f(x)=|(ax^2+bx+c)(cx^2+bx+a)|$ 的最大值为 （　　）

A. 1　　　　　　B. 2　　　　　　C. 3　　　　　　D. 4

说这是一道差题，理由有二.

一是，我不赞成出这样的选择题，认真做的人，可能要花费很多时间，最后反要做错了. 而随便一填，四选一，概率为 25%. 不应提倡碰运气.

二是题意不明. 参数 a,b,c 是已知的，还是并未确定的？ 是求一个固定的函数 $f(x)$ 的最大值吗？

其实是对一切满足 $|ax^2+bx+c| \leqslant 1 (\forall x \in [-1,1])$ 的实数 a,b,c，来求 $|(ax^2+bx+c)(cx^2+bx+a)| (\forall x \in [-1,1])$ 的最大值.

这有点超出目前对初中生的要求了！

说这是一道好题，也有两条理由.

一是无套路可套，需要自己动脑子找思路，并不容易.

二是答案有点出人意料，并不是 A，而应当是 B.

为什么不是 A 呢？

举一个例子就可以了（善于举出正例或反例，在数学中极为重要）：

$a=2,b=0,c=-1$.

在 $x \in [-1,1]$ 时，

$$|ax^2+bx+c|=|2x^2-1|$$
$$\leqslant \max\{2x^2-1,1-2x^2\} \leqslant \max\{2 \times 1^2-1,1\}=1.$$

而在 $x=0$ 时，

$$|(2x^2-1)(-x^2+2)|=2.$$

还要证明应当选 B（而不是 C,D）.

不妨设 $a>0$（否则将 a,b,c 都变号），$b>0$（否则将 x 换成 $-x$，b 换成 $-b$）.

这时,有两种情况:

1. $c>0$,这时
$$|cx^2+bx+a|\leqslant cx^2+b|x|+a\leqslant c+b+a.$$

而取 $x=1$ 得
$$|ax^2+bx+c|=a+b+c\leqslant 1.$$

所以
$$|(ax^2+bx+c)(cx^2+bx+a)|\leqslant |ax^2+bx+c|\cdot |cx^2+bx+a|\leqslant a+b+c\leqslant 1.$$

2. $c<0$,这时取 $x=1,-1,0$ 得
$$a+b+c\leqslant 1, \tag{1}$$
$$-1\leqslant a-b+c\leqslant 1, \tag{2}$$
$$-c\leqslant 1, \tag{3}$$

由(1)、(2),得
$$a+c\leqslant 1 \tag{4}$$

再结合(3)
$$a\leqslant 1-c\leqslant 2. \tag{5}$$

在 $x\leqslant 0$ 时,
$$|(cx^2+bx+a)|=\max\{|cx^2+bx|-a,a-|cx^2+bx|\}$$
$$\leqslant \max\{-c+b-a,a\}$$
$$\leqslant \max\{1,2\}=2,$$

$x>0$ 时,
$$|(cx^2+bx+a)|=\max\{a+b,-cx^2-bx-a\}$$
$$\leqslant \{1-c,-c\}\leqslant 2.$$

因此,在 $x\in[-1,1]$ 时,
$$|(ax^2+bx+c)(cx^2+bx+a)|\leqslant |cx^2+bx+a|\leqslant 2.$$

在 $c=-1,b=0,a=2$ 时,取得等号,故所求的最大值为 2,应选 B.

260. 图有助

下面是一道求分式最大值的题目：

正实数 a,b,c 满足

$$a+b \leqslant 3c, \tag{1}$$

求

$$\left(\frac{a}{6b+c}+\frac{a}{b+6c}\right)\left(\frac{b}{6a+c}+\frac{b}{a+6c}\right) \tag{2}$$

的最大值.

解　c 是无用的,令

$$x=\frac{a}{c},y=\frac{b}{c},$$

则问题即已知

$$x+y \leqslant 3, \tag{3}$$

求

$$I=\left(\frac{x}{6y+1}+\frac{x}{y+6}\right)\left(\frac{y}{6x+1}+\frac{y}{x+6}\right) \tag{4}$$

的最大值(即不妨设(1)、(2)中,$c=1$).

不妨设 $x \geqslant y$,即点 (x,y) 在如图所示的 $\triangle OPQ$ 中,如点 A 或点 B,因为

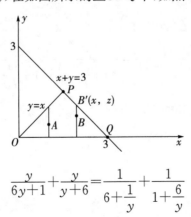

$$\frac{y}{6y+1}+\frac{y}{y+6}=\frac{1}{6+\frac{1}{y}}+\frac{1}{1+\frac{6}{y}}$$

是 y 的增函数，所以对于点 $A(x,y)\left(y\leqslant x\leqslant\dfrac{3}{2}\right)$，

$$I=\left(\frac{y}{6y+1}+\frac{y}{y+6}\right)\left(\frac{x}{6x+1}+\frac{x}{x+6}\right)$$

$$\leqslant\left(\frac{x}{6x+1}+\frac{x}{x+6}\right)^2$$

$$\leqslant\left(\frac{\frac{3}{2}}{6\cdot\frac{3}{2}+1}+\frac{\frac{3}{2}}{\frac{3}{2}+6}\right)^2$$

$$=\left(\frac{3}{20}+\frac{4}{20}\right)^2=\frac{49}{400},$$

对于 B 点，将它升至点 $B'(x,z)(y\leqslant z\leqslant x,x+z=3)$.

$$I\leqslant\left(\frac{z}{6z+1}+\frac{z}{z+6}\right)\left(\frac{x}{6x+1}+\frac{x}{x+6}\right)$$

$$=\frac{49xz(x+1)(z+1)}{(6z+1)(z+6)(6x+1)(x+6)}$$

$$=\frac{49xz(xz+4)}{(36xz+19)(xz+54)}$$

$$=\frac{49t(t+16)}{4(9t+19)(t+216)}(t=4xz\leqslant9)$$

$$=\frac{49}{4}\times\frac{1}{\left(9+\frac{19}{t}\right)\left(1+\frac{200}{t+16}\right)}$$

$$\leqslant\frac{49}{4}\times\frac{9\times(9+16)}{(9\times9+19)(9+216)}$$

$$=\frac{49}{400},$$

因此，所求最大值为 $\dfrac{49}{400}$（在 $a=b=\dfrac{3}{2}c$ 时取得）.

注 在 $c\geqslant A(>0),D\geqslant B(>0)$ 时

$$\frac{(t+A)(t+B)}{(t+C)(t+D)}=\frac{1}{\left(1+\dfrac{C-A}{t+A}\right)\left(1+\dfrac{D-B}{t+B}\right)}$$

是 $t(>0)$ 的增函数，不需要用导数证明.

261. 估猜

2021 年北大中学生数学夏令营的第 1 题如下：

已知 a_1, a_2, a_3, a_4, k 是两两不同的正整数，且不小于 80，求 $(\sum_{i=1}^{4} a_i^2 - 4k^2)k^2$ 的最小正值.

解 令 $s = \sum_{i=1}^{4} a_i^2 - 4k^2$，要求 sk^2 的最小正值.

s 是正整数，至少为 1，如果 sk^2 的最小正值 $< 2 \times 80^2$，那么 $s = 1$，于是需要研究 s 能否为 1，何时为 1.

设 $a_i = 80 + b_i (1 \leqslant i \leqslant 4)$，$k = 80 + m$，其中 $b_i (1 \leqslant i \leqslant 4)$，$m$ 均为非负整数，且互不相同.

$s = 1$ 即

$$s = \sum b_i^2 - 4m^2 + 160(\sum b_i - 4m) = 1. \tag{1}$$

如果 $\sum b_i > 4m$，那么

$$\sum b_i^2 \geqslant \frac{1}{4}(\sum b_i)^2 > 4m^2,$$

$s > 1$，(1) 不成立.

如果 $\sum b_i = 4m$，那么 $s \equiv \sum b_i \equiv 0 \pmod 2$，(1) 不成立.

因此，

$$4m \geqslant \sum b_i + 1. \tag{2}$$

这时，由 (1) 得

$$\sum b_i^2 \geqslant 4m^2 + 161, \tag{3}$$

从而

$$(4m - 1)^2 \geqslant (\sum b_i)^2 > \sum b_i^2 \geqslant 4m^2 + 161,$$

整理得

$$3m^2 - 2m > 40. \tag{4}$$

满足(4)的最小的整数 $m = 5$，这时(2)、(3)成为

$$\sum b_i \leqslant 19, \tag{5}$$

$$\sum b_i^2 \geqslant 261. \tag{6}$$

有一组互相不同的 $b_i (1 \leqslant i \leqslant 4)$ 满足(5)、(6)：

即

$$b_1 = 16, b_2 = 2, b_3 = 1, b_4 = 0,$$
$$a_1 = 96, a_2 = 82, a_3 = 81, a_4 = 80,$$

因此 sk^2 的最小正值为 $1 \times (80+5)^2 = 85^2$，在 $a_1 = 96, a_2 = 82, a_3 = 81, a_4 = 80, k = 85$ 时取得最大值。

有关整数的不等式，要注意整数是离散的，即 $a > b \Leftrightarrow a \geqslant b+1$。

262. 真不难

一道清华领军计划的测试题如下：

已知非负数 x,y 满足

$$2x+y=1,$$

求 $x+\sqrt{x^2+y^2}$ 的最小值与最大值.（原为选择题）

解 $x+\sqrt{x^2+y^2}\leqslant x+(x+y)=1,$

在 x 或 y 中有一个为 0 时，取得最大值 1.

另一方面

$$\frac{4}{5}=\frac{4}{5}(2x+y)=x+\frac{3}{5}x+\frac{4}{5}y$$

$$\leqslant x+\sqrt{\left(\left(\frac{3}{5}\right)^2+\left(\frac{4}{5}\right)^4\right)(x^2+y^2)}$$

$$=x+\sqrt{x^2+y^2},$$

在 $\dfrac{x}{3}=\dfrac{y}{4}$，即 $x=\dfrac{3}{10}$，$y=\dfrac{4}{10}=\dfrac{2}{5}$ 时，取得最小值 $\dfrac{4}{5}$.

263. 不要花哨

正实数 a, b 满足 $a + b = 1$，求 $\dfrac{1}{a} + \dfrac{27}{b^3}$ 的最小值.

解 这题的目标函数较复杂，直接将 $a = 1 - b$ 代入，化为 b 的一元函数求导，最为直接了当.

$$f(b) = \frac{1}{1-b} + \frac{27}{b^3},$$

$$f'(b) = \frac{1}{(b-1)^2} - \frac{81}{b^4}$$

$$= \frac{(b^2 + 9(b-1))(b^2 + 9(1-b))}{(b-1)^2 b^4},$$

$(b-1)^2 b^4$，$b^2 + 9(1-b)$ 均正，

$b^2 + 9(b-1) = 0$ 有两根，一正一负，正根小于 1，易得这个根是 $\dfrac{-9 + 3\sqrt{13}}{2}$，在这根两侧，$b^2 + 9(b-1)$ 先负后正，所以 $f(b)$ 的最小值为 $f\left(\dfrac{-9 + 3\sqrt{13}}{2}\right)$.

$b = \dfrac{-9 + 3\sqrt{13}}{2}$ 时，$a = 1 - b = \dfrac{11 - 3\sqrt{13}}{2}$.

$$\frac{1}{a} = \frac{2}{11 - 3\sqrt{13}} = \frac{11 + 3\sqrt{13}}{2},$$

$$\frac{3}{b} = \frac{3 \times 2}{-9 + 3\sqrt{13}} = \frac{2}{\sqrt{13} - 3} = \frac{\sqrt{13} + 3}{2},$$

$$\frac{1}{a} + \left(\frac{3}{b}\right)^2 = \frac{11 + 3\sqrt{13}}{2} + \left(\frac{\sqrt{13} + 3}{2}\right)^3$$

$$= \frac{11 + 3\sqrt{13}}{2} + \frac{13\sqrt{13} + 117 + 27\sqrt{13} + 27}{2 \times 2 \times 2}$$

$$= \frac{11 + 3\sqrt{13}}{2} + \frac{36 + 10\sqrt{13}}{2}$$

$$=\frac{47+13\sqrt{13}}{2}.$$

这就是所求的最小值.

本题只需按部就班,一步一步地做下去,不必玩弄花哨的技巧,不实用的技巧"只是花枪,上阵全不管用".

再多说几句.

本题可能还有其他解法,但最直接、最简单的解法,我看就只有上面的这一种,可称之为正解.

我不很赞成一题多解,因为绝大多数问题,只有一种正解,其他走弯路的,兜圈子的解法不值得介绍.

或者学生会想出其他的解法,对学生的积极性当然要爱护,要肯定.但也要通过分析、比较,使他知道什么是好的,简洁的解法,如何修改自己的解法,使之臻于完善.

经过讨论得出一道题的最佳解法(正解),远比一题多解重要,只有获得正解,才能提高学生的品味,明白应如何正确地解题.

最不好的就是有人偏要顽固坚持自己不好的解法.例如上次"在非负数 x,y 满足 $2x+y=1$ 时,求 $x+\sqrt{x^2+y^2}$ 的最大值".

由 $x+\sqrt{x^2+y^2}\leqslant x+(x+y)=2x+y=1$ 一步立即得出.有人却偏说"转化为几何方法更漂亮"不知他如何转化,用几步转化.

善于汲取别人长处,进步自然显著.

264. 两大法宝

证明不等式,有两大法宝.

第一个法宝是基本不等式:设 a,b 为实数,则

$$2ab \leqslant a^2 + b^2.\tag{1}$$

(1)有种种变形,如:

设 a,b 为非负实数,则

$$2\sqrt{ab} \leqslant a+b,\tag{2}$$

即两个非负数的算术平均不小于几何平均,也有人称(2)为基本不等式,当然也无不可.

再如,设 $a \geqslant 0, b \geqslant 0$ 则

$$\sqrt{a} + \sqrt{b} \leqslant \sqrt{2(a+b)}.\tag{3}$$

基本不等式的应用极多(下面的例子即是).

第二个法宝是导数,尤其是一元函数 $y=f(x)$ 的导数,使 $f'(x)=0$ 的点 $x=x_0$,称为 f 的驻点或极点. 如果 $f(x)$ 在区间 $[a,b]$ 上仅有一个极点,而且 $f(x_0)>\max\{f(a),f(b)\}$ 或 $f(x_0)<\max\{f(a),f(b)\}$,那么 $f(x_0)$ 就是函数的最大值或最小值(当然假定 $f(x)$ 在 $[a,b]$ 上连续,在 (a,b) 上可导).

导数在不等式的证明中极为重要.

例1 $\triangle ABC$ 的边长为 a,b,c,面积为 $\triangle$,若

$$3a^2 = 2b^2 + c^2.\tag{4}$$

求 $\dfrac{\triangle}{b^2 + 2c^2}$ 的最大值.

解 由海仑—秦九韶公式

$$\triangle = \frac{1}{4}\sqrt{4b^2c^2 - (b^2 + c^2 - a^2)^2},$$

利用(4)消去 a 得

$$\triangle = \frac{1}{4}\sqrt{4b^2c^2 - \left(b^2 + c^2 - \frac{2b^2 + c^2}{3}\right)^2}$$

$$= \frac{1}{12}\sqrt{32b^2c^2 - b^4 - 4c^4}.$$

所以

$$\frac{\triangle}{b^2+2c^2}=\frac{1}{12}\sqrt{\frac{-b^4+32b^2c^2-4c^4}{b^4+4b^2c^2+4c^4}}=\frac{1}{12}\sqrt{\frac{-4t^2+32t-1}{4t^2+4t+1}},\text{其中 }t=\left(\frac{c}{b}\right)^2\in(0,+\infty).$$

这样就化为求一元函数

$$f(t)=\frac{-4t^2+32t-1}{4t^2+4t+1}\qquad\qquad(t>0)$$

的最大值,用二次函数的判别式固然可求,但我们宁愿用导数.

$$f'(x)(4t^2+4t+1)^2=(-8t+32)(4t^2+4t+1)-(8t+4)(-4t^2+32t-1)=-4t^2+1.$$

所以驻点为 $t=\frac{1}{2}$,这时 $f(t)=\frac{7}{2}$,$S=\frac{1}{12}\sqrt{f(t)}=\frac{1}{12}\sqrt{\frac{7}{2}}=\frac{\sqrt{14}}{24}.$

而 $\lim\limits_{t\to0}f(t)=-1$,$\lim\limits_{t\to+\infty}f(t)=-1$,所以 $\frac{7}{2}$ 是 $f(t)$ 的最大值. S 的最大值为 $\frac{\sqrt{14}}{24}$,在

$\left(\frac{c}{b}\right)^2=\frac{1}{2}$ 时取得.

例 2 x,y,z 为正实数,且

$$x+y+z=1. \tag{1}$$

求 $\sqrt{xy}+\sqrt{xz}-y-z$ 的最大值.

解 y,z 是对称的、地位完全平等(将 y,z 互换,既不影响已知,也不影响结论).

由上节的基本不等式(3),

$$\sqrt{y}+\sqrt{z}\leqslant\sqrt{2(y+z)},$$

因此

$$\sqrt{xy}+\sqrt{xz}-y-z\leqslant\sqrt{2x(y+z)}-(y+z)=\sqrt{2x(1-x)}+x-1 \tag{2}$$

消去了两个元 y,z,得到 x 的(一元)函数

$$f(x)=\sqrt{2x(1-x)}+x-1,$$

其导数

$$f'(x)=1+\frac{1-2x}{\sqrt{2x(1-x)}}. \tag{3}$$

若 $x\leqslant\frac{1}{2}$,则 $f'(x)\geqslant0$,$f(x)$ 单调递增,因此,求 $f(x)$ 的最大值,可限制 $x\in\left[\frac{1}{2},1\right]$.

$f'(x)$ 的零点即 $f(x)$ 的极值点,满足方程

$$2x(1-x)=(1-2x)^2,$$

即

$$6x^2-6x+1=0,$$

$$x=\frac{3+\sqrt{3}}{6}\left(x\in\left[\frac{1}{2},1\right],\text{所以根式只取正号}\right)$$

仅一极点,在这点

$$f\left(\frac{3+\sqrt{3}}{6}\right)=\sqrt{2\times\frac{3+\sqrt{3}}{6}\times\frac{3-\sqrt{3}}{6}}+\frac{3+\sqrt{3}}{6}-1$$

$$=\frac{1}{6}\sqrt{12}+\frac{3+\sqrt{3}}{6}-1=\frac{\sqrt{3}-1}{2},$$

而 $f(1)=0,f\left(\frac{1}{2}\right)=\sqrt{\frac{1}{2}}-\frac{1}{2}=\frac{\sqrt{2}-1}{2}<\frac{\sqrt{3}-1}{2},$

所以 $f(x)$ 的最大值为 $\frac{\sqrt{3}-1}{2}$. 在 $x=\frac{3+\sqrt{3}}{6},y=z=\frac{3-\sqrt{3}}{12}$ 时取得.

例3 x,y 为正实数,且

$$\frac{x}{y}+\frac{y}{x}=x^2-y^2,\tag{1}$$

求 x^2+y^2 的最小值.

解 关键在于条件(1)如何运用.

首先,将(1)化为整式

$$x^2+y^2=xy(x^2-y^2).\tag{2}$$

右边作因式分解,即

$$x^2+y^2=x(x-y)\cdot y(x+y).$$

注意,设 $A=x(x-y),B=y(x+y)$,则

$$A+B=x(x-y)+y(x+y)=x^2+y^2.$$

而由基本不等式

$$A+B\geqslant 2\sqrt{AB},$$

所以

$$AB(=x^2+y^2)=A+B\geqslant 2\sqrt{AB},$$

$$AB\geqslant 4,$$

即

$$x^2+y^2\geqslant 4,$$

等号成立的条件是

$$\begin{cases}A=x(x-y)=2,\tag{6}\\B=y(x+y)=2.\tag{7}\end{cases}$$

(6)—(7),得

$$(x-y)^2 = 2y^2.$$

因为 $x \geqslant y$(由(5)即可看出),所以

$$x = (1+\sqrt{2})y,$$

代入(6)得 $xy = \sqrt{2}$,所以

$$y = \sqrt{2-\sqrt{2}},$$

$$x = \frac{\sqrt{2}}{y} = \sqrt{2+\sqrt{2}},$$

因此,x^2+y^2 的最小值为 4,在 $x = \sqrt{2+\sqrt{2}}$,$y = \sqrt{2-\sqrt{2}}$ 时取得.

本题的关键是看出 $A = x(x-y)$,$B = y(x+y)$ 满足 $AB = A+B = x^2+y^2$. 这需要有一定的观察能力才能做到,所以解题时,一定要锻炼眼力.

例 4 已知正实数 x, y 满足

$$\frac{y^2}{x-y} + \frac{x^2}{y} + y - x = 4, \tag{1}$$

求 x 的最大值.

解 令 $t = x-y$,则 $x = y+t$,而

$$\frac{y^2}{x-y} + \frac{x^2}{y} + y - x = 4,$$

即

$$\frac{y^2}{t} + \frac{t^2}{y} + y + t = 4. \tag{2}$$

由基本不等式

$$4 = \frac{y^2}{t} + t + \frac{t^2}{y} + y \geqslant 2y + 2t = 2x,$$

所以 $x \leqslant 2$.

x 的最大值为 2,在 $y = t = 1$ 时取得.

例 5 正实数 x, y 满足

$$xy \leqslant \frac{1}{4}, \tag{3}$$

$$4y^2 + 4xy + 1 = \frac{y}{x}, \tag{4}$$

求 $\frac{1}{x} + x - 3y$ 的最小值.

解 题目的已知条件与目标函数均有点怪,人造的痕迹很明显,解题者需要仔细观察、分析.

首先，$\dfrac{1}{x}+x-3y$ 可写成

$$\left(\dfrac{1}{x}-4y\right)+(x+y)=A+B.$$

其中 $A=\dfrac{1}{x}-4y,B=x+y.$

而由(4)，

$$AB=\left(\dfrac{1}{x}-4y\right)(x+y)=1+\dfrac{y}{x}-4xy-4y^2=2.$$

这就有点像前面的例 3 了．

由基本不等式，$A+B\geqslant 2\sqrt{AB}$（条件(3)保证 $A\geqslant 0$）$=2\sqrt{2}.$

目标函数 $\dfrac{1}{x}+x-3y(=A+B)$ 的最小值即 $2\sqrt{2}$，在 $A=B=\sqrt{2}$ 时取得，即 x,y 满足

$$\begin{cases} x+y=\sqrt{2}, \\ \dfrac{1}{x}-4y=\sqrt{2}, \end{cases}$$

不难解得 $x=\dfrac{5\sqrt{2}-\sqrt{34}}{8},y=\dfrac{3\sqrt{2}+\sqrt{34}}{8}.$

例6 正实数 a,b 满足

$$a^2-ab+b^2=3, \tag{5}$$

$$|a^2-b^2|\leqslant 3, \tag{6}$$

求 $a+b$ 与 ab 的取值范围．

解 由基本不等式

$$3=a^2-ab+b^2=(a+b)^2-3ab\geqslant(a+b)^2-\dfrac{3}{4}(a+b)^2=\dfrac{1}{4}(a+b)^2,$$

从而

$$a+b\leqslant 2\sqrt{3},$$

在 $a=b=\sqrt{3}$ 时，$a+b$ 取得最大值 $2\sqrt{3}.$

仍由基本不等式，

$$2\sqrt{3}\geqslant a+b\geqslant 2\sqrt{ab},$$

所以

$$ab\leqslant 3,$$

在 $a=b=\sqrt{3}$ 时，ab 取得最大值 $3.$

本题最小值比最大值难求，需要利用(6)．

不妨设 $a \geqslant b$, 则

$$a^2 - b^2 \leqslant 3,$$

减去(5), 得

$$ab - 2b^2 \leqslant 0,$$

所以

$$a \leqslant 2b, 1 \leqslant \frac{a}{b} \leqslant 2$$

函数 $f(t) = t + \frac{1}{t}$ 在区间 $[1, 2]$ 上有一最小值, 而最大值则为区间端点的函数值中较大的一个, 所以在

$$t = \frac{a}{b} \in [1, 2],$$

时

$$t + \frac{1}{t} \leqslant 2 + \frac{1}{2} = \frac{5}{2},$$

即

$$\frac{a}{b} + \frac{b}{a} \leqslant \frac{5}{2},$$

$$a^2 + b^2 \leqslant \frac{5}{2}ab,$$

从而

$$3 = a^2 + b^2 - ab \leqslant \frac{3}{2}ab,$$

$$ab \geqslant 2.$$

而

$$(a + b)^2 = 3 + 3ab \geqslant 9,$$

$$a + b \geqslant 3,$$

等号均在 $a = 2, b = 1$ 时取得.

于是 ab 的取值范围为 $[2, 3]$, $a + b$ 的取值范围为 $[3, 2\sqrt{3}]$.

265. 减少参数

看到一道有多个参数的题：

已知实数 a,b,c,d 满足

$$a>b>c, \tag{1}$$

$$a+b+c=0, \tag{2}$$

$$ad^2+2bd-b=0, \tag{3}$$

求 d 的取值范围.

这里 4 个字母 a,b,c,d，显然 d 是主，要求它的取值范围，a,b,c 都是宾，切勿喧宾夺主（尤其 c 不在 (3) 中出现，更应当早点靠边）.

参数的个数可以而且应当减少.

由 (1)、(2)，显然 $a>0,c<0$.

令 $t=\dfrac{b}{a},s=\dfrac{c}{a}$，则

$$1>t>s, \tag{1'}$$

$$1+t+s=0, \tag{2'}$$

$$d^2+2td-t=0, \tag{3'}$$

已经少了一个参数（4 个变为 3 个）.

由 (2')

$$1+t=-s>-t,$$

所以

$$t>-\frac{1}{2}. \tag{4}$$

有了 $1>t>-\dfrac{1}{2}$，则 s 亦可去掉，只剩 d,t 两个字母，d 是 t 的函数.

由 (3') 得

$$d=-t\pm\sqrt{t+t^2}. \tag{5}$$

于是

$$d \geqslant -t - \sqrt{t+t^2} > -1 - \sqrt{1+1^2} = -1 - \sqrt{2}, \tag{6}$$

且

$$d \leqslant -t + \sqrt{t+t^2}. \tag{7}$$

$$-t + \sqrt{t+t^2} = \frac{t}{\sqrt{t+t^2}+t} = \frac{1}{1+\sqrt{1+\dfrac{1}{t}}}$$

是 t 的增函数,所以 $t<1$ 时,

$$d \leqslant -t + \sqrt{t+t^2} < -1 + \sqrt{2}.$$

所以,d 的取值范围为 $(-1-\sqrt{2}, -1+\sqrt{2})$. 解题中常有多余步骤,应尽量删去.多余步骤就像身上的赘肉.赘肉太多,人显得臃肿,应当减肥.

正值寒风凛冽时
春光姗姗偏来迟
雪地红梅分外俏
几多遐想几多诗

266. 木屑竹头皆有用

2021年全国高中联赛新疆初赛的最后一题是一道不等式证明题.

已知$\triangle ABC$的内角A,B,C的对边分别为a,b,c.

求证：$\dfrac{3}{2}\leqslant\dfrac{a^2}{b^2+c^2}+\dfrac{b^2}{c^2+a^2}+\dfrac{c^2}{a^2+b^2}\leqslant 2(\cos^2 A+\cos^2 B+\cos^2 C)$.

证明 左边的不等式较为容易,其实是一道老题,更一般一些,设x,y,z为正数,则

$$\frac{3}{2}\leqslant\frac{x}{y+z}+\frac{y}{z+x}+\frac{z}{x+y}. \tag{1}$$

证法亦多,一种是利用排序不等式,因为(1)的右边是x,y,z的对称式,可设$x\geqslant y\geqslant z$,这时

$$\frac{1}{y+z}\geqslant\frac{1}{z+x}\geqslant\frac{1}{x+y}$$

所以(顺序和大于或等于乱序和)有

$$\frac{x}{y+z}+\frac{y}{z+x}+\frac{z}{x+y}\geqslant\frac{y}{y+z}+\frac{z}{z+x}+\frac{x}{x+y},$$

$$\frac{x}{y+z}+\frac{y}{z+x}+\frac{z}{x+y}\geqslant\frac{z}{y+z}+\frac{x}{z+x}+\frac{y}{x+y},$$

相加得

$$2\left(\frac{x}{y+z}+\frac{y}{z+x}+\frac{z}{x+y}\right)\geqslant 1+1+1=3.$$

即(1)成立.

另一种是用Cauchy不等式或平均不等式

$$\frac{x}{y+z}+\frac{y}{z+x}+\frac{z}{x+y}+3=\frac{x+y+z}{y+z}+\frac{x+y+z}{z+x}+\frac{x+y+z}{x+y}$$

$$=(x+y+z)\left(\frac{1}{y+z}+\frac{1}{z+x}+\frac{1}{x+y}\right)$$

$$=\frac{1}{2}(u+v+w)\left(\frac{1}{u}+\frac{1}{v}+\frac{1}{w}\right)(u=y+z,v=z+x,w=x+y)\geqslant\frac{9}{2},$$

从而(1)成立.

$$\frac{a^2}{b^2+c^2}+\frac{b^2}{c^2+a^2}+\frac{c^2}{a^2+b^2}\leqslant 2(\cos^2 A+\cos^2 B+\cos^2 C) \tag{2}$$

较难证明,但证法亦多,下面提供的证法,要点在利用边角之间的关系,尤其是等式(边与角的余弦间的关系)

$$b\cos C+c\cos B=a, \tag{3}$$

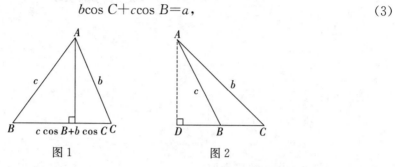

图1   图2

这只要作 BC 边上的高即可看出,B,C 为锐角时,如图1,结论显然;在 B 为钝角时,仍有(如图2)

$$a=BC=DC-DB=b\cos C+c\cos B.$$

利用(3)及 Cauchy 不等式,有

$$(b^2+c^2)(\cos^2 C+\cos^2 B)\geqslant(b\cos C+c\cos B)^2=a^2,$$

即

$$\frac{a^2}{b^2+c^2}\leqslant\cos^2 C+\cos^2 B.$$

同样可得另两个不等式,三式相加即得(2).(3)这样的式子,其实很有用,不可忽视它(竹头木屑皆有用也).

267. 不定乘数法

有人问一道题：

例 1 已知 x, y, z 为正数，且

$$x^2 + y^2 + z^2 = 1, \tag{1}$$

求 $xy + 2yz + 3zx$ 的最大值.

怎么做?

这道题可以用配方法做，但最大值不知是多少，它实际上是一个三次方程的根，不是有理数，也不是二次方根，所以配方法的实际困难较大.

这道题该用拉格朗日的不定乘数法.

设 $F(x, y, z) = -\dfrac{\lambda}{2}(x^2 + y^2 + z^2) + xy + 2yz + 3zx$

则极值点 (x, y, z) 处的偏导数

$$\begin{cases} \dfrac{\partial F}{\partial x} = -\lambda x + y + 3z = 0, \\[2mm] \dfrac{\partial F}{\partial y} = x - \lambda y + 2z = 0, \\[2mm] \dfrac{\partial F}{\partial z} = 3x + 2y - \lambda z = 0. \end{cases} \tag{2}$$

因为 $(x, y, z) \neq (0, 0, 0)$（$(0, 0, 0)$ 不满足 (1)），所以 (2) 应有其他的解，行列式

$$\begin{vmatrix} -\lambda & 1 & 3 \\ 1 & -\lambda & 2 \\ 3 & 2 & -\lambda \end{vmatrix} = 0, \tag{3}$$

即

$$\lambda^3 - 14\lambda - 12 = 0. \tag{4}$$

(4) 的左边是一个既约的三次多项式，它有三个实根，两个为负，只有一个为正（记为 λ_0），可用逼近法求出它的近似估，在 4、5 之间（谁爱求可以用牛顿方法去计算近似值），而 x, y, z 的值可由 (2) 及 (1) 定出（计算也很繁）.

将 (2) 的三个方程分别乘 x, y, z，再相加，即得

$$2(xy+2yz+3zx)=\lambda_0(x^2+y^2+z^2)=\lambda_0,$$

$$xy+2yz+3zx=\frac{\lambda_0}{2}.$$

因为在所说区域内，只有一个极值点，而边界（即坐标轴）上，$xy+2yz+3zx=0$，所以，$\frac{\lambda_0}{2}$ 即所求的最大值.

（亦可将 x,y,z 为正数的限制取消，变为"无边界"的球面，这时有 3 个极值点，两个函数值为负，只有一个函数值 $\frac{\lambda_0}{2}>0$，所以 $\frac{\lambda_0}{2}$ 即最大值）.

从代数的角度看，二次型 $xy+2yz+3xz$ 的最大值即相应矩阵

$$\begin{vmatrix} 0 & \frac{1}{2} & 1 \\ \frac{1}{2} & 0 & \frac{3}{2} \\ 1 & \frac{3}{2} & 0 \end{vmatrix}$$

的最大特征值 λ，这与分析的结果是一致的.

注 $F(x,y,z)$ 中之 $-\frac{\lambda}{2}$ 改为 λ 亦无不可，做法大同小异，我用 $-\frac{\lambda}{2}$，只是由于 $\frac{\partial x^2}{\partial x}=2x$ 等，恰好有系数 2 可约去.

我再拟两例

例 2 已知 $\qquad\qquad x^2+y^2+z^2=1,\qquad\qquad\qquad$ (1)
求 $xy+yz+2xz$ 的最大值.

解 $(\sqrt{3}+1)(x^2+y^2+z^2)-2(xy+yz+2xz)$

$=2(x-z)^2+(\sqrt{3}-1)(x^2+z^2)+(\sqrt{3}+1)y^2-2(x+z)y$

$=2(x-z)^2+\dfrac{\sqrt{3}-1}{2}(x+z)^2+(\sqrt{3}+1)y^2-2(x+z)y+\dfrac{\sqrt{3}-1}{2}(x-z)^2$

$=\dfrac{\sqrt{3}+3}{2}(x-z)^2+\dfrac{\sqrt{3}-1}{2}(x+z-(\sqrt{3}+1)y)^2$

$\geqslant 0,$

所以

$$xy+yz+2xz\leqslant\frac{\sqrt{3}+1}{2}(x^2+y^2+z^2)=\frac{\sqrt{3}+1}{2}.$$

在 $x=z=\dfrac{1}{6}\sqrt{9+3\sqrt{3}}$，$y=(\sqrt{3}-1)x=\dfrac{1}{6}\sqrt{18-6\sqrt{3}}$ 时，$xy+yz+2xz$ 取得最大

值 $\dfrac{\sqrt{3}+1}{2}$.

其实本题的困难首先在于事先并不知道最大值为 $\dfrac{\sqrt{3}+1}{2}$,所以还是用拉格朗日不定乘数法为好,即令

$$F(x,y,z)=-\frac{\lambda}{2}(x^2+y^2+z^2)+xy+yz+2xz,$$

则由

$$\begin{cases} \dfrac{\partial F}{\partial x}=-\lambda x+y+2z=0, \\[2mm] \dfrac{\partial F}{\partial y}=x-\lambda y+z=0, \\[2mm] \dfrac{\partial F}{\partial z}=2x+y-\lambda z=0, \end{cases} \tag{2}$$

有非零解($x=y=z=0$ 显然不满足(1)),
所以

$$\begin{vmatrix} -\lambda & 1 & 2 \\ 1 & -\lambda & 1 \\ 2 & 1 & -\lambda \end{vmatrix}=0, \tag{3}$$

从而

$$\lambda^3-6\lambda-4=0, \tag{4}$$

即

$$(\lambda+2)(\lambda^2-2\lambda-2)=0.$$

仅有的正根为 $\lambda=1+\sqrt{3}$,$xy+yz+2xz$ 的最大值即 $\dfrac{\sqrt{3}+1}{2}$,而由方程组(2)可得出

$$x=z,\, y=(\sqrt{3}-1)x,$$

再代入(1)即得出在极大点 x,y,z 的值.

本题与上题方法一样,便于计算一些(三次方程(4)有有理根).

例3 已知实数 x,y,满足

$$\frac{x^2}{4}-y^2=1, \tag{1}$$

求 $3x^2-2xy$ 的最小值.

这道题,如果知道恒等式

$$3x^2-2xy-2(3+2\sqrt{2})\left(\frac{x^2}{4}-y^2\right)=\frac{1}{2}(3-2\sqrt{2})(x-(3+2\sqrt{2})y)^2,$$

那就立即得出最小值为 $6+4\sqrt{2}$，问题迎刃而解.

但这恒等式从何而来?

由于系数有无理数，恐怕很难拼凑出来.

这道题得用拉格朗日不定乘数法，即考虑函数

$$F(x,y)=3x^2-2xy+\lambda\left(\frac{x^2}{4}-y^2\right).$$

$$\frac{\partial F}{\partial x}=6x-2y+\frac{\lambda}{2}x=0, \tag{2}$$

$$\frac{\partial F}{\partial y}=-2x-2\lambda y=0. \tag{3}$$

于是由 (3)，$x=-\lambda y$，

代入 (2)，得 $2y=\left(6+\dfrac{\lambda}{2}\right)x=-\lambda\left(6+\dfrac{\lambda}{2}\right)y$，

$y=0$ 时，$x=\pm2$，(3) 式不成立.

$y\neq0$ 时，$\lambda^2+12\lambda+4=0$，$\lambda=-6\pm4\sqrt{2}=2(-3\pm2\sqrt{2})$.

将 $x=-\lambda y$ 代入 (1)，得

$$\left(\frac{\lambda^2}{4}-1\right)y^2=1,$$

将 λ 的值代入，得 $y^2=(4(4\mp3\sqrt{2}))^{-1}$，

但 y^2 为正，所以只取 $y^2=(4(4+3\sqrt{2}))^{-1}=(4\sqrt{2}(\sqrt{2}+1)^2)^{-1}$.

$$y=\pm\frac{1}{2\sqrt[4]{2}(\sqrt{2}+1)}=\pm\frac{\sqrt{2}-1}{2\sqrt[4]{2}},$$

$$x=-\lambda y=\pm2(3+2\sqrt{2})\cdot\frac{\sqrt{2}-1}{2\sqrt[4]{2}}=\pm\frac{\sqrt{2}+1}{\sqrt[4]{2}},$$

$3x^2-2xy=3\times\dfrac{3+2\sqrt{2}}{\sqrt{2}}-2\times\dfrac{\sqrt{2}+1}{\sqrt[4]{2}}\times\dfrac{\sqrt{2}-1}{2\sqrt[4]{2}}=6+4\sqrt{2}$ 或 $3x^2-2xy=3\times\dfrac{3+2\sqrt{2}}{\sqrt{2}}-2\times$

$\dfrac{\sqrt{2}+1}{\sqrt[4]{2}}\times\dfrac{\sqrt{2}-1}{\sqrt[4]{2}}=6+4\sqrt{2}$.

函数 $F(x,y)$ 的最小值可能是 $6+4\sqrt{2}$.

严格说来，用拉格朗日方法得来的只是可能的极值，但有了这些数值，便不难写出

$$3x^2-2xy-(6+4\sqrt{2})\left(\frac{x^2}{4}-y^2\right)=\frac{1}{2}(3-2\sqrt{2})(x-(3+2\sqrt{2}y)^2\geqslant0,$$

所以 $6+4\sqrt{2}$ 是 $3x^2-2xy$ 的最小值，而且在 $x=(3+2\sqrt{2})y$ 时取得，即在 $x=\pm\dfrac{\sqrt{2}+1}{\sqrt[4]{2}}$，$y=\pm\dfrac{\sqrt{2}-1}{2\sqrt[4]{2}}$ 时取得.

268. 含三角函数

刘国梁给出了两个关于 $\sqrt{a+\cos\theta}+\sqrt{a-\cos\left(\theta-\dfrac{\pi}{3}\right)}$ 的极植的结论：

1. $a\geqslant 1$ 时，$y=\sqrt{a+\cos\theta}+\sqrt{a-\cos\left(\theta-\dfrac{\pi}{3}\right)}$ 的最大值为 $\sqrt{4a+2}$；

2. $a\geqslant\dfrac{5}{4}$ 时，$y=\sqrt{a+\cos\theta}+\sqrt{a-\cos\left(\theta-\dfrac{\pi}{3}\right)}$ 的最小值为 $\sqrt{4a-2}$.

因为根式中 $a+\cos\theta\geqslant 0$，而 $\cos\pi=-1$，所以 $a\geqslant 1$ 是必需的，而 $a\geqslant\dfrac{5}{4}$ 则不是. 那么 $a\geqslant 1$ 时，$\sqrt{a+\cos\theta}+\sqrt{a-\cos\left(\theta-\dfrac{\pi}{3}\right)}$ 的最小值是多少呢？

首先令 $\theta=\alpha-\dfrac{\pi}{3}$，则

$$y=\sqrt{a+\cos\left(\alpha-\dfrac{\pi}{3}\right)}+\sqrt{a+\cos\left(\alpha+\dfrac{\pi}{3}\right)},$$

这样的式子稍显对称，y 是 α 的偶函数，可设 $\alpha\in[0,\pi]$.

我们有：

1. $a\geqslant 1$ 时，y 的最大值为 $\sqrt{4a+2}$；

2. $a\geqslant\dfrac{5}{4}$ 时，y 的最小值为 $\sqrt{4a-2}$；

3. $1\leqslant a\leqslant\dfrac{5}{4}$ 时，y 的最小值为 $\dfrac{\sqrt{3a-3}+\sqrt{3a+3}}{2}$.

其中结论 1，2 就是刘国梁的结论，但对于结论 2，我们将给出两个新的证明.

第一种证法直接证明在 $a\geqslant\dfrac{5}{4}$ 时，

$$y\geqslant\sqrt{4a-2}. \tag{1}$$

为此采用两边平方，整理、化简，再平方，得出

(1) $\Leftrightarrow(8a-4)(1+\cos\alpha)\geqslant 3(1-\cos^2\alpha)$.

在 $\alpha=\pi$ 即 $\cos \alpha=-1$ 时,上式成立.

在 $\cos \alpha \neq -1$ 时,约去 $1+\cos \alpha$ 得

$$8a \geqslant 7-3\cos \alpha.$$

右边在 $\alpha \to \pi$ 时,趋于 10,所以当仅当 $a \geqslant \dfrac{5}{4}$ 时,上式成立.

第二种证法,在不知道结论时,可以这样做

$$y^2=2a+\cos \alpha+\sqrt{(2a+\cos \alpha)^2-3(1-\cos^2\alpha)}$$

$u=y^2$ 可看作 $t(=\cos \alpha)$ 的函数

$$\frac{\mathrm{d}u}{\mathrm{d}t}=1+\frac{2a+4t}{\sqrt{(2a+t)^2-3(1-t^2)}}.$$

若 $a+2t \geqslant 0$,则 u 是 t 的增函数,即 α 的减函数.

若 $a+2t < 0$,则 $\dfrac{\mathrm{d}u}{\mathrm{d}t} \geqslant 0 \Leftrightarrow \quad (2a+t)^2-3(1-t^2) \geqslant (2a+4t)^2$

$$\Leftrightarrow a^2-1 \geqslant (2t+a)^2$$

$$\Leftrightarrow \sqrt{a^2-1}+a \geqslant -2t. \tag{2}$$

在 $a \geqslant \dfrac{5}{4}$ 时,$\sqrt{a^2-1}+a \geqslant 2 \geqslant -2\cos \alpha=-2t.$

所以 $a \geqslant \dfrac{5}{4}$ 时,u 与 y 都是 t 的增函数,在 $t=-1(\alpha=\pi)$ 时,y 取得最小值,最小值即

$2\sqrt{a-\dfrac{1}{2}}=\sqrt{4a-2}.$

结论 3 的证明同样可用上述两个方法.

第一种证法:即直接证明 $y \geqslant \dfrac{\sqrt{3a-3}+\sqrt{3a+3}}{2}$,我们从略(这种方法需要知道结论).

第二种法:得出(2)后,可知

$$t=-\frac{a+\sqrt{a^2-1}}{2}$$

是函数 u,y 的驻点,从而也是取得最小值的点(t 由 -1 增至 $-\dfrac{a+\sqrt{a^2-1}}{2}$,再增至 1 时,u' 由负而零而正). 这时

$$u=2a-\frac{a+\sqrt{a^2-1}}{2}+\sqrt{\left(2a-\frac{a+\sqrt{a^2-1}}{2}\right)^2-3\left(1-\left(\frac{a+\sqrt{a^2-1}}{2}\right)^2\right)}$$

$$=\frac{3a-\sqrt{a^2-1}}{2}+\sqrt{\frac{1}{4}(3a-\sqrt{a^2-1})^2+\frac{3}{4}(a+\sqrt{a^2-1})^2-3}$$

$$= \frac{3a - \sqrt{a^2-1}}{2} + 2\sqrt{a^2-1} = \frac{3a + 3\sqrt{a^2-1}}{2},$$

$$y = \sqrt{u} = \sqrt{\frac{3a + 3\sqrt{a^2-1}}{2}}$$

$$= \frac{1}{2}\sqrt{6a + 2\sqrt{9(a^2-1)}}$$

$$= \frac{\sqrt{3(a+1)} + \sqrt{3(a-1)}}{2}.$$

当然,也可将 $\cos\alpha = t = -\frac{a + \sqrt{a^2-1}}{2}$ 代入 y 的表达式得出上式(是根式运算的很好练习).

269. 引理给力

已知 $a \geqslant b \geqslant c > 0$,

求证：
$$\frac{b}{a} + \frac{c}{b} + \frac{a}{c} + abc \geqslant a + b + c + 1. \tag{1}$$

这个不等式,文武光华等给了一个配方的证明：

$$6abc\left(\frac{b}{a} + \frac{c}{b} + \frac{a}{c} + abc - a - b - c - 1\right) = 2\sum a^2(\sqrt{b} - \sqrt{c})^2 + 2\sum a^2 \sqrt{bc}(\sqrt{bc} +$$

$$2)(\sqrt{bc} - 1)^2 + \sum a(b-c)^2 + 3(a-b)(a-c)(b-c) \geqslant 0. \tag{2}$$

有人问我,这个配方怎么得来的?

这个问题不该问我,该问文武光华.

我只能说,我怎么解这道题.

首先在(1)的两边同乘 abc(去分母)：

$$(1) \Leftrightarrow \quad a^2b + b^2c + c^2a + a^2b^2c^2 \geqslant abc(a+b+c+1). \tag{3}$$

然后,我们需要几个引理：

引理 1 设 $a \geqslant b \geqslant c$,则

$$a^2b + b^2c + c^2a \geqslant a^2c + c^2b + ab^2. \tag{4}$$

证明 左边－右边 $=(a-b)(b-c)(a-c) \geqslant 0$.

引理 2 设 $a \geqslant b \geqslant c$,则

$$2(a^2b + b^2c + c^2a) - (a^2c + c^2b + ab^2) \geqslant 3abc.$$

证明 左边 $\geqslant a^2b + b^2c + c^2a \geqslant$ 右边.

引理 3 设 $b, c \geqslant 0$,则

$$b^2c^2 - 3bc + (b+c) \geqslant 0. \tag{5}$$

证明 左边 $\geqslant 3\sqrt[3]{b^2c^2 \cdot bc} - 3bc = 0$.

现在回到(3),在两边同乘以 3 后,

左边－右边 $= \sum a^2(b^2c^2 - 3bc + b + c) + 2(a^2b + b^2c + c^2a) - (a^2c + b^2a + c^2b) - 3abc$,

由引理 2、3 即得上式 $\geqslant 0$.

有些高手（例如陈计）证明不等式，常常只用一道式子就解决问题．上面的（2）也是如此，但一般人，包括像我这样偶尔弄几道题玩玩的人，恐怕得多花点时间．当然，如平时注意积累，熟悉（4）（应当是常用的）、（5）这样的不等式，那么做这题的困难也就减少不少．

说实在的，我认为一般人不宜做（1）这样的不等式，太偏了．不如换容易一点的，如（4）、（5），在相当熟练之后，再去做（1）（不做也罢）．

日本電影「情書」
竟然有反響
愛情是動力
敍事不尋常
兩人同姓名
二女一模樣
世上孰最美
含苞花欲放

270. 五元不等式

已知 $a,b,c,d,e \geqslant 0$，并且

$$a+b+c+d+e=4, \tag{1}$$

求证：

$$S=2a+ab+abc+abcd+abcde \leqslant 9. \tag{2}$$

证明 $a=3, b=1, c=d=e=0$ 时，(2)中等号成立.

若 a,b,c,d,e 均不大于 1，(2)显然成立.

可设 a,b,c,d,e 中，a 为最大，否则将 a 与最大的字母 M 交换，则 S 增大，同理可得

$$a \geqslant b \geqslant c \geqslant d \geqslant e.$$

若 $c \leqslant 1$，则

$$S \leqslant a(2+b(1+c+d+e))=a(2+b(5-a-b))$$

$$\leqslant a\left(2+\left(\frac{5-a}{2}\right)^2\right)$$

$$=\frac{1}{4}(a^3-10a^2+33a),$$

$$4(S-9) \leqslant a^3-10a^2+33a-36=(a-3)(a^2-7a+12)=(a-3)^2(a-4) \leqslant 0,$$

若 $c>1$，则 $a+b<3, a<2$，

$$S \leqslant 4+ab+abc(1+d+e)$$

$$\leqslant 4+\frac{9}{4}+abc(5-a-b-c)$$

$$\leqslant 4+\frac{9}{4}+\left(\frac{5}{4}\right)^4$$

$$=6+\frac{1}{4}+\frac{625}{4 \times 4^3}<6+\frac{1}{4}+\frac{10}{4}$$

$$<9.$$

271. 枚举见效

已知 a,b,c 为正数,并且

$$a^2+b+c=11, \tag{1}$$

$$abc=3, \tag{2}$$

求证:

1°
$$a^2b^2+a^2c^2+b^2c^2 \geqslant 19, \tag{3}$$

2°
$$\sqrt{a+b}+\sqrt{a+c}+\sqrt{b+c} \geqslant 4+\sqrt{2}. \tag{4}$$

证明 首先 $a=3, b=c=1$ 时,以上诸式中等号均成立.

其次,我们用枚举法,即分成几种情况加以讨论,先看 1°,分为 4 种情况:

(ⅰ) $a^2 \leqslant \dfrac{1}{5}$ 时,

$$b^2c^2=\frac{9}{a^2} \geqslant 45,$$

(ⅱ) $\dfrac{1}{5} < a^2 \leqslant 1$ 时,

$$b^2c^2 \geqslant \frac{9}{a^2} \geqslant 9, \tag{5}$$

$$b+c=11-a^2 \geqslant 10, b^2+c^2 \geqslant \frac{1}{2}(b+c)^2 \geqslant 50.$$

$$a^2(b^2+c^2) > \frac{1}{5} \times 50=10, \tag{6}$$

由取等情况及(5)、(6)即得(3).

(ⅲ) $1 < a \leqslant 3$ 时,

$$a^2(b^2+c^2)+b^2c^2-19=a^2\left((11-a^2)^2-\frac{6}{a}\right)+\frac{9}{a^2}-19,$$

乘以 a^2 得

$$a^4(11-a^2)^2-6a^3-19a^2+9$$

$$=a^8-22a^6+121a^4-6a^3-19a^2+9$$

$$=(3-a)(-a^7-3a^6+13a^5+39a^4-4a^3-6a^2+a+3)$$

$$\geqslant(3-a)(((-3\times3-3\times3+13)\times3+39)a^4-4a^3-6a^2)$$

$$=(3-a)(24a^4-4a^3-6a^2)$$

$$\geqslant(3-a)(20a^3-6a^2)\geqslant14(3-a)a^2\geqslant0.$$

（ⅳ）$3<a<\sqrt{11}$时，

注意$(b+c)^2\geqslant4bc$，所以

$$a(11-a^2)^2\geqslant12, \tag{7}$$

函数$a(11-a^2)^2$是递减的：

$$(a(11-a^2)^2)'=(a^2-11)^2+4a^2(a^2-11)=(a^2-11)(5a^2-11)<0,$$

所以$a(11-a^2)^2$在$a=3$时最大，值为12，因此必有

$$a\leqslant3 \tag{8}$$

（否则（7）不能成立）.

于是，实际上只有前三种情况，（3）式成立.

现在证$2°$.

（ⅰ）若$a\leqslant1$，则$b+c=11-a^2\geqslant10$，

$$\sqrt{a+b}+\sqrt{a+c}+\sqrt{b+c}$$

$$\geqslant\sqrt{a+b+a+c}+\sqrt{b+c}$$

$$\geqslant2\sqrt{10}>6>4+\sqrt{2}.$$

（ⅱ）若$1<a\leqslant3$，则

$$b+c\geqslant11-3^2=2,bc\geqslant\frac{3}{a}>1,$$

$$\sqrt{a+b}+\sqrt{a+c}=\sqrt{a+b+a+c+2\sqrt{(a+b)(a+c)}}$$

$$=\sqrt{2a+11-a^2+2\sqrt{a^2+a(b+c)+bc}}$$

$$\geqslant\sqrt{2a+11-a^2+2\sqrt{a^2+2a+1}}$$

$$=\sqrt{13+a(4-a)}$$

$$\geqslant\sqrt{13+1\times3}=4,$$

又

$$\sqrt{b+c}\geqslant\sqrt{2},$$

于是(4)成立.

本题或许有其他证明,甚至更为简单,但枚举法容易想到,先将容易处理的情况解决. $1°$的证明中,(ⅲ)为主要部分,完全用多项式的分解,要注意放缩时,不等号的方向不能出错.条件$1<a\leqslant3$保证了放缩的顺利进行.

在条件(1)、(2)下,必有$a\leqslant3$,这是一位事先未曾预料到的结果.

$2°$的证明中,(ⅰ)很容易,(ⅱ)稍难,我也未曾料到可以获得简单的结果$\sqrt{a+b}+\sqrt{a+c}\geqslant$ 4,这是将b,c"消去"后取得的效果,前面$1°$的证明中得到的$a\leqslant3$发挥了作用.

这题,我原先的解答较繁,这次整理作了大幅度的修改.

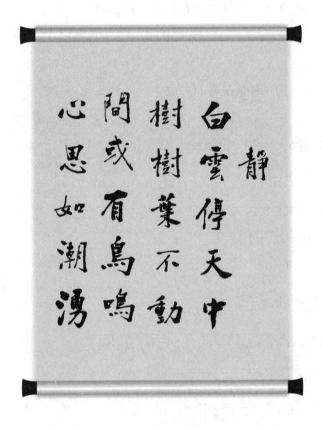

心思如潮湧
問或有鳥鳴
樹樹葉不動
白雲停天中
靜

272. 代数式的证明

近日见到有人发帖,介绍了一些代数不等式,如何利用三角证明.

我一向赞同代数不等式(包括求极值)用代数方法证明(或解).这些不等式应当有而且一定有代数的解法.

试以见到的不等式(包括求极值)为例.

例1 a,b 为正实数,求

$$\frac{a}{1+a^2}+\frac{2b}{1+a^2+b^2}$$

的最大值.

解 $\frac{2b}{1+a^2+b^2}\leqslant\frac{2b}{2b\sqrt{1+a^2}}=\frac{1}{\sqrt{1+a^2}}$,在 $b=\sqrt{1+a^2}$ 时等号成立,所以问题化为求一元函数

$$f(a)=\frac{a}{1+a^2}+\frac{1}{\sqrt{1+a^2}}$$

的最大值.

$$f'(a)=\frac{1-a^2}{(1+a^2)^2}-\frac{a}{(1+a^2)^{3/2}}=\frac{1-a^2-a\sqrt{1+a^2}}{(1+a^2)^2}$$

由 $1-a^2=a\sqrt{1+a^2}$ 得

$$3a^2=1,$$

$$a=\frac{\sqrt{3}}{3}(只取正值),$$

所以 $f(a)=\frac{3\sqrt{3}}{4}$.

因为 $f(0)=0,f(a)\to0(a\to+\infty)$,所以 $f(a)$ 是最大值,即在 $a=\frac{\sqrt{3}}{3},b=\frac{2\sqrt{3}}{3}$ 时,

$$\frac{a}{1+a^2}+\frac{2b}{1+a^2+b^2}取最大值\frac{3\sqrt{3}}{4}.$$

以上两例足以说明导数是证明不等式的锐利武器,应当尽量利用.

当然,也不是每道题都必须用导数.

例2 实数 x,y 满足

$$x^2 + 2xy - 1 = 0,$$

求 $x^2 + y^2$ 的最小值.

解 令 $y = kx$,则由 $x^2 + 2xy - 1 = 0$ 得

$$x^2 = \frac{1}{1 + 2k},$$

$$x^2 + y^2 = \frac{1 + k^2}{1 + 2k}.$$

再令 $t = 1 + 2k$,则

$$\frac{1 + k^2}{1 + 2k} = \frac{1 + \left(\frac{t-1}{2}\right)^2}{t} = \frac{5 - 2t + t^2}{4t}.$$

$$= \frac{1}{4}\left(t + \frac{5}{t} - 2\right)$$

$$\geqslant \frac{1}{4}(2\sqrt{5} - 2) = \frac{\sqrt{5} - 1}{2}.$$

在 $t = \sqrt{5}, x = \frac{1}{\sqrt[4]{5}}, k = \frac{\sqrt{5} - 1}{2}, y = kx$ 时,$x^2 + y^2$ 取得最小值 $\frac{\sqrt{5} - 1}{2}$.

例3 实数 x, y 满足

$$x^2 - xy + 2y^2 = 8,$$

求 $x^2 + xy + 2y^2$ 的最大值.

解 令 $y = kx$,则

$$x^2 + xy + 2y^2 = x^2(1 + k + 2k^2)$$

$$= \frac{8(1 + k + 2k^2)}{1 - k + 2k^2}$$

$$= 8\left(1 + \frac{2k}{1 - k + 2k^2}\right)$$

$$= 8 + \frac{16}{2k + \frac{1}{k} - 1}$$

$$\leqslant 8 + \frac{16}{2\sqrt{2} - 1}$$

$$= 8 + \frac{16(2\sqrt{2} + 1)}{7}$$

$$= \frac{72 + 32\sqrt{3}}{7},$$

在 $k = \frac{\sqrt{2}}{2}, x = \frac{2\sqrt{8 + 2\sqrt{2}}}{\sqrt{7}}, y = \frac{2\sqrt{4 + \sqrt{2}}}{\sqrt{7}}$ 时,$x^2 + xy + 2y^2$ 取最大值 $\frac{72 + 32\sqrt{2}}{7}$.

两题方法基本相同,其中的 k 是斜率,即连接原点与点 (x, y) 的直线的斜率.

例4 正实数 a, b, c 满足

$$abc + a + c = b, \tag{1}$$

求 $\dfrac{2}{a^2+1} - \dfrac{2}{b^2+1} + \dfrac{3}{c^2+1}$ 的最大值.

解 由(1), $b > a$, 并且

$$c = \frac{b-a}{1+ab},$$

$$1 + c^2 = \frac{(1+ab)^2 + (b-a)^2}{(1+ab)^2} = \frac{(1+a^2)(1+b^2)}{(1+ab)^2},$$

$$\frac{c^2}{1+c^2} = \frac{(b-a)^2}{(a^2+1)(b^2+1)},$$

而

$$\frac{1}{a^2+1} - \frac{1}{b^2+1} = \frac{b^2-a^2}{(a^2+1)(b^2+1)}.$$

我们证明

$$\frac{b^2-a^2}{(a^2+1)(b^2+1)} \leqslant \frac{b-a}{\sqrt{(a^2+1)(b^2+1)}}. \tag{2}$$

因为(2) $\Leftrightarrow (b+a)^2 \leqslant (a^2+1)(b^2+1) \Leftrightarrow 2ab \leqslant 1 + a^2b^2$, 所以(2)成立, 而(2)即

$$\frac{1}{a^2+1} - \frac{1}{b^2+1} \leqslant \frac{c}{\sqrt{1+c^2}}. \tag{3}$$

令 $u = \dfrac{c}{\sqrt{1+c^2}}$, 则 $c^2+1 = \dfrac{1}{1-u^2}$,

$$\frac{2}{a^2+1} - \frac{2}{b^2+1} + \frac{3}{c^2+1}$$

$$\leqslant \frac{2c}{\sqrt{1+c^2}} + \frac{3}{c^2+1}$$

$$= 2u + 3(1-u^2)$$

$$= \frac{-1}{3}(9u^2 - 6u - 9)$$

$$= \frac{10}{3} - \frac{1}{3}(3u-1)^2$$

$$\leqslant \frac{10}{3}.$$

在 $u = \dfrac{1}{3}$, $c = \dfrac{\sqrt{2}}{4}$, $a = \dfrac{\sqrt{2}}{2}$, $b = \sqrt{2}$ 时, $\dfrac{2}{a^2+1} - \dfrac{2}{b^2+1} + \dfrac{3}{c^2+1}$ 取最大值 $\dfrac{10}{3}$.

原先想看看 $\dfrac{c^2}{1+c^2}$ 是否比 $\dfrac{1}{a^2+1} - \dfrac{1}{b^2+1}$ 大. 很遗憾, 前者比后者小, 于是改用(3)

$\left(\dfrac{c^2}{1+c^2} < 1, \text{所以} \dfrac{c}{\sqrt{c^2+1}} > \dfrac{c^2}{c^2+1} \right)$, 竟然成功! 运气还是不错的!

273. 不需三角

例 1 正实数 x, y, z 满足

$$x^2 + y^2 + z^2 + 2xyz = 1, \tag{1}$$

求证

$$(1-x)(1-y)(1-z) \geqslant xyz. \tag{2}$$

这道题很可能原来是三角不等式，后来看成代数不等式. 因此，用三角法解似乎是顺理成章的，其中(1)式表示 x, y, z 分别为一个三角形的三个角的余弦.

在我写的《三角函数》(中国科学技术大学出版社，2016 年出版)第 8 章例 3 后面或习题 48，均相当于：

$\triangle ABC$ 的内角的余弦满足

$$\cos^2 A + \cos^2 B + \cos^2 C + 2\cos A \cos B \cos C = 1. \tag{3}$$

反之，不难证明在正实数 x, y, z 适合(1)时，则 x, y, z 可以作为一个三角形的三个角的余弦(见本书第 189 节).

而在同书第 6 章例 23，即 A, B, C 分别为 $\triangle ABC$ 的内角，则

$$\prod (1 - \cos A) \geqslant \cos A \cos B \cos C. \tag{4}$$

因此，熟练这些三角中的结果，本题易如反掌.

然而，如果不知道三角中的这些结果，用三角证法，恐怕就步履维艰了.

再则，这些三角结论，本身证明起来并不容易(未必比直接证明本题容易).

现在，有不少"饱学之士"，仓库中武器很多，遇到问题，常常搬出一两件威力甚大的玩意，很熟练地解决问题.

不过，我并不赞成年轻人在初等数学上花太多时间，学太多的东西. 他们更应当眼光向前，尽量学一些高等的，近现代的数学知识. 有时，初等数学学得太多，反而抑制了他的创造性.

即以本题为例，不用三角，不学三角中的那些结论，用代数方法一样能做.

这里举出一种解法(我未见到别人这样做，年近八十的老头子也还有一点创造性，当然只是雕虫小技).

言归正传，由(1)得

$$(x+yz)^2=1-y^2-z^2+y^2z^2=(1-y^2)(1-z^2),$$

所以

$$x+yz=\sqrt{(1-y^2)(1-z^2)}. \tag{5}$$

同样

$$y+zx=\sqrt{(1-z^2)(1-x^2)}, \tag{6}$$

$$z+xy=\sqrt{(1-x^2)(1-y^2)}. \tag{7}$$

三式相乘,得

$$(1-x^2)(1-y^2)(1-z^2)=(x+yz)(y+zx)(z+xy),$$

即

$$(1-x)(1-y)(1-z)(1+x)(1+y)(1+z)=xyz\left(1+xyz+\sum x^2\right)+\sum x^2y^2. \tag{8}$$

因为

$$2\sum x^2y^2=\sum x^2(y^2+z^2)\geqslant 2xyz\sum x,$$

$$\sum x^2\geqslant xy+yz+zx,$$

$$(1+x)(1+y)(1+z)=1+\sum x+\sum xy+xyz,$$

所以

$$(1-x)(1-y)(1-z)\left(1+\sum x+\sum xy+xyz\right)$$

$$=xyz\left(1+xyz+\sum x^2\right)+\sum x^2y^2$$

$$\geqslant xyz\left(1+xyz+\sum xy\right)+xyz\sum x$$

$$=xyz\left(1+xyz+\sum xy+\sum x\right),$$

从而

$$\prod(1-x)\geqslant xyz.$$

我喜欢"从零(基本从零)开始"的证明,不喜欢运用过多预备知识的证明,上面的证明可以归于"从零开始"的证明.

例 2 已知 $-2<x,y,z<2$,且

$$x^2+y^2+z^2+xyz=4, \tag{1}$$

求证:

$$z(xz+yz+y)\leqslant xy+y^2+z^2+1. \tag{2}$$

这又是一个人工编造的,由三角不等式变形而得的代数不等式.

其中(1),实际上即例 1 中的(1),只不过现在的 x,y,z 是那里的 $2x,2y,2z$,从而现在的 $x=2\cos A,y=2\cos B,z=2\cos C,A,B,C$ 是 $\triangle ABC$ 的三个角(由此可见,已知条件 $-2<x,y,z<2$ 其实是多余的).

式(2)有点怪,其中 x,y,z 地位均不平等,而且各项次数有 2 次,也有 3 次的. 实际上,它有个背景,即所谓的"嵌入不等式".

在拙著《数学竞赛研究教程》第 17 讲例 8(或《三角函数》第 6 章例 25)有这个不等式:

A,B,C 为三角形 ABC 的内角,求证:对任意实数 x,y,z,

$$x^2+y^2+z^2-2xy\cos C-2yz\cos A-2xz\cos B\geqslant 0 \qquad (3)$$

("嵌入不等式",不知是谁起的名字,正规的书中并无这个称呼).

现在,取 $x+y,z,1$ 作为(1)中的 x,y,z 而 $\cos A,\cos B,\cos C$(如前面所说)为 $\dfrac{x}{2}$,$\dfrac{y}{2},\dfrac{z}{2}$. 代入(3)即可得出结果(当然还需要一些运算). 所以,从编题人的角度来看,这题用三角解法是顺理成章的.

然而,对解题的人来说,特别是不知道三角中的那些结论(如不等式(3))的人,三角解法就未必自然了.

而且,直接用代数方法配方(即不等式(3)的证法),比套用那些结果更为简单.

具体做法如下:

首先,与例 1 相同,由已知的(1),有

$$\left(y+\frac{1}{2}xz\right)^2=4-x^2-z^2+\frac{1}{4}x^2z^2=(4-x^2)\left(1-\frac{z^2}{4}\right)=4\left(1-\frac{x^2}{4}\right)\left(1-\frac{z^2}{4}\right),$$

所以

$$y+\frac{1}{2}xz=2\sqrt{\left(1-\frac{x^2}{4}\right)\left(1-\frac{z^2}{4}\right)}.$$

(同样可得另外两个等式,但本题并不需要).

$$xy+y^2+z^2+1-z(xz+yz+y)$$

$$=(x+y)^2+z^2+1-z^2(x+y)-yz-(x+y)x$$

$$=(x+y)^2-2(x+y)\cdot\frac{z^2}{2}+\frac{z^4}{4}+z^2\left(1-\frac{z^2}{4}\right)-2(x+y)\cdot\frac{x}{2}+\frac{x^2}{4}$$

$$+\left(1-\frac{x^2}{4}\right)+2\cdot\frac{x}{2}\cdot\frac{z^2}{2}-yz-\frac{1}{2}xz^2$$

$$=\left(x+y-\frac{z^2}{2}-\frac{x}{2}\right)^2+z^2\left(1-\frac{z^2}{4}\right)+\left(1-\frac{x^2}{4}\right)-yz-\frac{1}{2}xz^2$$

$$=\left(x+y-\frac{z^2}{2}-\frac{x}{2}\right)^2+z^2\left(1-\frac{z^2}{4}\right)+\left(1-\frac{x^2}{4}\right)-2z\sqrt{\left(1-\frac{x^2}{4}\right)\left(1-\frac{z^2}{4}\right)}$$

$$=\left(x+y-\frac{z^2}{2}-\frac{x}{2}\right)^2+\left(z\sqrt{1-\frac{z^2}{4}}-\sqrt{1-\frac{x^2}{4}}\right)^2$$

$$\geqslant 0.$$

274. 导数来哉

例 1　x,y 为正实数,证明:

$$\frac{1}{\sqrt{1+x}}+\frac{1}{\sqrt{1+y}}\leqslant\sqrt{1+\frac{1}{\sqrt{xy}}}. \tag{1}$$

设 $x\geqslant y$,固定 $xy=c^2$,c 为正的常数.

(1)成为

$$\frac{1}{\sqrt{1+x}}+\frac{1}{\sqrt{1+y}}\leqslant\sqrt{1+\frac{1}{c}}. \tag{2}$$

左边是 x 的函数 $f(x)$,其中 $y=\dfrac{c^2}{x}$,$x\in[c,+\infty)$.

$$f'(x)=-\frac{1}{2(1+x)^{3/2}}+\frac{1}{2(1+y)^{3/2}}\cdot\frac{c^2}{x^2}$$

$$=\frac{1}{2x}\Big(\frac{y}{(1+y)^{3/2}}-\frac{x}{(1+x)^{3/2}}\Big).$$

$$f'(x)\leqslant0\Leftrightarrow y(1+x)^{3/2}\leqslant x(1+y)^{3/2}$$

$$\Leftrightarrow y^2(1+x)^3\leqslant x^2(1+y)^3$$

$$\Leftrightarrow x^2y^2(x-y)+3xy(y-x)+y^2-x^2\leqslant0$$

$$\Leftrightarrow(x-y)(c^4-3c^2-x-y)\leqslant0. \tag{3}$$

在 $c\leqslant2$ 时,$c^4-3c^2-x-y\leqslant c^4-3c^2-2\sqrt{xy}=c(c^3-3c-2)=c(c-2)(c+1)^2\leqslant0$.

所以这时,$f(x)$ 递减,$f(x)\leqslant f(c)=\dfrac{2}{\sqrt{1+c}}\leqslant\sqrt{1+\dfrac{1}{c}}$.

$c>2$ 时,$c^4-3c^2-2c=c(c-2)(c+1)^2>0$,在 $(c,+\infty)$ 内有使导数 $f'(x)=0$ 的点 x 存在,满足

$$x+y=c^4-3c^2. \tag{4}$$

在这点 $x=x_0$ 有

$$(1+x)(1+y)=1+xy+x+y=1+c^2+c^4-3c^2=(c^2-1)^2.$$

$$(\sqrt{1+x}+\sqrt{1+y})^2=2+x+y+2\sqrt{(1+x)(1+y)}$$

$$=2+c^4-3c^2+2(c^2-1)=c^2(c^2-1).$$

所以

$$f(x)=\frac{1}{\sqrt{1+x}}+\frac{1}{\sqrt{1+y}}=\frac{\sqrt{1+y}+\sqrt{1+x}}{\sqrt{(1+x)(1+y)}}=\frac{c\sqrt{c^2-1}}{c^2-1}=\frac{c}{\sqrt{c^2-1}}.$$

而

$$\frac{c}{\sqrt{c^2-1}}<\sqrt{1+\frac{1}{c}}\Leftrightarrow c^3<(c^2-1)(c+1)\Leftrightarrow c^2-c-1>0.$$

因为 $c>2$，最后的不等式显然成立，所以 $f(x_0)<\sqrt{1+\frac{1}{c}}$.

因为 $x\to+\infty$ 时，$f(x)\to1$，$f(c)<\sqrt{1+\frac{1}{c}}$，所以这时(1)成立.

本题固定 $xy=c^2$ 是一个关键，将(1)左边化为一元函数 $f(x)$，$f(x)$ 在 $c\leqslant2$ 时递减，从而最大值即 $f(c)$. 在 $c>2$ 时，有极值点 x_0，但不必求出，利用(4)及 $xy=c^2$ 定出 $f(x_0)$，将 $f(x_0)$，$f(c)$，$f(+\infty)$ 与 $\sqrt{1+\frac{1}{c}}$ 比较即可.

陈计用了一个式子(但不易想到)：

$$1+\frac{1}{ab}-\left(\frac{1}{\sqrt{1+a^2}}+\frac{1}{\sqrt{1+b^2}}\right)^2$$

$$=\frac{(1-ab)^2}{(1+a^2)(1+b^2)}\left(1+\frac{1}{ab}\right)+\left(\sqrt{\frac{a}{b(1+a^2)}}-\sqrt{\frac{b}{a(1+b^2)}}\right)^2$$

$$\geqslant0,\text{其中}\ a^2=x,b^2=y.$$

例2 a,b 为实数，求

$$\frac{(1-a)(1-b)(1-ab)}{(1+a^2)(1+b^2)} \tag{1}$$

的最大值与最小值.

下面的证明属于陈计.

我们知道在 $x=-\sqrt{3}\pm2$ 时，(1)式的值分别为 $\pm\frac{3\sqrt{3}}{4}$，所以只要证明：

$$-\frac{3\sqrt{3}}{4}\leqslant\frac{(1-a)(1-b)(1-ab)}{(1+a^2)(1+b^2)}\leqslant\frac{3\sqrt{3}}{4}. \tag{2}$$

因为

$$3\sqrt{3}(1+a^2)(1+b^2)-4(1-a)(1-b)(1-ab)$$

$$=\frac{2}{\sqrt{3}}(1+(a+b)\sqrt{3}-ab)^2+\left(\frac{7}{\sqrt{3}}+4\right)(4\sqrt{3}-7+ab)^2+\sqrt{3}(a-b)^2\geqslant0. \tag{3}$$

所以(2)式右边的不等式成立.

将(3)中的 a,b 换作 $\dfrac{1}{a},\dfrac{1}{b}$,则

$$3\sqrt{3}\left(1+\frac{1}{a^2}\right)\left(1+\frac{1}{b^2}\right)-4\left(1-\frac{1}{a}\right)\left(1-\frac{1}{b}\right)\left(1-\frac{1}{ab}\right)\geqslant 0. \tag{4}$$

在(4)两边同乘 a^2b^2,即得

$$3\sqrt{3}(1+a^2)(1+b^2)+4(1-a)(1-b)(1-ab)\geqslant 0, \tag{5}$$

即(2) 式左边不等式成立.

证明简洁优雅. 不过,这样的恒等式(指(3))是不容易发现的.

我的解法如下 ,主要工具仍是导数.

首先,第一感是(1)可能在 $a=b$ 时取得最大值与最小值.针对 $a=b$ 的特殊情况,我们先做一做,这时函数

$$f(a)=\frac{(1-a)^2(1-a^2)}{(1+a^2)^2}$$

$f'(a)$ 的分子为

$$(-2(1-a)(1-a^2)-2a(1-a)^2)(1+a^2)-4a(1-a)^2(1-a^2)$$
$$=-2(1-a)^2(a^2+4a+1)=-2(1-a)^2((a+2)^2-3),$$

它的零点为 $1,-2\pm\sqrt{3}$.

$f(1)=0$,

$$f(-2+\sqrt{3})=\frac{3\sqrt{3}}{4},$$

$$f(-2-\sqrt{3})=-\frac{3\sqrt{3}}{4},$$

$$\lim_{a\to\pm\infty}f(a)=\mp 1.$$

所以 $f(a)$ 的最大值为 $\dfrac{3\sqrt{3}}{4}$,最小值为 $-\dfrac{3\sqrt{3}}{4}$,分别在 $a=-2+\sqrt{3}$ 与 $a=-2-\sqrt{3}$ 时取得.

一般情况,考虑二元函数

$$F(a,b)=\frac{(1-a)(1-b)(1-ab)}{(1+a^2)(1+b^2)},a,b\in(-\infty,+\infty),$$

偏导数

$$\frac{\partial F}{\partial a}=\frac{1-b}{(1+a^2)^2(1+b^2)}((-1-b+2ab)(1+a^2)-2a(1-a-ab+a^2b))$$
$$=\frac{1-b}{(1+a^2)^2(1+b^2)}(a^2b+a^2+2ab-2a-b-1),$$

所以极值点(a,b)满足

$$a^2b+a^2+2ab-2a-b-1=0 \tag{2}$$

及

$$b^2a+b^2+2ab-2b-a-1=0. \tag{3}$$

两式相减,得

$$(a-b)(ab+a+b-1)=0. \tag{4}$$

$a=b$时,上面已有$|F(a,b)|\leqslant\dfrac{3\sqrt{3}}{4}$.

若$ab+a+b-1=0$,记$t=a+b$,则$ab=1-t$,

$$F(a,b)=\frac{2t(1-t)}{1+t^2-(t-1)(1-t-2)}=\frac{1-t}{t}=\frac{1}{t}-1. \tag{5}$$

因为$t^2\geqslant 4ab$,所以在$ab+a+b-1=0$时,

$$t^2+4t-4\geqslant 0, |t|\geqslant 2+2\sqrt{2},$$

$$|F(a,b)|=\left|\frac{1}{t}-1\right|\leqslant\frac{1}{2+2\sqrt{2}}+1=\frac{\sqrt{2}+1}{2}<\frac{3\sqrt{3}}{4}.$$

而在边界,

$$\lim_{a\to +\infty}|F(a,b)|=\frac{|(1-b)b|}{1+b^2}\leqslant k.$$

由$k(1+b^2)=b^2+(k-1)b^2+k\geqslant b^2+\sqrt{4k(k-1)}\,|b|=b^2+|b|$知可取$k=\dfrac{\sqrt{2}+1}{2}$.

同样,$\lim\limits_{b\to +\infty}|F(a,b)|\leqslant\dfrac{\sqrt{2}+1}{2}$.

于是(1)式的最大值为$\dfrac{3\sqrt{3}}{4}$,最小值为$\dfrac{-3\sqrt{3}}{4}$,分别在$a=b=-2+\sqrt{3}$与$a=b=-2-\sqrt{3}$时取得.

注 在求多元函数的最大(小)值时,一定要将内部的极值与边界上的值相比较.

275. 最大的最小（二）

最近见到一些问题,涉及最大的最小,例如我在《不禁手痒》中说及的:求
$$\min_{x,y} \max_{\in \mathbf{R}}\{|1-x|,|1-y|,|x+y|,|x-y|\}.$$
下面再举两个函数有关的问题.

例 1 求 $\min\limits_{a,b\in\mathbf{R}} \max\limits_{x\in[-1,1]}|x^2+ax+b|.$

解 设 $f(x)=x^2+ax+b, M=\max\limits_{x\in[-1,1]}|f(x)|,$

则

$$|f(1)|=|1+a+b|\leqslant M, \tag{1}$$

$$|f(-1)|=|1-a+b|\leqslant M, \tag{2}$$

$$|f(0)|=|b|\leqslant M. \tag{3}$$

由三个式子消去两个参数 a,b,即我们有

$$4M\geqslant|1+a+b|+|1-a+b|+2|b|$$
$$\geqslant|(1+a+b)+(1-a+b)-2b|=2.$$

因此,$M\geqslant\dfrac{1}{2}.$

在 $a=0, b=-\dfrac{1}{2}$ 时,

$$\max_{x\in[-1,1]}|x^2+ax+b|=\max_{x\in[-1,1]}\left|x^2-\frac{1}{2}\right|=\frac{1}{2}.$$

因此,$\min\limits_{a,b\in\mathbf{R}} \max\limits_{x\in[-1,1]}|x^2+ax+b|=\dfrac{1}{2}.$

注意(1)、(2)、(3)中出现的三个值 $|f(1)|,|f(-1)|,|f(0)|$.在 $a=0, b=-\dfrac{1}{2}$ 时,

它们是相等的(如图所示),都等于 M 的最小值 $\dfrac{1}{2}.$

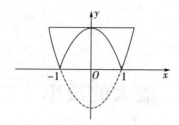

其中两个值是 $x^2 - \dfrac{1}{2}$ 在区间端点处的值（a 的选择使它们相等），另一个值是 $x^2 - \dfrac{1}{2}$ 的最小值，也正是 $\left| x^2 - \dfrac{1}{2} \right|$ 的最大值（b 的选择使它与前两个值相等）.

例 2 比例 1 稍复杂.

例 2 求 $\min\limits_{a,b\in\mathbf{R}} \max\limits_{x\in[-1,2]} |x^3 + ax + b|$.

分析 记 $f(x) = x^3 + ax + b, M = \max\limits_{x\in[-1,2]} |f(x)|$.

仍需要 3 个式子来消去两个参数 a, b.

首先，取区间端点处的两个函数值：

$$|f(-1)| = |-1 - a + b| \leqslant M, \tag{4}$$

$$|f(2)| = |8 + 2a + b| \leqslant M. \tag{5}$$

这两个值应当相等，而由

$$-1 - a + b = 8 + 2a + b$$

得 $a = -3$（即将 a 选择为 -3 时，这两个值相等）.

$x^3 - 3x + b$ 在 $[-1, 2]$ 上的极值点由导数不难定出：

$f'(x) = 3x^2 - 3 = 0, x = 1$（$-1$ 是区间端点），

$$|f(1)| = |1 + a + b| \leqslant M. \tag{6}$$

由 $|f(1)| = |f(-1)|$ 得

$$1 + a + b = 1 + a - b,$$

所以 $b = 0$（即选择 $b = 0$ 时，上述的值相等）.

于是，可以预见在 $a = -3, b = 0$ 时，M 最小，最小值为

$$|1 - 3 + 0| = 2.$$

解 设 $f(x), M$ 同分析，我们有

$$(1 + 2 + 3)M \geqslant |-1 - a + b| + 2|8 + 2a + b| + 3|1 + a + b|$$

$$\geqslant |(-1 - a + b) + 2(8 + 2a + b) - 3(1 + a + b)| = 12,$$

所以 $M \geqslant 2$.

在 $a = -3, b = 0$ 时，(4)、(5)、(6) 的值均是 2，所以

$$\min_{a,b\in\mathbf{R}}\ \max_{x\in[-1,2]}|x^3+ax+b|=2.$$

再啰嗦几句：

上面分别用 1、2、3 去乘(4)、(5)、(6)以消去参数 a,b. 这三个数能心算出来最好，否则可用待定系数法，设它们为 u,v,w，希望 a,b 系数为 0，即

$$-u+2v-w=0, \tag{7}$$

$$u+v-w=0, \tag{8}$$

(7)+(8)得 $3v=2w$，可取 $v=2,w=3$，从而 $u=1$.

在区间 $[-1,2]$ 上，还有一个整点 $x=0$，但 $|f(0)|=|b|$ 没有好作用，因为它不等于 M 的最小值 2. (4)、(5)、(6)三式已经足够消去 a,b，增加一个 $|f(0)|$，徒乱人意.

这类问题，契比雪夫多项式乃是典范，读者可参考有关书籍，例如 Polya 与 Szegö 的经典著作《数学分析中的问题和定理》第二卷，张奠宙等译，中译本 88 页. 我写的《我怎样解题》第五章 18 节契比雪夫多项式，也谈到类似的方法.

在上述 Polya 等的书，有契比雪夫多项式

$$T_2(x)=2x^2-1=2\left(x^2-\frac{1}{2}\right),$$

$$T_3(x)=4x^3-3x=\frac{1}{2}((2x)^3-3\cdot(2x))$$

所以例 1、例 2 中的多项式，基本上就是 $T_2(x),T_3(x)$.（也就是余弦的倍角公式所产生的多项式：$\cos 2x=2\cos^2 x-1,\cos 3x=4\cos^3 x-3\cos x$）

276. 分清正负

下面是 2017 年中国数学奥林匹克的大轴题：

设 n, k 是正整数，$n > k$. 给定实数 $a_1, a_2, \cdots, a_n \in (k-1, k)$. 设正实数 $x_1, x_2, \cdots, x_n$ 满足：对 $\{1, 2, \cdots, n\}$ 的任意 k 元子集 I，都有 $\sum_{i \in I} x_i \leqslant \sum_{i \in I} a_i$.

求 $x_1 x_2 \cdots x_n$ 的最大值.

解 $x_i = a_i (1 \leqslant i \leqslant n)$，则条件满足.

$$x_1 x_2 \cdots x_n = a_1 a_2 \cdots a_n.$$

下面我们证明 $x_1 x_2 \cdots x_n$ 的最大值为 $a_1 a_2 \cdots a_n$.

只需证

$$\frac{x_1 x_2 \cdots x_n}{a_1 a_2 \cdots a_n} \leqslant 1. \tag{1}$$

取 $k = 1$ 得，$x_i \leqslant a_i (1 \leqslant i \leqslant n)$，(1) 显然成立.

以下设 $k \geqslant 2$，并且至少有一个 $a_i > x_i$，由已知对任意 k 元子集 I，

$$\sum_{i \in I} x_i \leqslant \sum_{i \in I} a_i.$$

因此满足 $x_i > a_i$ 的 i 至多 $(k-1)$ 个，可设它们全在 $\{1, 2, \cdots, k-1\}$ 中，即

$$x_i \leqslant a_i (i = k+1, k+2, \cdots, n).$$

从而只需证

$$\frac{x_1 x_2 \cdots x_{k+1}}{a_1 a_2 \cdots a_{k+1}} \leqslant 1. \tag{2}$$

又不妨设

$$a_{k+1} - x_{k+1} \geqslant a_k - x_k \geqslant \cdots \geqslant a_{t+1} - x_{t+1} \geqslant 0 \geqslant a_t - x_t \geqslant \cdots \geqslant a_1 - x_1 (k-1 \geqslant t \geqslant 1),$$

我们有

$$\left(\frac{x_1 x_2 \cdots x_{k+1}}{a_1 a_2 \cdots a_{k+1}} \right)^{\frac{1}{k+1}} \leqslant \frac{1}{k+1} \sum_{i=1}^{k+1} \frac{x_i}{a_i} = 1 + \frac{1}{k+1} \sum_{i=1}^{k+1} \frac{x_i - a_i}{a_i},$$

故只需证

$$\sum_{i=1}^{k+1} \frac{a_i - x_i}{a_i} \geqslant 0. \tag{3}$$

单谈数学

事实上

$$\sum_{i=1}^{k+1}\frac{a_i-x_i}{a_i}=\sum_{i=t+1}^{k+1}\frac{a_i-x_i}{a_i}-\sum_{i=1}^{t}\frac{x_i-a_i}{a_i}$$

$$\geqslant\sum_{i=t+1}^{k+1}\frac{a_i-x_i}{k}-\sum_{i=1}^{t}\frac{x_i-a_i}{k-1}\Big(\text{因为}\ a_i\in(k-1,k)\Big)$$

$$=\frac{1}{k}\Big(\sum_{i=t+1}^{k+1}(a_i-x_i)-\sum_{i=1}^{t}(x_i-a_i)-\frac{1}{k-1}\sum_{i=1}^{t}(x_i-a_i)\Big)$$

$$=\frac{1}{k}\Big(a_{k+1}-x_{k+1}+\Big(\sum_{i=1}^{k}a_i-\sum_{i=1}^{k}x_i\Big)-\frac{1}{k-1}\sum_{i=1}^{t}(x_i-a_i)\Big)$$

$$\geqslant\frac{1}{k}\Big(a_{k+1}-x_{k+1}-\frac{1}{k-1}\sum_{i=1}^{t}(x_i-a_i)\Big)$$

$$=\frac{1}{k(k-1)}\Big((k-1)(a_{k+1}-x_{k+1})-\sum_{i=1}^{t}(x_i-a_i)\Big)$$

$$\geqslant\frac{1}{k(k-1)}\Big(\sum_{i=t+1}^{k}(a_i-x_i)-\sum_{i=1}^{t}(x_i-a_i)\Big)$$

$$=\frac{1}{k(k-1)}\Big(\sum_{i=1}^{k}a_i-\sum_{i=1}^{k}x_i\Big)\geqslant0.$$

想清楚了,本题其实很容易. 当然,也不可大意,正负必须分清,不等号的方向切莫搞错.

有人令 $d_i=a_i-x_i(1\leqslant i\leqslant n)$,其实没有必要引入这个符号,符号不要太多,尽量少用.

$\dfrac{x_i-a_i}{k-1}$ 变为 $\dfrac{x_i-a_i}{k}$,多出 $\dfrac{x_i-a_i}{k(k-1)}$,这些正项被负项 $\dfrac{x_{k+1}-a_{k+1}}{k}$ 抵消,这就是本题的关键所在.

277. 一道难题

一位名叫李雨航的朋友问下面的问题有无好的解法：

已知正实数 a,b,c 满足

$$\sum a = \sum ab, \qquad\qquad (1)$$

求证：

$$\sum \sqrt{ab} - \sqrt{abc} \geqslant 2. \qquad\qquad (2)$$

这道题的确不太容易，我请了几位朋友做，所提供的解法（包括李雨航提供的解），或者看不明白，或者怀疑有疏漏，没有看到我满意的.

哪位朋友有好的解法？

我也做了一个解，稍后提供（如有比我好的解，我就藏拙了）.

……

这道题已有好几个解答，计神、龚固（无空）的解法都很精彩，我的解法与他们不同（所以还值得发一下），与李雨航倒有类似之处（但他的解法中，判别式 $\leqslant 0$ 的那步，我看不懂）.

解　记 $A = \sum a = \sum ab, p = \sum \sqrt{a}, q = \sum \sqrt{ab}, r = \sqrt{abc}$.

要证明

$$q \geqslant 2 + r. \qquad\qquad (2')$$

不妨设 $a \geqslant b \geqslant c$. $a = b = c = 1$ 时，(2′) 显然. 设 a,b,c 不全为 1，因为

$$a+b+c = ab+bc+ca,$$

所以 a,b,c 中必有小于或等于 1 的（否则 $\sum ab < \sum a$）.

于是 $c \leqslant 1$，从而 $q \geqslant r$.

a,b,c 中也必有大于或等于 1 的（否则 $\sum ab < \sum a$）.

于是 $a \geqslant 1$.

$$A^2 = \left(\sum a\right)^2 \geqslant 3 \sum ab = 3A,$$

所以 $A \geqslant 3$.

对于正实数 x,y,z，有舒尔（Schur）不等式

$$(x+y+z)^3 - 4(x+y+z)(xy+yz+zx) + 9xyz \geqslant 0. \qquad\qquad (3)$$

（参见拙著《数学竞赛研究教程》习题 17.12 或《代数不等式的证明》例 28）

取 $x=a, y=b, z=c$ 得

$$A^3-4A^2+9r^2 \geqslant 0.$$

因为 $A \geqslant 3$，所以

$$A^3-4A^2+A^2r^2 \geqslant 0,$$

从而

$$A \geqslant 4-r^2. \tag{4}$$

在 $b \geqslant 1$ 时，

$$0 \leqslant (1-a)(1-b)(1-c)=1-A+A-r^2=1-r^2,$$

所以

$$r \leqslant 1. \tag{5}$$

而

$$q^2=A+2pr, \tag{6}$$

$$p^2=A+2q, \tag{7}$$

所以

$$q^2-p^2=2(pr-q) \leqslant 2(p-q),$$

从而

$$p \geqslant q. \tag{8}$$

再由（6）

$$q^2 \geqslant A+2qr \geqslant 4-r^2+2qr,$$

从而

$$(q-r)^2 \geqslant 4,$$

$$q \geqslant 2+r.$$

在 $b<1$ 时，（5）变为

$$r>1. \tag{5'}$$

令 $a'=\dfrac{1}{a}, b'=\dfrac{1}{b}, c'=\dfrac{1}{c}, A'=\sum a', p'=\sum \sqrt{a'}, q'=\sum \sqrt{a'b'}, r'=\sqrt{a'b'c'}$，

则

$$\sum a'b'=a'b'c'\sum c=a'b'c'\sum ab=\sum c'=A',$$

$$r'=\frac{1}{r}<1.$$

于是同样有

$$p' \geqslant q' \geqslant 2+r' \geqslant 1+2r',$$

两边同乘 r，即得

$$q \geqslant r+2.$$

注 $b<1$ 的情况也可以不依赖于 $b \geqslant 1$ 的情况直接证明.

第八章

导　数

导数是研究函数的利器,已经进入我国中学教材,值得师生关心研讨.

278. 导数进入高考

导数进入高考,而且往往是大轴题(最后一题).但题目似有点偏,不像过去大学里常见的题(如吉米多维奇的《数学分析习题集》或肯杰尔、库兹明的《高等数学习题集》),往往侧重在不等式的折腾上,颇有点"捇撼星宿遗羲娥".相比之下,国外高中的 A-Level 似乎是抓大放小,看重了大的方法(西瓜),而中国高考则满地芝麻.没有办法,既然参加中国高考,芝麻也不得不抓.

请看下面一题:

已知 $f(x)=e^x-\sin x-\cos x$,证明:在 $x>-\dfrac{5}{4}\pi$ 时,$f(x)\geqslant 0$.

因为 $\sin x+\cos x=\sqrt{2}\cos\left(x-\dfrac{\pi}{4}\right)$,所以

$$f(x)=e^x-\sqrt{2}\cos\left(x-\dfrac{\pi}{4}\right).$$

(当然不做这一变形也无妨)

容易看到一个特殊的 x,使 $f(x)=0$,这个 x 值就是 0,$f(0)=0$.

标准的微分学的做法(西瓜大又甜啊)就是若 $f'(x)\geqslant f(0)(x\geqslant 0)$,那么恒有 $f(x)\geqslant f(0)=0(x>0)$.

但现在却没有这么简单,一是有一段 $-\dfrac{5}{4}\pi<x<0$,二是未必恒有 $x>0$ 时,$f'(x)\geqslant 0$,这就要做一些细致的拣芝麻的事了.

首先,$f'(x)=e^x+\sqrt{2}\sin\left(x-\dfrac{\pi}{4}\right)$,$f'(0)=0$.

在 $x\geqslant 0$ 时,e^x 单调递增,$\sqrt{2}\sin\left(x-\dfrac{\pi}{4}\right)$ 在 $0\leqslant x\leqslant\dfrac{\pi}{2}$ 时单调递增,所以 $0\leqslant x\leqslant\dfrac{\pi}{2}$ 时,$f'(x)$ 单调递增,$f'(x)\geqslant f'(0)=0$(也可以用二阶导数证明).于是 $0\leqslant x\leqslant\dfrac{\pi}{2}$ 时,

$$f(x) \geqslant f(0) = 0.$$

$x > \dfrac{\pi}{2}$ 时呢？这时（e^x 较大）

$$f(x) > e^{\frac{\pi}{2}} - 2 > e - 2 > 0.$$

只剩下 $-\dfrac{5}{4}\pi < x < 0$ 的情况了.

因为 $-\dfrac{5}{4}\pi < x < -\dfrac{\pi}{4}$ 时，$\cos\left(x - \dfrac{\pi}{4}\right) < 0$，

所以显然有 $f(x) > 0$.

最后剩下 $-\dfrac{\pi}{4} \leqslant x < 0$，这时与 $0 \leqslant x \leqslant \dfrac{\pi}{2}$ 的情况类似（可与之合并），e^x 与 $\sqrt{2}\sin\left(x - \dfrac{\pi}{4}\right)$

均递增，从而在 $-\dfrac{\pi}{4} \leqslant x < 0$ 时，

$$f'(x) \leqslant f'(0) = 0,$$

$f(x)$ 递减，$f(x) \geqslant f(0) = 0$.

不难看出，仅在 $x = 0$ 时，$f(x) = 0$，而 $\left[-\dfrac{5}{4}\pi, +\infty\right)$ 中的其他 x 均使 $f(x) > 0$.

279. 导数定义

2021 年八省联考的最后一问如下:

已知 $g(x)=e^x+\sin x+\cos x-2$, 求常数 a, 使 $g(x)\geqslant ax$.

解 令 $f(x)=g(x)-ax$, 则 $f(x)\geqslant 0, f(0)=0$,
$$f'(x)=e^x+\cos x-\sin x-a.$$

若 $a>2$, 则 $f'(0)=1+1-a<0$, 即
$$\lim_{x\to 0}\frac{f(x)-f(0)}{x-0}<0,$$

所以当 x 为正数 ε, 且充分接近 0 时,
$$f(\varepsilon)<0,$$

这与 $f(x)\geqslant 0$ 矛盾.

若 $a<2$, 则 $f'(0)>0$, 即
$$\lim_{x\to 0}\frac{f(x)-f(0)}{x-0}>0,$$

当 x 为负数 $-\varepsilon$, 且充分接近 0 时,
$$f(-\varepsilon)<0,$$

仍导致矛盾.

于是, 唯一可能候选者是 $a=2$.

我们证明
$$e^x+\sin x+\cos x-2-2x\geqslant 0.$$

令 $\varphi(x)=e^x+\sin x+\cos x-2-2x$, 则:

$\varphi(0)=0$, 并且

$\varphi'(x)=e^x+\cos x-\sin x-2, \varphi'(0)=0$,

$\varphi''(x)=e^x-\cos x-\sin x$,

即 $\varphi''(x)$ 就是上节中的 $f(x)$.

我们已知 $x\geqslant-\dfrac{5}{4}\pi$ 时 $\varphi''(x)\geqslant 0$,

所以 $\varphi'(x)$ 在 $x \geqslant -\dfrac{5}{4}\pi$ 时递增.

从而 $x \geqslant 0$ 时, $\varphi'(x) \geqslant \varphi'(0) = 0$, $\varphi(x)$ 递增.

$\varphi(x) \geqslant \varphi(0) = 0$.

$-\dfrac{5}{4}\pi \leqslant x \leqslant 0$ 时, $\varphi'(x) \leqslant \varphi'(0) = 0$, $\varphi(x)$ 递减.

$\varphi(x) \geqslant \varphi(0) = 0$.

(或者说在 $\left[-\dfrac{5}{4}\pi, +\infty\right)$ 上, $\varphi(x)$ 下凸, 而 $\varphi(0) = 0$ 是唯一的极小值, 也是唯一的最小值).

在 $x < -\dfrac{5}{4}\pi$ 时,

$$\varphi(x) \geqslant \sin x + \cos x - 2 - 2x$$

$$\geqslant -\sqrt{2} - 2 + 2 \times \dfrac{5}{4}\pi$$

$$\geqslant -3.5 + \dfrac{5}{2} \times 3 > 0,$$

因此 $a = 2$ 满足要求.

本题中, 在一点 $(x=0)$ 的导数的定义发挥重要作用, 导出 a 仅可能为 2. 这里的极值概念极重要, 但在现行中学教材中却未被重视. $a = 2$ 的情况需利用上节的结论, 这正说明上节 $-\dfrac{5}{4}\pi$ 的作用(改为 $-\dfrac{3}{4}\pi$ 亦足够了). 这题应算一道难题了, 没有上节的铺垫, 难度更大.

280. 只考了初等技巧

国内,导数也已进入考试,而且往往高考最后一道,但重点却往往在初等的技巧,而非微积分本身,前面我已举例说过,这里再看一道某省拟的题.

例 已知实数 a,b 满足

$$a=e^{5-a}, \tag{1}$$

$$2+\ln b=e^{3-\ln b}, \tag{2}$$

则 $ab=$ ( )

A. 3 B. 7

C. e^3 D. e^7

解 条件(1)、(2)当然要充分利用.

(1)表明 a 可以求出,它是一元方程

$$x=e^{5-x} \tag{3}$$

的根. 当然,不必先求这个根(无法求出 x 的具体表达式,只能求近似值). 本题重点是要证明这个根是唯一的. 函数

$$f(x)=x-e^{5-x}$$

是严格单调递增的:x 严格单调递增,$-e^{5-x}$ 也严格单调递增,所以 $f(x)$ 严格单调递增,它至多一个零点,即(3)至多一个根. 而题目已知 a 是(3)的根,因而它就是(3)的唯一的根($x=0$ 时,$x<e^{5-x}$,$x=5$ 时,$x>e^{5-x}$,所以(3)有唯一的根在 $(0,5)$ 内.

再看(2),(2)也是仅有一个字母的式子,所以 b 与 a 一样,是可求的,但我们希望找出 a,b 之间的关系. 这就要将(2)与(1)比较,如果记 $y=2+\ln b$,那么

$$y=e^{5-y}, \tag{4}$$

这表明 y 也是(3)的根.

由上面所说的唯一性,

$$a = 2 + \ln b. \tag{5}$$

最后一步,注意 b 满足(2),所以(5)就是

$$a = \mathrm{e}^{3-\ln b} = \mathrm{e}^3 \div b,$$

$$ab = \mathrm{e}^3,$$

即选 C.

命题者可能希望用导数来证明 $f(x)$ 的单调性,然后 $f(x)$ 的单调性显然不用导数就可立即看出,所以实际上只考到初等的技巧.

与节 305－307"A-Level 的教材"相比,可见我国的高中教育距 A-Level 还有不少距离.

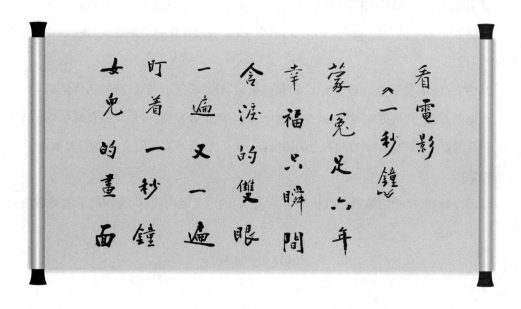

281. 题目的改造与要点

最近见到一道题,似是为高考准备的.

设函数 $f(x) = \frac{1}{2}x^2 - \ln|x| - ax + 4a$,其中 $a < 0$. 若仅存在一个整数 x_0,使 $f(x_0) \leqslant 0$,求 a 的取值范围.

这道题主要考函数的性质,而不是正负数,不是分数与整数,所以可改造为:

设函数 $g(x) = x^2 - 2\ln|x| + 2bx - 8b$,其中 $b > 0$. 若仅存在一个整数 x_0,使 $g(x_0) \leqslant 0$,求 b 的取值范围.

其中 $b = -a$,是正数,$g(x) = 2f(x)$ 是整系数,显然 $2f(x)$ 与 $f(x)$ 的正负是相同的.

改造的好处,就是更加习惯,减少麻烦(负数不如正数方便,分数比整数麻烦).

题目的要点当然是 $g(x)$ 在整数点的值仅有一个 $\leqslant 0$. (若不抓住要点,特别是整数点……,解法很繁).

取两个特别、简单的整数值试试. 0 不在 $g(x)$ 的定义域内,所以特别简单的整数值首先应当是 ± 1.

$$g(1) = 1 - 6b,$$

$$g(-1) = 1 - 10b,$$

这两个值中至多一个 $\leqslant 0$. 所以大的一个,即

$$g(1) = 1 - 6b > 0,$$

从而 $b < \frac{1}{6}$.

在 $x \geqslant 2$ 时,

$$g(x) \geqslant 2x - 2\ln x + 4b - 8b$$

$$\geqslant 2 - 4b > 0 (熟知 x \geqslant 1 + \ln x)$$

所以没有整数 $x_0 > 0$,使 $g(x_0) \leqslant 0$.

在 $x \leqslant -2$ 时,考虑

$$h(t) = t^2 - 2\ln t - 2bt - 8b \, (t \geqslant 2).$$

显然

$$h(t) = t(t - 2b) - 2\ln t - 8b$$

$$\geqslant 2(t - 2b) - 2\ln t - 8b$$

$$= 2(t - \ln t) - 12b$$

$$\geqslant 2 - 12b > 0,$$

即在 $x \leqslant -2$ 时,$g(x) > 0$.

从而使 $g(x_0) \leqslant 0$ 的整数仅有 $x_0 = -1$. 由 $1 - 10b \leqslant 0$ 得 $b \geqslant \dfrac{1}{10}$.

于是本题答案为 $-\dfrac{1}{6} < a \leqslant -\dfrac{1}{10}$.

现在有不少关于导数的题,但其中有的并不需要导数,即便用到导数,其关键之处往往在琐碎的初等技巧. 其实关于微积分,过去高校有众多的习题,何不直接选用? 现在的题往往不重在大处(重要的方法),而难度却不小,有点像小餐桌上溜冰(卓别林可玩),不宜提倡.

282. 唱大轴的导数

近来,大轴题(最后一题)常常是导数的应用,如下面这题:

求证:函数 $y=e^{x-1}-2\ln x+4x-6$ 的图象不在函数 $y=(x-2)^3$ 的图象下方.

这题就是要证明

$$(f(x)=)e^{x-1}-2\ln x+4x-6-(x-2)^3\geqslant 0(x\in(0,+\infty)).\tag{1}$$

证法一般分为两步:

1. 找一个值 $x=a$,使(1)的左边为 0,这个 a 就是 $f(x)$ 取最小值的点.通常可由观察获得,而且 $f(a)$ 比较容易计算的,例如本题 $a=1$,

$$f(1)=e^0-2\ln 1+4-6+1=0.$$

2. 求 $f'(x)$,证明在 $0<x\leqslant 1$ 时,$f'(x)<0$,从而 $f(x)$ 递减,$f(x)\geqslant f(1)=0$,再证明在 $1\leqslant x$ 时,$f'(x)>0$,从而 $f(x)$ 递增,$f(x)\geqslant f(1)=0$.

理论很简单,但实际操作起来却会遇到困难.困难不在求导数,而在不等式的证明.教材中缺少不等式证明的内容,不加以补充,在这里便遭遇滑铁卢了.

导数

$$f'(x)=e^{x-1}-\frac{2}{x}+4-3(x-2)^2.$$

在 $0<x\leqslant 1$ 时,$e^{x-1}\leqslant 1,\dfrac{2}{x}\geqslant 2,3(x-2)^2\geqslant 3$,

所以 $f'(x)\leqslant 1-2+4-3=0,f(x)$ 递减.

$$f(x)\geqslant f(1)=0.$$

但在 $x\geqslant 1$ 时,不等式

$$f'(x)=e^{x-1}-\frac{2}{x}+4-3(x-2)^2\geqslant 0\tag{2}$$

不很好证.

证不等式,第一要有大小的感觉,$x\geqslant 1$ 时,$e^{x-1}\geqslant 1$,而且 x 增长时,e^{x-1} 增大至无穷,增长速度很快.$\dfrac{1}{x}\leqslant 1.(x-2)^2$ 是二次函数,在 $(1,2)$ 上时递减,在 $(2,+\infty)$ 递增,也增至

无穷,但增长速度不及 e^{x-1}.

第二,要"舍得",(2)比较繁,可以舍去一部分,化成形式简单的、更强的不等式,即只需证

$$e^{x-1}+2-3(x-2)^2 \geqslant 0 \quad (x \geqslant 1) \tag{3}$$

(因为 $\dfrac{2}{x} \leqslant 2$).

第三,将能很快证明的部分先证明.

我们要证在 $[1,+\infty)$ 上,(3)成立.一步证出有困难,可分为两步,在 $[1,3]$ 上,$(x-2)^2 \leqslant 1$,$e^{x-1}+2-3(x-2)^2 \geqslant 1+2-3=0$,

所以在 $[1,3]$ 上,$f'(x) \geqslant 0$,$f(x)$ 递增.

$$f(x) \geqslant f(1)=0.$$

最后,再全力处理区间 $(3,+\infty)$.

可令 $t=x-2$(使符号简单一些),则问题即证明:在 $t>1$ 时,

$$e^{t+1}+2-3t^2>0 \tag{4}$$

($t=1$ 即 $x=3$ 的情况,上面已经证过,当然现在直接验证也不难:$e^2+2>3$).

要证明(4),依然用导数:

$$(e^{t+1}+2-3t^2)'=e^{t+1}-6t,$$

$$(e^{t+1}+2-3t^2)''=(e^{t+1}-6t)'=e^{t+1}-6,$$

在 $t>1$ 时,

$$e^{t+1}-6 \geqslant e^2-6>2.7^2-6>2.5^2-6=0.25>0,$$

所以 $e^{t+1}-6t$ 递增,而在 $t=1$ 时,

$$e^{t+1}-6t=e^2-6>0,$$

所以 $e^{t+1}-6t \geqslant e^2-6>0$,$e^{t+1}+2-3t^2$ 递增,从而在 $t>1$ 时,(4)成立,即(3)成立,从而(2)成立,证毕.

283. 大轴题应讨论

2021 年高考的大轴题如下：

已知函数 $f(x)=x(1-\ln x)$,

(1)讨论 $f(x)$ 的单调性；

(2)设 a,b 为两个不相等的正数，且

$$b\ln a - a\ln b = a - b, \tag{1}$$

证明：$2 < \dfrac{1}{a} + \dfrac{1}{b} < e.$

证明 (1)很容易.

$$f'(x) = -\ln x$$

$x \in (0,1)$ 时，$f'(x) > 0$，$f(x)$ 单调递增；

$x \in (1,+\infty)$ 时，$f'(x) < 0$，$f(x)$ 单调递减.

$f(1)=1$ 是 $f(x)$ 的极大值，也是最大值.

(2)需先将(1)式化为(两边同除以 ab)

$$\frac{1}{a}\ln a - \frac{1}{b}\ln b = \frac{1}{b} - \frac{1}{a},$$

即

$$\frac{1}{a}\left(1 - \ln\frac{1}{a}\right) = \frac{1}{b}\left(1 - \ln\frac{1}{b}\right).$$

记 $x_1 = \dfrac{1}{a}$，$x_2 = \dfrac{1}{b}$，不妨设 $x_2 > x_1$，则上式即

$$f(x_1) = f(x_2), \tag{2}$$

且

$$0 < x_1 < 1 < x_2, \tag{3}$$

要证

$$2 < x_1 + x_2 < e. \tag{4}$$

因为 $\lim\limits_{x \to 0+} f(x) = 0$，可设 $f(0)=0$. $y=f(x)$ 在 $[0,1]$ 上连续且递增，在 $(1,+\infty)$ 上递

减，$f(\mathrm{e})=f(0)=0$，图像如右图所示.

先证 $2<x_1+x_2$，即

$$2-x_1<x_2. \tag{5}$$

因为 $1<2-x_1$，$1<x_2$，而 $f(x)$ 在 $(1,+\infty)$ 上单调递减，所以 (5) 即

$$f(2-x_1)>f(x_2)(=f(x_1)). \tag{6}$$

令 $g(x)=f(2-x)-f(x)(0<x\leq 1)$，则

$$g'(x)=\ln[(2-x)x]<\ln 1=0,$$

所以 $g(x)>g(1)=0$，即

$$f(2-x_1)>f(x_1)=f(x_2),$$

从而 (5) 成立.

再证 $$x_1+x_2<\mathrm{e}. \tag{7}$$

在 $0<x<1$ 时，我们有

$$f(x)-x=-x\ln x>0,$$

特别地

$$f(x_1)>x_1>0. \tag{8}$$

在 $0<x\leq\mathrm{e}$ 时，$\mathrm{e}-x-f(x)$ 的导数为

$$-1+\ln x=\ln\frac{x}{\mathrm{e}}\leq 0.$$

所以 $\mathrm{e}-x-f(x)$ 递减. 在 $x=\mathrm{e}$ 时，值为 0，
从而 $x<\mathrm{e}$ 时，

$$\mathrm{e}-x-f(x)>0. \tag{9}$$

因为 $f(x_2)=f(x_1)>0$，所以 $x_2<\mathrm{e}$，从而

$$\mathrm{e}-x_2>f(x_2). \tag{10}$$

(8)＋(10) 即得

$$\mathrm{e}>x_1+x_2.$$

一道题的解法值得讨论，开始的解法可能不好，也不要紧，抛砖引玉，讨论后总会出现好的解法.

应当鼓励大家对高考题进行讨论，这样才能使广大师生更了解命题者的意图，命题者也可以汲取广大师生的意见，将命题工作做得更好. 不允许讨论的做法是不妥的，事实上，禁止讨论也是无法做到的.

284. a 的范围

已知 $a>0$ 且恒有

$$\ln x+a\leqslant a^2\mathrm{e}^{x-1},\qquad\qquad (1)$$

求 a 的取值范围.

解 显然 $x\in(0,+\infty)$.

$x=1$ 时,(1)成为 $a\leqslant a^2$,从而

$$a\geqslant 1.\qquad\qquad (2)$$

以下往证(2)也是(1)成立的充分条件.

若 $x\geqslant 1$,则

$$a^2\mathrm{e}^{x-1}-a=a(a\mathrm{e}^{x-1}-1)\geqslant \mathrm{e}^{x-1}-1\geqslant x-1\geqslant \ln x.$$

若 $x<1$,则令 $x=1-t$,$0<t<1$.

(ⅰ)$a\geqslant \mathrm{e}^t$ 时,

$$a^2\mathrm{e}^{x-1}-a=a(a\mathrm{e}^{-t}-1)\geqslant 0>\ln(1-t).$$

(ⅱ)$a<\mathrm{e}^t$ 时,关于 a 的二次函数 $f(a)=a^2\mathrm{e}^{-t}-a$ 在 $a=\dfrac{1}{2}\mathrm{e}^t$ 取最小值.

$1°$ $\dfrac{\mathrm{e}^t}{2}\leqslant 1$,则 $f(a)\geqslant f(1)=\mathrm{e}^{-t}-1>-t>\ln(1-t)$.

$2°$ $\dfrac{\mathrm{e}^t}{2}>1$,则

$$f(a)\geqslant f\left(\frac{\mathrm{e}^t}{2}\right)=\left(\frac{\mathrm{e}^t}{2}\right)^2\mathrm{e}^{-t}-\frac{\mathrm{e}^t}{2}=-\frac{\mathrm{e}^t}{4}>-\frac{\mathrm{e}}{4}.$$

因为 $\mathrm{e}^t>2$,所以 $\ln(1-t)<\ln(1-\ln 2)<\ln\left(1-\dfrac{\mathrm{e}}{4}\right)<-\dfrac{\mathrm{e}}{4}<f(a)$.

从而 $a\geqslant 1$ 时,(1)成立.

又解 这次重做,有另一种解法,大同小异,稍简单.

同上得 $a \geqslant 1$.

令 $g(a) = a^2 \mathrm{e}^{x-1} - a - \ln x$,则

$$g(1) = \mathrm{e}^{x-1} - 1 - \ln x \geqslant x - 1 - \ln x \geqslant 0.$$

$g'(a) = 2a\mathrm{e}^{x-1} - 1$,　仅有一零点 $a = \dfrac{\mathrm{e}^{1-x}}{2}$.

若 $1 \geqslant \dfrac{\mathrm{e}^{1-x}}{2}$,则 $g'(a) \geqslant 0, g(a) \geqslant g(1) \geqslant 0$.

若 $1 < \dfrac{\mathrm{e}^{1-x}}{2}$,则 $x < 1 - \ln 2$.

$$\begin{aligned}
g(a) &> \frac{a^2}{\mathrm{e}} - a - \ln(1 - \ln 2) \\
&= \frac{1}{\mathrm{e}}(a^2 - \mathrm{e}a - \mathrm{e}\ln(1 - \ln 2)) \\
&> \frac{1}{\mathrm{e}}\left(a^2 - \mathrm{e}a + \mathrm{e} \cdot \frac{\mathrm{e}}{4}\right) > 0.
\end{aligned}$$

285. 参数的取值范围

参数的取值范围,在数学中并不是很重要的.它有两个来源,一是函数的定义域,二是函数的值域(取值范围).前者,因为很多函数的定义域是明显的(除非故意刁难),如果溢出定义域会出现荒谬的结果,从而导致必须的限制;或者索性打破限制,拓宽函数的定义域(如极限延拓定理,数域的扩张.最厉害的是 Dirac 的 δ 函数,导出一大批广义函数).后者,可归入求函数的极值,因此,通常大学里并不出现这类问题.

但在中学,这类题目却很多,可能是高考的指挥棒作用.最好高考不考这类问题,或者只考简单的情况,这样,考生负担就可减轻,避免去做大批无多大价值的问题.

当然,目前的现实如此,学生与教师也不得不去做一些与参数取值有关的题,甚或越做越偏越怪,在解法不甚高明时,更是艰难万分.

请看下面的一道题.

例 函数 $f(x)=m-\sqrt{x+3}$,实数 $a,b(a<b)$ 使 $f(x)$ 在 $[a,b]$ 上的值域为 $[a,b]$,求 m 的取值范围.

解 $f(x)$ 是 x 的减函数,所以由已知得
$$f(a)=b, f(b)=a,$$
即
$$m-\sqrt{a+3}=b, \tag{1}$$
$$m-\sqrt{b+3}=a. \tag{2}$$

$(1)-(2)$,得
$$\sqrt{b+3}-\sqrt{a+3}=b-a.$$

约去 $\sqrt{b+3}-\sqrt{a+3}$,得
$$1=\sqrt{b+3}+\sqrt{a+3}. \tag{3}$$

于是 $(1),(2)$ 成为
$$m=b+\sqrt{a+3}=1+b-\sqrt{b+3}, \tag{1'}$$
$$m=1+a-\sqrt{a+3}, \tag{2'}$$

即函数 $f(t)=1-t+\sqrt{t+3}$ 在两个不同点 $t=a,t=b$ 处,值均为 m.

考察函数 $y=f(t)(t\geqslant-3)$.

$$f'(t)=1-\frac{1}{2\sqrt{t+3}},$$

如图,在 $t=-3+\left(\frac{1}{2}\right)^2=-\frac{11}{4}$ 时,导数为 0,函数有最小值 $1-\frac{11}{4}-\frac{1}{2}=-\frac{9}{4}$.在 $\left[-3,-\frac{11}{4}\right]$ 上函数由 -2 递减至 $-\frac{9}{4}$,在 $\left[-\frac{11}{4},+\infty\right)$ 上,函数 $f(x)$ 递增,$f(-2)=f(-3)=-2$.

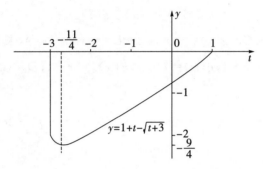

因此,对于 $\left(-\frac{9}{4},-2\right]$ 中的每个 m,存在两个不同的 t,使 $f(t)$ 的值为 m.这两个 t 分别在 $\left[-3,-\frac{11}{4}\right)$ 与 $\left(-\frac{11}{4},-2\right]$ 中,而在区间 $\left(-\frac{9}{4},-2\right]$ 外的值,$f(t)$ 至多有一次取这个值.

所以,m 的范围为 $-\frac{9}{4}<m\leqslant-2$.

286. 三个函数

已知 x 的函数 $y=f(x)$，$y=g(x)$，$h(x)=kx+b(k,b\in\mathbf{R})$. 在区间 D 上恒有

$$f(x)\geqslant h(x)\geqslant g(x). \qquad\qquad (1)$$

（ⅰ）若 $f(x)=x^2+2x$，$g(x)=-x^2+2x$，$D=(-\infty,+\infty)$，求 $h(x)$ 的表达式.

（ⅱ）若 $f(x)=x^2-x+1$，$g(x)=k\ln x$，$h(x)=kx-k$，$D=(0,+\infty)$，求 k 的取值范围.

（ⅲ）若 $f(x)=x^4-2x^2$，$g(x)=4x^2-8$，$h(x)=4(t^3-t)x-3t^4+2t^2(0<|t|\leqslant\sqrt{2})$，$D=[m,n]\subseteq[-\sqrt{2},\sqrt{2}]$，

求证： $n-m\leqslant\sqrt{7}$. $\qquad\qquad (2)$

解 （ⅰ）令 $x=0$，由(1)得

$$0\geqslant b\geqslant 0,$$

所以 $b=0$.

$$f(x)-h(x)=x^2+(2-k)x=x(x+(2-k)).$$

如果 $k>2$，那么取 $x\in(0,k-2)$，则

$$f(x)-h(x)<0,$$

与(1)不合，所以 $k\leqslant 2$.

同样，由于

$$0\leqslant h(x)-g(x)=x^2+(k-2)x=x(x+(k-2)).$$

如果 $k<2$，那么取 $x\in(0,2-k)$ 产生矛盾，

所以 $k\geqslant 2$.

综合上述，$k=2$，$h(x)=2x$.

显然这时(1)恒成立.

（ⅱ）熟知

$$x-1\geqslant\ln x,$$

从而 $h(x)\geqslant g(x)$，即 $k\geqslant 0$.

又 $f(x)-h(x)=x^2-(k+1)x+(k+1)$ 的最小值在 $x=\dfrac{k+1}{2}$ 时取得,最小值为

$$(k+1)-\frac{(k+1)^2}{4}=\frac{1}{4}(k+1)(3-k).$$

在 $k\geqslant3$ 时,非负.

因此,k 的范围为 $0\leqslant k\leqslant3$.

(ⅲ)画出 $y=f(x)$ 的图像,如图 1 所示.

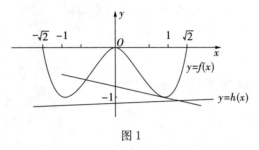

图 1

$y=f(x)$ 的图像是 W 形,关于 y 轴对称.与 x 轴有三个交点:$x=0,\pm\sqrt{2}$.在 $x=\pm1$ 处,取得最小值 -1.

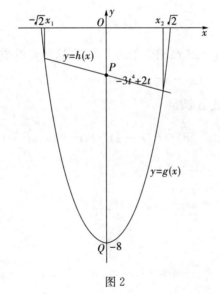

图 2

$y=g(x)$ 的图像是我们熟悉的抛物线,关于 y 轴对称,如图 2 所示.在 $x=0$ 时取最小值 -8,交 x 轴于 $(\pm\sqrt{2},0)$.

若点 $x=-1\notin D$,则

$$n-m\leqslant\sqrt{2}-(-1)=\sqrt{2}+1<\sqrt{7},$$

结论成立.

同样,点 $x=1\notin D$ 时,结论也成立.

设 $\pm 1 \in D$，则由 $f(x) \geqslant h(x)$ 得

$$-1 \geqslant 4(t^3 - t) - 3t^4 + 2t^2,$$

$$-1 \geqslant -4(t^3 - t) - 3t^4 + 2t^2,$$

两式相加得

$$-1 \geqslant -3t^4 + 2t^2,$$

即

$$(3t^2 + 1)(t^2 - 1) \geqslant 0.$$

因此

$$t^2 \geqslant 1. \tag{3}$$

因为 $0 \in (-1, 1) \subseteq D$，所以 $h(0) \geqslant g(0)$ 即

$$-3t^4 + 2t^2 \geqslant -8,$$

即

$$(3t^2 - 4)(t^2 + 2) \leqslant 0,$$

因此

$$t^2 \leqslant \frac{4}{3}. \tag{4}$$

又设直线 $y = h(x)$ 与 $y = g(x)$ 相交于两个点，则这两点的横坐标 x_1, x_2 满足

$$4x^2 - 8 = 4(t^3 - t)x - 3t^4 + 2t^2,$$

这个二次方程的判别式 Δ 满足

$$\frac{\Delta}{16} = (t^3 - t)^2 - (3t^4 - 2t^2 - 8) = t^2(t^2 - 1)^2 - (t^2 - 1)(3t^2 + 1) + 7$$

$$= (t^2 - 1)(t^4 - 4t^2 - 1) + 7,$$

由 (3)、(4)，$t^2 - 1 \geqslant 0, t^4 - 4t^2 - 1 \leqslant 0$，因此 $\dfrac{\Delta}{16} \leqslant 7$.

从而

$$n - m \leqslant |x_2 - x_1| = \frac{\sqrt{\Delta}}{4} \leqslant \sqrt{7}.$$

287. 零点的距离

函数 $f(x)=\dfrac{x^2}{2}-4x+3\ln x+4$ 有三个零点 $x_1<x_2<x_3$,

求证：
$$x_3-x_2<2\sqrt{3}. \tag{1}$$

这类问题需要知道零点的大概位置.

因而需要利用导数研究函数的增减性.

$$f'(x)=x-4+\frac{3}{x}=\frac{x^2-4x+3}{x}=\frac{(x-1)(x-3)}{x},$$

$x=1,x=3$ 是 $f'(x)$ 的零点,也是 $f(x)$ 的极值点,函数的增减情况如下：

区间	$(0,1)$	$(1,3)$	$(3,+\infty)$
f'	正	负	正
f	增	减	增

$f(x)$ 的大致图像为

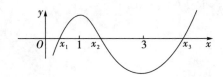

$$x_1<1,1<x_2<3,x_3>3.$$

要证明(1),需要定出一个 x_3 的上界 b,这个上界 b 应大于 3,满足 $f(b)>0$,而且易于计算.

不知(1)中的 $2\sqrt{3}$ 如何得来,我取 $b=4$,这时

$$f(4)=3\ln 4-4=2(3\ln 2-2),$$

因为 $3\ln 2-2=2\ln\dfrac{\sqrt{8}}{e}$, $\sqrt{8}=2\sqrt{2}>2\times 1.4=2.8>e$,

所以 $f(4)>0$.

$$x_3-x_2<4-1=3,$$

3 比 $2\sqrt{3}$ 更好.

288. 微积分题

函数 $f(x)$ 在 $[0,1]$ 上有二阶连续导数，$f(0)=f(1)=0$，且不为常数.

证明：$\int_0^1 \dfrac{|f''(x)|}{|f(x)|}\mathrm{d}x \geqslant 4$.

证明 $|f(x)|$ 在 $[0,1]$ 上有最大值 M，若 $M=0$，则 $f(x)$ 为常数 0，与已知 $f(x)$ 不为常数矛盾，所以 $M>0$.

$$\int_0^1 \frac{|f''(x)|}{|f(x)|}\mathrm{d}x \geqslant \frac{1}{M}\int_0^1 |f''(x)|\mathrm{d}x,$$

$f(x)$ 的最大值为 M 或最小值为 $-M$.

不妨设有 $f(\xi)=M$（有 $f(\xi)=-M$ 的证法相同），

则 $M=f(\xi)=f(\xi)-f(0)=f'(\xi_1)$，$\xi_1\in(0,\xi)$，

$-M=f(1)-f(\xi)=f'(\xi_2)(1-\xi)$，$\xi_2\in(\xi,1)$.

从而 $\displaystyle\int_0^1 \frac{|f''(x)|}{|f(x)|}\mathrm{d}x \geqslant \frac{1}{M}\int_0^1 |f''(x)|\mathrm{d}x$

$$\geqslant \frac{1}{M}\int_{\xi_1}^{\xi_2} |f''(x)|\mathrm{d}x$$

$$\geqslant \frac{1}{M}\left|\int_{\xi_1}^{\xi_2} f''(x)\mathrm{d}x\right|$$

$$=\frac{1}{M}|f'(\xi_2)-f'(\xi_1)|$$

$$=\frac{1}{M}\left|\frac{-M}{1-\xi}-\frac{M}{\xi}\right|$$

$$=\frac{1}{1-\xi}+\frac{1}{\xi}=\frac{1}{\xi(1-\xi)}$$

$$\geqslant \frac{1}{\frac{1}{2}\times\frac{1}{2}}=4.$$

289. 路在何方

解题时,希望有路;没有路,有个方向也好(例如唐僧取经,知道向西行).若自己也不知道方向,随手乱指,则害人不浅.

请看下题:

已知函数 $f(x)=(x-1)(e^x-1)$.

(i)研究 $y=f(x)$ 的增减性、极值、零点;

(ii)设 $f(x)$ 的最小值为 m,则对任意实数 $a>m$,证明

$$f(x)=a \tag{1}$$

均有两个解. 设解为 $x_2>x_1$,证明

$$x_2-x_1\leqslant\frac{ea}{e-1}+1. \tag{2}$$

解 (i)路很明显:利用导数.

$f'(x)=e^x-1+(x-1)e^x=xe^x-1$.

$f''(x)=(xe^x-1)'=xe^x+e^x$.

$x\leqslant 0$ 时,$f'(x)<0$,$f(x)$ 递减;

$x\geqslant 1$ 时,$f'(x)>0$,$f(x)$ 递增.

$x=0,1$ 是 $f(x)$ 的零点

$0<x<1$ 时,$f''(x)>0$,

$f'(x)$ 递增,并且 $f'(0)=-1$,$f'(1)=e-1>0$,

所以 $f'(x)$ 在 $(0,1)$ 内仅有一个零点(记为 x_0),即 $f(x)$ 的极小点.

利用计算器,不难得出

$f'(0.57)=0.007\,912\,2\cdots>0$,

$f'(0.56)=0.980\,376\,6\cdots-1<0$,

$f'(0.565)=0.994\,68\cdots-1<0$,

因此极小点 $x_0 = 0.565\cdots$.

在 $(-\infty, x_0]$ 上，$f(x)$ 递减，

在 $(x_0, +\infty)$ 上，$f(x)$ 递增，

$f(x_0)$ 是最小值，最小值 $m = f(x_0) = -0.324\,4\cdots$.

（ⅱ）因为在 $(-\infty, x_0]$ 上，$f(x)$ 递减，在 $(x_0, +\infty)$ 上，$f(x)$ 递增.

$a > m = f(x_0)$.

所以在 $(-\infty, x_0)$ 与 $(x_0, +\infty)$ 上，方程(1)各有一个解，设解为 $x_2 > x_1$，要证明(2)成立.

怎么证？中学教材中没有现成的套路可寻. 因此，考试尤其是高考，不应当出这种题，除非教材先作适当的拓展，拓展的内容即拉格朗日(Lagrange)中值定理：

若 $f(x)$ 在 $[a, b]$ 上可导，则 $f(b) - f(a) = f'(\xi)(b - a)$，$\xi$ 为 (a, b) 中的一个点.

这个定理很重要，可以介绍(证明也不难).

利用它可以估计 $|f(b) - f(a)|$，也可以反过来，估计 $|b - a|$.

但本题 $f(x_2) - f(x_1) = a - a = 0$，所以并不能直接估计 $|x_2 - x_1|$.

但注意到 $f(0) = f(1) = 0$，所以

$f(x_2) - f(x_1) = f(x_2) - f(1) + f(0) - f(x_1)$，

$x_2 - x_1 = x_2 - 1 - (x_1 - 1)$，

可以用 $f(x_2) - f(1)$ 来估计 $x_2 - 1$，

用 $f(x_1) - f(0)$ 来估计 x_1 (即 $x_1 - 1$)，具体有

1° $\quad a = f(x_2) - f(1) = f'(\xi_2)(x_2 - 1)$，

$\qquad = (x_2 - 1)(\xi_2 e^{\xi_2} - 1)$，

ξ_2 在 x_2 与 1 之间.

在 $x_2 > 1$ 时，$\xi_2 e^{\xi_2} - 1 > e - 1$，

$$a > (x_2 - 1)(e - 1), \qquad\qquad (3)$$

在 $x_2 < 1$ 时，$1 - x_2 > 0$，

$$1 - \xi_2 e^{\xi_2} > 1 - e,$$

(3)仍成立.

2° $\quad -a = f(0) - f(x_1) = -x_1 f'(\xi_1)$

$\qquad = -x_1(\xi_1 e^{\xi_1} - 1)$，$\xi_1$ 在 x_1 与 0 之间.

在 $0<x_2<x_1$ 时，$1-\xi_1 e^{\xi_1}<1$，

$$-a<x_1. \tag{4}$$

在 $x_1<\xi_1<0$ 时，$\xi_1 e^{\xi_1}-1<-1$，仍有

$$-a<(-x_1)(-1)=x_1,$$

即(4)成立.

于是，由(3)、(4)

$$x_2-x_1<\left(\frac{a}{e-1}+1\right)-(-a)=\frac{ae}{e-1}+1.$$

当然，不用中值定理，(3)、(4)也可以直接证明：

$$(x_2-1)(e-1)\leqslant(x_2-1)(e^{x_2}-1)=f(x_2)=a,$$

即(3)成立.

$$a+x_1=f(x_1)+x_1=(e^{x_1}-1)(x_1-1)+x_1=(x_1-1)e^{x_1}+1.$$

而 $((x-1)e^x)'=xe^x\begin{cases}\geqslant0,若\ x>0;\\<0,若\ x\leqslant0.\end{cases}$

所以 $(x-1)e^x$ 在 $x<0$ 时递增，在 $x>0$ 时递减，在 $x=0$ 时最小值 -1，从而

$$(x_1-1)e^{x_1}+1>-1+1=0,$$

于是 $a+x_1>0$，

即(4)成立.

但如何能想到这两个式子？其背景正是中值定理，不仅知其然，而且知其所以然，才知道路去何方.

290. 两解之和

已知 $c \geqslant 1$，$x - \ln x = c$ 的解为 $x_1, x_2 (x_1 < x_2)$，证明：$1 + c < x_1 + x_2 < 2c$.

解　$y = x - \ln x$ 的图像如下：

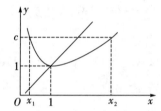

先证明

$$x_1 x_2 < 1. \tag{1}$$

我们有

$$x_2 - x_1 = \ln x_2 - \ln x_1 = \int_{x_1}^{x_2} \frac{1}{x} \mathrm{d}x$$

$$< \sqrt{\int_{x_1}^{x_2} \mathrm{d}x \int_{x_1}^{x_2} \frac{1}{x^2} \mathrm{d}x} = \sqrt{(x_2 - x_1)\left(\frac{1}{x_1} - \frac{1}{x_2}\right)}$$

$$= \frac{x_2 - x_1}{\sqrt{x_1 x_2}}.$$

因此，(1)成立.

从而

$$x_1 + x_2 = 2c + \ln(x_1 x_2) < 2c. \tag{2}$$

$y = x - \ln x$ 在 $x < 1$ 时，有一反函数 $x = \varphi_1(y)$，在 $y = x - \ln x$ 的两边对 y 求导得

$$1 = \varphi_1' - \frac{\varphi_1'}{x},$$

所以

$$\varphi_1'(c) = \frac{x_1}{x_1 - 1}.$$

同样,在 $x>1$ 时,$y=x-\ln x$ 也有一反函数 $x=\varphi_2(y)$,满足

$$\varphi'_2(c)=\frac{x_2}{x_2-1}.$$

令 $g(c)=\varphi_1(c)+\varphi_2(c)-(c+1)$,则

$$g'(c)=\frac{x_1}{x_1-1}+\frac{x_2}{x_2-1}-1=\frac{x_1 x_2-1}{(x_1-1)(x_2-1)}.$$

因为 $x_1<1<x_2,x_1 x_2<1$,所以 $g'(c)>0$,

$$g(c)>g(1)=1+1-(1+1)=0.$$

从而

$$x_1+x_2>c+1. \tag{3}$$

再考虑函数 $\varphi(c)=\varphi_1(c)+\varphi_2(c)-2c$,则

$$\varphi'(c)=\varphi'_1(c)+\varphi'_2(c)-2=\frac{x_1}{x_1-1}+\frac{x_2}{x_2-1}-2=\frac{x_1+x_2-2}{(x_1-1)(x_2-1)}.$$

因为 $x_1<1<x_2,x_1+x_2>c+1>2$,所以 $\varphi'(c)<0$.

$$\varphi(x)<\varphi(1)=1+1-(1+1)=0,$$

即

$$x_1+x_2<2c.$$

291. 两解之积

已知函数 $x(2-\ln x)=a$ 有两解 $x_1, x_2 (x_1 < x_2)$.

证明: $a^2 < x_1 x_2 < ea$.

证明 $y = x(2-\ln x)$ 的图像如下:

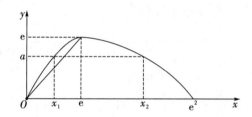

在 $x = e$ 时, y 取最大值 e, 在 $x = 0$ 与 e^2 时, $y = 0$.

于是 $0 < x_1 < a < e < x_2 < e^2$.

可仿照上节办法用反函数处理, 但更简单的, 可以化为上一题.

令 $u = 2 - \ln x, c = 2 - \ln a$, 则 $x(2 - \ln x) = a$,

取对数即化为

$$u - \ln u = c.$$

由 $1 + c < u_1 + u_2 < 2c$ 得

$$3 - \ln a < 4 - \ln(x_1 x_2) < 4 - 2\ln a,$$

即

$$a^2 < x_1 x_2 < ea.$$

第九章

更上一层楼

数学是一门博大精深的学科,近年的发展更是一日千里.

不该沉溺于初等数学而不能自拔,应当关心中学以后的数学内容,至少有所了解.

292. 西南联大

下面是 1943 年西南联大的入学试题.

1. 点 D 为 $\triangle ABC$ 的边 BC 的中点,若 $\angle BAC$ 为钝角、直角或锐角,则 BC 分别大于、等于或小于 AD 的 2 倍,试证之.

2. 设二圆之连心线交其中一圆于 A, B 两点,交另一圆于 C, D 两点,又交二圆之一外公切线于 P 点.设在连心线上点 A 距 P 最近,距 D 最远,试证明 $PA \cdot PD = PB \cdot PC$.

3. 解方程: $\sin 4x - 2\sin x\cos 2x = 0$.

4. 化简: $\sqrt[3]{\dfrac{(\sqrt{a}-\sqrt{a-1})^5}{(\sqrt{a}+\sqrt{a-1})}} + \sqrt[3]{\dfrac{(\sqrt{a}+\sqrt{a-1})^5}{(\sqrt{a}-\sqrt{a-1})}}$.

5. 解方程组: $\begin{cases} x^2+xy+y^2-7=0, \\ 2x^2+3xy+2y^2+x+y-9=0. \end{cases}$

6. BC 为一圆的固定弦, R 为圆上一动点,求 $\triangle BC$ 的垂心的轨迹.

7. 一圆圆心在直线 $5x-3y-7=0$ 上,经过圆 $x^2+y^2-6x-10y-15=0$ 与圆 $x^2+y^2+2x+4y-20=0$ 的两个交点,求这圆的方程.

七道题都是大题,没有选择与填空,题目不算难,都是堂堂正正考基础知识的题,没有故意玩人的偏题怪题.但要完全做对,也不容易.介绍这题的人讲了 3~6,但第 5 题计算就有错误.1、2 题平几,是当前学生(竞赛生除外)的弱项,第 7 题(大轴题)是解几,需要一定的技巧与运算能力,不知介绍的人为何回避不讲.

1. $\angle BAC$ 为钝角时, $\angle BAD + \angle DAC = \angle BAC > 90° > \angle B + \angle C$,所以 $\angle BAD > \angle B$ 或 $\angle DAC > \angle C$,从而 $BD > AD$ 或 $DC > AD$,所以 $BC > 2AD$.直角、锐角的情况同样可证.

2. 设 $\odot O_1$ 过 A, B, $\odot O_2$ 过 C, D,又设外公切线切点为 E_1, E_2(如图所示),则 O_1E_1 // O_2E_2, $\angle AO_1E_1 = \angle CO_2E_2$,从 而 $\angle E_1AO_1 = \dfrac{1}{2}(180° - \angle AO_1E_1) = \dfrac{1}{2}(180° - \angle CO_2E_2) = \angle E_2CO_2$. AE_1 // CE_2, $\dfrac{PA}{PC} = \dfrac{PE_1}{PE_2}$.

同样，$BE_1 /\!/ DE_2$，$\dfrac{PB}{PD}=\dfrac{PE_1}{PE_2}=\dfrac{PA}{PC}$，

所以 $PA \cdot PD = PB \cdot PC$.

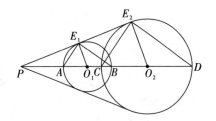

3. $x=n\pi$，$n\pi \pm \dfrac{\pi}{4}$，$2n\pi \pm \dfrac{\pi}{3}$（n 为整数）.

4. $4a-2$.

5. $\begin{cases}(x+y)^2-xy=7,\\ 2(x+y)^2-xy+x+y=9,\end{cases}$

两式相减得

$(x+y)^2+(x+y)=2$，

所以 $x+y=1$ 或 -2，

相应地 $xy=-6$ 或 -3.

$(x,y)=(3,-2),(-2,3),(1,-3),(-3,1)$.

6. 设 BC 中点为 D，则 $OD /\!/ RH$，并且 $OD=\dfrac{1}{2}RH$. 延长 OD 到 O_1，使 $OO_1=2OD=RH$，则 $O_1H=OR$. 以 O_1 为圆心，OB 为半径作圆，这圆即所求轨迹.

7. 圆 $x^2+y^2-6x-10y-15=0$ 与 $x^2+y^2+2x+4y-20=0$ 的公共弦所在直线为 $8x+14y=5$.

两圆圆心为 $(3,5),(-1,-2)$，

所以连心线方程为 $7x-4y=3\times7-5\times4=1$.

由 $\begin{cases}7x-4y=1,\\ 5x-3y=7\end{cases}$ 得所求圆圆心为 $(-25,-44)$.

所求之圆为 $\lambda(x^2+y^2-6x-10y-15)+(x^2+y^2+2x+4y-20)=0$.

即

$$x^2+y^2-\dfrac{6\lambda-2}{\lambda+1}x-\dfrac{10\lambda-4}{\lambda+1}y-\dfrac{15\lambda+20}{\lambda+1}=0,$$

由 $\dfrac{6\lambda-2}{\lambda+1}=2\times(-25)$ 得 $\lambda=-\dfrac{6}{7}$，所以 $\dfrac{15\lambda+20}{\lambda+1}=50$，

所求圆的方程为 $x^2+y^2+50x+88y-50=0$.

293. 试试手

在王卫华的未解决问题中,找一题试试手.

已知正整数 $a \geqslant 2$,证明下面两个结论是等价的.

(1)存在正整数 b,c,使 $a^2 = b^2 + c^2$.

(2)存在正整数 d,使方程

$$x^2 - ax + d = 0, x^2 - ax - d = 0$$

均有整数解.

解 先设(1)成立,因为 $a^2 \equiv 0, 1 \pmod 4$,

所以 $a^2 = b^2 + c^2 \equiv 0, 1 \pmod 4$,从而

$$b \equiv 0 \pmod 2 \text{ 或 } c \equiv 0 \pmod 2$$

至少有一个成立,不妨设 b 为偶数,则 a 与 c 同奇偶,令

$$d = \frac{1}{2} bc,$$

则 d 为正整数.

$$a^2 \pm 4d = b^2 + c^2 \pm 2bc = (b \pm c)^2.$$

从而方程

$$x^2 - ax \pm d = 0$$

的根

$$x = \frac{a \pm \sqrt{a^2 \pm 4d}}{2} = \frac{a \pm (b \pm c)}{2}$$

均为整数.

反之,设存在正整数 d,使方程

$$x^2 - ax + d = 0, x^2 - ax - d = 0$$

均有整数解,则判别式

$$\Delta_1 = a^2 - 4d, \Delta_2 = a^2 + 4d$$

均为整数平方,设

$$a^2 - 4d = m^2, a^2 + 4d = n^2,$$

$m < n$ 为非负整数.

显然 m, n 同奇偶，所以

$$\frac{m+n}{2} = b, \frac{n-m}{2} = c$$

都是正整数.

$$a^2 = \frac{1}{2}(m^2 + n^2) = \left(\frac{m+n}{2}\right)^2 + \left(\frac{m-n}{2}\right)^2 = b^2 + c^2.$$

检阅书库与书

我今天上大罗仙偶

来此地住几年苦多

土盒塞南望韦留民

舍在北边书有来读

今当读事无可言不必

言何时人间尘缘了

早点收拾去西天

294. 复数计算

设 $x^{101}=1, x\neq 1$，计算 $S=\sum\limits_{k=1}^{100}\dfrac{1}{1+x^k+x^{2k}}$.

本题有多种解法，下面是我做的解.

首先，将求和范围扩大为 $k=0$ 至 100，即

$$S=\sum_{k=0}^{100}\frac{1}{1+x^k+x^{2k}}-\frac{1}{3} \tag{1}$$

这样 $x^k(k=1,2,\cdots,101)$ 就是全部的（101 个）1 的 101 次方根，$\sum\limits_{k=1}^{101}x^k=0$.

取正数 $r<1$，令 $y_k=rx^k$，则

$$y_k^{101}=r^{101}(k=0,1,\cdots,100), \tag{2}$$

$$S=\lim_{r\to 1}\sum_{k=0}^{100}\frac{1}{1+y_k+y_k^2}-\frac{1}{3}. \tag{3}$$

易得

$$\frac{1}{1+y+y^2}=\frac{A}{1-\omega y}-\frac{B}{1-\omega^2 y}, \tag{4}$$

其中 $\omega=e^{\frac{2\pi i}{3}}$ 为 1 的立方虚根，

$$A=\frac{\omega}{\omega-\omega^2}, B=\frac{\omega^2}{\omega-\omega^2},$$

满足 $A-B=1, A\omega^2=B\omega$.

熟知（例如无穷递缩等比数列之和）

$$\sum_{k=0}^{100}\frac{1}{1-\omega y_k}=\sum_{k=0}^{100}\sum_{h=0}^{\infty}(\omega y_k)^h=\sum_{h=0}^{\infty}\omega^h\sum_{k=0}^{100}y_k^h=\sum_{t=0}^{\infty}\omega^h r^h\sum_{k=0}^{100}(x^h)^k$$

$$=\sum_{t=0}^{\infty}\omega^{101t}r^{101t}\sum_{k=0}^{100}(x^k)^{101t}=\sum_{t=0}^{\infty}\omega^{2t}r^{101t}\times 101=101\times\frac{1}{1-\omega^2 r^{101}},$$

$$\lim_{r\to 1}\sum_{k=0}^{100}\frac{1}{1-\omega y_k}=\frac{101}{1-\omega^2}. \tag{5}$$

由 (3)、(4)、(5)，

$$S=101\times\left(\frac{A}{1-\omega^2}-\frac{B}{1-\omega}\right)-\frac{1}{3}=101\times\frac{A-B-\omega(A-\omega B)}{(1-\omega^2)(1-\omega)}-\frac{1}{3}$$

$$=\frac{101}{3}(1+1)-\frac{1}{3}=67.$$

295. 复数模的极值

下面是一道与复数有关的极值题.

已知复数 $z_k(k=1,2,3,4)$ 满足

$$\sum z_k = 0, \sum |z_k|^2 = 1,$$

求 $\sum |z_k - z_{k+1}|^2 (z_5 = z_1)$ 的最小值.

解 $\quad \sum |z_k - z_{k+1}|^2$

$= \sum (z_k - z_{k+1})(\bar{z}_k - \bar{z}_{k+1})$

$= \sum (|z_k|^2 + |z_{k+1}|^2 - z_{k+1}\bar{z}_k - z_k\bar{z}_{k+1})$

$= 2 - (z_1 + z_3)(\bar{z}_2 + \bar{z}_4) - (\bar{z}_1 + \bar{z}_3)(z_2 + z_4)$

$= 2 + 2(z_2 + z_4)(\bar{z}_2 + \bar{z}_4)$

$= 2 + 2|z_2 + z_4|^2$

$\geqslant 2.$

在 $z_2 + z_4 = z_1 + z_3 = 0$ 时取得最小值 2.

注 $\quad |z|^2 = z \cdot \bar{z}$ 是处理复数模的平方的常用方法,很多人见到复数 z 就将它写成 $x + yi(x, y \in \mathbf{R})$ 的形式,这就增加了字母的个数,易将问题复杂化.

296. 具体与抽象

常有人说数学抽象,这话当然不错,但抽象总是先有具体的像,然后再去抽,所以具体的事例(像)往往可揭去蒙在数学上的神秘的面纱.

请看下例:

设数列 $\{x_n\}$ 满足

$$x_{n+1}=x_n^2-2x_n \, (n=1,2,\cdots).$$

若对于任意的 $x_1\neq 0$,均存在正整数 m,使得

$$x_n\geqslant m,$$

求 m 的最大值.

解 Fibonacci 数是大家熟悉的,不熟悉也不要紧,只要知道有两个数

$$\alpha=\frac{1+\sqrt{5}}{2},\beta=\frac{1-\sqrt{5}}{2},$$

它们适合方程

$$x^2-x-1=0$$

及方程组

$$\begin{cases} \alpha+\beta=1, \\ \alpha\beta=-1. \end{cases}$$

记 $f(x)=x^2-2x$,则

$x_1=\alpha$ 时,$x_2=f(\alpha)=\alpha^2-2\alpha=1-\alpha=\beta$.

同样

$$x_3=f(x_2)=f(\beta)=\alpha.$$

于是这时 $\{x_n\}$ 成为 $\alpha,\beta,\alpha,\beta,\alpha,\beta,\cdots$

所以 m 至多为 α(不能更大).

下面我们证明 m 的最大值的确是 α,也就是要证明对题中所说的数列 $\{x_n\}$,均存在某项 $x_n\geqslant\alpha$(当然 $x_1\neq 0$).

为此,注意函数 $y=f(x)=x^2-2x$,图像如图所示.

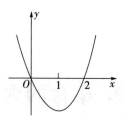

在 $x \geqslant 1$ 时递增,在 $x \leqslant 1$ 的递减,在 $x=0,2$ 时 f 的值为 0.

若 $x_1<0$,则 $x_2=f(x_1)>0$,因此可设 $x_1>0$(否则用 x_2 代替 x_1).

若 $x_1 \geqslant \alpha$,结论已真.

若 $1 \leqslant x_1 < \alpha$,则

$$x_2=f(x_1)<f(\alpha)=\beta<0,$$
$$x_3=f(x_2)>f(\beta)=\alpha,$$

结论亦成立.

若 $0<x_1<1$,则

$$\begin{aligned}
x_3 &=f(x_2)=x_2(x_2-2)=x_1(x_1-2)(x_1^2-2x_1-2)\\
&=x_1(2-x_1)(2+x_1(2-x_1))\\
&>x_1(2-1) \cdot 2=2x_1.
\end{aligned}$$

若 $x_3 \geqslant 1$,则(用 x_3 代替 x_1)结论亦成立.

若 $x_3<1$,则

$$x_5>2x_3>2^2 x_1 \cdots\cdots$$

总有一个 $x_{2n-1}>2^n x_1>1$,

从而 $x_{2n-3}>\alpha$,结论成立.

297. 集合的大小

设 $E_1, E_2, E_3, \cdots$ 是一个由集合组成的无穷序列.

$A = \bigcup_{n=1}^{\infty} E_n, B = \bigcap_{n=1}^{\infty} \bigcup_{m=n}^{\infty} E_m, C = \bigcup_{n=1}^{\infty} \bigcap_{m=n}^{\infty} E_m, D = \bigcap_{n=1}^{\infty} E_n.$

问 A, B, C, D 的大小关系如何？能否举出 A, B, C, D 均非空集且互不相同的例子？

解 $A = \bigcup_{n=1}^{\infty} E_n = \{x \mid x$ 至少属于一个 $E_n\}$,

$B = \bigcap_{n=1}^{\infty} \bigcup_{m=n}^{\infty} E_n = \{x \mid x$ 属于几乎所有的 $E_n\} = \{x \mid x$ 至多不属于有限多个 $E_n\}$,

$C = \bigcup_{n=1}^{\infty} \bigcap_{m=n}^{\infty} E_n = \{x \mid x$ 属于无限个 $E_n\}$,

$D = \bigcap_{n=1}^{\infty} E_n = \{x \mid x$ 属于所有的 $E_n\}$.

由上述意义即知 $A \supseteq B \supseteq C \supseteq D$, B 称为序列 $\{E_n\}$ 的上极限, C 称为序列 $\{E_n\}$ 的下极限.

$E_1 = \{0, 1\}, E_2 = \{1, 2, 3\}, E_3 = \{1, 3\}, E_4 = \{1, 2, 3, 4, 5\}, E_5 = \{1, 3, 5, 7\}, E_6 = \{1, 2, 3, 4, 5, 6, 7\}$,

$\cdots$

$E_{2n-1} = \{1, 3, \cdots, 4n-5\} \ (n = 2, 3, \cdots)$

$E_{2n} = \{1, 2, 3, 4, \cdots, 2n+1\} \ (n = 1, 2, \cdots)$

则 $D = \bigcap_{n=1}^{\infty} E_n = \{1\}, A = \bigcup_{n=1}^{\infty} E_n = \{$全体非负整数$\}, B = \overline{E} = \{$全体正整数$\}, C = \underline{E} = \{$全体正奇数$\}$.

298. 和为平方

2021 年 IMO 第 1 题如下：

设整数 $n \geqslant 100$，伊凡将 $n, n+1, \cdots, 2n$ 的每个数写在不同的卡片上，然后将这 $(n+1)$ 张卡片打散分成两堆，证明：至少有一堆中包含两张卡片，卡片上的数的和是一个平方数.

证明 只需在 $\{n, n+1, \cdots, 2n\}$ 中找三个数

$$x < y < z, \tag{1}$$

满足

$$x + y = a^2, \tag{2}$$

$$x + z = b^2, \tag{3}$$

$$y + z = c^2, \tag{4}$$

其中 a, b, c 为正整数，$a < b < c$.

由 (2)、(3)、(4)，得

$$x = \frac{a^2 + b^2 - c^2}{2}, \tag{5}$$

$$y = \frac{a^2 + c^2 - b^2}{2}, \tag{6}$$

$$z = \frac{c^2 + b^2 - a^2}{2}. \tag{7}$$

为简单计，取 $a = k-1, b = k, c = k+1$，k 为大于 1 的整数，这时 (5)、(6)、(7) 变为

$$x = \frac{k^2 - 4k}{2}, y = \frac{k^2 + 2}{2}, z = \frac{k^2 + 4k}{2} \tag{8}$$

x 是整数，所以 k 为偶数.

反之，在 k 为偶数时，x 为整数，y, z 也都是整数.

由 (8) 得

$$\sqrt{2n+4}\leqslant\sqrt{2x+4}=k-2,$$

$$\sqrt{4n+4}\geqslant\sqrt{2z+4}=k+2,$$

因为 $\sqrt{4n+4}-\sqrt{2n+4}=\dfrac{2n}{\sqrt{4n+4}+\sqrt{2n+4}}=\dfrac{2\sqrt{n}}{\sqrt{4+\dfrac{4}{n}}+\sqrt{2+\dfrac{4}{n}}}$ 是 n 的增函数,

所以在 $n\geqslant120$ 时,

$$\sqrt{4n+4}-\sqrt{2n+4}\geqslant\sqrt{484}-\sqrt{244}>22-16=6,$$

即在 $[\sqrt{2n+4},\sqrt{4n+4}]$ 中至少有 6 个整数,其中有 3 个偶数,可以取两个作为 $k-2$ 与 $k+2$,由这样的 k 及(8)得出的 x,y,z 满足要求.

在 $100\leqslant n<120$ 时,取 $k=18$,则 $x=126,y=163,z=198,x+y=17^2,x+z=18^2$, $y+z=19^2$.

注 前一半的推理很自然,但最后的估计需稍细一点,分作两种情况讨论.

299. 有选择, 方自由

偶翻 59 届 IMO 预选题, 有道组合题:

已知正整数 $n \geqslant 3$, 证明存在一个由 $2n$ 个正整数构成的集合 S 具有性质:

对每个 $m = 2, 3, \cdots, n$, 集合 S 能拆分为两个元素之和相等的子集, 且其中一个子集的元素个数为 m.

提供的答案是

$$S = \{1 \times 3^k, 2 \times 3^k \mid k = 1, 2, \cdots, n-1\} \cup \left\{1, \frac{3^n + 9}{2} - 1\right\}$$

……

我觉得很怪, 不明白这个 S 是从何而来?

其实本题的 S, 可以选择的余地很大, 定得太死, 太具体, 实在是自找麻烦, 自寻烦恼.

我们可从 $n = 3$ 开始试一试.

S 可以分成两个子集, 一个 2 元一个 4 元, 两者的元素之和相等, 可令这两个关系为

$$\{a_1, A\} \quad \{a_2, b_2, C, D\}$$

而 $a_1 = a_2 + b_2$, $A = C + D$.

然后, 两个 3 元集(将 a_1 与 a_2, b_2)对调

$$\{a_2, b_2, A\}, \{a_1, C, D\}$$

的元素和也相等.

一般情况, 也是如此.

任取正整数 $a_{n-1} > b_{n-1} > b_{n-2} > \cdots > b_2$,

令 $a_{n-2} = a_{n-1} + b_{n-1}$,

$a_{n-3} = a_{n-2} + b_{n-2}$,

……

$$a_1 = a_2 + b_2,$$

再取 $\qquad C > D > a_1$

$$A = a_3 + b_3 + \cdots + a_{n-1} + b_{n-1} + C + D,$$

则 $A > C > D > a_1 > a_2 > \cdots > a_{n-1} > b_{n-1} > \cdots > b_2,$

$$a_1 + A = a_2 + b_2 + a_3 + b_3 + \cdots + a_{n-1} + b_{n-1} + C + D,$$

$$a_2 + b_2 + A = a_1 + a_3 + b_3 + \cdots + a_{n-1} + b_{n-1} + C + D,$$

$$a_3 + b_3 + b_2 + A = a_1 + a_2 + a_4 + b_4 + \cdots + a_{n-1} + b_{n-1} + C + D,$$

$$\cdots$$

$$a_{n-1} + b_{n-1} + b_{n-2} + \cdots + b_2 + A = a_1 + a_2 + \cdots + a_{n-2} + C + D.$$

所以 $S = \{A, a_1, a_2, \cdots, a_{n-1}, b_2, b_3, \cdots, b_{n-1}, C, D\}$

合乎要求.

我们这里保留了很多选择权,有更大的自由(S还可以满足其他的要求).

有选择,方自由!

300. Chebyshev 多项式

设 $\cos\theta = x$，则

$$T_n(x) = \cos n\theta,$$

$$U_n(x) = \frac{\sin(n+1)\theta}{\sin\theta}$$

$(n=0,1,2,\cdots)$ 都是 x 的 n 次多项式，称为契比雪夫（Chebyshev）多项式前 5 个可列表如下

	$T_n(x)$	$U_n(x)$
$n=1$	x	$2x$
$n=2$	$2x^2-1$	$4x^2-1$
$n=3$	$4x^3-3x$	$8x^3-4x$
$n=4$	$8x^4-8x^2+1$	$16x^4-12x^2+1$
$n=5$	$16x^5-20x^3+5x$	$32x^5-32x^3+6x$

一般地，可用递推公式

$$T_{n+1}(x) = 2xT_n(x) - T_{n-1}(x),$$

$$U_{n+1}(x) = 2xU_n(x) - U_{n-1}(x),$$

逐一推出.

竞赛中有时会涉及契比雪夫多项式，例如 2021 年中国科学技术大学少年创新班考题：已知 $g_1(x)=1, g_2(x)=x, g_n(x)=\dfrac{g_{n-1}^2(x)-2^{n-2}}{g_{n-2}(x)}$ $(n=3,4,\cdots)$，

求证：$g_{n+1}(x)$ 是 n 次整系数多项式，并求出 $g_n(x)=0$ 的所有根.

前一半不难，我们建立一个递推关系

$$g_n(x) = xg_{n-1}(x) - 2g_{n-2}(x), \tag{1}$$

因为 $g_3(x)=\dfrac{x^2-2}{1}=x\cdot x - 2\cdot 1$，所以 (1) 在 $n=3$ 时成立.

$$g_4(x) = \frac{(x^2-2)^2-2^2}{x} = x^3-4x = x(x^2-2)-2x,$$

所以 (1) 在 $n=4$ 时也成立.

假设 (1) 对 n 成立，则

$$g_{n+1}(x) = \frac{g_n^2(x) - 2^{n-1}}{g_{n-1}(x)}$$

$$= \frac{(xg_{n-1}(x) - 2g_{n-2}(x))g_n(x) - 2^{n-1}}{g_{n-1}(x)}$$

$$= xg_n(x) - \frac{2g_{n-2}(x)g_n(x) + 2^{n-1}}{g_{n-1}(x)}$$

$$= xg_n(x) - \frac{2(g_{n-1}^2(x) - 2^{n-2}) + 2^{n-1}}{g_{n-1}(x)}$$

$$= xg_n(x) - 2g_{n-1}(x),$$

因此 (1) 对一切 $n \geq 3$ 均成立.

由初始条件及递推公式 (1)，一切 $g_n(x)$ 为整系数多项式.

将 (1) 变形为

$$\frac{g_n(x)}{(\sqrt{2})^{n-1}} = 2 \cdot \frac{x}{2\sqrt{2}} \cdot \frac{g_{n-1}(x)}{(\sqrt{2})^{n-2}} - \frac{g_{n-2}(x)}{(\sqrt{2})^{n-3}} \tag{2}$$

令 $z = \dfrac{x}{2\sqrt{2}}$，注意到

$$U_1(z) = 2z = \frac{x}{\sqrt{2}} = \frac{g_2(x)}{(\sqrt{2})^1},$$

$$U_2(z) = 4z^2 - 1 = \frac{x^2 - 2}{2} = \frac{g_3(x)}{(\sqrt{2})^2},$$

所以令

$$U_n(z) = \frac{g_{n+1}(x)}{(\sqrt{2})^n}, n = 3, 4, \cdots$$

则

$$U_n(z) = 2zU_{n-1}(z) - U_{n-2}(z), \tag{3}$$

即 $U_n(z)$ 为契比雪夫多项式 $\dfrac{\sin(n+1)\theta}{\sin\theta}$，其中 $\cos\theta = z$.

$g_n(x) = 0$ 的根，即 $U_{n-1}(z) = 0$ 的根乘以 $2\sqrt{2}$，所以结果为

$$x = 2\sqrt{2}\cos\frac{k\pi}{n}, k = 1, 2, \cdots, n-1.$$

301. 结果竟然是……

2021 年中国科学技术大学入学试题的 12 题如下：

设 $a_1, a_2, \cdots, a_{2021}$ 为两两不同的实数，求证：

$$\sum_{i=1}^{2021} \prod_{\substack{j=1 \\ j \neq i}}^{2021} \frac{a_i + a_j}{a_i - a_j} = 1.$$

解 $\prod_{i>j}(a_i - a_j), i, j \in \{1, 2, \cdots, n\}$，可看作 $a_1, a_2, \cdots, a_n$ 的多项式，次数为 C_n^2，首项为 $a_n^{n-1} a_{n-1}^{n-2} \cdots a_2$.

$$F = \sum_{i=1}^{n} \prod_{\substack{j=1 \\ j \neq i}}^{n} \frac{a_i + a_j}{a_i - a_j} \prod_{i>j}(a_i - a_j)$$

也是 $a_1, a_2, \cdots, a_n$ 的多项式，次数为 C_n^2.

对于 $k > h, k, h \in \{1, 2, \cdots, n\}$，视 F 为 a_k 的多项式，在 $a_k = a_h$ 时，F 中仅有 $i = k$ 与 $i = h$ 的两项非零（其中有因子 $a_k - a_h$ 或 $a_h - a_k$ 的，均变为 0）.

而这两项原来的分子相同，去分母后仅差一个负号（$a_k - a_h = -(a_h - a_k)$），因此它们的和为 0. 从而 $a_k - a_h$ 是 F 的因子.

于是 $\prod_{i>j}(a_i - a_j)$ 是 F 的因式，而且两者次数相同，所以

$$F = m \prod_{i>j}(a_i - a_j),$$

其中 m 为一常数，与 $a_1, a_2, \cdots, a_n$ 无关.

考虑 $a_n^{n-1} a_{n-1}^{n-2} \cdots a_2$ 在 F 中的系数：

$\prod_{\substack{j=1 \\ j \neq n}}^{n} \frac{a_n + a_j}{a_n - a_j} \prod_{i>j}(a_i - a_j)$ 中 $a_n^{n-1} a_{n-1}^{n-2} \cdots a_2$ 的系数为 1，

$\prod_{\substack{j=1 \\ j \neq n-1}}^{n} \frac{a_{n-1} + a_j}{a_{n-1} - a_j} \prod_{i>j}(a_i - a_j)$ 中 $a_n^{n-1} a_{n-1}^{n-2} \cdots a_2$ 的系数为 -1，

依此类推 $\prod\limits_{\substack{j=1 \\ j \neq k}}^{n} \dfrac{a_k + a_j}{a_k - a_j} \prod\limits_{i>j} (a_i - a_j)$ 中 $a_n^{n-1} a_{n-1}^{n-2} \cdots a_2$ 的系数为 $(-1)^{n-k}$,

从而 F 中 $a_n^{n-1} a_{n-1}^{n-2} \cdots a_2$ 的系数为 $\begin{cases} 1,\text{若 } n \text{ 为奇数}, \\ 0,\text{若 } n \text{ 为偶数}. \end{cases}$

于是,$m = \begin{cases} 1,\text{若 } n \text{ 为奇数}, \\ 0,\text{若 } n \text{ 为偶数}, \end{cases}$ 即

$$\sum_{i=1}^{n} \prod_{\substack{j=1 \\ j \neq i}}^{n} \frac{a_i + a_j}{a_i - a_j} = \begin{cases} 1,\text{若 } n \text{ 为奇数}, \\ 0,\text{若 } n \text{ 为偶数}. \end{cases}$$

特别地,在 $n = 2\,021$ 时,$\sum\limits_{i=1}^{2\,021} \prod\limits_{\substack{j=1 \\ j \neq i}}^{2\,021} \dfrac{a_i + a_j}{a_i - a_j} = 1$.

静 思 行 遠

302. 罗巴契夫斯基函数

$$\varPi(\theta) = -\int_0^\theta \log \mid 2\sin u \mid \mathrm{d}u \qquad (1)$$

称为罗巴契夫斯基函数,其中俄文符号 $\varPi$ 是为了纪念罗氏而命名使用的(但他本人并未用到这一符号).

利用这一函数可以表示出双曲空间中多面体的体积.

这一函数有很多性质,例如

定理　函数 $\varPi(\theta)$ 是奇函数,周期为 π,满足恒等式

$$\varPi(n\theta) = n\sum_{k \bmod n}\varPi\left(\theta + \frac{k\pi}{n}\right).$$

其中 n 是任意正整数(k 跑遍 $\bmod\ n$ 的完系).

这个定理可作为大学生的竞赛题或现在一些重点高校数学夏令营的考题.

哪位读者来试一试.

(本题取自《Milnor 眼中的数学和数学家》132 页).

303. 证明上节定理

本文证明上次的定理.

首先

$$\varPi(-\theta) = -\int_0^{-\theta} \log|2\sin u|\,\mathrm{d}u$$

$$= \int_0^\theta \log|2\sin v|\,\mathrm{d}v\,(v = -u)$$

$$= -\varPi(\theta).$$

所以 $\varPi(\theta)$ 是奇函数,特别地,$\varPi(0) = 0$.

由

$$z^n - 1 = \prod_{k \bmod n}(z - \mathrm{e}^{2\pi\mathrm{i}k/n})$$

将 $z = \mathrm{e}^{-2\mathrm{i}\theta}$ 代入,并利用

$$2\sin\theta = \frac{1}{\mathrm{i}}(\mathrm{e}^{\mathrm{i}\theta} - \mathrm{e}^{-\mathrm{i}\theta})$$

得

$$2\sin n\theta = \prod_{k=0}^{n-1} 2\sin\left(\theta + \frac{k\pi}{n}\right)$$

取绝对值的对数,再积分,得

$$\frac{\varPi(n\theta)}{n} = \sum_{k=0}^{n-1}\varPi\left(\theta + \frac{k\pi}{n}\right) + C \tag{1}$$

其中 C 为积分常数.

令 $\theta = \dfrac{\pi}{n}$,得

$$\frac{\varPi(\pi)}{n} = \sum_{k=1}^{n}\varPi\left(\frac{k\pi}{n}\right) + C.$$

再令 $\theta = 0$,得

$$\frac{\varPi(0)}{n} = \sum_{k=0}^{n-1}\varPi\left(\frac{k\pi}{n}\right) + C,$$

两式相减得

$$\frac{\varPi(\pi)-\varPi(0)}{n}=\varPi(\pi)-\varPi(0),$$

从而

$$\varPi(\pi)=\varPi(0)=0. \tag{1}$$

因为 $\varPi'(\theta)=-\log|2\sin\theta|$ 的周期为 π,

$$\begin{aligned}
\varPi(\theta) &=-\int_0^\theta \log\mid 2\sin u\mid \mathrm{d}u \\
&=-\int_0^\theta \log\mid 2\sin(u+\pi)\mid \mathrm{d}u \\
&=-\int_\pi^{\theta+\pi} \log\mid 2\sin u\mid \mathrm{d}u \\
&=\varPi(\theta+\pi)-\varPi(\pi),
\end{aligned}$$

从而

$$\varPi(\theta+\pi)=\varPi(\theta),$$

即 $\varPi(\theta)$ 的周期为 π.

最后,令 $\theta=0$,因为

$$\varPi\left(\frac{k\pi}{n}\right)+\varPi\left(\frac{(n-k)\pi}{n}\right)=\varPi\left(\frac{k\pi}{n}\right)+\varPi\left(-\frac{k\pi}{n}\right)=0,$$

所以在(1)中得 $C=0$,从而

$$\varPi(n\theta)=n\sum_{k\bmod n}\varPi\left(\theta+\frac{k\pi}{n}\right).$$

304. 保送生的考题

见到一份 2013 年北大保送生考题,题尚有趣,太繁,取几题做做玩玩(繁就不太好玩了).

1. 正数 a,b,c 满足 $a<b+c$. 求证.

$$\frac{a}{1+a}<\frac{b}{1+b}+\frac{c}{1+c}. \tag{1}$$

证明 若 $a\leqslant b$,则

$$\frac{b}{1+b}=\frac{1}{\frac{1}{b}+1}>\frac{1}{\frac{1}{a}+1}=\frac{a}{1+a},$$

(1)显然成立,$a\leqslant c$ 也是如此.

因此,设 $a>b,a>c$,则

$$\frac{b}{1+b}+\frac{c}{1+c}>\frac{b+c}{1+a}>\frac{a}{1+a}.$$

2. 若 $\{1,2,\cdots,9\}$ 的非空子集中的元素之和为奇数,则称为奇子集,求奇子集的个数.

解 $\{1,2,\cdots,9\}$ 的子集分为两类:第一类含 1,第二类不含 1.

设 A 是第二类子集,

若 A 为偶子集,则 $A\cup\{1\}$ 为奇子集;

若 A 为奇子集,则 $A\cup\{1\}$ 为偶子集.

反之亦然.

因此 $\{1,2,\cdots,n\}$ 的奇子集与偶子集一一对应,个数相等,均为 $\frac{1}{2}\times 2^9=2^8=256$.

3. 在一个 2013×2013 的数表中,每行都成等差数列,每列的平方也都成等差数列,求证:左上角的数×右下角的数=左下角的数×右上角的数.

这题有点意思,请大家想一想,第 328 节再说.

(注 原题要求表为正数数表,"正数"这个条件可以省去).

4. 已知 $a_1,a_2,\cdots,a_{10}$ 为正实数,且

$$a_1+a_2+\cdots+a_{10}=30, \tag{1}$$

$$a_1 a_2 \cdots a_{10} < 21, \tag{2}$$

求证：$a_1, a_2, \cdots, a_{10}$ 中必有一个数在 $(0,1)$ 之间.

证明 当然用反证法.

假设 $a_1, a_2, \cdots, a_{10}$ 均不在 $(0,1)$ 中，则

$$a_i \geqslant 1 (i = 1, 2, \cdots, 10). \tag{3}$$

引理 若 $a \geqslant 1, b \geqslant 1$，则

$$ab \geqslant a + b - 1. \tag{4}$$

即乘积 ab 在 a, b 有一个为 1 时最小.

引理的证明甚易

$$ab - a - b + 1 = (a-1)(b-1) \geqslant 0,$$

所以 (4) 成立.

于是，设 $(1 \leqslant) a_1 \leqslant a_2 \leqslant \cdots \leqslant a_{10}$，则

$$a_1 a_2 \cdots a_{10}$$
$$\geqslant a_2 \cdots a_{10} + a_1 - 1 \geqslant a_3 \cdots a_{10} + a_2 + a_1 - 2$$
$$\geqslant \cdots$$
$$\geqslant a_{10} + a_9 + \cdots + a_1 - 9 = 30 - 9$$
$$= 21.$$

与 (2) 矛盾.

因此，必有一个 $a_i (1 \leqslant i \leqslant 10) \in (0,1)$.

本题不难，但写得简洁并不容易，这说明语文很重要. 学好语文是学习数学的必要条件（不是充分条件！）. 应加强这方面的训练，一定要"想得清楚，说得明白".

305. A-Level 教材（Ⅰ）

国外中学教材与我们国内教材差别甚大，例如下面是 A-Level 的练习题．

Solve the differential equation

$$\frac{\mathrm{d}y}{\mathrm{d}x}-2y\tan x=1 \tag{1}$$

to find y as a function of x .

即解微分方程

$$y'-2y\tan x=1. \tag{2}$$

这个一阶微分方程不是常系数的，因而有点难．

怎么解？

国内准备高考的高三同学会解吗？教高三毕业班的老师会解吗？

下面提供一种解法：

令 $y=\dfrac{u}{\cos^2 x}$，则

$$y'=\frac{u'\cos x+2u\sin x}{\cos^3 x},$$

（2）即

$$(u'\cos x+2u\sin x)-2u\sin x=\cos^3 x,$$

从而

$$u'=\cos^2 x,$$

$$u=\int\cos^2 x\mathrm{d}x=\int\frac{1+\cos 2x}{2}\mathrm{d}x$$

$$=\frac{1}{2}\left(x+\frac{\sin 2x}{2}+C\right)$$

$$=\frac{1}{2}(x+\sin x\cos x+C),C\text{ 为任意常数，}$$

$$y=\frac{1}{2\cos^2 x}(x+\sin x\cos x+C).$$

解法并非唯一，例如令 $y=\dfrac{v}{\cos x}$ 也可得出结果，这种解法，教材中未必有（不像常系数微分方程，解法是一定的）．如何作变量代换需学生大胆地，自己去尝试．

306. A-Level 教材（II）

国外中学的 A-Level 教材，内容远超过中国高中.

如：

Using the difinitions of sinh x and cosh x in terms of exponentials，

(a)prove that
$$\cosh^2 x - \sinh^2 x = 1, \tag{1}$$

(b)find algebraically the exact solutions of the equation
$$2\sinh x + 7\cosh x = 9, \tag{2}$$

giving your answers as natural logarithms.

这里 cosh x，sinh x 分别称为双曲余弦、双曲正弦，也常记作 ch x，sh x. 还有双曲正切 th $x = \dfrac{\text{sh } x}{\text{ch } x}$.

它们的定义是
$$\text{ch } x = \frac{1}{2}(e^x + e^{-x}), \text{sh } x = \frac{1}{2}(e^x - e^{-x}),$$

(a)的证明甚易，但(b)需要动手做一做才能得出结果.

我们教材或习题中，有一些不三不四的"函数"，而较为重要的双曲函数却不见介绍，这是令人不解的.

307. A-Level 教材（Ⅲ）

国外中学 A - Level 教材，已学矩阵的特征值与特征向量.

下面即是 A - Level 的习题.

The matrix $\boldsymbol{A}$ has an eigenvalue λ with corresponding eigenvector $\boldsymbol{e}$. Prove that the matrix $(\boldsymbol{A}+k\boldsymbol{I})$, where k is a real constant and $\boldsymbol{I}$ is the identity matrix, has an eigenvalue $(\lambda+k)$ with corresponding eigenvector $\boldsymbol{e}$.

The matrix $\boldsymbol{B}$ is given by

$$\boldsymbol{B}=\begin{pmatrix} 2 & 2 & -3 \\ 2 & 2 & 3 \\ -3 & 3 & 3 \end{pmatrix}$$

Two of the eigenvalue of $\boldsymbol{B}$ is -3 and 4. Find corresponding eigenvector.

Given that $\begin{bmatrix} 1 \\ -1 \\ 2 \end{bmatrix}$ is an eigenvector of $\boldsymbol{B}$, find the corresponding eigenvalue.

Hence find the eigenvalue of $\boldsymbol{C}$, where

$$\boldsymbol{C}=\begin{bmatrix} -1 & 2 & -3 \\ 2 & -1 & 3 \\ -3 & 3 & 0 \end{bmatrix}$$

and state corresponding eigenvectors.

308. 学得多,考不难

中国大陆的考试,学的东西并不多,考题却很偏很怪很难.

相反的,国外的教材,内容不少,但考题并不难,甚或有些提示.

以上次的 A - level (Ⅲ) 的题为例:

开始的证明题极容易:

$$(A+kI)e=Ae+ke=\lambda e+ke=(\lambda+k)e$$

而这正是最后问题的提示(若没有这个提示,不好做,这个提示不仅是提示,还增加了新的知识):

$$C=B+(-3)I$$

所以 C 的特征值是 B 的相应特征值加上 -3,即两个特征值为

$$-3-3=-6,4-3=1,$$

还有一个是(6 的来历见下面)

$$6-3=3,$$

相应的特征向量即 B 的特征向量.

中间还有两问是关于 B 的.

如果知道 B 的特征值(特征根)的和是它的迹(trace),即对角线上元素之和,那么相

应于 $\begin{bmatrix} 1 \\ -1 \\ -2 \end{bmatrix}$ 的特征值可以立即得出,为

$$(2+2+3)-(-3)-4=6,$$

当然用

$$B\begin{bmatrix} 1 \\ -1 \\ -2 \end{bmatrix}=\begin{bmatrix} 6 \\ -6 \\ -12 \end{bmatrix}=6\begin{bmatrix} 1 \\ -1 \\ -2 \end{bmatrix},$$

也立即得出 $\lambda_3=6$.

已知特征值,求特征向量,已有种种专门的数学软件,不必手算. 不过,做几个也好

（就像整数乘法，有时也用手算，不全仗计算器）.

这可以用矩阵的初等变换完成（初等变换即将某行元素乘以一个非零数，将某行元素乘以一个数加到另一行，可见拙著《代数的魅力与技巧》），例如 $\lambda=-3$ 时，

$$B-(-3)I=\begin{pmatrix}5&2&-3\\2&5&3\\-3&3&6\end{pmatrix}\sim\begin{pmatrix}7&7&0\\2&5&3\\-3&3&6\end{pmatrix}\sim\begin{pmatrix}1&1&0\\2&5&3\\-1&1&2\end{pmatrix}\sim\begin{pmatrix}1&1&0\\0&3&3\\0&2&2\end{pmatrix}$$

$$\sim\begin{pmatrix}1&1&0\\0&1&1\\0&0&0\end{pmatrix}\sim\begin{pmatrix}1&0&-1\\0&1&1\\0&0&0\end{pmatrix}.$$

一般地，经过初等变换，可将 n 阶矩阵 $B-\lambda I$ 化为

$$\begin{pmatrix}1&&&*&*&\cdots&*\\&1&&*&*&&*\\&&\ddots&\vdots&&&\vdots\\&&&1&*&*&\cdots&*\\&&&&&O\end{pmatrix}$$
的形式，称为行梯形矩阵，再用 I 减去它，得到的矩阵

的最后几列不是零向量，它们就是特征向量. 例如现在

$$I-\begin{pmatrix}1&&-1\\&1&1\\&&0\end{pmatrix}=\begin{pmatrix}&&1\\0&&-1\\&&1\end{pmatrix},\begin{pmatrix}1\\-1\\1\end{pmatrix}$$ 就是 -3 的特征向量.

同样可得

$$B-4I=\begin{pmatrix}-2&2&-3\\2&-2&3\\-3&3&-1\end{pmatrix}\sim\cdots\sim\begin{pmatrix}1&-1&0\\&0&0\\&&1\end{pmatrix}$$

$$I-\begin{pmatrix}1&-1&0\\0&0&0\\0&0&1\end{pmatrix}=\begin{pmatrix}0&1&0\\0&1&0\\0&0&0\end{pmatrix},$$

所以，$\begin{pmatrix}1\\1\\0\end{pmatrix}$ 是 4 的特征向量.

第十章

竞赛题

实践证明,竞赛是冶炼数学人才的熔炉,选拔人才的考场. 有志于数学的青少年不可不参加数学竞赛.

当然不必人人参赛,但对数学竞赛有所了解,对于思维的广度与深度,一定大有好处.

309. 树

2021 年上海新星数学奥林匹克(NSMO)的题颇为有趣,例如:

设 T 是 n 个顶点的树,证明:可以用 $1,2,\cdots,n$ 将 T 的顶点编号,使得任意一边的两个顶点编号之差的绝对值不超过 $\dfrac{n}{2}$.

这道题解法很多,我也提供一种.

$n=1$ 或 2,结论显然.

假设命题对 $n-1$ 成立,考虑 n 个顶点的树,去掉一个度数为 1 的点 u(u 仅与 v 相连),如图所示.

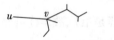

由归纳假设,剩下的树可以用 $1,2,\cdots,n-1$ 编号,使得任意一边的两个顶点编号之差的绝对值 $\leqslant\dfrac{n-1}{2}$.

若 v 处编号 $\geqslant\dfrac{n}{2}$,则在 u 处编号为 n.

若 v 处编号 $<\dfrac{n}{2}$,则将每点编号 a 改为 $n-a$,特别地,v 处编号 $\geqslant n-\dfrac{n}{2}=\dfrac{n}{2}$,仍将 u 处编为 n.

310. 又见棕榈

2016 年全国高中联赛二试第 3 题是一道图论题. 简明地说, 就是: 10 个点的图 G, 如果没有三角形与四边形, 至多有多少条边?

答案是 15.

这道题, 我做过, 写过一个解答.

最近又见到这题, 我便想到自己做的解答, 却不知放到哪里去了, 找不到, 也忘记当初是怎么做的了, 只得再做一次. 做法与原先肯定不同, 但结果却差不多, 即都证了一个稍强的命题.

命题 设 G 是 10 个点的图, 当且仅当 G 是 Peterson 图时, 它有 15 条边而没有三角形与四边形.

Peterson 图如图 1 所示.

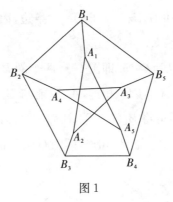

图 1

图中有两个圈 $A_1A_2A_3A_4A_5$, $B_1B_2B_3B_4B_5$, 两个圈之间又连 5 条边 A_1B_1, A_2B_3, A_3B_5, A_4B_2, A_5B_4.

"当"是显然的, Peterson 图中没有三角形与四边形.

由"仅当"立即得出全国联赛那题, 即"10 个点的图, 如果有 16 条边, 那么图中一定有三角形"(如果连 15 条边时, 还没有三角形与四边形, 那么图已成为 Peterson 图. 再任连一长边: 无论是在圈 $A_1A_2A_3A_4A_5$ 中, 在圈 $B_1B_2B_3B_4B_5$ 中, 或者在这两个圈之间, 都显然产生三角形或四边形).

下面证明"仅当"即图 G 有 10 个点, 15 条边, 设有三角形与四边形, 我们证明 G 为 Peterson 图.

因为 $15>10$, 所以图 G 中一定有圈, 设 $B_1, B_2, \cdots, B_k$ 是其中最小的圈, 因为 G 中没有三角形与四边形, 所以 $k \geqslant 5$. 剩下的点共 $(10-k)$ 个, $10-k \leqslant 5$.

圈 $B_1 B_2 \cdots B_k$ 外的任一点 A, 至多与圈上一个点相连: 如果 A 至少与两个点相连, 不妨设 A 与 B_1, B_t 相连.

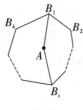

图 2

我们不仅证明 Peterson 图边长达到最大值, 而且证明了达到最大值的唯一图形就是 Peterson 图.

这时形成两个圈 $AB_1 B_2 \cdots B_t$, $AB_1 B_k \cdots B_t$, 两圈总长 $k+2 \times 2 = k+4 < 2k$, 其中必有一圈长度小于 k, 与 k 的最小值不符.

因此, $h=10-k$ 个在圈 $B_1 B_2 \cdots B_k$ 外的点 $A_1, A_2, \cdots, A_h$ 与圈 $B_1 B_2 \cdots B_k$ 的连线至多 $h=10-k$ 条.

在 $A_1, A_2, \cdots, A_h$ 之间至少有 $15-(k+h)=5$ 条边, 因为 $h \leqslant 5$, 所以 $A_1, A_2, \cdots, A_h$ 中至少有一个圈, 圈长 $\leqslant h \leqslant 5 \leqslant k$.

因为圈长最小为 k, 所以 $h=k=5$. 即图 G 有两个圈 $B_1 B_2 B_3 B_4 B_5$, $A_1 A_2 A_3 A_4 A_5$. 这两个圈之间连 5 条边. 不妨设 A_1 与 B_1 相连, A_2 只能与 B_3 或 B_4 相连, 不妨设 A_2 与 B_3 相连 (两种情况其实是一样的: 可将 B_1, B_2, B_3, B_4, B_5 改标记为 B_1, B_5, B_4, B_3, B_2). 接下去, 必然是 A_3 与 B_5, A_4 与 B_2, A_5 与 B_4 相连, 即图 G 就是前面的 Peterson 图.

311. 图论问题

设简单图是一棵树,顶点 $x_1,x_2,\cdots,x_n$ 的度数依次为正整数 $d_1,d_2,\cdots,d_n$,且

$$\sum_{k=1}^{n} d_k = 2n-2. \tag{1}$$

(ⅰ)证明:满足条件的不同树的个数为

$$\frac{(n-2)!}{(d_1-1)!\ (d_2-1)!\ \cdots(d_n-1)!}; \tag{2}$$

(ⅱ)记满足上述条件的树的集合为 S,证明

$$(x_1+x_2+\cdots+x_n)^{n-2}=\sum_{T\in S}\left(\prod_{i=1}^{n} x_i^{d_{T(v_i)}-1}\right). \tag{3}$$

解 熟知 n 点的树的边数为 $n-1$,而度数之和为边数的 2 倍,即应有(1)式成立,这是图为树的必要条件.

但"满足条件的不同的树"作何理解?

起初我不清楚,例如 $n=4$ 时,$d_1=d_2=1$,$d_3=d_4=2$.

树

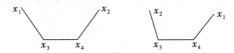

算不算相同?

后经讨论,知道这两棵树应当算不同的,即不仅考虑其几何结构,还要考虑顶点的标注方法.即谁与谁连接,左图 x_1 与 x_3 相连,而右图 x_1 与 x_4 相连,因此算不同的.

设 $d_1\leqslant d_2\leqslant\cdots\leqslant d_n$,问题即在 x_i 的度数为 $d_i(i=1,2,\cdots,n)$ 时,有多少标注方式不同的树?

$n=2$ 时,只有 1 种,即 $d_2=d_2=1$.

$$\overset{x_1}{\bullet}\!\!\!-\!\!\!-\!\!\!-\!\!\!\overset{x_2}{\bullet}$$

$n=3$ 时,也只有 1 种,即 $d_1=d_2=1,d_3=2$.

$n=4$ 时,$d_1=d_2=d_3=1,d_4=3$ 的,有 1 种.

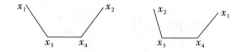

$d_1=d_2=1,d_3=d_4=2$ 的,有 2 种.

它们都符合公式(1).

要计算不同的树的个数,颇为不易,幸而题目已给出结果为(1),我们当然用归纳法去做.

奠基 $n=2,3,4$,假设(1)在 n 改为 $(n-1)$ 时成立,考察 n 个点,且 x_i 的度数为 $d_i(i=1,2,\cdots,n)$,$d_1\leqslant d_2\leqslant\cdots\leqslant d_n$,又有(1)成立.

因为是树,所以必有度数为 1 的点,度数最小的 x_1 就是这样的点.

若 x_1 与 $x_i(i>1)$ 相连(x_i 当然还与其他点相连,否则 x_1,x_i 与其他点均不相连,与树为连通图矛盾).将 x_1 及边 x_1x_i 去掉,得到一个 $(n-1)$ 个顶点的图,次数为 $d_1,d_2,\cdots,d_{i-1},d_i-1,d_{i+1},\cdots,d_n$.

由归纳假设,满足这一条件的树的个数为

$$\frac{(n-1-2)!}{(d_1-1)!\ \cdots(d_{i-1}-1)!\ (d_i-2)!\ (d_{i+1}-1)!\ \cdots(d_n-1)!}$$

即

$$\frac{(n-3)!\ (d_i-1)}{(d_1-1)!\ \cdots(d_{i-1}-1)!\ (d_i-1)!\ (d_{i+1}-1)!\ \cdots(d_n-1)!} \tag{4}$$

当然与 x_1 相连的 x_i 可以有变化($n=4$ 时,就有两个与 x_1 相连的点,形成两个不同的树).x_1 当然不能与度数为 1 的点 x_j 相连(否则 x_1,x_j 与其他点不相邻,图不连通),但即使 x_i 的度数为 1,公式(4)仍然适用,因此这时的值自动为 0,于是所求树的总数应为

$$\sum_{i=2}^{n} \frac{(n-3)!(d_i-1)}{(d_1-1)!(d_2-1)!\cdots(d_i-1)!\cdots(d_n-1)!}$$

$$= \sum_{i=2}^{n} (d_i-1) \cdot \frac{(n-3)!}{(d_1-1)!(d_2-1)!\cdots(d_i-1)!\cdots(d_n-1)!}$$

$$= (2n-3-(n-1)) \cdot \frac{(n-3)!}{(d_1-1)!(d_2-1)!\cdots(d_i-1)!\cdots(d_n-1)!}$$

$$= \frac{(n-2)!}{(d_1-1)!(d_2-1)!\cdots(d_n-1)!},$$

因此(1)对一切 n 成立.

(ii)由多项式定理，$x_1^{d_1-1} x_2^{d_2-1} \cdots x_n^{d_n-1}$ $\left(\sum(d_i-1)=n-2\right)$ 在 $(x_1+x_2+\cdots+x_n)^{n-2}$ 的展开式中的系数为

$$\frac{(n-2)!}{(d_1-1)! \ (d_2-1)! \ \cdots(d_n-1)!}$$

所以

$$(x_1+x_2+\cdots+x_n)^{n-2}$$

$$= \sum_{\substack{d_1+d_2+\cdots+d_n=2n-2 \\ d_i \geqslant 1(1 \leqslant i \leqslant n)}} \frac{(n-2)!}{(d_1-1)!(d_2-1)!\cdots(d_n-1)!} x_1^{d_1-1} x_2^{d_2-1} \cdots x_n^{d_n-1},$$

即(2)成立.

312. 最小公倍数

在网上看到一道解方程问题：

$$(15x+1)(21x+1)(35x+1)(105x+1)=1. \qquad (1)$$

这道题如果将左边乘开，很繁，而且破坏了内在的规律，不好！

其实，(1)有一个显然的根，即 $x=0$，它使(1)成为

$$1=1$$

当然，方程(1)还有其他的根，怎么求呢？

注意到 4 个括号中 x 的系数不同，分别为 $15,21,35,105$，要将它们化为相同的系数.

为此，取 $15,21,35,105$ 的最小公倍数，即 105，而这公倍数分别是 $15,21,35,105$ 的 $7,5,3,1$ 倍.

因此，在(1)的两边同乘 $7\times5\times3$ 得

$$(105x+7)(105x+5)(105x+3)(105x+1)=105. \qquad (2)$$

可以换元，设 $105x=y$，但更好的换元是：令 $105x+4=y$

方程(2)变为

$$(y+3)(y+1)(y-1)(y-3)=105,$$

即

$$(y^2-9)(y^2-1)=105,$$

所以

$$y^4-10y^2-96=0. \qquad (3)$$

注意 $x=0$ 即 $y=4$，$y^2=16$. 所以(3)即

$$(y^2-16)(y^2+6)=0 \qquad (4)$$

(用十字相乘亦可得出(4)).

从而

$$y^2 = 16(y^2 = -6 \text{ 无实数根}),$$
$$y = \pm 4,$$
$$105x + 4 = \pm 4,$$
$$x_1 = 0, x_2 = -\frac{8}{105}.$$

本题并不难,要点是换元,为此,先将 $15x, 21x, 35x, 105x$ 分别扩大到 $7, 5, 3, 1$ 倍,都成为 $105x$. 其次,设 $105x + 4 = y$,应用平方差公式最为方便,其中 4 为 3 与 5,1 与 7 的平均数,这一点小技巧不难掌握.

最小公倍数与最大公约数是算术(初等数论)中最重要的内容,应当加强,及时学,学好用早. 这些小学就该讲授的,现在的初中生有的还不会用,甚至有小学生不知最大公约数为何物,真是贻人笑柄.

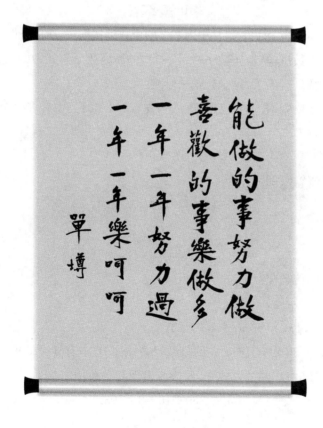

313. 第一个非零数字

2 021! 的从右往左的第一个不为 0 的数字是多少?

这个问题分为两部分.

首先是 2 021! 从右往左有多少个连续的 0.

其次是第一个非零数字是多少?

学生甲:如果从右往左恰有 k 个连续的 0,那么 2 021! 恰被 10^k 整除,而

$$10 = 2 \times 5,$$

所以 2 021! 恰被 5^k 整除,而 2 021! 中因数 2 的个数远比 5 多,所以 2 021! 也被 2^k 整除.

学生乙:我在奥数班学过,质数 p 在 2 021! 的质因数分解式中的次数,有个公式.

甲:我们的奥数班暂停了,这个公式未学到.

师:未学过也不要紧,我们自己来推一下,先看看 2 021! 中有多少个 5 的倍数.

乙:当然由

$$2\,021 \div 5 = 404 \cdots\cdots 1$$

得出有 404 个 5 的倍数,即

$$5, 5 \times 2, 5 \times 3, \cdots, 5 \times 404,$$

师:好的,这

$$1, 2, 3, \cdots, 404,$$

中,又有多少个 5 的倍数呢?

甲:$404 \div 5 = 80 \cdots\cdots 4$,

所以 $1, 2, 3, \cdots, 404$ 有 80 个 5 的倍数.

接下去,$1, 2, \cdots, 80$ 中有 16 个 5 的倍数,$1, 2, \cdots, 16$ 中有 3 个 5 的倍数,$1, 2, 3$ 中没有 5 的倍数,所以 2 021! 的分解式中,质数 5 出现的次数是

$$404 + 80 + 16 + 3 = 503.$$

乙:也就是

$$\left[\frac{2\,021}{5}\right] + \left[\frac{2\,021}{5^2}\right] + \left[\frac{2\,021}{5^3}\right] + \left[\frac{2\,021}{5^4}\right].$$

一般地,质数 p 在 $n!$ 的分解式中出现的次数是

$$\left[\frac{n}{p}\right]+\left[\frac{n}{p^2}\right]+\left[\frac{n}{p^3}\right]+\cdots$$

甲：可见这道题，我们自己也能推．

乙：第二个问题如何解决呢？应当考虑 $\dfrac{2\,021!}{10^{503}}$ 的个位数字，也就是 $\dfrac{2\,021!}{10^{503}}$ 除以 10 的余数．

甲：这余数怎么求呢？

师：先看看 $\dfrac{2\,021!}{10^{503}}$ 除以 5 的余数．

前面，你们已将 $1,2,\cdots,2\,021$ 分为 405 组，前 404 组，每组 5 个数，最后一组仅 1 个数．

每一组中，去掉 5 的倍数，前 404 组中每组的 4 个数，除以 5 分别余 $1,2,3,4.2\times3$ 除以 5 余 1，所以 4 个数乘起来，再除以 5，余数为 4，或者说是 -1．这样 404 组中，去掉 5 的倍数后，除以 5 的余数是 $(-1)^{404}=1$，最后一组的 1 个数，除以 5 余 1，所以在前 2 021 个自然数中，去掉 5 的倍数，其余数的积，除去 5 余 1．

甲：5 的倍数即 $5,2\times5,\cdots,404\times5$，

同样地，$1,2,\cdots,404$ 可分成 81 组，去掉 5 的倍数后，每组 4 个数，乘积除去 5，余数为 -1．

乙：$1,2,\cdots,80$，又可分成 16 组，去掉 5 的倍数后，各数的乘积除去 5，余数为 1．

$1,2,\cdots,16$ 又可分为 4 组，去掉 5 的倍数后，各数的乘积除去 5，余数为 -1．

最后，$1,2,3$ 这 3 个数的乘积除以 5，余数为 1．于是，$\dfrac{2\,021!}{5^{503}}$ 除以 5，余数为 $1\times(-1)\times1\times(-1)\times1=1$．

甲：但这与求 2 021! 的第一个非零数字有何关系？

师：设 $\dfrac{2\,021!}{10^{503}}=A$，则

$$2^{503}\times A\left(=\frac{2\,021!}{5^{503}}\right) \tag{1}$$

除以 5 余 1．

乙：$2^{503}=2^{4\times125+3}$

而 2^4 除以 5 余 1，2^3 除以 5 余 3，所以(1)除以 5 余 1，就是 $3A$ 除以 5 余 1．

甲：$6A$ 除以 5 余 2，也就是 A 除以 5 余 2．

乙：A 除以 5 余 2，所以 A 除以 10 余 2 或者 $7(=2+5)$．

甲：2 021! 的分解式中质数 2 的指数大于 5 的指数，所以 $\dfrac{2\,021!}{10^{503}}$ 仍是偶数，A 是偶数，所以 A 除以 10 余 2，即 2 021! 的从右到左的第一个非零数字是 2．

乙：如果用同余符号，即 $2^{503}A\equiv1(\bmod\ 5)$，所以 $2^3A\equiv3A\equiv1(\bmod\ 5)$，$A\equiv2(\bmod\ 5)$，$A$ 是偶数，所以 $A\equiv2(\bmod\ 10)$．

314. 积性函数

设 $g(n) = \sum_{k=1}^{n} (k, n)$，这里 n 是自然数，(k, n) 表示 k 与 n 的最大公约数.

如果 $(m, n) = 1$，求证：

$$g(mn) = g(m)g(n). \tag{1}$$

解　具有(1)这样的性质的函数称为积性的，

(1)不难证明，显然

$$g(mn) = \sum_{j=1}^{mn} (j, mn) \tag{2}$$

而 (j, mn) 只与 j 所在的 $\bmod mn$ 的剩余类有关，即 $(j + mn, mn) = (j, mn)$，熟知在 $(m, n) = 1$ 时，形如

$$km + hn, k = 1, 2, \cdots, n_i; h = 1, 2, \cdots, m$$

的这 mn 个数，$\bmod mn$ 互不同余，即这 mn 个数组成 $\bmod mn$ 的完全剩余系，所以由(2)，

$$g(mn) = \sum_{k=1}^{n} \sum_{h=1}^{m} (km + hn, mn)$$

$$= \sum_{k=1}^{n} \sum_{h=1}^{m} (km + hn, m)(km + hn, n)$$

$$= \sum_{k=1}^{n} \sum_{h=1}^{m} (hn, m)(km, n)$$

$$= \sum_{k=1}^{n} \sum_{h=1}^{m} (h, m)(k, n) = g(m)g(n).$$

其中用到 $(m, n) = 1$ 时，$(a, mn) = (a, m)(a, n)$.

315. 符号的后面

数学中,有很多符号.

符号,通常比文字(语言)简洁、准确.

但太多的符号,也会令人困惑,我们要看清符号后面的意义.

例(2010 年全国联赛二试题)设 k 是给定的正整数,$r=k+\dfrac{1}{2}$,记

$$f^{(1)}(r)=f(r)=r\lceil r\rceil,$$

$$f^{(l)}(r)=f(f^{(l-1)}(r)),l\geqslant 2.$$

证明:存在正整数 m,使得 $f^{(m)}(r)$ 为一个整数.这里 $\lceil x\rceil$ 表示不小于 x 的最小整数.

本题符号较多,$\lceil x\rceil$ 表示不小于 x 的最小整数,例如 $\lceil 3.14\rceil=4$.

更常见的是取整函数 $[x]$ 或 $\lfloor x\rfloor$,它表示不大于 x 的最大整数,例如 $[3.14]=3$.

$\lceil x\rceil$ 称为天花板函数,$[x]$ 或 $\lfloor x\rfloor$ 称为地板函数.

本题中更重要的是函数 f 的意义.

$$f^{(1)}(r)=f(r)=r\lceil r\rceil=\left(k+\dfrac{1}{2}\right)\left\lceil k+\dfrac{1}{2}\right\rceil$$

$$=\left(k+\dfrac{1}{2}\right)(k+1)=k^2+k+\dfrac{k+1}{2},$$

如果 k 是奇数,那么 $\dfrac{k+1}{2}$ 是整数,即

$$f^{(1)}(r)=整数,$$

$m=1$,太容易了!

但是,如果 k 不是奇数呢?

熟知,每个正整数 k 可表示成

$$k=2^\alpha\cdot a, \tag{1}$$

其中 α 是非负整数,a 是正奇数,称为 k 的奇数部分.

$\alpha=0$ 时,$m=1$,结论已经成立.

设 α 是正整数,这时

$$f^{(1)}(r) = k^2 + k + \frac{k+1}{2}$$

$$= 2^{2\alpha}a^2 + 2^\alpha a + 2^{\alpha-1}a + \frac{1}{2}$$

$$= 2^{\alpha-1}(2^{\alpha+1}a+3)a + \frac{1}{2}$$

$$= 2^{\alpha_1}a_1 + \frac{1}{2} = k_1 + \frac{1}{2} = r_1.$$

其中 $\alpha_1 = \alpha - 1$ 是非负整数，$a_1 = (2^{\alpha+1}a+3)a$ 是正奇数.

$k_1 = 2^{\alpha_1}a_1$ 的分解式中，2 的幂指数 α_1 比 α 少 1.

函数 f 的作用，就是使得 k 的表达式(1)中，2 的幂指数减少 1(α 变为 $\alpha_1 = \alpha - 1$).

因此，在 $\alpha = 1$ 时，

$f^{(1)}(r) = r_1$ 是一个奇数 k_1 加 $\frac{1}{2}$，从而 $f^{(2)}(r) = f^{(1)}(r_1) =$ 整数，

$m = 2$.

依此类推，对一般的表达式为(1)的正整数 k，$f^{(\alpha)}(r) = f^{(\alpha)}\left(k+\frac{1}{2}\right) = r_\alpha$ 是一个奇数

k_α 加 $\frac{1}{2}$，从而 $f^{(\alpha+1)}(r) = f^{(1)}(r_\alpha) =$ 整数，$m = \alpha + 1$.

函数 f 的作用就是使得 k 变为 k_1，相应的表达式(1)中，2 的幂指数减少 1，认清这点，这道题迎刃而解，极其容易.

所以，符号后面的意义一定要搞清楚.

有些人在做题时，喜欢自己引进一些符号. 引进的符号，最好是大家知道的，或意义容易理解的. 不要引进太多的符号，尤其不要引进大量别人不明其意义的符号.

316. k -连续数

2021 年高中联赛加试(A2)第四题:

将连续 k 个正整数从小到大依次写下后构成一个正整数,称为 k -连续数,例如依次写下 $99, 100, 101$ 后得到 99100101,是一个 3 -连续数.

证明:对任意正整数 N, k,存在一个 k -连续数被 N 整除.

这道题有点难,需要对给定的 k, N,选出一个 k -连续数,被 N 整除.

最小的 k -连续数是

$$\overline{123\cdots(k-1)k}$$

上面写一横线表示这是依次写下 $1, 2, \cdots, k$ 后所得的自然数,避免将 $\overline{(k-1)k}$ 当作 $(k-1) \times k$.

这个最小的 k -连续数,未必合乎要求. 实际上,很难合乎要求,只需 N 比它大,它就不能被 N 整除.

所以,我们应当考虑更多的、更大的 k -连续数.

$$\overline{\underbrace{100\cdots01}\ \underbrace{100\cdots02}\cdots 100\cdots k} \tag{1}$$
$$\underset{(t-1)\text{个}0}{}$$

就是另一个 k -连续数.

其中 t 应当 $\geqslant k$ 的位数,k 才能"写得下".

这个数可以写成(更好处理的数学形式)

$$(10^{t-1}+1) \times 10^{(k-1)t} + (10^{t-1}+2) \times 10^{(k-2)t} + \cdots + (10^{t-1}+k) \tag{2}$$

t 可供我们选择,这样,我们就有非常多的 k -连续数. 如果其中有一个被 N 整除,问题就获得解决.

但(2)的自由度还不够,仍难以由 t 的选择保证(2)被 N 整除(因为 10^{kt} 等 $(\bmod N)$ 是多少,它们的和又如何,难以掌握). 我们再引进一个自由因素 x,x 是 $t-1$ 位数.

将(2)改为更一般的形式:

$$x \cdot 10^{(k-1)t} + (x+1) \cdot 10^{(k-2)t} + \cdots + (x+k-1)$$

$$=x(10^{t(k-1)}+10^{t(k-2)}+\cdots+1)+1\times10^{(k-2)t}+2\times10^{(k-3)t}+\cdots+(k-1). \tag{3}$$

希望 x 可跑遍 $\bmod N$ 的完系,为此,取 $t>N$ 的位数.

为了确定 $10^{t(k-1)}$ 等 $(\bmod N)$ 是多少(让 t 从"天上"(指数)落到地上),需要一个常用的引理.

引理 若自然数 N_1 与 10 互质,则存在正整数 t,满足

$$10^t\equiv1(\bmod N_1). \tag{4}$$

这个引理由抽屉原理即可得到:

$$1,10,10^2,\cdots$$

这无穷多个(N_1+1 即足够)数中必有两个满足

$$10^i\equiv10^j(\bmod N_1),0\leqslant i<j,$$

从而(因为 $(10,N_1)=1$)

$$10^{j-i}\equiv1(\bmod N_1),$$

所以有 $t(=j-i)$ 使(4)成立,而且 t 的倍数也都使得(4)成立,所以 t 可以取大于 n,k(的位数).

设 $N=2^\alpha\cdot5^\beta N_1$,其中 $(N_1,10)=1$,则在 t 满足(4)时,

$$10^{th}\equiv1(\bmod N_1),h=0,1,\cdots,k-1,$$

于是

$$10^{t(k-1)}+10^{t(k-2)}+\cdots+1\equiv k(\bmod N_1). \tag{5}$$

我们的目标是证明(3)被 N 整除,这可以写成

$$Ax+B\equiv0(\bmod N), \tag{6}$$

其中 $A=10^{t(k-1)}+10^{t(k-2)}+\cdots+1,B=1\times10^{t(k-2)}+2\times10^{t(k-3)}+\cdots+(k-1)$.

(6)是一个一次同余方程,它有解的条件由下面的引理给出.

引理 $Ax+B\equiv0(\bmod N)$,即 $Ax+B=Ny$ 有解的充分必要条件是最大公约数 $(A,N)\mid B$.

这引理也不难证明,必要性显然(本题并不需要).

而由 Bézout 定理,存在整数 x_1,y_1 满足

$$Ax_1+Ny_1=(A,N).$$

两边同时扩大若干倍,使 (A,N) 扩大到 B,即得 $Ax'_1+B=Ny'_1$,为了得到正整数解 x,

只需在两边加上 NA 的倍数.

现在(6)中,A 除以 10 余 1,所以

$$(A,N)=(A,N_1)=(k,N_1),$$

$$(B,N_1)\equiv(1+2+\cdots+(k-1),N_1)=\left(\frac{k(k-1)}{2},N_1\right).$$

在 k 为奇数时,$(k,N_1)\mid k$;在 k 为偶数时,因为 N_1 为奇数,$(k,N_1)\mid\dfrac{k}{2}$.总之 $(A,N)\mid B$.

因此,由引理,方程(6)有解.

剩下的问题,是要使 $x,x+1,\cdots,x+k$ 为 t 位数.

为此只需一开始取 t 很大,在 $[1,10^t]$ 中含有很多个 N 的完系.先取一个最小的正解 x,然后将 x 加上 N 的若干倍,直至变成首位为 1 的 t 位数,这时 $x,x+1,\cdots,x+k$ 均为 t 位数,首位为 1 或 2,从而得到 k-连续数,被 N 整除.

本题用两个简单的引理即可解决,不必搬用欧拉定理与中国剩余定理,当然知道这两个定理也好.

317. 问题征解

已知多项式 $f(x)=x^3+x^2-2x-1$.

证明:1° 对任一形如 $7k\pm1$ 的素数 p,都有正整数 n,$f(n)$ 有素因数 p.

2° 对任一大于 1 的整数 n,$f(n)$ 的素因数必为 7 或 $7k\pm1$ 形.

先公布 2° 的解答(根据禾少提供的解法,作了一些修改).

我们有下表:

n	2	3	4	5	6	7	8	9	...
$f(n)$	7	29	71	139	239	13×29	13×43	7×113	...

设 q 为 $f(n)$ 的素因数,

因为 $f(n)=n^2(n+1)-2n-1\equiv1(\bmod 2)$,

所以 q 必为奇数.

分两种情况讨论:

(i) n^2-4 为平方剩余或 $0(\bmod q)$,即有非负整数 m,满足

$$n^2-4\equiv m^2(\bmod q).$$

考虑 a 的方程

$$a^2-an+1\equiv0(\bmod q), \tag{1}$$

即

$$(2a-n)^2\equiv n^2-4\equiv m^2(\bmod q), \tag{2}$$

这方程有正整数解 a,

$$2a\equiv n+m(\bmod q). \tag{3}$$

由(1),显然 $(a,q)=1$.

若 $a\equiv1(\bmod q)$,则由(1),$n\equiv2$,

$$f(n)\equiv7(\bmod q),$$

从而 $q=7$.

以下设 $a\not\equiv1(\bmod q)$,因为

$$0 \equiv f(n) = \prod_{k=1}^{3} \left(n - 2\cos\frac{2k\pi}{7} \right)$$

$$\equiv \frac{1}{a^3} \prod_{k=1}^{3} \left(a^2 - 2a\cos\frac{2k\pi}{7} + 1 \right)$$

$$= \frac{1}{a^3} \prod_{k=1}^{3} (a - \varepsilon^k)(a - \varepsilon^{-k}) \left(\varepsilon = e^{\frac{2\pi}{7}i} \right)$$

$$= \frac{1}{a^3(a-1)} \prod_{k=-3}^{3} (a - \varepsilon^k)$$

$$= \frac{1}{a^3(a-1)} (a^7 - 1),$$

所以

$$a^7 \equiv 1 \pmod{q}. \tag{4}$$

但

$$a^{q-1} \equiv 1 \pmod{q},$$

所以

$$a^{(7,q-1)} \equiv 1 \pmod{q}.$$

$a \not\equiv 1 \pmod{q}$,所以$(7, q-1) = 7$, $q = 7k+1$(k 为正整数).

（ⅱ）$n^2 - 4$ 不是平方剩余$\pmod{q}$,即有非负整数 m, b,满足

$$n^2 - 4 = m^2 b.$$

其中 b 无平方因子,不是 $\bmod q$ 的平方剩余.

考虑二次域 $\mathbf{Q}(\sqrt{b})$,其中整数环 $\mathbf{Z}(\sqrt{b})$ 的数为 $c + d\sqrt{b}$($c, d \in \mathbf{Z}$).

前面（ⅰ）中,方程（1）的解（3）现在改为

$$2a \equiv n + m\sqrt{b} \pmod{q}. \tag{3'}$$

因为 b 非平方剩余,所以

$$(\sqrt{b})^{q-1} = b^{\frac{q-1}{2}} \not\equiv 1 \pmod{q},$$

但 $b^{q-1} \equiv 1 \pmod{q}$,所以

$$b^{\frac{q-1}{2}} \equiv -1 \pmod{q}.$$

这时

$$(n + m\sqrt{b})^{q+1} = (n + m\sqrt{b})^q (n + m\sqrt{b})$$

$$\equiv (n^q + m^q b^{\frac{q}{2}})(n + m\sqrt{b}) \pmod{q}$$

$$\equiv (n + m\sqrt{b} \cdot b^{\frac{q-1}{2}})(n + m\sqrt{b}) \pmod{q}$$

$$\equiv (n - m\sqrt{b})(n + m\sqrt{b}) \pmod{q}$$

$$= n^2 - m^2 b$$

$$\equiv 4 \quad ((2)\text{中的 } m^2 \text{ 改为 } m^2 b)$$

$$\equiv 2^2 \equiv 2^{q+1} \qquad\qquad (\bmod\ q),$$

即

$$a^{q+1} \equiv 1 (\bmod\ q).$$

与（ⅰ）同样,有

$$a^7 \equiv 1 (\bmod\ q),$$

所以 $7 \mid q+1$,

$$q = 7k - 1, k \text{ 为正整数}.$$

注 不引用 $\cos \dfrac{2k\pi}{7}$,直接将 $n \equiv a + \dfrac{1}{a}$ 代入 $f(n) = n^3 + n^2 - 2n - 1$ 中亦可(或许更简单).

本题见志树五郎的自传《人生的地图》P. 64. 因为他在书中提及 $\cos \dfrac{2k\pi}{7}$,所以上面就沿习下来.

现在解 1°

（Ⅰ）$p = 7k + 1$ 时,取正整数 a 满足

$$a \not\equiv 1 (\bmod\ p),$$

$$a^7 \equiv 1 (\bmod\ p),$$

(例如取 $a = g^k$,g 为 $\bmod\ p$ 的原根).

又取正整数 c,满足

$$ca \equiv 1 (\bmod\ p).$$

令 $n = a + c$,则

$$
\begin{aligned}
a^3 f(n) &= a^3 n^3 + a(an)^2 - 2a^2(an) - a^3 \\
&\equiv (a^2 + 1)^3 + a(a^2 + 1)^2 - 2a^2(a^2 + 1) - a^3 \\
&\equiv a^6 + a^5 + a^4 + a^3 + a^2 + a + 1 \\
&= \frac{a^7 - 1}{a - 1} \equiv 0 (\bmod\ p),
\end{aligned}
$$

所以 $p \mid f(n)$.

（Ⅱ）$p = 7k - 1$ 时,因为 p 为奇数,所以 k 为偶数.

考虑重模同余式(见华罗庚《数论导引》第四章). $f(x) (\bmod\ g(x), p)$ 即将 $f(x)$ 换成它除以 $g(x)$ 的余式,再将系数 $\bmod\ p (f(x), g(x)$ 都是整系数多项式).

取 $\bmod\ p$ 的非平方剩余 b,则多项式 $x^2 - b$ 既约,$f(x) (\bmod\ x^2 - b, p)$ 即将 $f(x)$ 中的 x^2 均改为 b,再将系数 $\bmod\ p$.

由华书第四章第 8 节知道,存在 $\varphi(q+1)$ 个多项式 $c + dx$ 满足

$$(c + dx)^{p+1} \equiv 1 (\bmod\ x^2 - b, p),$$

而对于 $1 \leqslant h < p+1$,

单谈数学

$$(c+dx)^h \not\equiv 1 (\mathrm{mod}\ x^2 - b, p),$$

这也就是

$$(c+d\sqrt{b})^{p+1} \equiv 1 (\mathrm{mod}\ p).$$

而

$$(c+d\sqrt{b})^h \not\equiv 1 (1 \leqslant h < p+1)(\mathrm{mod}\ p),$$

取 $a=(c+d\sqrt{b})^k$,则

$$a \not\equiv 1, a^7 \equiv 1 (\mathrm{mod}\ p).$$

取

$$n=(c+d\sqrt{b})^k+(c-d\sqrt{b})^k,$$

因为 k 为偶数,所以 n 为正整数.

又

$$a=(c+d\sqrt{b})^k=C+D\sqrt{b},$$
$$(c-d\sqrt{b})^k=C-D\sqrt{b},$$
$$(C+D\sqrt{b})^7=a^7 \equiv 1 (\mathrm{mod}\ p),$$

所以

$$(C-D\sqrt{b})^7 \equiv 1 (\mathrm{mod}\ p),$$

从而

$$(C+D\sqrt{b})^7(C-D\sqrt{b})^7=(C^2-D^2 b)^7 \equiv 1 (\mathrm{mod}\ p).$$

因为 $(7, p-1)=1$,所以

$$C^2-D^2 b \equiv 1 (\mathrm{mod}\ p),$$

即

$$(C-D\sqrt{b})(C+D\sqrt{b}) \equiv 1 (\mathrm{mod}\ p),$$

与(Ⅰ)相同.

$$a^3 f(n) \equiv \frac{a^7-1}{a-1} \equiv 0 (\mathrm{mod}\ p).$$

所以

$$p \mid f(n)$$

注 (Ⅰ)、(Ⅱ)两部分的证明可以写得更"一致"一些,但我们宁愿多一些"不一致",禾少的原稿也可尽量保持原状.

$\mathbf{Z}[\sqrt{b}]$ 上的整数 $c+d\sqrt{b} \equiv c'+d'\sqrt{b} (\mathrm{mod}\ q)$,即 $c \equiv c', d \equiv d' (\mathrm{mod}\ q)$.

根据严文兰、余红兵提的意见,对最初解答作了修改,弥补了漏洞,其中采用重模,便是严文兰的意见.

318. 一道数论题

特立独行的猪告诉我一道数论题：

p 为奇素数，求出所有的 $\frac{p-1}{2}$ 元数组 $(x_1, x_2, \cdots, x_{\frac{p-1}{2}})$，其中 $x_i \in \{0, 1, \cdots, p-1\}$

$(1 \leq i \leq \frac{p-1}{2})$，满足

$$\sum_{i=1}^{\frac{p-1}{2}} x_i \equiv \sum_{i=1}^{\frac{p-1}{2}} x_i^2 \equiv \cdots \equiv \sum_{i=1}^{\frac{p-1}{2}} x_i^{\frac{p-1}{2}} \pmod{p}.$$

这道题颇为有趣，所以介绍给大家.

特立已有解法，我也有一种解法，大同而小异，下面介绍给大家.

$p = 3$ 时，$\frac{p-1}{2} = 1$，x_1 可为任意值. 以下设 $p > 3$，结论是 $x_i \in \{0, 1\}(1 \leq i \leq n)$.

引理 1　设 $x_i \in \{0, 1, \cdots, p-1\}(1 \leq i \leq n)$，且 $1 \leq n < p-1$，

$$\sum_{i=1}^{n} x_i \equiv \sum_{i=1}^{n} x_i^2 \equiv \cdots \equiv \sum_{i=1}^{n} x_i^{n+1} \pmod{p}, \tag{2}$$

则 $x_i \in \{0, 1\}(1 \leq i \leq n)$.

证明　$n = 1$ 时，$x_1 \equiv x_1^2 \pmod{p}$，所以 $x_1 \equiv 0$ 或 $1 \pmod{p}$.

假设结论在 $n(\geq 2)$ 换成更小的数时成立，考虑 n 的情况.

若有某个 $x_i = 0$ 或 1，则(2)中去掉这个 x_i，其余 x_i 的个数 $\leq n-1$，由归纳假设即知结论成立，以下设 x_i 全不为 0 或 1.

若 $x_1 = x_2 = \cdots = x_n = x$，则 $nx \equiv nx^2 \pmod{p}$，从而 $x \equiv 0$ 或 1，因此 $x_1, x_2, \cdots, x_n$ 不全相等.

若 $x_1, x_2, \cdots, x_n$ 中有相等的，可将相等的合并成为

$$\sum_{i=1}^{k} h_i x_i \equiv \sum_{i=1}^{k} h_i x_i^2 \equiv \cdots \equiv \sum_{i=1}^{k} h_i x_i^{n+1} \pmod{p}, \tag{3}$$

其中 $h_1, h_2, \cdots, h_k$ 为正整数，

$$h_1 + h_2 + \cdots + h_k = n, k \geq 2.$$

而 $x_1, x_2, \cdots, x_k$ 互不相同.

于是 $u_1, u_2, \cdots, u_k$ 的线性方程组

$$\sum_{i=1}^{k} x_i u_i \equiv a \qquad (\bmod\ p)$$

$$\sum_{i=1}^{k} x_i^2 u_i \equiv a \qquad (\bmod\ p)$$

$$\cdots \qquad (\bmod\ p) \tag{4}$$

$$\sum_{i=1}^{k} x_i^{n+1} u_i \equiv a \quad (\bmod\ p)$$

有解 $u_i = h_i (1 \leqslant i \leqslant k).$

但(4)中前 k 个方程的系数行列式为范德蒙特行列式

$$\begin{vmatrix} x_1 & x_2 & \cdots & x_k \\ x_1^2 & x_2^2 & \cdots & x_k^2 \\ & & \cdots & \\ x_1^k & x_2^k & & x_k^k \end{vmatrix} = \prod_{i=1}^{k} x_i \prod_{i<j} (x_j - x_i) \neq 0,$$

所以(4)有唯一解 $u_i = h_i (1 \leqslant i \leqslant k)$, 而且

$$h_1 = a \begin{vmatrix} 1 & x_2 & \cdots & x_k \\ 1 & x_2^2 & \cdots & x_k^2 \\ & & \cdots & \\ 1 & x_2^k & & x_k^k \end{vmatrix} \Bigg/ \begin{vmatrix} x_1 & x_2 & \cdots & x_k \\ x_1^2 & x_2^2 & \cdots & x_k^2 \\ & & \cdots & \\ x_1^k & x_2^k & & x_k^k \end{vmatrix}. \tag{5}$$

而由(4)的第 2 至第 $k+1$ 个方程得

$$h_1 = a \begin{vmatrix} 1 & x_2^2 & \cdots & x_k^2 \\ 1 & x_2^3 & \cdots & x_k^3 \\ & & \cdots & \\ 1 & x_2^{k+1} & \cdots & x_k^{k+1} \end{vmatrix} \Bigg/ \begin{vmatrix} x_1^2 & x_2^2 & \cdots & x_k^2 \\ x_1^3 & x_2^3 & \cdots & x_k^3 \\ & & \cdots & \\ x_1^{k+1} & x_2^{k+1} & \cdots & x_k^{k+1} \end{vmatrix}. \tag{6}$$

比较(5)、(6)得

$$1 = x_1^2 / x_1 = x_1,$$

于是 $x_1, x_2, \cdots, x_n$ 必全为 0 或 1.

引理 2 对 $k \in \{1, 2, \cdots, p-2\}$,

$$1^k + 2^k + \cdots + (p-1)^k \equiv 0 (\bmod\ p).$$

证明 设 g 为 $\bmod\ p$ 的原根,则

$$\{1, 2, \cdots, p-1\} \equiv \{g^1, g^2, \cdots, g^{p-1}\} (\bmod\ p),$$

$$\sum_{j=1}^{p-1} j^k \equiv \sum_{i=1}^{p-1} (g^i)^k = \frac{g^k((g^k)^{p-1} - 1)}{g^k - 1} \equiv 0 (\bmod\ p).$$

原题的证明，若 x_i 中有 0 或 1，则去掉它，由引理 1 即知结论成立. 若 x_i 全相等或有相等的，由引理 1 的证明，结论也成立.

设 $x_1, x_2, \cdots, x_{\frac{p-1}{2}}$ 不为 0, 1，且互不相同.

则 $\{0, 1, \cdots, p-1\} \backslash \{x_1, x_2, \cdots, x_{\frac{p-1}{2}}\} = \{0, y_1, y_2, \cdots, y_{\frac{p-1}{2}}\}$，

其中 $y_1 = 1, y_i (1 \leqslant i \leqslant \dfrac{p-1}{2})$ 互不相同，且不为 0.

由引理 2，对于 $1 \leqslant k \leqslant \dfrac{p-1}{2}$，

$$\sum_{i=1}^{\frac{p-1}{2}} y_i^k + \sum_{i=1}^{\frac{p-1}{2}} x_i^k \equiv 0 (\bmod\ p),$$

所以

$$\sum_{i=1}^{\frac{p-1}{2}} y_i \equiv \sum_{i=1}^{\frac{p-1}{2}} y_i^2 \equiv \cdots \equiv \sum_{i=1}^{\frac{p-1}{2}} y_i^{\frac{p-1}{2}} (\bmod\ p).$$

而 $y_1 = 1$，所以必有一切 $y_i \equiv 1 (\bmod\ p)$，矛盾，原题成立.

319. 倚仗微积分

有人问我 2021 年 IMO 第二题怎么做？

我年老且有病，一般不做较难的题．这道题，我也没有初等的办法，它有点像普特南 (Putnam) 大学生竞赛题，我觉得要用微积分．

问题 对任意实数 $x_1, x_2, \cdots, x_n$，证明：

$$\sum_{i=1}^{n} \sum_{j=1}^{n} \sqrt{|x_i + x_j|} \geqslant \sum_{i=1}^{n} \sum_{j=1}^{n} \sqrt{|x_i - x_j|}. \tag{1}$$

证明 记 $P_{i,j} = x_i + x_j, N_{i,j} = x_i - x_j (1 \leqslant i, j \leqslant n)$．

为简单计（在不致混淆时），省去下标，记为 P, N．

我们有

$$\sqrt{|P|} - \sqrt{|N|} = \int_{|N|}^{|P|} \frac{\mathrm{d}t}{2\sqrt{t}}, \tag{2}$$

$$\cos|N|x - \cos|P|x = \cos Nx - \cos Px = 2\sin(x_i x)\sin(x_j x), \tag{3}$$

$$\sum_{i,j}(\cos|N|x - \cos|P|x) = 2\left(\sum_i \sin x_i x\right)^2 \geqslant 0, \tag{4}$$

$$\cos|N|x - \cos|P|x = x\int_{|N|}^{|P|} \sin t \mathrm{d}t. \tag{5}$$

还有一个经典结果（在任一本较好的微积分教材上均有）

$$\int_0^{+\infty} \sin x^2 \mathrm{d}x = \frac{1}{2}\sqrt{\frac{\pi}{2}}.$$

若将 x^2 换成 x，则有

$$\int_0^{+\infty} \frac{\sin x}{2\sqrt{x}} \mathrm{d}x = \frac{1}{2}\sqrt{\frac{\pi}{2}},$$

即

$$\sqrt{\frac{2}{\pi}} \int_0^{+\infty} \frac{\sin x}{\sqrt{x}} \mathrm{d}x = 1. \tag{6}$$

于是

$$\sqrt{|P|} - \sqrt{|N|}$$

$$= \int_{|N|}^{|P|} \frac{\mathrm{d}t}{2\sqrt{t}}$$

$$= \int_{|N|}^{|P|} \frac{\mathrm{d}t}{2\sqrt{t}} \times \sqrt{\frac{2}{\pi}} \int_0^{+\infty} \frac{\sin x}{\sqrt{x}} \mathrm{d}x$$

$$= \frac{1}{\sqrt{2\pi}} \int_{|N|}^{|P|} \int_0^{+\infty} \frac{\sin x}{\sqrt{xt}} \mathrm{d}x\mathrm{d}t$$

$$= \frac{1}{\sqrt{2\pi}} \int_{|N|}^{|P|} \int_0^{+\infty} \frac{\sin tx}{\sqrt{x}} \mathrm{d}x\mathrm{d}t (将上式 x 换作 xt)$$

$$= \frac{1}{\sqrt{2\pi}} \int_0^{+\infty} \frac{1}{\sqrt{x}} \Big(\int_{|N|}^{|P|} \sin tx \mathrm{d}t \Big) \mathrm{d}x$$

$$= \frac{1}{\sqrt{2\pi}} \int_0^{+\infty} \frac{1}{\sqrt{x}} \cdot \frac{\cos |N| x - \cos |P| x}{x} \mathrm{d}x$$

$$= \frac{1}{\sqrt{2\pi}} \int_0^{+\infty} \frac{\cos Nx - \cos Px}{x\sqrt{x}} \mathrm{d}x$$

$$= \sqrt{\frac{2}{\pi}} \int_0^{+\infty} \frac{\sin (x_i x) \sin(x_j x)}{x\sqrt{x}} \mathrm{d}x.$$

最后

$$\sum_{i,j} (\sqrt{|P|} - \sqrt{|N|}) = \sum_{i,j} \sqrt{\frac{2}{\pi}} \int_0^{+\infty} \frac{\sin (x_i x) \sin (x_j x)}{x\sqrt{x}} \mathrm{d}x$$

$$= \sqrt{\frac{2}{\pi}} \int_0^{+\infty} \frac{(\sum\limits_i \sin x_i x)^2}{x\sqrt{x}} \mathrm{d}x$$

$$\geqslant 0.$$

320. 和的极值

求 $\lim\limits_{n \to +\infty} \sum\limits_{k=0}^{n-1} \dfrac{120}{\sqrt{n^2 + kn}}$.

这是 2021 年丘成桐数学领军计划的一道试题.

学过定积分,这道题很容易.

$$\lim_{n \to +\infty} \sum_{k=0}^{n-1} \frac{120}{\sqrt{n^2 + kn}} = \lim_{n \to +\infty} \frac{1}{n} \sum_{k=0}^{n-1} \frac{120}{\sqrt{1 + \dfrac{k}{n}}}$$

$$= \int_0^1 \frac{120}{\sqrt{1+x}} \mathrm{d}x$$

$$= 240 \sqrt{1+x} \Big|_0^1$$

$$= 240(\sqrt{2} - 1).$$

前苏联数学家纳汤松写过一相小册子《无穷小量的求和》,很好,无穷小量的求和就是定积分的滥觞.

可试一个略难一点的题:求 $\lim\limits_{n \to \infty} \sum\limits_{k=0}^{n-1} \dfrac{120}{\sqrt{n^2 + k^2}}$.

321. 从简单的做起

看到下面的题(据说是丘考题):

设 $\lambda_1, \lambda_2, \cdots, \lambda_{2\,019}$ 是一列互不相同的实数,$c_1, c_2, \cdots, c_{2\,019}$ 也是一列实数,满足

$$\lim_{x \to +\infty} \sum_{j=1}^{2\,019} c_j \mathrm{e}^{\mathrm{i}\lambda_j x} = 0.$$

求证:$c_1 = c_2 = \cdots = c_{2\,019} = 0$.

这道题其实不难,不必大动干戈.

首先,从最简单的情况开始,即设 c, λ 为实数,并且

$$\lim_{x \to +\infty} c\mathrm{e}^{\mathrm{i}\lambda x} = 0, \tag{1}$$

求证:$c = 0$.

证明 显然,因为 $|\mathrm{e}^{\mathrm{i}\lambda x}| = 1$,所以

$$\lim_{x \to +\infty} |c\mathrm{e}^{\mathrm{i}\lambda x}| = c,$$

结合(1),便得到 $c = 0$.

一般情况当然是用归纳法了,为此,我们先将结论一般化:

设 $\lambda_1, \lambda_2, \cdots, \lambda_n$ 是一列互不相同的复数,$c_1, c_2, \cdots, c_n$ 是一列复数,满足

$$\lim_{x \to +\infty} \sum_{j=1}^{n} c_j \mathrm{e}^{\mathrm{i}\lambda_j x} = 0,$$

则 $c_1 = c_2 = \cdots = c_n = 0$.

奠基已在上面完成,

假设将 n 换为 $n-1$ 时结论成立.

令 $S = S_{(x)} = \sum_{j=1}^{n} c_j \mathrm{e}^{\mathrm{i}\lambda_j x}$,

又令 $S_1 = S_{(x+b)} = \sum_{j=1}^{n} (c_j \mathrm{e}^{\mathrm{i}\lambda_j b}) \mathrm{e}^{\mathrm{i}\lambda_j x}$($b$ 为一待定常数),

则

$$e^{i\lambda_n b}S - S_1 = \sum_{j=1}^{n-1} c_j (e^{i\lambda_n b} - e^{i\lambda_j b}) e^{i\lambda_j x}.$$

因为 $\lim\limits_{x \to +\infty} (e^{i\lambda_n b}S - S_1) = e^{i\lambda_n} \lim\limits_{x \to +\infty} S - \lim\limits_{x \to +\infty} S_{(x+b)} = 0,$

所以由归纳假设

$$c_j(e^{i\lambda_n b} - e^{i\lambda_j b}) = 0 (j = 1, 2, \cdots, n-1).$$

取 b，使得 $\dfrac{b(\lambda_n - \lambda_j)}{2\pi}$ 均不为整数，则由上式

$$c_1 = c_2 = \cdots = c_{n-1} = 0.$$

在上面的证明中，将下标 n 与 1 互换，则同样有 $c_n = 0$.

证毕.

（**注**　例如取 $0 < b < \left| \dfrac{2\pi}{\lambda_n - \lambda_j} \right|, j = 1, 2, \cdots, n-1$.）

322. 多项式

清华丘试中出现一多项式,题目如下:

已知 $f(x)=x^t+b_{t-1}x^{t-1}+\cdots+b_0,t\geq2.$

定义 $\{a_n\}:a_0=c,a_{n+1}=f(a_n).$

若 $\{a_n\}$ 无界,证明:∃自然数 N,当 $n>N$ 时,

$$|a_n|>\left|\prod_{i=N}^{n-1}a_i\right| \tag{1}$$

解 首先考虑一个特殊情况玩玩.

设 $f(x)=x^t$,这时 $a_n=c^{t^n}$.

因为 $\{a_n\}$ 无界,所以 $|c|>1$.

不妨设 $c>1$, $\prod_{i=0}^{n-1}a_i=c^{1+t+\cdots+t^{n-1}}\leq c^{t^{n-1}}<a_n$,结论成立.

现在考虑一般情况.

设 $D=|b_{t-1}|+|b_{t-2}|+\cdots+|b_0|$,则 $|x|>1$ 时,

$$|f(x)|\geq|x|^t-D|x|^{t-1}=|x|^t\left(1-\frac{D}{|x|}\right).$$

因为 $\{a_n\}$ 无界,不妨设 $n>N$ 时,

$$|a_n|>2D,$$

从而,$n>N$ 时,

$$|a_n|\geq|a_{n-1}|^t\cdot\frac{1}{2}=|a_{n-1}|\cdot\frac{|a_{n-1}|^{t-1}}{2}.$$

若 $t\geq3$,则又很容易,

$$|a_n|\geq|a_{n-1}|\cdot|a_{n-1}|\geq|a_{n-1}a_{n-2}|\cdot\frac{|a_{n-1}|^{t-1}}{2}\geq\cdots\geq\left|\prod_{i=N}^{n-1}a_i\right|.$$

最后,对于 $t=2$,设 $D=2+|b_{t-1}|+|b_{t-2}|+\cdots+|b_0|$,且 $n>N$ 时,

$$|a_n| > 2D + 2.$$

则同上有

$$|a_n| \geqslant \left| a_{n-1}^2 \left(1 - \frac{D}{|a_{n-1}|} \right) \right|$$

$$= \left| a_{n-1} \left(1 - \frac{D}{|a_{n-1}|} \right) \right| \cdot \left| a_{n-2} \left(1 - \frac{D}{|a_{n-2}|} \right) \right| \cdots \left| a_N \left(1 - \frac{D}{|a_N|} \right) \right| \cdot |a_N|$$

$$= \prod_{i=N}^{n-1} |a_i| \cdot \prod_{i=N}^{n-1} \left(1 - \frac{D}{|a_i|} \right) \cdot |a_N|. \tag{2}$$

由贝努利不等式

$$\prod_{i=N}^{n-1} \left(1 - \frac{D}{|a_i|} \right) \geqslant 1 - \sum_{i=N}^{n-1} \frac{D}{|a_i|}$$

$$\geqslant 1 - \frac{D}{|a_N|} - \frac{2D}{|a_N|^2} - \frac{2D}{|a_N|^3} - \cdots$$

$$\geqslant 1 - \frac{2D}{|a_N| - 1} \geqslant \frac{1}{|a_N|}. \tag{3}$$

结合(2)、(3),即得(1).

323. 对称差

2021 年复旦英才班选拔的一道题出现了集合的对称差.

已知集合 A,B 的对称差 $A \triangle B = (A-B) \bigcup (B-A)$. 证明：

(1) $B_0 \triangle (\bigcup_{n=N}^{\infty} B_n) \subseteq \bigcup_{n=N}^{\infty} (B_0 \triangle B_n)$；

(2) $B_0 \triangle B_n \subseteq \bigcup_{i=0}^{n-1} (B_i \triangle B_{i+1})$.

对称差是个很重要的概念,拙著《集合及其子集》中曾有介绍(此书新版已由中国科技大学出版社出版).

证明集合的关系式,通常有两种方法.

一是考虑元素的归属,例如(1),我们设

$$x \in B_0 \triangle (\bigcup_{n=N}^{\infty} B_n).$$

根据 $\triangle$ 的定义,有两种情况：

(i) $x \in B_0, x \notin \bigcup_{n=N}^{\infty} B_n$,于是, $x \notin$ 所有 $B_n (n \geqslant N)$,

从而 $x \in B_0 \triangle B_n$,更有 $x \in \bigcup_{n=N}^{\infty} (B_0 \triangle B_n)$.

(ii) $x \notin B_0, x \in \bigcup_{n=N}^{\infty} B_n$,于是 $x \in B_k, k$ 是某个 $\geqslant N$ 的数,

从而 $x \in B_0 \triangle B_k, x \in \bigcup_{n=N}^{\infty} (B_0 \triangle B_n)$,

综合上述, $B_0 \triangle (\bigcup_{n=N}^{\infty} B_n) \subseteq \bigcup_{n=N}^{\infty} (B_0 \triangle B_n)$.

另一种方法是利用集合运算的定律,特别是并与交的分配律,即

(i) $A \bigcup (B \bigcap C) = (A \bigcup B) \bigcap (A \bigcup C)$；

(ii) $A \bigcap (B \bigcup C) = (A \bigcap B) \bigcup (A \bigcap C)$.

此外,设 B 的补集为 B^c,则 $A - B = A \bigcap B^c$ 也是常用的.

例如(1),

$$\bigcup_{n=N}^{\infty}(B_0 \triangle B_n) = \bigcup_{n=N}^{\infty}((B_n - B_0) \bigcup (B_0 - B_n))$$

$$= (\bigcup_{n=N}^{\infty} B_n - B_0) \bigcup (\bigcup_{n=N}^{\infty}(B_0 \bigcap B_n^c))$$

$$= (\bigcup_{n=N}^{\infty} B_n - B_0) \bigcup (B_0 \bigcap (\bigcup_{n=N}^{\infty} B_n^c))$$

$$= (\bigcup_{n=N}^{\infty} B_n - B_0) \bigcup (B_0 \bigcap (\bigcap_{n=N}^{\infty} B_n)^c)$$

$$= (\bigcup_{n=N}^{\infty} B_n - B_0) \bigcup (B_0 - \bigcap_{n=N}^{\infty} B_n)$$

$$\supseteq (\bigcup_{n=N}^{\infty} B_n - B_0) \bigcup (B_0 - \bigcup_{n=N}^{\infty} B_n)$$

$$= B_0 \triangle (\bigcup_{n=N}^{\infty} B_n).$$

第一种方法较为冗长,但容易掌握. 第二种方法需要对集合的运算定律较为熟悉. 方法可根据情况选用.

(2)

$$B_0 \triangle B_n = (B_0 - B_n) \bigcup (B_n - B_0),$$

$$\bigcup_{i=0}^{n-1}(B_i \triangle B_{i+1}) = \bigcup_{i=0}^{n-1}((B_i - B_{i+1}) \bigcup (B_{i+1} - B_i)).$$

而

$$(A-B) \bigcup (B-C) \supseteq A-C,$$

(设 $x \in A-C$,则 $x \in A$, $x \notin C$. 若 $x \notin B$,则 $x \in A-B$. 若 $x \in B$,则 $x \in B-C$. 无论哪种情况,都有 $x \in (A-B) \bigcup (B-C)$.

所以

$$\bigcup_{i=0}^{n-1}(B_i \triangle B_{i+1})$$

$$= (\bigcup_{i=0}^{n-1}(B_i - B_{i+1})) \bigcup (\bigcup_{i=0}^{n-1}(B_{i+1} - B_i))$$

$$\supseteq (B_0 - B_n) \bigcup (B_n - B_0)$$

$$= B_0 \triangle B_n.$$

324. 矩阵的范

以下问题(324－326)均为清华大学首届丘成桐竞赛的试题：

对于矩阵 A，定义 $\|A\|=\sqrt{\mathrm{tr}(A^T A)}$ 为矩阵的范.

(1)若 P,Q 为 n 阶实正交矩阵(即 $P^T P=I$，$Q^T Q=I$)，

证明：对实 n 阶矩阵 A，

$$\|A\|=\|PAQ\|.$$

(2) A 为 n 阶实对称矩阵，$\lambda_1,\lambda_2,\cdots,\lambda_n$ 为其全体特征根，证明：对任一 n 元实列向量 v，$\|Av\|<\max\{|\lambda_1|,|\lambda_2|,\cdots,|\lambda_n|\}\|v\|$.

(3)已知同(2)，证明

$$\|A\|^2\geqslant\frac{2n-1}{2(n-1)}\cdot\frac{\|Av\|^2}{\|v\|^2}-\frac{1}{n-1}(\mathrm{tr}(A))^2.$$

解 (1) $\|PA\|^2=\mathrm{tr}((PA)^T PA)=\mathrm{tr}(A^T P^T PA)$

$$=\mathrm{tr}(A^T A)=\|A\|^2,$$

所以 $\|PA\|=\|A\|$，

同样 $\|AQ\|=\|A\|$，

所以 $\|PAQ\|=\|P(AQ)\|=\|AQ\|=\|A\|$.

(2)熟知存在实正交矩阵，使

$$PAP^T=(\lambda_1,\lambda_2,\cdots,\lambda_n),$$

从而

$$\|Av\|=\sqrt{\mathrm{tr}(v^T A^T Av)}=\sqrt{\mathrm{tr}(v^T P^T PA^T P^T PAP^T Pv)}$$

$$=\sqrt{\|(PAP^T)(Pv)\|}=\sqrt{\sum_{k=1}^{n}\lambda_k^2 u_k^2},$$

其中 $(u_1,u_2,\cdots,u_n)^T=Pv$. 因为 P 为正交阵，所以

$$\sum_{k=1}^{n} \boldsymbol{u}_k^2 = \sum_{k=1}^{n} \boldsymbol{v}_k^2 = \parallel \boldsymbol{v} \parallel^2.$$

设 $\lambda = \max\{|\lambda_1|, |\lambda_2|, \cdots, |\lambda_n|\}$，则

$$\parallel \boldsymbol{Av} \parallel \leqslant \lambda \sqrt{\sum_{k=1}^{n} \boldsymbol{u}_k^2} = \lambda \parallel \boldsymbol{v} \parallel.$$

(3) 由于 $\parallel \boldsymbol{Av} \parallel \leqslant \lambda \parallel \boldsymbol{v} \parallel (\lambda = \max\{|\lambda_1|, |\lambda_2|, \cdots, |\lambda_n|\})$，所以只需证

$$\sum_{k=2}^{n} \lambda_k^2 \geqslant \frac{2n-1}{2n-2} \lambda^2 - \frac{1}{n-1} (\sum_{k=1}^{n} \lambda_k)^2. \qquad (*)$$

不妨设 $\lambda = \lambda_1$，则（ * ）即

$$\sum_{k=2}^{n} \lambda_k^2 + \frac{2\lambda}{n-1} \sum_{k=2}^{n} \lambda_k + \frac{1}{n-1} (\sum_{k=2}^{n} \lambda_k)^2 + \frac{1}{2(n-1)} \lambda^2 \geqslant 0,$$

上式即

$$\frac{1}{2(n-1)} (\lambda^2 + 4\lambda \sum_{k=2}^{n} \lambda_k + 2n (\sum_{k=2}^{n} \lambda_k)^2) \geqslant 0.$$

因为 $n \geqslant 2$ 时，$2n \geqslant 4$，所以上面括号中的值 $\geqslant (\lambda + 2 \sum_{k=2}^{n} \lambda_k)^2 \geqslant 0$，

从而（ * ）成立.

丘赛的面颇广，有分析，也有线性代数与抽象代数.

325. 级数, 极限

例 (1)求 $\sin x$ 在 $x=0$ 处的泰勒级数.

(2)判断极限 $\lim\limits_{n \to +\infty}(n!\sin 1-[n!\sin 1])$ 是否存在. 如果存在, 求出极限值; 如果不存在, 请说明理由.

第(1)问, 对于学过泰勒级数的大一学生, 纯属送分.

$$\sin x=x-\frac{x^3}{3!}+\frac{x^5}{5!}+\cdots+\frac{(-1)^k}{(2k+1)!}x^{2k+1}+\cdots$$
$$=\sum_{k=0}^{\infty}\frac{(-1)^k}{(2k+1)!}x^{2k+1}.$$

当然也不能太掉以轻心, 我看到一位同学错写成 $\sin x=\sum\limits_{k=0}^{\infty}\frac{(-1)^k}{(2k-1)!}x^{2k+1}$ 了, 遗憾.

第(2)问的要点是"数列 $\{x_n\}$ 收敛的充分必要条件是所有的子数列都收敛, 而且收敛于同一个值". 于是, 如果有两个子列极限不同, 那么 $\{x_n\}$ 就不收敛.

为此, 取 $n=2h-1$, 则因为

$$n!\sin 1=(2h-1)!\sum_{k=0}^{\infty}\frac{(-1)^k}{(2k+1)!}$$
$$=\text{整数}A+\sum_{k=h}^{\infty}\frac{(-1)^k}{(2k+1)!}.$$

在 h 为偶数时,

$$0<\sum_{k=h}^{\infty}\frac{(-1)^k}{(2k+1)!}<\frac{1}{(2h+1)!}<1.$$

所以

$$[(2h-1)!\ \sin 1]=A.$$
$$0<(2h-1)!\sin 1-[(2h-1)!\sin 1]$$
$$=(2h-1)!\sum_{k=h}^{\infty}\frac{(-1)^k}{(2k+1)!}$$
$$<\frac{(2h-1)!}{(2h+1)!}=\frac{1}{2h(2h+1)},$$

从而
$$\lim_{h\text{为偶数}\to+\infty}((2h-1)!\sin 1-[(2h-1)!\sin 1])=0.$$

在 h 为奇数时，
$$0>\sum_{k=h}^{\infty}\frac{(-1)^k}{(2k+1)!}>-\frac{1}{(2k+1)!}>-1.$$

所以
$$[(2h-1)!\sin 1]=A-1,$$
$$1>(2h-1)!\sin 1-[(2h-1)!\sin 1]$$
$$=1+(2h-1)!\sum_{k=h}^{\infty}\frac{(-1)^k}{(2k+1)!}$$
$$>1-\frac{(2h-1)!}{(2h+1)!}=1-\frac{1}{2h(2h+1)},$$

从而
$$\lim_{h\text{为奇数}\to+\infty}((2h-1)!\sin 1-[(2h-1)!\ \sin 1])=1.$$

于是
$$\lim_{n\to+\infty}(n!\sin 1-[n!\sin 1])$$

不存在.

即使在大学，证明极限不存在的题相对较少，这道题不错（主要利用取整函数的性质）.

326. 一个恒等式

证明恒等式：

$$(x+y)(x+y+z_1+z_2+\cdots+z_n)^{n-1} = xy\sum_{I\subseteq\{1,2,\cdots,n\}}(x+Z_I)^{|I|-1}(y+Z_{I^c})^{|I^c|-1}.$$

$$(1)$$

其中 I 可以是空集，I^c 表示 I 的补集，$Z_I = \sum_{i\in I}z_i$.

解 设 $F = (x+y)(x+y+z_1+\cdots+z_n)^{n-1} - xy\sum_{I\subseteq\{1,2,\cdots,n\}}(x+Z_I)^{|I|-1}(y+Z_{I^c})^{|I^c|-1}$,

则 F 是 $x,y,z_1,z_2,\cdots,z_n$ 的多项式，次数 $\leqslant n$.

我们证明 $xyz_1z_2\cdots z_n|F$，即 F 有 $n+1$ 个一次因式，从而 $F=0$，即 (1) 成立.

$x=0$ 时，

$$F = y(y+z)^{n-1} - \left[xy\left(\frac{(y+z)^{n-1}}{x} + \frac{(x+z)^{n-1}}{y}\right)\right]_{x=0} \quad \left(z=\sum_{i=1}^{n}z_i\right)$$

$$= y(y+z)^{n-1} - y(y+z)^{n-1}$$

$$= 0$$

(上面 $\{\}$ 中的第一项是 $I=\varnothing$ 的情况，第二项 $I^c=\varnothing$).

因此 x 是 F 的因式.

同理 y 是 F 的因式.

只需再证 z_n 是 F 的因式 (同理 $z_1,\cdots,z_{n-1}$ 也都是，于是大功告成，哈哈！)

$z_n=0$ 时，F 的第一部分，即 (1) 式左边成为

$$(x+y)(x+y+z_1+z_2+\cdots+z_{n-1})^{n-1}. \quad (2)$$

关键在 F 的第二部分如何变形：

我们有

$$xy\sum_{I\subseteq\{1,2,\cdots,n\}}(x+Z_I)^{|I|-1}(y+Z_{I^c})^{|I^c|-1} = xy\left(\sum_{\substack{I\subseteq\{1,2,\cdots,n\}\\ n\notin I}} + \sum_{\substack{I\subseteq\{1,2,\cdots,n\}\\ n\in I}}\right)$$

$$= xy\left(\sum_{I\subseteq\{1,2,\cdots,n-1\}}(x+Z_I)^{|I|-1}(y+Z_{I^c})^{|I^c|} + \sum_{I\subseteq\{1,2,\cdots,n-1\}}(x+Z_I)^{|I|}(y+Z_{I^c})^{|I^c|-1}\right)$$

(注意原先的 $I^c = \{1, 2, \cdots, n\} - I$，现在的 $I^c = \{1, 2, \cdots, n-1\} - I$).

$$= xy \sum_{I \subseteq \{1,2,\cdots,n-1\}} (x + Z_I)^{|I|-1}(y + Z_{I^c})^{|I^c|-1}(x + Z_I + y + Z_{I^c})$$

$$= xy(x + y + z_1 + z_2 + \cdots + z_{n-1}) \sum_{I \subseteq \{1,2,\cdots,n-1\}} (x + Z_I)^{|I|-1}(y + Z_{I^c})^{|I^c|-1}, \qquad (3)$$

于是，要证 $F = 0$，只需证明

$$(x + y)(x + y + z_1 + z_2 + \cdots + z_{n-1})^{n-2}$$

$$= xy \sum_{I \subseteq \{1,2,\cdots,n-1\}} (x + Z_I)^{|I|-1}(y + Z_{I^c})^{|I^c|-1}. \qquad (4)$$

采用归纳法，(4)就是归纳假设(n 换为 $n-1$).

剩下的事是补一下奠基工作，即证明 $n = 2$ 时，(1)成立. 这时(1)两边之差(即 F)为

$$(x + y)(x + y + z_1 + z_2) - xy\left(\frac{1}{x}(y + z_1 + z_2) + \frac{1}{y}(x + z_1 + z_2) + 2\right)$$

$$= (x + y)^2 + (x + y)(z_1 + z_2) - (y^2 + y(z_1 + z_2) + x^2 + x(z_1 + z_2) + 2xy)$$

$$= 0.$$

(用 $n = 1$ 奠基更为显然)

于是，功德圆满！

327. 群

丘成桐先生原来不太赞同数学竞赛,后来,逐渐知晓数学竞赛在促进数学普及与发现人才方面的作用,转而支持竞赛,于是有冠以他名字的女子数学竞赛产生.

这一竞赛的特点是向前看,所以题目基本上是大学低年级内容,需要比高中高一点的知识,但高得不太多.如:

问题 4 设 S 是全体单位复数的乘法群,判断 S 的有限子群是否一定为循环群.

这题不难,但要知道群、有限子群、循环群的定义. 这找一本数学辞典或基本的抽象代数书即可查到.

如果知道定义,设 G 为 S 的有限子群,因为 S 的元素为单位复数,所以 G 中元素为 $e^{i\theta}$,其中 θ 为实数,可限定在 $[0,2\pi]$ 内.

如果 G 中仅有一个元,即单位 1,那么 G 是循环群(θ 只取 0 这一个值).

如果 G 中还有其他元素,即有 $e^{i\theta}$,$\theta\in(0,2\pi)$.

因为 G 为有限群,在这些 $e^{i\theta}$ 中,必有一个 θ 最小(当然仍是正值),设它为 φ.

对 G 中任一元素 $e^{i\theta}$,作带余除法

$$\theta=q\varphi+r, 0\leqslant r<\varphi.$$

因为 G 为群,所以 $e^{i\varphi}$ 的逆元 $e^{-i\varphi}\in G$,$e^{ir}=e^{i(\theta-q\varphi)}\in G$,但 $r<\varphi$,φ 为最小,所以必有 $r=0$,即 G 中每一元素 $e^{i\theta}=e^{iq\varphi}=(e^{i\varphi})^q$. 另一方面,每一形如 $e^{iq\varphi}$ 的元在 $e^{i\varphi}$ 生成的群中.

因此 G 是循环群(即 $e^{i\varphi}$ 生成的群 $\langle e^{i\varphi}\rangle$).

这样的竞赛,促使高中生读一些大学数学的内容,远比埋头做高考题有益.

328. 数表

在一个 $2\,013 \times 2\,013$ 的数表中,每行都成等差数列,每列的平方也都成等差数列.

求证:左上角的数×右下角的数=左下角的数×右上角的数.

这题有点意思,弄得不好,会做得繁复而得不出结果.

其实简单.

首先,每行可取首、末及中央,这三项仍成 A.P.

其次,只取首行、末行及中央一行,

这样得到的 3 行 3 列的数表,共 9 个数,每行成 A.P,每列的平方也成 A.P.

设中央一列的 3 个数为 A, B, C,

$$A^2 + C^2 = 2B^2 \tag{1}$$

9 个数的表可写成

$$
\begin{array}{ccc}
A - d_1 & A & A + d_1 \\
B - d_2 & B & B + d_2 \\
C - d_3 & C & C + d_3
\end{array}
$$

其中 d_1, d_2, d_3 分别为三行的公差.

我们还有

$$(A - d_1)^2 + (C - d_3)^2 = 2(B - d_2)^2,$$

即(结合(1)消去 $A^2 + C^2$ 与 $2B^2$)

$$2d_2^2 - d_1^2 - d_3^2 = 2(2d_2 B - d_1 A - d_3 C). \tag{2}$$

同样,由第 3 列得

$$2d_2^2 - d_1^2 - d_3^2 = -2(2d_2 B - d_1 A - d_3 C). \tag{3}$$

于是

$$2d_2^2 = d_1^2 + d_3^2, \tag{4}$$

$$2d_2 B = d_1 A + d_3 C. \tag{5}$$

（左上角的数×右下角的数）－（左下角的数×右上角的数）

$=(A-d_1)(C+d_3)-(A+d_1)(C-d_3)$

$=2(d_3A-d_1C).$ （6）

由（4）、（5）

$(d_3A-d_1C)^2$

$=(d_3A-d_1C)^2+(d_1A+d_3C)^2-(2d_2B)^2$

$=(d_3^2+d_1^2)(A^2+C^2)-4d_2^2B^2$

$=2d_2^2\cdot2B^2-4d_2^2B^2$

$=0.$

所以

$$d_3A-d_1C=0,$$

$$2(d_3A-d_1C)=0.$$

这就是所要证的.

329. 圆上的点

已知圆 $x^2+y^2=1$ 上有三个点,坐标分别为 $(x_1,y_1),(x_2,y_2),(x_3,y_3)$ 且

$$x_1+x_2+x_3=0, \tag{1}$$

$$y_1+y_2+y_3=0, \tag{2}$$

求证: $$x_1^2+x_2^2+x_3^2=y_1^2+y_2^2+y_3^2=\frac{3}{2}. \tag{3}$$

证明 先考虑一个简单的情况,点 (x_1,y_1) 在 x 轴的正方向上,即 $x_1=1,y_1=0$.

设 $x_2=\cos\alpha,y_2=\sin\alpha(-\pi\leqslant\alpha<\pi)$,

$x_3=\cos\beta,y_3=\sin\beta(-\pi\leqslant\beta<\pi)$,

则

$$\sin\alpha+\sin\beta=0.$$

不妨设 $0\leqslant\alpha<\pi$,则 $\beta=-\alpha$,

$$\cos\alpha+\cos\beta+1=2\cos\alpha+1=0,$$

所以

$$\cos\alpha=-\frac{1}{2},\alpha=\frac{2\pi}{3},\beta=-\frac{2\pi}{3}.$$

$$x_1^2+x_2^2+x_3^2=1+2\cos^2\alpha=1+2\times\cos^2\frac{2\pi}{3}=\frac{3}{2},$$

$$y_1^2+y_2^2+y_3^2=0+\sin^2\frac{2\pi}{3}+\sin^2\left(-\frac{2\pi}{3}\right)=2\times\left(\frac{\sqrt{3}}{2}\right)^2=\frac{3}{2}.$$

再考虑一般情况,设 i 为虚数单位,

$$z_j=x_j+\mathrm{i}y_j,j=1,2,3,$$

则由已知(1)、(2),

$$z_1+z_2+z_3=0. \tag{4}$$

令 $z_j'=\mathrm{e}^{\mathrm{i}\theta}z_j(1\leqslant j\leqslant3)$,并且

$$z_1'=1.$$

即将 z_j 旋转同一个角 θ,使得 z_1' 成为 $x_1'=1,y_1'=0$ 的点,由于(4),

$$z_1' + z_2' + z_3' = 0,$$

所以

$$x_1' + x_2' + x_3' = 0,$$

$$y_1' + y_2' + y_3' = 0,$$

由前面证明

$$\sum x_j'^2 = \sum y_j'^2 = \frac{3}{2} \tag{5}$$

我们有

$$z_j = e^{-i\theta} z_j' = (\cos\theta - i\sin\theta)(x_j' + iy_j')$$
$$= (x_j'\cos\theta + y_j'\sin\theta) + i(-x_j'\sin\theta + y_j'\cos\theta).$$

所以

$$\sum x_j^2 = \sum (x_j'\cos\theta + y_j'\sin\theta)^2$$
$$= \sum x_j'^2\cos^2\theta + \sum y_j'^2\sin^2\theta + 2\sum x_j'y_j'\sin\theta\cos\theta$$
$$= \frac{3}{2}(\cos^2\theta + \sin^2\theta) + 2\sin\theta\cos\theta\sum x_j'y_j'$$
$$= \frac{3}{2} + 2\sin\theta\cos\theta\sum x_j'y_j', \tag{6}$$

而 $\quad \sum x_j'y_j' = \cos\alpha\sin\alpha + \cos(-\alpha)\sin(-\alpha) = 0,$

所以(6)即

$$\sum x_j^2 = \frac{3}{2}.$$

同样可得

$$\sum y_j^2 = \frac{3}{2}.$$

当然不先做简单情况,直接做一般情况也无不可,但从简单的做起,将一般情况化归为简单情况,也是一种趣向,一种爱好.

330. 函数迭加

已知函数 $f(x)=x^2+px+q$，p,q 为实数. 方程 $f(f(x))=0$ 有且只有一个实根，求证：

$$p\geq 0,q\geq 0. \tag{1}$$

这题不难，方程

$$f(f(x))=0$$

的根，即方程组

$$\begin{cases} f(u)=0, & (2) \\ f(x)=u & (3) \end{cases}$$

的根中的 x.

(2)是 u 的二次方程，有两个根. 若有虚根，则两根皆虚（且共轭）. 但这时 $f(x)=u$ 无实根 x，所以(2)的根 u_1,u_2 均为实数.

若 $u_1=u_2$，则

$$p^2=4q. \tag{4}$$

而方程

$$f(x)=u(\text{即 } x^2+px+(q-u)=0)$$

有且仅有一个实根，所以

$$p^2=4(q-u). \tag{5}$$

比较(4)、(5)，

$$u=0,$$

从而

$$q=u^2=0,p=-2u=0.$$

若 $u_1\neq u_2$，则

$$p^2>4q, \tag{6}$$

$$f(x) = u_1 \qquad\qquad (7)$$

与

$$f(x) = u_2 \qquad\qquad (8)$$

中至少有一个有且仅有一个实根. 设(7)有一个且仅有一个实根, 因为 $u_2 \neq u$, 所以(8)的根不可能均与(7)相同, 从而(8)无实数根.

由(7)仅有一实数根,

$$p^2 = 4(q - u_1). \qquad\qquad (9)$$

比较(6)、(9)得

$$u_1 < 0,$$

从而

$$q = u_1^2 > 0, p = -2u_1 > 0.$$

注 不宜将 $f(f(x))$ 写成 $(x^2 + px + q)^2 + p(x^2 + px + q) + q$ 再作讨论.

331. 丘计划试题

见到一份2021～2022年丘成桐数学领军人物培养计划试题,共8题,未见标准答案,做一做试试.

先做四道分析.

1. 计算 $\lim\limits_{n \to +\infty} n \int_0^1 (\sin x + 2)x^{n-1} \mathrm{d}x$.

这题不难.

解 原式 $= \lim\limits_{n \to +\infty} \int_0^1 (\sin x + 2)\mathrm{d}x^n$

$$= \lim\limits_{n \to +\infty} \left(\left[x^n(\sin x + 2) \right] \Big|_0^1 - \int_0^1 x^n \cos x \mathrm{d}x \right)$$

$$= \sin 1 + 2 - \lim\limits_{n \to +\infty} \int_0^1 x^n \cos x \ \mathrm{d}x.$$

显然 $\left| \int_0^1 x^n \cos x \ \mathrm{d}x \right| \leqslant \int_0^1 x^n \ \mathrm{d}x = \dfrac{1}{n+1} \to 0$,

所以,原式 $= \sin 1 + 2$.

3. (1)证明: $\left| \ln(1+x) - x \right| \leqslant \dfrac{1}{2}x^2$;

(2)已知 $f(x, y) = x^2 + xy + 2y^2$,计算 $\lim\limits_{n \to +\infty} \prod\limits_{k=1}^n \left(1 + \dfrac{1}{n^2} \sum\limits_{l=1}^n f\left(\dfrac{k}{n}, \dfrac{l}{n} \right) \right)$.

解 (1)在 $x \geqslant 0$ 时,$\left(x - \ln(1+x) - \dfrac{1}{2}x^2 \right)' = 1 - \dfrac{1}{1+x} - x = -\dfrac{x^2}{1+x} \leqslant 0$.

所以 $x - \ln(1+x) - \dfrac{1}{2}x^2$ 递减,而 $x=0$ 时,$x - \ln(1+x) - \dfrac{1}{2}x^2 = 0$,所以

$$x - \ln(1+x) \leqslant \dfrac{1}{2}x^2.$$

而

$$(x - \ln(1+x))' = 1 - \dfrac{1}{1+x} > 0,$$

所以 $x \geqslant 0$ 时，

$$x - \ln(1+x) \geqslant 0 - \ln(1+0) = 0,$$

于是

$$|x - \ln(1+x)| = x - \ln(1+x) \leqslant \frac{1}{2}x^2.$$

注意 $-1 < x < 0$ 时，仍有 $x - \ln(1+x) - \frac{1}{2}x^2$ 递减及 $x - \ln(1+x) \geqslant 0$.

所以

$$|x - \ln(1+x)| = x - \ln(1+x) \geqslant \frac{1}{2}x^2.$$

(1) 的结论不成立，或许原题有 $x \geqslant 0$ 的条件？确有 $x \geqslant 0$ 的条件.

(2) 计算 $\lim\limits_{n \to +\infty} \prod\limits_{k=1}^{n} \left(1 + \frac{1}{n^2}\sum\limits_{l=1}^{n} f\left(\frac{k}{n}, \frac{l}{n}\right)\right)$.

解 $f\left(\dfrac{k}{n}, \dfrac{l}{n}\right) = \dfrac{k^2 + kl + 2l^2}{n^2}$,

$$\sum_{l=1}^{n} f\left(\frac{k}{n}, \frac{l}{n}\right) = \frac{1}{n^2}\left(k^2 n + k \cdot \frac{n(n+1)}{2} + \frac{n(n+1)(2n+1)}{3}\right),$$

$$1 + \frac{1}{n^2}\sum_{l=1}^{n} f\left(\frac{k}{n}, \frac{l}{n}\right)$$

$$= 1 + \frac{1}{n^3}\left(k^2 + \frac{k(n+1)}{2} + \frac{(n+1)(2n+1)}{3}\right).$$

$$\prod_{k=1}^{n}\left(1 + \frac{1}{n^2}\sum_{l=1}^{n} f\left(\frac{k}{n}, \frac{l}{n}\right)\right)$$

$$= \exp\left(\sum_{k=1}^{n}\ln\left(1 + \frac{1}{n^3}\left(k^2 + \frac{k(n+1)}{2} + \frac{(n+1)(2n+1)}{3}\right)\right)\right)$$

$$= \exp\left(\sum_{k=1}^{n}\frac{1}{n^3}\left(k^2 + \frac{k(n+1)}{2} + \frac{(n+1)(2n+3)}{3}\right) + n \times O\left(\frac{1}{n^3}\right)\right)$$

$$= \exp\left[\frac{1}{n^2}\left(\frac{(n+1)(2n+1)}{6} + \frac{(n+1)^2}{4} + \frac{(n+1)(2n+3)}{3} + O\left(\frac{1}{n^2}\right)\right)\right],$$

其中 $O\left(\dfrac{1}{n^3}\right)$ 表示绝对值 $\leqslant \dfrac{C}{n^3}$ 的数，C 为正的常数.

于是

$$\lim_{n \to +\infty} \prod_{k=1}^{n}\left(1 + \frac{1}{n^2}\sum_{l=1}^{n} f\left(\frac{k}{n}, \frac{l}{n}\right)\right)$$

$$= e^{\frac{1}{3} + \frac{1}{4} + \frac{2}{3}} = e^{\frac{5}{4}}.$$

这份丘试题似乎假定参赛的人已经学过大学的基础课程（数学分析、线性代数、抽象代数初步等）.

6. 求最小的正实数 c，使得存在二阶连续可微的函数 f，满足 $f(0)=f(c)=0$，且对任意 $0<x<c$，有 $f(x)>0$ 和 $f''(x)+2\,021f(x)\geqslant0$.

解 记 $m=\sqrt{2\,021}$，微分方程

$$f''(x)+m^2f(x)=0 \tag{1}$$

有解 $f(x)=\sin mx$，这是不难验证的.

令 $c=\dfrac{\pi}{m}$，则 $f(x)=\sin mx$ 满足

$$f(0)=f(c)=0,f(x)>0(x\in(0,c)),$$

并且 $f(x)$ 满足 (1) 式，因此所求最小值 $\leqslant\dfrac{\pi}{m}$.

另一方面，我们证明 $c<\dfrac{\pi}{m}$ 时满足要求的函数不存在. 用反证法，假设 $f(x)$ 满足要求，则在 $(0,c)$ 上，$f(x)>0$，$f(0)=f(c)=0$，$f''(x)+m^2f(x)\geqslant0$. 又取 $g(x)=\sin\dfrac{\pi}{c}x$ 在 $(0,c)$ 上，$g(x)>0$，$g(0)=g(c)=0$，$g''(x)+\dfrac{\pi^2}{c^2}g(x)=0$. 于是在 $[0,c]$ 上，

$$g(x)(f''(x)+m^2f(x))-f(x)\left(g''(x)+\frac{\pi^2}{c^2}g(x)\right)$$

$$=g(x)(f''(x)+m^2f(x))\geqslant0.$$

即 $g(x)f''(x)-f(x)g''(x)\geqslant\left(\dfrac{\pi^2}{c^2}-m^2\right)f(x)g(x)$，

$$(g(x)f'(x)-f(x)g'(x))'\geqslant\left(\frac{\pi^2}{c^2}-m^2\right)f(x)g(x),$$

两边从 0 到 c 积分，得

$g(c)f'(c)-f(c)g'(c)-(g(0)f'(0)-f(0)g'(0))$

$\geqslant\displaystyle\int_0^c\left(\frac{\pi^2}{c^2}-m^2\right)f(x)g(x)\mathrm{d}x,$

即

$$0\geqslant\int_0^c\left(\frac{\pi^2}{c^2}-m^2\right)f(x)g(x)\mathrm{d}x,$$

但 $\dfrac{\pi^2}{c^2}-m^2>0$，$f(x),g(x)$ 在 $(0,c)$ 上均大于 0，

所以 $\displaystyle\int_0^c\left(\frac{\pi^2}{c^2}-m^2\right)f(x)g(x)\mathrm{d}x>0.$

矛盾表明,在 $c<\dfrac{\pi}{m}$ 时,满足要求的 $f(x)$ 不存在,从而 c 的最小值为 $\dfrac{\pi}{m}=\dfrac{\pi}{\sqrt{2\,021}}$.

本题解法是苏州大学余红兵教授提供的.

8. 已知 $f(x)=\ln(1+x)(x>0)$,定义函数序列 $\{f_n(x)\}$ 满足

$$f_n(x)=\underbrace{f(f(\cdots f(x)\cdots))}_{n\uparrow f}(n\in\mathbf{N}).$$

求所有的 x,使得 $\lim\limits_{n\to+\infty}nf_n(x)$ 存在,并求出这个极限.

解 首先 $x>0$ 时,

$$0<\ln(1+x)<x=f_0(x),$$

所以 $0<f(x)<x$.设 $0<f_n(x)<f_{n-1}(x)$,则

$$0<f_{n+1}(x)=\ln(1+f_n(x))<f_n(x).$$

所以 $f_n(x)$ 单调递减,而且以 0 为下界,从而

$$\lim\limits_{n\to+\infty}f_n(x)=f\geqslant0$$

存在. 在

$$f_{n+1}(x)=\ln(1+f_n(x))$$

两边取极限,得

$$f=\ln(1+f),$$

从而 $f=0$.

由 Stolz 定理

$$\lim\limits_{n\to+\infty}\frac{1}{nf_n(x)}=\lim\limits_{n\to+\infty}\frac{\dfrac{1}{f_n(x)}-\dfrac{1}{f_{n-1}(x)}}{n-(n-1)}$$

$$=\lim\limits_{n\to+\infty}\left(\frac{1}{\ln(1+f_{n-1}(x))}-\frac{1}{f_{n-1}(x)}\right)=\lim\limits_{t\to0}\left(\frac{1}{\ln(1+t)}-\frac{1}{t}\right)$$

$$=\lim\limits_{t\to0}\frac{t-\ln(1+t)}{t\ln(1+t)}=\lim\limits_{t\to0}\frac{1-\dfrac{1}{1+t}}{\ln(1+t)+\dfrac{t}{1+t}}$$

$$=\lim\limits_{t\to0}\frac{\dfrac{1}{(1+t)^2}}{\dfrac{1}{1+t}+\dfrac{1}{(1+t)^2}}=\frac{1}{2}.$$

所以,$\lim\limits_{n\to+\infty}nf_n(x)=2$.

又可参考波利亚与舍贵的《数学分析中的问题与定理》第 Ⅰ 篇第四章 174 题.

再看四道代数题.

2. 求所有复数 t,使 $x^3+y^3+z^3+txyz$ 可分解为三个 x,y,z 的复系数一次多项式的

乘积.

解 设 $x^3+y^3+z^3+txyz$ 可分为三个 x,y,z 的复系数一次多项式的积,即有
$$x^3+y^3+z^3+txyz=(x+b_1y+c_1z)(x+b_2y+c_2z)(x+b_3y+c_3z).$$
令 $z=0$ 得
$$x^3+y^3=(x+y)(x+wy)(x+w^2y)=(x+b_1y)(x+b_2y)(x+b_3y),$$

所以可设 $b_1=1,b_2=w,b_3=w^2$. 其中 $w=\dfrac{-1+\sqrt{3}\mathrm{i}}{2}$

同样,令 $x=0$ 得
$$y^3+z^3=(y+z)(y+wz)(y+w^2z)=(y+z)(wy+w^2z)(w^2y+wz),$$
令 $y=0$ 得
$$x^3+z^3=(x+z)(x+wz)(x+w^2z)$$
于是有 3 种可能,$x^3+y^3+z^3+txyz=(x+y+z)(x+wy+w^2z)(x+w^2y+wz)$

或 $(x+y+wz)(x+wy+z)(x+w^2y+w^2z)$

或 $(x+y+w^2z)(x+wy+wz)(x+w^2y+z)$

相应地,$t=-3,-3w,-3w^2$.

4. A 是 $2\,021\times2\,021$ 的矩阵,主对角线上元素均为 0,每行恰有 1 010 个 1,1 010 个 -1,求 rank A.

解 rank A 的行列式 $|A|$ 每行的和均为 0,将各列加到第一列得 $|A|$ 的第一列全为 0,因此 $|A|=0$,rank $A\leqslant n-1$.

另一方面,除去第一列与第 2 021 行,得到的行列式

$$|\boldsymbol{B}|\equiv\begin{vmatrix} 1 & 1 & 1 & \cdots & 1 & 1 \\ 0 & 1 & 1 & \cdots & 1 & 1 \\ 1 & 0 & 1 & \cdots & 1 & 1 \\ & & \cdots\cdots & & & \\ 1 & 1 & 1 & \cdots & 0 & 1 \end{vmatrix}(\bmod 2)$$

$$=\begin{vmatrix} 1 & 1 & 1 & \cdots & 1 & 1 \\ -1 & 0 & 0 & \cdots & 0 & 0 \\ 0 & -1 & 0 & \cdots & 0 & 0 \\ & & \cdots\cdots & & & \\ 0 & 0 & 0 & \cdots & -1 & 0 \end{vmatrix}(\text{各行减去第一行})$$

$$=(-1)^{2\,019}\not\equiv0(\bmod 2).$$

因此,rank $A=n-1$.

5. M_{22} 是全体 2×2 复矩阵构成的集合,映射 $f{:}M_{22}{\to}M_{22}$ 满足

$$f(\mathbf{A})=2\mathbf{A}^3-9\mathbf{A}^2+12\mathbf{A}-2\mathbf{I},\mathbf{A}\in M_{22},$$

其中 $\mathbf{I}$ 是二阶单位矩阵,问 f 是否为满射.

解 f 是满射.

对任意 $\mathbf{B}\in M_{22}$,存在满射矩阵 $\mathbf{T}$,使 $\mathbf{T}^{-1}\mathbf{BT}$ 成为若当形,因此只需考虑 $\mathbf{B}$ 为若当形的情况.

若 $\mathbf{B}=\begin{pmatrix} a & \\ & b \end{pmatrix}$,令 $A=\begin{pmatrix} x & \\ & y \end{pmatrix}$,则

$$f(\mathbf{A})=\begin{pmatrix} 2x^3-9x^2+12x-2 & \\ & 2y^3-9y^2+12y-2 \end{pmatrix}$$

取 x 为 $2x^3-9x^2+12x-2=a$ 的根,y 为 $2y^3-9y^2+12y-2=b$ 的根,则

$$f(\mathbf{A})=\mathbf{B}.$$

若 $\mathbf{B}=\begin{pmatrix} a & b \\ & a \end{pmatrix}$,令 $A=\begin{pmatrix} x & y \\ & x \end{pmatrix}$,则 $\mathbf{A}^2=\begin{pmatrix} x^2 & 2xy \\ & x^2 \end{pmatrix}$,$\mathbf{A}^3=\begin{pmatrix} x^3 & 3x^2y \\ & x^3 \end{pmatrix}$

$$f(\mathbf{A})=\begin{pmatrix} 2x^3-9x^2+12x-2 & (6x^2-18x+12)y \\ & 2x^3-9x^2+12x-2 \end{pmatrix}$$

注意 $6x^2-18x+12=6(x-1)(x-2)$ 的根为 $x=1$ 与 $x=2$. 但 $2x^3-9x^2+12x-2-a=0$ 的三个根之和为 $\frac{9}{2}$,所以其中至少有一根 t 不是整数. 令 $x=t$,则 $6x^2-18x+12\neq 0$,从而存在 $y=\dfrac{b}{6t^2-18t+12}$. 这样的 x,y,使 $f(\mathbf{A})=\mathbf{B}$.

因此 f 为满射.

由于传抄有误,我第一次看到这道题时,M_{22} 是实二阶矩阵所成的集合. 但并不影响结论,因为实二阶矩阵仍可化为若当标准形,而实系数三次方程也必有实数根.

但若将 M_{22} 改为二阶整矩阵所成的集合,结论就不成立,这其实是一个更有趣的题. 即"$f{:}M_{22}{\to}M_{22}$ 满足 $f(\mathbf{A})=2\mathbf{A}^3-9\mathbf{A}^2+12\mathbf{A}-2\mathbf{I}(\mathbf{A}\in M_{22})$,$M_{22}$ 是二阶整系数矩阵的全体,f 是否满射? 答案是否定的."

解 设 $\mathbf{A}=\begin{pmatrix} a & b \\ c & d \end{pmatrix}$,则

$$\mathbf{A}^2=\begin{pmatrix} a & b \\ c & d \end{pmatrix}\begin{pmatrix} a & b \\ c & d \end{pmatrix}=\begin{pmatrix} a^2+bc & b(a+d) \\ c(a+d) & bc+d^2 \end{pmatrix}$$

$f(\mathbf{A})$ 不为满射. 事实上, $f(A) \neq \begin{bmatrix} & 1 \\ 1 & \end{bmatrix}$.

若 $f(\mathbf{A}) = \begin{bmatrix} & 1 \\ 1 & \end{bmatrix}$, 则 $f(\mathbf{A}) = \begin{bmatrix} & 1 \\ 1 & \end{bmatrix} \bmod 2$,

即 $\mathbf{A}^2 = \begin{bmatrix} & 1 \\ 1 & \end{bmatrix} \bmod 2$,

从而 $\begin{bmatrix} a^2 + bc & b(a+d) \\ c(a+d) & bc+d^2 \end{bmatrix} = \begin{bmatrix} & 1 \\ 1 & \end{bmatrix} \bmod 2$.

由 $b(a+d) \equiv 1 \pmod 2$ 知 a, d 奇偶不同, 从而 $a^2 + bc$ 与 $d^2 + bc$ 奇偶不同, 即 $a^2 + bc = 0, bc + d^2 = 0$ 不能同时成立, 于是 $f(A)$ 不为满射.

7. A_1, A_2 分别为 n_1, n_2 阶循环群, $a_1 \in A_1, a_2 \in A_2$, 阶均为 d, B 为 (a_1, a_2) 在 $A_1 \times A_2$ 中生成的群.

求商群 $A_1 \times A_2 / B$ 中阶的最大值.

解 设 $A_1 = \langle b_1 \rangle$, 即 A_1 由 b_1 生成, 又设 $A_2 = \langle b_2 \rangle$, b_1 的阶为 n_1, b_2 的阶为 n_2. $b_1^{n_1} = e_1, b_2^{n_2} = e_2$ 分别为 A_1, A_2 的么元.

对任一元 $(c_1, c_2) \in A_1 \times A_2, c_1 = b_1^s, c_2 = b_2^t$, 所以

$(c_1, c_2)^{[n_1, n_2]} = (c_1^{[n_1, n_2]}, c_2^{[n_1, n_2]})$

$= (b_1^{[n_1, n_2]s}, b_2^{[n_1, n_2]t}) = (e_1^s, e_2^t) = (e_1, e_2)$.

即 (c_1, c_2) 在 $A_1 \times A_2 / B$ 中的阶是 $[n_1, n_2]$ 的约数.

另一方面, 设 (b_1, e_2) 在 $A_1 \times A_2 / B$ 中的阶为 k_1, 则 $(b_1, e_2)^k = (b_1^k, e_2^k) = (b_1^k, e_2) \in B$, 所以 $b_1^k = e_1$. 因为 b_1 为 A_1 的生成元, 所以 $k_1 = n_1$, 即 (b_1, e_2) 是 $A_1 \times A_2 / B$ 的 n_1 阶元. 同理, (e_1, b_2) 是 $A_1 \times A_2 / B$ 的 n_2 阶元, 于是在 $A_1 \times A_2 / B$ 中存在一个 $[n_1, n_2]$ 阶元(参见 Hungerford 的 Algebra 第 36 页练习 2).

于是 $[n_1, n_2]$ 是所求的最大阶.

注 在 $(n_1, n_2) = 1$ 时, $(b_1, e_2)(e_1, b_2)$ 的阶为 $[n_1, n_2]$; 在 $(n_1, n_2) > 1$ 时, 先得出阶为 p^t 的元, 这里 p 为质数, 而 $p^t \big\| [n_1, n_2]$, 然后再利用上面互质的结论.

解 仍设 b_1, b_2 分别生成 $A_1, A_2, a_1 = b_1^{m_1}, a_2 = b_2^{m_2}, (m_1, n_1) = \dfrac{n_1}{d_1}, (m_2, n_2) = \dfrac{n_2}{d}$.

设 $zB \in A_1 \times A_2 / B, z = (b_1^s, b_2^t)$, 则

$z^m = (b_1^{ms}, b_2^{mt})$,

$(zB)^m \in B \Longleftrightarrow z^m \in B \Longleftrightarrow (b_1^{ms}, b_2^{mt}) \in B$

$\Longleftrightarrow$ 存在 k, $(b_1^{ms}, b_2^{mt}) = (b_1^{km_1}, b_2^{km_2})$,

$\dfrac{ms - km_1}{n_1} = \dfrac{ms}{n_1} - \dfrac{k}{d}$, $\dfrac{mt - km_2}{n_2} = \dfrac{mt}{n_2} - \dfrac{k}{d}$ 均为整数,

从而

$$\frac{ms}{n_1} - \frac{mt}{n_2} = -\frac{m(tn_1 - sn_2)}{n_1 n_2}$$

为整数.

由 Bézout 定理,可取 t, s,使

$$tn_1 - sn_2 = (n_1, n_2),$$

从而

$$\frac{m(n_1, n_2)}{n_1 n_2} \text{为整数}$$

即 $m = [n_1, n_2]$,这时 $z = (b_1^s, b_2^t)$ 的阶 m 为 $[n_1, n_2]$.

另一方面,易知任一 z 的阶为 $[n_1, n_2]$ 的约数.

所以最大的阶为 $[n_1, n_2]$.

曾与南师大纪春岗教授讨论过这道题.

332. 2020 年 IMO

下面是 2020 年国际数学奥林匹克的试题与我们拟的解答.

1. 考虑凸形四边形 $ABCD$,点 P 在四边形 $ABCD$ 内部,并且 $\angle PAD$∶$\angle PBA$∶$\angle DPA=1∶2∶3=\angle CBP∶\angle BAP∶\angle BPC$.

证明:$\angle ADP$,$\angle PCB$ 的角平分线与线段 AB 的垂直平分线相交于同一点.

解 本题证法甚多.

为方便起见,标注各角如图所示.

设 O 为 $\triangle ABP$ 的外心,则 O 在线段 AB 的垂直平分线上,并且

$$\angle AOP=2\angle ABP=4\alpha=180°-\angle ADP,$$

所以 A,O,P,D 四点共圆.

又 $OA=OP$,所以 O 是 $\overset{\frown}{AP}$ 的中点,DO 是 $\angle ADP$ 的平分线.

同理,CO 是 $\angle PCB$ 的平分线,证毕.

2. 已知 $a\geqslant b\geqslant c\geqslant d>0,a+b+c+d=1$.

求证:$(a+2b+3c+4d)a^ab^bc^cd^d<1$.

证明 $a\leqslant\dfrac{1}{2}$ 时,

$$(a+2b+3c+4d)a^ab^bc^cd^d\leqslant(a+3b+3c+3d)a^{a+b+c+d}=(3-2a)a$$
$$=1-(1-a)(1-2a)\leqslant1 \quad (\text{等号不能同时成立}).$$

$a>\dfrac{1}{2}$ 时,同样可得

$$(a+2b+3c+4d)a^ab^bc^cd^d\leqslant(3-2a)a^a(1-a)^{1-a}.$$

由加权平均不等式,$x^py^q\leqslant xp+yq(0<x,y,0<p,q<1,p+q=1)$得

$$\frac{a}{a+(1-a)}\cdot a+\frac{1-a}{a+(1-a)}\cdot(1-a)>a^a(1-a)^{1-a},$$

所以

$$(3-2a)a^a(1-a)^{1-a} < (3-2a)(a^2+(1-a)^2)$$
$$= (3-2a)(1-2a+2a^2)$$
$$= 1+2(1-a)^2(1-2a) < 1.$$

在竞赛中可以用哪些知识,是一个值得讨论的问题,我认为应当限制.尽量用较少知识去解较复杂的问题,而不要用很多知识去解简单的问题.此题我原先未用加权平均不等式,而用贝努利不等式,得出

$$a^a(1-a)^a = \frac{1}{2}(1+(2a-1))^a(1-(2a-1))^{1-a} < \frac{1}{2}(1+a(2a-1))(1-(1-a)(2a-1))$$

$$< \frac{1}{2}(1+(2a-1)^2) = 1-2a+2a^2.$$

3. $4n$ 块石头,重量依次为 $1,2,\cdots,4n$.每块石头染上 n 种颜色中的一种,每种颜色有 4 块石头.求证:可以将这些石头分成两堆,满足两堆重量相等,且每堆中每种颜色的石头恰有 2 块.

证明 视 $4n$ 个数为 $4n$ 个点,将点 i 与 $4n+1-i$ 用边相连($i=1,2,\cdots,2n$),得到 $2n$ 条边.

这 $4n$ 个点被染上 n 种颜色,每种颜色 4 个点.

要证明的结论是这 $2n$ 条边可以分为两组,每组 n 条,并且每一组中,每种颜色的点都是两个.

将同色的 4 个点(边的端点)作为一个点,粘起来,得到一个 n 个点,$2n$ 条边的图,每个点的次数都是 4(图中可能有 Loop,即⌒,这算作两条边,也可能有⬭).

熟知每点次数为偶数的连通图是一笔画,即一个圈,因此上图实际上是若干个圈(每个连通分支是一个圈),将圈 $v_1v_2\cdots v_{2k}$(其中每个点恰在圈中重复出现 1 次)的边 v_1v_2,$v_3v_4,\cdots,v_{2k-1}v_{2k}$ 分在第一组,其余的放在第二组.这样,点 v_1 在第一组出现 1 次(代为 v_1v_2 的端点),在第二组也出现 1 次(作为 $v_{2k}v_1$ 的端点),其余的点也是如此.所以每种颜色的点在两组中出现的次数相等,都是 2 次,证毕.

4. 给定整数 $n>1$,一座山上有 n^2 个高度互不相同的缆车车站.两家缆车公司 A,B 各运营 k 辆缆车,每辆从一个车站运行到某个更高的车站(中间不停留其他车站).A 公司的 k 辆缆车的起点各不相同,并且起点较高的缆车,终点也较高,B 公司也是如此.我们称两个站被某个公司连接,意指从较低的站可以乘坐该公司一辆或多辆缆车到达较高的站(站之间不允许有其他的移动).

确定最小的正整数 k,使得一定有两个车站被两个公司同时连接.

这道题较长,弄清题意得花点时间.

解答要写得明白易懂也不很容易,作为教师,很值得试一下.

首先,答案是 $k=n^2-n+1$.

先证明 $k=n^2-n+1$ 时,一定有两个车站同时被两家公司连接.

设车站为 $P_1,P_2,\cdots,P_{n^2}$,一个比一个高.

A 公司,k 辆缆车,每辆由一个起点站 P_i 到一个终点站 $P_j(i<j)$,各车的起点站 P_i 互不相同,终点站 P_j 也互不相同,但一辆车的起点站可以是另一辆的终点站,这样连接成线路.

P_{i_1} 到 P_{i_2},P_{i_2} 到 P_{i_3},$\cdots$,$P_{i_{t-1}}$ 到 P_{i_t},所谓两个站被连接,就是它们在同一线路上.

设 A 公司有线路 m 条,分别由 $x_i(1\leqslant i\leqslant m)$ 辆缆车组成,则

$$\sum_{i=1}^{m}x_i=k,$$

而对 A 公司的站数 $|A|$,有

$$|A|=\sum_{i=1}^{m}(x_i+1)\leqslant n^2$$

(不同线路上无相同的站).

所以

$$m+k\leqslant n^2,$$
$$m\leqslant n^2-k=n-1.$$

同样,设 B 公司有 m' 条线路,则

$$m'\leqslant n-1.$$

同属于 A,B 两公司的公共站的个数

$$
\begin{aligned}
|A\cap B| &=|A|+|B|-|A\cup B|\\
&\geqslant m+k+m'+k-n^2\\
&=n^2-2n+2+m+m',
\end{aligned}
$$

因为 $m\leqslant n-1$,所以 A 公司必有一条线路上,同属于 A,B 两公司的公共站的个数 $\geqslant$ $\dfrac{n^2-2n+2+m+m'}{n-1}>n-1$.

即这条线路上,公共站的个数 $\geqslant n$. 因为 B 公司的线路数 $m'\leqslant n-1$,所以上述 n 个公共站中必有两个在 B 公司的同一条线路中.

上述两个车站即被两个公司同时连接的车站.

另一方面,在 $k=n^2-n$ 时,我们可以设计一个方案,使得没有两个车站被两个公司同时连接.

其中 A 公司的线路为

$$P_i\rightarrow P_{i+1}\rightarrow\cdots\rightarrow P_{i+n-1}(i=1,n+1,2n+1,\cdots,n(n-1)+1),$$

B 公司的线路为

$$P_j \rightarrow P_{j+n} \rightarrow \cdots \rightarrow P_{j+n(n-1)} (j=1,2,\cdots,n).$$

A 公司同一线路上的两个站,下标之差$\leqslant n-1$.

B 公司同一线路上的两个站,下标之差$\geqslant n$.

所以没有两个车站被两个公司同时连接.

5. 有一叠 $n>1$ 张卡片,在每张卡片上写有一个正整数,这叠卡片具有如下性质:

其中任意两张卡片上的数的算术平均值等于这叠卡片中某一张或几张卡片上的数的几何平均数.

确定所有的 n,使得可以推出这叠卡片上的数均相等.

解 设这 n 个正整数为 $a_1 \geqslant a_2 \geqslant \cdots \geqslant a_n$,$(a_1,a_2,\cdots,a_n)=d$,

显然 $\dfrac{a_1}{d},\dfrac{a_2}{d},\cdots,\dfrac{a_n}{d}$ 这 n 个数仍满足所说的条件,从而不妨设 $d=1$.

若 $a_1>1$,则 a_1 有质因数 p. 因为 $d=1$,所以 $a_2,\cdots,a_n$ 中必有不被 p 整除的数. 不妨设 $p \nmid a_m$,而 $p \mid (a_1,a_2,\cdots,a_{m-1})$.

因为 $a_1,a_2,\cdots,a_n$ 具有所述性质,所以

$$\frac{a_1+a_m}{2}=\sqrt[k]{a_{i_1} a_{i_2} \cdots a_{i_k}} \tag{1}$$

$(i_1 \leqslant i_2 \leqslant \cdots \leqslant i_k)$.

(1)式左边是有理数,所以左边也是,即 $a_{i_1} a_{i_2} \cdots a_{i_k}$ 是正整数的 k 次幂,从而(1)式左边也是整数.

但 $p \mid a_1$,$p \nmid a_m$,所以(1)式左边不被 p 整除.

而 $\sqrt[k]{a_{i_1} \cdots a_{i_k}}=\dfrac{a_1+a_m}{2}>a_m$,所以在 $a_{i_1},a_{i_2},\cdots,a_{i_k}$ 中必有大于 a_m 的数,即下标小于 m 的数,这数被 p 整除,从而 $a_{i_1} a_{i_2} \cdots a_{i_k}$ 这 k 次幂被 p^k 整除,(1)式右边被 p 整除,这与(1)式左边不被 p 整除矛盾.

矛盾表明必有 $a_1=1$,从而

$$a_1=a_2=\cdots=a_n.$$

即所有数全相等(在不约去最大公因数 d 时,$a_1=a_2=\cdots=a_n=d$)

于是 n 可为一切大于 1 的整数.

6. 证明存在正的常数 c,具有如下性质:

对任意正整数 $n>1$,及平面上 n 个点的集合 S. 若 S 中任两点之间距离不小于 1,则存在一条直线 l 分离 S,使得 S 中每个点到 l 的距离 $\geqslant cn^{-\frac{1}{3}}$.

(我们称直线 l 分离点集 S,如果有一条以 S 中两点为端点的线段与 l 相交.)

这是今年 IMO 的第 6 题,做出的人不多,很多人得了零分.

我们也来试一试.

这题如将 $n^{-\frac{1}{3}}$ 改为 $n^{-\frac{1}{2}}$,所得的较弱结果,其实是个老题(例如见我写的《组合几何》第 6 章例 7),证法如下:

设 S 中最大距离为 d,且 $AB=d$,$A,B\in S$.

过 A,B 作 AB 的垂线,形成一个带形,易知 S 被这带形覆盖.同样 S 被另一个宽为 d,边与 AB 平行的带形覆盖,即 S 中的点均在一个边长为 d 的正方形 $CDEF$ 中.将这正方形分为 m^2 个相等的正方形.这里

$$m^2<n\leqslant(m+1)^2.$$

这时必有一个小正方形中有两个 S 的点,它们之间的距离 $\leqslant\sqrt{2}\cdot\dfrac{d}{m}$,从而 $\sqrt{2}\cdot\dfrac{d}{m}\geqslant$

1,$d\geqslant\dfrac{m}{\sqrt{2}}>cn^{\frac{1}{2}}$.   (1)

这里 c 是正的常数,无需具体算出大小.

现在将 S 中的点射影到 CD 上,将 CD 分为 $<n$ 个区间(有的射影可能重合),其中最大的区间,长度 $\geqslant\dfrac{cn^{\frac{1}{2}}}{n}=cn^{-\frac{1}{2}}$.

设这区间的中垂线为 l,则 S 中各点到 l 的距离 $\geqslant\dfrac{c}{2}n^{-\frac{1}{2}}$.   (2)

如果将(1)中的 c 记为 $2c$,那么(2)就是 $\geqslant cn^{-\frac{1}{2}}$.

其实这种问题着重在 n 的阶(即 n 的指数)为 $\geqslant-\dfrac{1}{2}$,n 前面的系数并不重要(只要是正的常数).有时我们并不区分 c,$\dfrac{c}{2}$ 或 $2c$,统统用一个字母 c 来表示(何等方便).

做出上述结果,我想应得 3 分或 4 分吧.加上这 3 或 4 分,银牌可能就变成金牌了.

更精确的结果也可以得到.

首先,可设 S 中的点全在边长为 d 的正方形 $CDEF$ 内,d 是 S 中的点的最大距离,并且 $AB=d$,$A,B\in S$,$AB\parallel CD$(如右图所示).

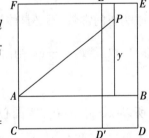

注意常数 c 可由我们选择,只需它是正数.

n 通常很大,因为小的 n 结论显然,例如 $n\leqslant1\,000$ 时,取 $c=$

$\dfrac{1}{2}\times10^{-4}$,则以 S 中的点为圆心,$\dfrac{c}{n^{1/3}}$ 为半径的圆在线段 AB 上

的射影总长 $\leqslant2n\times\dfrac{c}{n^{1/3}}\leqslant10^{-2}$,填不满 AB,从而 AB 上,空出一个线段 MN,其中无 S 的点,MN 的中垂线 l 即为所求.

考虑宽为 1 的矩形 $D'DEE'$,设其中 S 的点数为 m,以这些点为圆心,$\dfrac{1}{2n^{1/3}}$ 为半径作

圆,它们在 $D'D$ 上射影的总长 $\leqslant m \times \dfrac{1}{n^{1/3}}$,

在 $m < n^{-\frac{1}{3}}$ 时,结论已经成立(取 $c = \dfrac{1}{2}$),因此可设

$$m \geqslant n^{-\frac{1}{3}}. \tag{3}$$

再以上述 m 个点为圆心,$\dfrac{1}{2}$ 为半径作圆,因为 S 中的每两个点距离 $\geqslant 1$,所以这些圆互不相交,它们都在一个比 $D'DEE'$ 略大的矩形内,矩形的宽是

$$\left(d + \frac{1}{2}\right) - \left(d - 1 - \frac{1}{2}\right) = 2,$$

长为

$$2\left(y + \frac{1}{2}\right) = 2y + 1,$$

这里 y 是上述 m 个点到 AB 的距离的最大值(即图中点 P 到 AB 的距离).

于是,由面积

$$(2y + 1) \times 2 > m \times \pi \times \left(\frac{1}{2}\right)^2,$$

从而

$$y \geqslant c_1 n^{\frac{1}{3}},$$

c_1 为正的常数,不必具体算出.

因为

$$y^2 + (d-1)^2 \leqslant AP^2 \leqslant d^2,$$

所以

$$y^2 < 2d, d > c_2 n^{\frac{2}{3}},$$

c_2 为正的常数,不必具体算出.

取正数 $c < \dfrac{1}{2} c_2$,则由于

$$2cn^{-\frac{1}{3}} \times n < c_2 n^{\frac{2}{3}} < d,$$

所以以 S 中 n 个点为圆心,$r = cn^{-\frac{1}{3}}$ 为半径的圆,它们的射影不能覆盖线段 AB. 设 AB 上未被覆盖的线段为 MN,则 MN 的中垂线 l 即为所求.

较弱的结果中,最大距离 $d > cn^{\frac{1}{2}}$. 但本题却要求 $d > cn^{\frac{2}{3}}$. 这就需要利用 $m < n^{\frac{1}{3}}$ 时,集 S 可分,从而可设 $m \geqslant n^{\frac{1}{3}}$. 这时 m 较大,以 $\dfrac{1}{2}$ 为半径的圆(每层至多 2 个)将堆得很高,从而 $y \geqslant c_1 n^{\frac{1}{3}}$,$d > cn^{\frac{2}{3}}$(考虑宽为 1 的矩形及半径为 $\dfrac{1}{2}$ 的圆是因为 S 中每两个距离不小于 1).

333. 谈谈 2021 年 CMO（一）

2021 年的中国数学奥林匹克(CMO)，最热门的话题是两道几何题，一道是求内切圆圆心的轨迹，一道是尺规作图题(以往都是几何的证明题). 多年未考的类型，今年考一考，很好啊，可以引起大家对这部分内容的重视.

这两题都不难，第一题恐怕大多都会做(希望有一道人人会做的题)，但未必都能拿到满分. 因为要注意轨迹的纯粹性. 有些人平时不注意推理的严谨，大而化之，很容易在这种"容易题"上失分. 严谨，是数学教育中要特别着重、特别强调的一点.

第 1 题做法大同小异，我们就不写解法了.

第 5 题，用 10 次规尺，可改为 9 次，$\sqrt{2\,021}$ 使人想到勾股定理，而最接 2 021 的平方数是 $45^2 = 2\,025$，并且 $45^2 - 2^2 = 2\,021$，从而不难得到作法，具体的 9 步如下：

1. 作直线 OA_1；

2. 作 $\odot(A_1, A_1O)$(以 A_1 为圆心，A_1O 为半径的圆)，与 OA_1 相交，得点 A_2；

3. 作 $\odot(A_2, A_2O)$，与 OA_1 相交，得点 A_4；

4. 作 $\odot(A_4, A_4A_2)$，与 OA_1 相交得点 A_6，与 $\odot A_2$ 相交，得点 C, D.

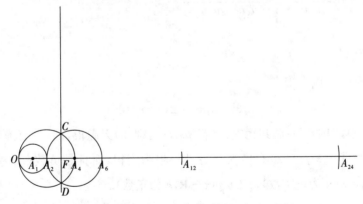

5. 作直线 CD，与 OA_1 相交于点 F；

6. 作 $\odot(A_6, A_6O)$，与 OA_1 相交，得点 A_{12}；

7. 作 $\odot(A_{12}, A_{12}O)$，与 OA_1 相交，得点 A_{24}；

8. 作 $\odot(A_{24}, A_{24}A_2)$，与 OA_1 相交，得点 A_{46}(抱歉，我的纸短，画不出来了，请大家发

挥想象吧).

9. 作 $\odot(A_1,A_1A_{46})$,与 CD 相交,得点 E(E 在那遥远的上方),EF 即为所求(图中 A_k 到 O 的距离为 k,$k=1,2,4,6,12,24,46$).

第 2 题,题目有点令人费解,可改为:证明对任意正实数 p,q,r,s,方程

$$(pz^3+2qz^2+2rz+s)(qz^3+2pz^2+2sz+r)=0$$

均有虚数根 $a+bi(a,b\in\mathbf{R})$,满足 $|b|\geqslant\sqrt{3}|a|$.举例说明 $\sqrt{3}$ 不能改为更大的数.

这样难度并无实质上的减少,理解容易得多(我们的解答希望说得明白,我们的题目也应说得明白).

具体解法如下:

取 $p=q=r=s=1$,方程

$$(z^3+2z^2+2z+1)^2=(z+1)^2(z^2+z+1)^2=(z+1)^2(z-\omega)^2(z-\omega^2)^2,$$

其中 $\omega=\dfrac{-1+\sqrt{3}i}{2}$,$\omega^2=\dfrac{-1-\sqrt{3}i}{2}$,$\dfrac{|b|}{|a|}=\sqrt{3}$.

所以 $\sqrt{3}$ 不能换成更大的数.

其次,对给定的正数 p,q,r,s,若方程

$$pz^3+2qz^2+2rz+s=0 \tag{1}$$

没有虚根,即 3 个根全为实根,则由于系数均正,三根均为负数.设它们为 $-u_1,-u_2,-u_3$($u_i>0,i=1,2,3$),则由韦达定理

$$qr=\frac{p^2}{4}(u_1+u_2+u_3)(u_1u_2+u_2u_3+u_3u_1)$$

$$\geqslant\frac{p^2}{4}\cdot 3\sqrt[3]{u_1u_2u_3}\cdot 3\sqrt[3]{u_1u_2u_2u_3u_3u_1}$$

$$=\frac{9}{4}ps>ps.$$

因为 $qr>ps$,所以方程

$$qz^3+2pz^2+2sz+r=0 \tag{2}$$

的根不全为实根,即必有一对共轭虚根(若 $ps>qr$,则(2)无虚根,而(1)有虚根.由字母的对称性,不妨假设 $qr>ps$,(2)有虚根).另外一根为实根,而且是负数(因为方程系数为正).设三根为 $-u$(u 为正实数),$v\pm ikv$($v\in\mathbf{R}$,k 为正数).

又不妨设 $q=1$(这样写起来,比较简单),由韦达定理

$$\begin{cases} 2p=u-2v, \\ 2s=-2uv+mv^2, \\ r=umv^2, \end{cases}$$

其中 $m=1+k^2$. 要证明 $k\geqslant\sqrt{3}$，$m\geqslant4$.

若 $m<4$，则 $2s<-2uv+4v^2=-2v(u-2v)=-2v\cdot2p$，所以 $v<0$.

令 $w=-v>0$，则由 $r>ps$ 得

$$umw^2>ps=\frac{1}{4}(u+2w)(2uw+mw^2),$$

即

$$umw>\frac{1}{4}(u+2w)(2u+mw)\geqslant\sqrt{u\cdot2w}\sqrt{2u\cdot mw}=2uw\sqrt{m},$$

从而

$$m>4,$$

这与上面假设 $m<4$ 矛盾，所以假设不对，$m\geqslant4$，$k\geqslant\sqrt{3}$，即 $|b|\geqslant\sqrt{3}|a|$.

第 4 题是一道组合、图论问题，颇有趣.

当然将人作为点，朋友用边相连，得到一个图.

已知中"无论怎样将图分为两个非空部分，总存在两个部分的两个点相连"，这表明图是连通的."也存在两个同一部分的点相连"，表明从一点 x 到另一点 y，不仅有链相连，而且有一条链长为偶数的链相连.因为若 x 到 y 的链长一定为奇数，将这种 y 放在一起，将 x 及 x 有相连的链为偶数长的点放在另一部分，则前一部分的点互相之间无边（若有，则产生从 x 到它的长为偶数的链），这与已知矛盾.所以在任两点 x,y 之间都有长为正偶数的链.

设第 k 天赞成度的最大值为 F_k，因为第 $(k+1)$ 天的赞成度（即意见）都是第 k 天的一些赞成度的平均值取整，而第 k 天的赞成度均 $\leqslant F_k$，所以第 $(k+1)$ 天各人的赞成度 $\leqslant F_k$，而且在且仅在每个人第 k 天的赞成度均为 F_k 时，等号才全成立，所以 $F_{k+1}\leqslant F_k$.于是 F_k 单调递减.

我们指出，如果不是所有人的赞成度均为 F_k，那么若干天后，赞成度的最大值将小于 F_k，证明如下：

设点 x 的赞成度小于 F_k，称赞成度小于 F_k 的点为小不点，因为 x 为小不点，所以第 $(k+1)$ 天，与 x 相邻的点均是小不点.

并且第 $(k+2)$ 天，x 仍为小不点，第 $(k+2)$ 天，与 x 相连的链长为 2 的点，每个第 $(k+1)$ 天至少与一个小不点相邻，因而成为小不点.

依此类推，由于每个小不点两天后仍为小不点，所以第 $(k+2m)$ 天，所有与 x 相连的链长为偶数且 $\leqslant2m$ 的点，均成为小不点（如果你有闲情雅致，可以对 m 用数学归纳法，形式地走一遭）.

由于 x 到每个点都有长为偶数的链,最后图中所有的点都成为小不点,这时赞成度的最大值小于 F_k.

继续进行下去,由最小数原理,这一过程终将停止,这时,所有人的赞成度均相等.

注 表达要注意不能有疏漏,其中链长为偶数及每个小不点每两天后仍为小不点,很关键.如下图:

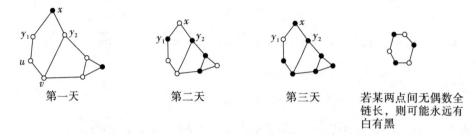

| 第一天 | 第二天 | 第三天 | 若某两点间无偶数全链长,则可能永远有白有黑 |

第一天,x 黑(小不点),y_1,y_2 白;第二天,x 白,y_1,y_2 黑.

第三天,x 黑,y_2 黑,但 y_1 白;第四天,全部变黑.

值得注意的是,过了两天(第三天),y_1 又白了,x 到 y_1 的偶数链长为 4,所以第四天,y_1 变黑.

第 3 题,可算是数论题,但需要多方面的综合知识,在区分度方面有作用.但其中关键一步(使用母函数),可能有人熟悉,有人不熟悉,在公平性上恐怕不及第 4,5 题.

本题的 $ax+y\equiv k\pmod{37}$,k 跑遍 $\bmod\ 37$ 的缩系.

若 $37\mid a$,则 $y\equiv k\pmod{37}$,但 y 的个数至多只有 6 个,而 k 则有 36 个,显然不能满足要求.

因此 $37\nmid a$,这时若 $x\pmod{37}$ 不同,ax 也互不相同.x,y 的个数均 $\leqslant 6$.$ax+y\pmod{37}$ 至多表示 6×6 个数,而 k 有 36 个,所以 x 的个数为 6,y 的个数也为 6,并且设 x 为 x_1,x_2,$\cdots$,x_6 这 6 个($\bmod\ 37$)不同的数,则 y 也为 x_1,x_2,$\cdots$,x_6 这 6 个数.$X=\{x_1,x_2,\cdots,x_6\}$,并且 $ax_i+x_j(1\leqslant i,j\leqslant 6)\bmod 37$ 互不同余,它们表示缩系中的 36 个数,缩系中的数 $1\sim 36$ 也均由它们表示,而且表示方法唯一.

$a=-1$ 时,$ax_1+x_1\equiv 0\pmod{37}$,不在缩系内,所以 $a\neq -1$.

$a=1$ 时,ax_1+x_2 与 ax_2+x_1 表示同一个数,所以 $a\neq 1$.

$a=\pm 6$ 时,取 $X=\{\pm 1,\pm 3,\pm 5\}$,则不难验证 $ax_i+x_j(1\leqslant i,j\leqslant 6)$ 恰好表示 $\bmod\ 37$ 的缩系.

因此 $a=\pm 6+37n(n\in \mathbf{Z})$ 为解.

下面证明只有这些解.

为此,利用母函数

$$f(z) = z^{x_1} + z^{x_2} + \cdots + z^{x_6}. \tag{1}$$

这时

$$f(z^a) = z^{ax_1} + z^{ax_2} + \cdots + z^{ax_6}. \tag{2}$$

因为 $ax_i + x_j (1 \leqslant i, j \leqslant 6)$ 跑遍 mod 37 的缩系, 所以

$$f(z)f(z^a) = \sum_{1 \leqslant i, j \leqslant 6} z^{ax_i + x_j} = z^1 + z^2 + \cdots + z^{36} \equiv -1 (\bmod\ g(z)),$$

其中 $g(z) = 1 + z + z^2 + \cdots + z^{36} = (z^{37} - 1)/(z - 1)$ 是分圆多项式, 熟知 $g(z)$ 是既约多项式.

因为 $a(ax_i + x_j) = a^2 x_i + ax_j$ 也跑遍 mod 37 的缩系, 所以

$$f(z^a)f(z^{a^2}) = \sum_{1 \leqslant i, j \leqslant 6} z^{a(ax_i + x_j)} \equiv -1 (\bmod\ g(z)),$$

从而

$$f(z^a)(f(z^{a^2}) - f(z)) \equiv 0 (\bmod\ g(z)).$$

$f(z^a)$ 的次数不高于 $g(z)$, 项数少于 $g(z)$, 所以 $g(z) \nmid f(z^a)$. 因为 $g(z)$ 是既约多项式, 所以

$$f(z^{a^2}) \equiv f(z) (\bmod\ g(z)),$$

即

$$\{a^2 x_1, a^2 x_2, \cdots, a^2 x_6\} = \{x_1, x_2, \cdots, x_6\} = X. \tag{3}$$

于是

$$a^2 x_1 \cdot a^2 x_2 \cdot \cdots \cdot a^2 x_6 = a^{12} x_1 x_2 \cdots x_6 \equiv x_1 x_2 \cdots x_6 (\bmod\ 37),$$

从而

$$a^{12} \equiv 1 (\bmod\ 37). \tag{4}$$

对任一与 37 互质的整数 x, 满足

$$x^d \equiv 1 (\bmod\ 37),$$

的最小的正整数 d, 称为 x 对 mod 37 的阶. 若自然数 n, 使

$$x^n \equiv 1 (\bmod\ 37)$$

则熟知 x 的阶 $d \mid n$ (特别地, 由 Fermat 小定理, $d \mid 36$).

设 a^2 的阶为 d, 则由 (4), $d \mid 6$, 所以 $d = 1, 2, 3, 6$.

$d = 1$, 则 $a^2 \equiv 1$, $a \equiv \pm 1 (\bmod\ 37)$, 前面已说过不符要求.

$d = 2$, 则 $a^4 \equiv 1$, $a^2 \equiv -1 \equiv 36$, $a \equiv \pm 6 (\bmod\ 37)$, 前面说过这是本题的解.

$d = 3$, 则 $a^6 \equiv 1$, $a^3 \equiv 1$ 或 $-1 (\bmod\ 37)$, 而 $X = \{x_1, x_2, x_3, x_4, x_5, x_6\} \bigcap \{a^2 x_1, a^2 x_2, a^2 x_3, a^2 x_4, a^2 x_5, a^2 x_6\} = \{x_1, a^2 x_1, a^4 x_1, x_2, a^2 x_2, a^4 x_2\} (\bmod\ 37)$.

在 $a^3 \equiv 1$ 时,

$$ax_1 + a^2 x_1 \equiv a \cdot a^4 x_1 + a^4 x_1 (\bmod 37),$$

在 $a^3 \equiv -1$ 时，

$$ax_1 + a^4 x_1 \equiv 0 (\bmod 37),$$

所以这时没有合乎要求的 a.

在 $a^{12} \equiv 1$ 时，

$$a^6 \equiv -1 (\bmod 37),$$

注意 2 为 mod 37 的原根，即 $2^{36} \equiv 1, 2^{18} \equiv -1 (\bmod 37)$. 又

$$8^6 \equiv 2^{3 \times 6} = 2^{18} \equiv -1 (\bmod 37),$$

$$(-8)^6 \equiv -1 (\bmod 37),$$

$$14^6 \equiv (8^{-1})^6 \equiv -1 (\bmod 37),$$

$$(-14)^6 \equiv -1 (\bmod 37),$$

满足 $a^6 \equiv -1 (\bmod 37)$ 的 a(在 mod 37 的缩系中)只有这 4 个(如有关于原根的表，立即可以查出，直接计算也不难). 而 $X = \{x_1, a^2 x_1, a^4 x_1, a^6 x_1, a^8 x_1, a^{10} x_1\} = \{x_1, a^2 x_1, a^4 x_1, -x_1, -a^2 x_1, -a^4 x_1\} (\bmod 37)$.

在 $a = 8$ 时，省去 x_1，有

$$a \times a^6 + 1 \equiv a \times a^2 + a^6 (\bmod 37) \tag{5}$$

$$(a^6 + a^3 - a^7 - 1) = a^3 + a - 2 = (a-1)(a^2+a+2) = 7 \times (64+8+2) \equiv 0 (\bmod 37),$$

所以 $a = 8$ 不符合本题要求.

由(5)可得

$$(-a) \times (-a)^6 - 1 = (-a) \times (-a)^2 + 1,$$

$$a^{-1} \times a^{-6} + a^{-2} = a^{-1} \times a^{10} + a^{-8}.$$

从而 $-8, \pm 14 (= \pm \frac{1}{8})$ 均不符合要求.

所以本题的解为 $a = \pm 6 + 37n (n \in \mathbf{Z})$.

334. 谈谈 2021 年 CMO（二）

最后一题：对整数 $0 \leqslant a \leqslant n$，记 $f(n, a)$ 为 $(x+1)^a(x+2)^{n-a}$ 的展开式中被 3 整除的系数个数. $F(n) = \min\limits_{0 \leqslant a \leqslant n} f(n, a)$.

（ⅰ）证明：存在无穷多个整数 n，使得 $F(n) \geqslant \dfrac{n-1}{3}$；

（ⅱ）证明：对任意正整数 n，均有 $F(n) \leqslant \dfrac{n-1}{3}$.

第一问不算太难，首先 $n=1$ 时，$F(n) \geqslant 0$ 显然.

$n=4$ 时，$F(n) \geqslant 1$ 也不难验证，而 $n=2, 3$ 时，$F(n) > 0$（即 $F(n) \geqslant 1$）均不成立.

我们可以有以下猜测：① 在 $n = 1 + 3k$ 时，$F(n) \geqslant \dfrac{n-1}{3}$；② 在 $n = 3^k - 1$ 时，$F(n) \geqslant \dfrac{n-1}{3}$；③ 在 $n = 2 \times (3^k - 1)$ 时，$F(n) \geqslant \dfrac{n-1}{3}$.

① 太大胆了，因为第二问已有 $F(n) \leqslant \dfrac{n-1}{3}$，所以符合（ⅰ）的 $F(n)$（实际上 $F(n) = \dfrac{n-1}{3}$）应不会那么多，而 ②、③ 均是正确的. 以 ③ 为例（证法相同）.

设 $n = 2(3^k - 1)(k > 1)$，$0 \leqslant a \leqslant n$.

$a \equiv 0 \pmod 3$ 时，设 $a = 3a'$，

$$(x+1)^a(x+2)^{n-a}$$
$$= (x+1)^{3a'}(x+2)^{n-1-a}(x+2)$$
$$\equiv (x^3+1)^{a'}(x^3-1)^{\frac{n-1}{3}-a'}(x-1) \pmod 3,$$

$(x^3+1)^{a'}(x^3-1)^{\frac{n-1}{3}-a'}$ 是 x^3 的多项式，展开后至多 $\dfrac{n-1}{3} + 1$ 项.

$(x^3+1)^{a'}(x^3-1)^{\frac{n-1}{3}-a'}(x-1)$ 展开后，至多 $2\left(\dfrac{n-1}{3} + 1\right)$ 项，因此

$$f(n, a) \geqslant n + 1 - 2\left(\dfrac{n-1}{3} + 1\right) = \dfrac{n-1}{3}.$$

$a \equiv 1 \pmod 3$ 时，设 $a = 3a' + 1$，

$(x+1)^a (x+2)^{n-a}$

$= (x+1)^{3a'} (x+2)^{n-a} (x+1)$

$\equiv (x^3+1)^{a'} (x^3-1)^{\frac{n-1}{3}-a'} (x+1) \pmod 3$，

与上一种情况相同，$f(n,a) \geqslant \dfrac{n-1}{3}$.

$a \equiv 2 \pmod 3$ 时，设 $a = 3a' + 2$，

$(x+1)^a (x+2)^{n-a}$

$= (x+1)^{3a'} (x-1)^{n-a-2} (x+1)^2 (x+2)^2$

$\equiv (x^3+1)^{a'} (x^3-1)^{\frac{n-4}{3}-a'} (x^4+x^2+1) \pmod 3$，

因为 x^4+x^2+1 是三项式，与前两种情况不同，不能直接得出结果，但我们可用数学归纳法，奠基 $n=4$ 已真，设结果 $F(n) \geqslant \dfrac{n-1}{3}$ 对 $k-1$ 成立（$n = 2(3^k-1)$），则现在正好用上归纳假设.

$(x^3+1)^{a'} (x^3-1)^{\frac{n-4}{3}-a'}$ 中至少有 $\dfrac{1}{3}\left(\dfrac{n-4}{3}-1\right)$ 项的系数被 3 整除，系数不被 3 整除的项数 $\leqslant \dfrac{n-4}{3}+1-\dfrac{1}{3}\left(\dfrac{n-4}{3}-1\right)$，

$(x^3+1)^{a'} (x^3-1)^{\frac{n-4}{3}-a'} (x^4+x^2+1)$ 中至多有 $3 \times \left(\dfrac{n-4}{3}+1-\dfrac{1}{3}\left(\dfrac{n-4}{3}-1\right)\right) = \dfrac{2(n-1)}{3}+2$ 项，系数不被 3 整除，从而

$$f(n,a) \geqslant n+1-\left(\dfrac{2(n-1)}{3}+2\right) = \dfrac{n-1}{3},$$

即 $F(n) \geqslant \dfrac{n-1}{3}$，对 $n = 2(3^k-1)(k \geqslant 1)$ 成立.

第二问比第一问难，所需时间较多，短时间内恐怕不易完成.

这道题似与三进制有关，某年 IMO 的预选题，有一道题结论是 $(x+1)^n$ 展开后，不为 3 整除的项数为 $2^s \times 3^t$，其中 s,t 分别为 n 用三进制表示时，数字 1 与 2 的个数（可见拙著《我怎样解题》第三章 32 节，262 页）.

我很想利用这个结论，给出 $\left(f(n,a) \geqslant \dfrac{n-1}{3}\right)a$ 的表达式，但未成功，而且看来短时间也难以成功，所以不如放弃这个方向上的尝试，直接用数学归纳法为好.

先从简单的开始,要证 $F(n) \leqslant \dfrac{n-1}{3}$,即有一个 a,使得 $f(n, a) \leqslant \dfrac{n-1}{3}$,换句话说,对这个 a,$(x+1)^a (x-1)^{n-a} (\bmod 3$ 时,2 即 -1,而且本题 $+1$ 与 -1 互换亦无影响),展开后,有 $\leqslant \left[\dfrac{n-1}{3}\right]$ 项为 0,亦即有 $\geqslant n+1-\dfrac{n-1}{3}=\dfrac{2n+4}{3}$ 项,$\bmod 3$ 不为 0.

列表如下:

n	$\left[\dfrac{n-1}{3}\right]$	$\left[\dfrac{2n+4}{3}\right]$	a	$(x+1)^a (x-1)^{n-a}$
1	0	2	1	$x+1$
2	0	3	2	$(x+1)^2 = x^2 - x + 1$
3	0	4	2	$(x+1)^2 (x-1) = x^3 + x^2 - x - 1$
4	1	4	3 或 1	$(x+1)^3 (x-1) = x^4 - x^3 + x - 1$
5	1	5	3 或 2	$(x+1)^3 (x-1)^2 = x^5 + x^4 + x^3 + x^2 + x + 1$
6	1	6	4 或 2	$(x+1)^4 (x-1)^2 = x^6 - x^5 - x^4 - x^3 - x^2 - x + 1$

于是,在 $n \leqslant 6$ 时,有以下结论:

对于 n,存在 a 满足

$$f(n, a) \leqslant \frac{n-1}{3}. \tag{1}$$

假设 $n \geqslant 7$,并且上述结论,将 n 换成较小的数均成立,考虑 n 的情况.

根据除以 3 的余数,我们分为 3 种情况讨论:

$1°$ $n = 3m + 2$.

由归纳假设,存在 a',满足

$$f(m, a') \leqslant \frac{m-1}{3}. \tag{2}$$

令 $a = 3a'$,则

$(x+1)^a (x-1)^{n-a}$

$= (x+1)^{3a'} (x-1)^{3(m-a')} (x-1)^2$

$\equiv (x^3+1)^{a'} (x^3-1)^{m-a'} (x^2+x+1) \pmod 3$,

$(x^3+1)^{a'} (x^3-1)^{m-a'} \bmod 3$ 后至少有 $\dfrac{2m+4}{3}$ 项(即(2)),每项均为 x^{3k} 形,所以乘以 x^2+x+1 后,每一项变为 3 项,且各项互不相同,所以总项数

$$\geqslant 3 \times \frac{2m+4}{3} = 2m+4 > \frac{2n+4}{3},$$

即这时 $f(n,a) \leqslant \dfrac{n-1}{3}$.

$2°$　$n=3m+4$.

令 $a=3a'+2$,则

$$(x+1)^a(x-1)^{n-a}=(x+1)^2(x+1)^{3a'}(x-1)^{3(m-a')}(x-1)^2$$
$$=(x^4+x^2+1)(x^3+1)^{a'}(x^3-1)^{m-a'},$$

项数 $\geqslant 3 \times \dfrac{2m+4}{3}=\dfrac{2n+4}{3}$.

$3°$　$n=3m+3$.

令 $a=3a'+1$,则

$$(x+1)^a(x-1)^{n-a}=(x+1)(x+1)^{3a'}(x-1)^{3(m-a')}(x-1)^2$$
$$=(x^5+2x^2+2x+1)(x^3+1)^{a'}(x^3-1)^{m-a'}$$
$$=(2x^2+2x)(x^3+1)^{a'}(x^3-1)^{m-a'}+(x^3+1)^{a'+1}(x^3-1)^{m-a'},$$

前一项 $(2x^2+2x)(x^3+1)^{a'}(x^3-1)^{m-a'}$ 展开后,项数 $\geqslant 2 \times \dfrac{2m+4}{3}$,若后一项展开后,

项数 $\geqslant \dfrac{2(m+1)+4}{3}$ (3),则总项数 $\geqslant 2 \times \dfrac{2m+4}{3}+\dfrac{2(m+1)+4}{3}=\dfrac{6m+14}{3}>\dfrac{2n+4}{3}$,

从而结论成立.

但(3)不知能否成立? 因为(1)中的 a',未必能同时适合(3),也就是未必同时有

$$f(m+1,a'+1) \leqslant \dfrac{m+1-1}{3}. \tag{1'}$$

不过,证明中出现这样的问题,不必惊慌,稍作修补即可,也就是将(1')与(1)并列作为归纳假设,我们的表已完成奠基工作($n=2$ 与 3,$n=3$ 与 4,$n=4$ 与 5,$n=5$ 与 6,均使(1)、(1')同时成立).

有这个增加的归纳假设,上面情况 $3°$ 的推导自然顺利完成,但又有一新的问题产生,需要弥补,即对三种情况,均需证明相应的(1')成立(不仅证明(1)),但这并不困难.

$1°$　$n=3m+2$.

$$(x+1)^{a+1}(x-1)^{n-a}=(x+1)^{3a'}(x-1)^{n-3a'-2}(x-1)^2(x+1)$$
$$=(x^3+1)^{a'}(x^3-1)^{m-a'}(x^3+2x^2+2x+1),$$

以下即与上面情况 $3°$ 相同.

$2°$　$n=3m+4$.

$$(x+1)^{a+1}(x-1)^{m-a}=(x+1)^{3(a'+1)}(x-1)^{3(m-a')}(x-1)^2$$
$$=(x^3+1)^{a'+1}(x^3-1)^{m-a'}(x^2+x+1),$$

展开后项数 $\geqslant 3 \times \dfrac{2(m+1)+4}{3} = 2m+6 > \dfrac{2n+4}{3} = \dfrac{6m+12}{3}.$

$3°\quad n = 3m+3.$

$(x+1)^{a+1}(x-1)^{n-a} = (x+1)^{3a'+2}(x-1)^{3m+3-3a'-1}$

$= (x+1)^2(x-1)^2(x^3+1)^{a'}(x^3-1)^{m-a'}$

$= (x^4+x^2+1)(x^3+1)^{a'}(x^3-1)^{m-a'},$

展开后项数 $\geqslant 3 \times \dfrac{2(m+1)+4}{3} = 2m+6 > \dfrac{2n+4}{3} = \dfrac{6m+10}{3}.$

至此,证明完成.

与前几题相比,这题的表达比较长.

表达,是一个值得重视的问题,常常有同学有想法,但说不清楚,更不善于书面表达,往往漏掉一些应当交代的地方.甚至有些教师也不注重书面表达,爱跳步骤.有些步骤的确可省,该省,但有些必要步骤是不可省的,不能或缺的.缺了,证明就不完整.很遗憾,竟有老师以跳步骤(漏掉重要步骤)为荣,认为同学看不懂,是自己的水平高.其实作为教师更应当讲得清清楚楚,写得明明白白,在这方面给学生作榜样,起示范作用,而不是以别人不懂作为自己水平高的表现,将一个艰难的问题写清楚,使同学听懂,才是水平高的表现,也是教师应尽的职责.